21世纪高等学校系列教材

JIXIE SHEJI JICHU (DIERBAN)

机械设计基础

（第二版）

黄晓荣　沈　冰　张汝琦　编

刘典雅　主审

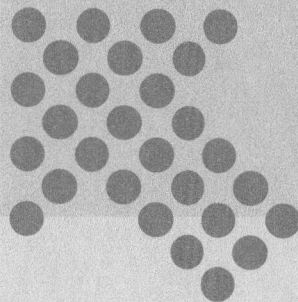

中国电力出版社

CHINA ELECTRIC POWER PRESS

内 容 提 要

本书共分 15 章和 2 个专题，内容包括：平面机构的结构分析；机械传动中常用的机构和通用零件的工作原理、运动特性、结构特点、有关的设计方法及设计计算；机械传动中的润滑、密封及维护；专题 I 介绍了机械动力学的基本知识；专题 II 对机械传动中的摩擦磨损问题做了适度的探讨。

本书主要作为高职高专院校机械类、机电类和动力类各专业教材使用，也可作为相应专业的职工大学、成人高等教育的教学用书，还可供高级工程技术人员参考。

图书在版编目(CIP)数据

机械设计基础/黄晓荣，沈冰，张汝琦编. —2 版.
北京：中国电力出版社，2009.7（2024.1 重印）
21 世纪高等学校规划教材
ISBN 978-7-5083-8821-2

Ⅰ. 机⋯ Ⅱ. ①黄⋯②沈⋯③张⋯ Ⅲ. 机械设计-高等学校-教材 Ⅳ. TH122

中国版本图书馆 CIP 数据核字（2009）第 070535 号

中国电力出版社出版、发行
（北京市东城区北京站西街 19 号 100005 http://www.cepp.sgcc.com.cn）
北京天泽润科贸有限公司印刷
各地新华书店经售
*
2005 年 7 月第一版
2009 年 7 月第二版 2024 年 1 月北京第八次印刷
787 毫米×1092 毫米 16 开本 18 印张 433 千字
定价 **40.00** 元

前　言

本书是根据教育部制定的《高职高专教育机械设计基础课程教学基本要求》，在继承原有教材建设成果的基础上，充分吸取电力专科学校近几年机械设计基础教学改革经验编写而成的。主要适用于动力类、机电类各专业《机械设计基础》课程（60～90 学时）教学。为适应不同专业的教学要求，本书在编写体系上采取了基本内容与选修、专题相结合的方法，带"＊"的章节和专题为选修或延伸内容，不同专业按需要自行取舍。本书为修订教材。

本次教材的修订，基本维护第一版内容体系，对部分内容进行了更新；在各章节，增加了典型例题和习题，突出了例题和习题与工程实际的密切结合。

参加本书编写的有郑州电力高等专科学校黄晓荣（前言，第一、二、三、九、十四、十五章及专题Ⅱ）、沈阳工程学院沈冰（第四～八章）、太原电力高等专科学校张汝琦（第十～十三章及专题Ⅰ），全书由黄晓荣统稿。

本书的第二版修订由郑州电力高等专科学校黄晓荣完成。

本书承郑州电力高等专科学校刘典雅教授认真审阅，并对本书的编写提出了许多宝贵意见，在此深表感谢。

由于编者水平所限，书中不当之处在所难免，敬请广大读者批评指正。

编　者

2009 年 3 月

第一版前言

  本书是根据教育部制订的《高职高专教育机械设计基础课程教学基本要求》，在继承原有教材建设成果的基础上，充分吸取近几年机械设计基础教学改革经验编写而成的。主要适用于机械类、机电类和动力类各专业《机械设计基础》课程（60～90学时）教学用书。为适应不同专业的教学要求，本书在编写体系上采取了基本内容与选修、专题相结合的方法，带"＊"的章节和专题为选修或延伸内容，不同专业按需要自行取舍。

  本书编写在内容选取上以必须、够用为度，理论推导从简，突出叙述基本知识、基本理论和基本计算方法的应用。强化工程意识培养，尽可能将更多的生产现场实例引入到教材中，使理论知识与工程实践的联系更加紧密，有利于提高读者分析问题和解决问题的能力。

  本书对新技术和科技新成果做了适量介绍和引导，编入了在电力生产中广泛应用的内容，如液力联轴器等。特别强调了安全生产的重要性，为正确使用、维护设备，分析设备事故，采取正确的反事故措施等打下了良好的基础。并力求反映现代科学技术的新成果，如齿轮研究最新动态介绍及远程动态可调制动器等，都是较为新颖的内容。

  本书采用最新国家标准进行编写。

  参加本书编写的有郑州电力高等专科学校黄晓荣（第一、二、三、九、十四、十五章及专题Ⅱ），沈阳工程学院沈冰（第四、五、六、七、八章），太原电力高等专科学校张汝琦（第十、十一、十二、十三章及专题Ⅰ），全书由黄晓荣统稿。

  本书承郑州电力高等专科学校刘典雅教授认真审阅，并对本书的编写提出了许多宝贵意见，在此深表感谢。

  限于编者水平，书中疏漏及不妥之处在所难免，敬请读者批评指正。

编　者

2005 年 4 月

目　录

第一章　机械设计基础概述

第一节　机械设计基础研究的对象及内容

在现代生产活动和日常生活中，广泛应用着各种各样的机器，如汽车、拖拉机、装载机、内燃机、电动机、洗衣机、复印机等。尽管其种类非常繁多，式样、用途、性能各异，但它们都有共同的特征。

图 1.1.1 所示单缸内燃机，由活塞 1、连杆 2、曲轴 3 和气缸体（连同机架）8 组成主体部分，缸内燃烧的气体膨胀，推动活塞下行，通过连杆使得曲轴转动；凸轮 6、进、排气门推杆 7 和机架组成进、排气的控制部分，凸轮转动，推动进、排气门按时启闭，分别控制进气和排气；曲轴齿轮 4、凸轮轴齿轮 5 和机架组成的传动部分，通过齿轮间的啮合，将曲轴的运动传给凸轮轴。上述三个部分共同保证内燃机协调地工作，将燃气的热能转换成曲轴转动的机械能。

又如电动机主要由转子和定子组成。当接通电源驱动转子回转时，通过转子轴外端输出装置（如 V 带轮），便可实现将输入的电能转换成对外输出的机械能。

再如全自动洗衣机主要由机体、电动机、叶轮、控制电路组成。当接通电源后，操作控制按钮，驱动电动机经带传动使叶轮回转，搅动洗涤液实现洗涤。一旦设置好程序，全自动洗衣机就会自动完成洗涤、清洗、甩干等洗衣的全过程。

由以上三个实例可以说明，机器具有下列共同特征：

（1）机器由若干构件组成。

（2）各构件间具有确定的运动关系。

（3）机器能代替或减轻人类的劳动，去完成有用的机械功，变换或传递能量、物料和信息。

由以上的实例中还可以看出，机器中若干构件的组合，可实现某些预定的动作，如在内燃机中，活塞、连杆、曲轴和气缸体（连同机架）组合起来，可以把活塞的往复直线运动转变成曲轴的连续转动；而凸轮，进、排气门推杆和机架的组合，又可将凸轮的连续转动转变为进、排气推杆的往复直线移动；而曲轴齿轮、凸轮轴齿轮和机架的组合，又可以改变回转件转动的方向和转速的大小。这些由若干构件组成，其中有一个构件为机架，用来传递力、运动或转换运动形式的系统，称为机构。上述内燃机中三个能够完成预期动作的构件组

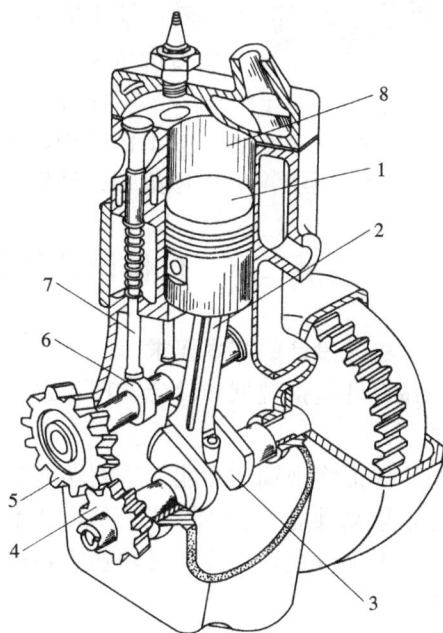

图 1.1.1　单缸内燃机

1—活塞；2—连杆；3—曲轴；4—曲轴齿轮；
5—凸轮轴齿轮；6—凸轮；7—气门推杆；8—气缸体

合体就分别称为连杆机构、凸轮机构、齿轮机构。由此可见，机器由机构组成。机器的种类尽管很多，但组成机器的机构并不太多，连杆机构、凸轮机构、齿轮机构等是机器中常用的基本机构。较复杂的机器可以包含几个机构，但最简单的机器至少要包含一个机构，如电动机、鼓风机等。从运动的观点讲，机器和机构没有区别，人们习惯上把机器和机构统称为机械。

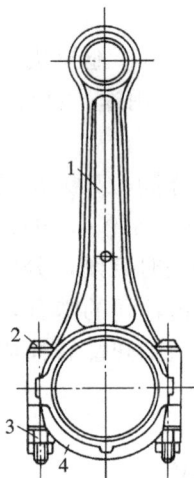

构件是机构中各个相对运动的单元体，零件是机械加工制造的单元体。构件可以是单一的零件，如内燃机中的曲轴；也可以是由若干零件组成的刚性组合体，如图1.1.2所示内燃机连杆，它是由连杆体1、连杆盖4、螺栓2和螺母3组成的构件。对于机器中的零件，按其功能和结构特点又分为通用零件和专用零件。各种机械中普遍使用的零件称为通用零件，如螺栓、齿轮、轴等；仅在某些专门机械中才用到的零件称为专用零件，如内燃机中的活塞、曲轴，汽轮机中的叶轮、叶片等。对于一组协同工作的零件组成的独立制造或装配的组合体称为部件，部件也分为通用部件和专用部件，如联轴器、减速器、制动器属于通用部件，汽车转向器则应属于专用部件。组成机器中不可拆卸的基本单元体称为机械零件，这一术语有时也用来泛指零件和部件。

图 1.1.2 内燃机连杆
1—连杆体；2—螺栓；
3—螺母；4—连杆盖

本课程的研究对象是机械。其主要内容包括机械中常用机构的工作原理、运动特性、设计方法和通用零件的结构特点、设计理论、设计标准和规范及使用与维护。

第二节 机械设计基本要求和零件设计的一般过程

一、机械设计的基本要求

机械设计是指规划和设计实现预定功能的新机械或改进原有机械的性能。其设计的基本要求如下：

（1）保证实现预定功能。所谓功能是指被设计机器的功用和性能，一般机器的预定功能要求包括运动性能、动力性能、基本技术指标及外形是否美观等方面。实现预定功能是设计机器的基本出发点，为此，必须熟悉各种常用机构的工作原理，正确选择机构类型和机械传动方案。

（2）保证在一定的寿命内安全可靠工作。任何一台机器在正常使用条件下都应有一定的寿命，在使用寿命内安全可靠工作是机器正常工作的必要条件。因此，设计机器时就必须保证在预期的使用寿命内安全可靠工作。为此，要对组成机器的所有零件（标准件除外）进行结构设计，并对各主要零件的工作能力进行必要计算，即进行机械零件设计。

（3）要充分考虑制造的工艺性。机器的总体方案和各部分结构设计在保证实现预定功能的前提下，应尽可能地简单、实用；零件的选材及热处理方式要切实、合理；毛坯制造、机械加工、装配以及维修的工艺性要好；尽可能地选用标准零部件。

（4）要充分考虑技术经济的合理性。技术经济的合理性是一个综合性指标，它与机器的设计、制造和使用等方面有关。目前，价值工程方法可将产品的经济性、技术要求和功能要求统一起来，并以功能分析为中心，力求使产品具有必要的功能和最低的成本，以获得最佳经济效果。

二、机械零件设计的一般过程

机械零件设计是本课程研究的主要内容之一。这里仅介绍一般的设计过程：

（1）分析设计零件在机器整体中所起的作用，选择零件的类型。

（2）根据机器的工作要求，分析零件的工作情况，确定作用在零件上的载荷。

（3）根据零件的工作条件（如常温还是高温工作、有无腐蚀等），考虑材料的性能、市场供应、经济性因素等，合理选择零件材料及热处理方法。

（4）分析零件工作时可能出现的失效形式，确定设计准则。

（5）应用相关的设计理论，通过设计计算，确定零件的主要尺寸。

（6）根据零件的主要尺寸及工艺性、标准化的要求，进行零件的结构设计。

（7）根据结构设计的尺寸，绘制零件图，制订技术要求。

应注意，以上内容可在绘制机器的总装配图或部件的装配图及零件图的过程中交错、反复进行，必要时还需修改局部尺寸，同时进行润滑和密封的设计，然后撰写相关的技术文件，装配图上还应列出零件的明细表。

总之，在机械零件的设计过程中，不仅要计算零件的尺寸，还要涉及零件失效分析、材料选择、工艺性、标准化等问题的解决，最终拿出一套切实可行的设计图纸及相关技术文件。

第三节　本课程在教学中的地位和学习要求

一、课程性质及在教学环节中的地位

"机械设计基础"课程是高等院校工科类有关专业的一门重要的综合性技术基础课，是机械类、近机类专业的主干课程之一，是培养机械或机械管理工程师的必修课，在各相应专业的教学计划中，处于承上启下的地位。一方面，数学、力学、工程制图、工程材料、金属工艺等先修课程是学习本课程的基础；另一方面，本课程不仅综合应用并拓展了先修课程的知识，又是学习后续有关专业课程的重要基础。

二、课程的任务

本课程的主要任务是培养学生掌握机械技术的基本知识、基本理论和基本技能，获得本学科实验技能的初步训练，为学生学习专业机械设备课程提供必需的理论基础，使之在了解各种机械的传动原理，正确使用、维护设备以及对机械设备进行故障分析、排查等方面获得必要的基础知识，为今后解决生产实际问题、学习新技术以及进行技术创新奠定必要的基础。

三、对学生的基本要求

通过本课程的教学，应使学生达到下列基本要求：

（1）了解机器的一般组成原理。

（2）掌握常用机构的结构、运动特性和设计方法，初步具有分析、选择和设计常用机构的能力。

（3）掌握通用零件的工作原理、结构特点、设计计算、使用、维护等基本知识，初步具有设计机械传动装置的能力。

（4）具有运用标准、规范、手册、图册和查阅有关技术资料的能力。

（5）具有装拆、调整和检测一般机械设备的技能。

（6）对机械设计的发展趋势和新技术有所了解。

思 考 与 练 习

1.1　本课程研究的对象是什么？主要内容是什么？

1.2　本课程的性质和任务是什么？

1.3　解释下列名词：机器与机构；构件与零件。

1.4　日常生活中，使用的自行车、缝纫机、电视机等是机器还是机构？为什么？

第二章　平面机构的结构分析

第一节　研究机构结构的目的

由第一章已知，机构由构件组成，且各构件之间具有完全确定的运动关系。然而，任意拼凑的构件组合就不一定能够运动，即使能够运动，也不一定具有确定的运动。如图 2.1.1 是一个三构件组合体，但各构件之间无法相对运动，所以它不是机构。又如图 2.1.2 所示的五构件组合体，当只给定构件 1 为主动件时，其余构件的运动并不确定。为此，讨论构件应如何组合才能运动，在什么条件下才具有确定的相对运动就尤为必要。这对分析现有机构或设计新机构都十分重要。实际机械的外形和结构都很复杂，为了便于分析和研究机构，在工程中常用到机构运动简图。

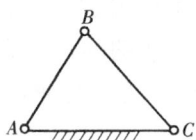

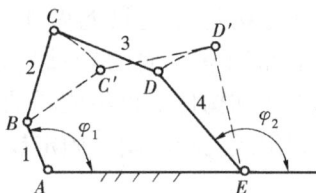

图 2.1.1　三构件组合体　　　　　图 2.1.2　五构件组合体

研究机构结构的目的有以下几点：

（1）探讨机构的基本组成。

（2）探讨机构运动简图的绘制方法。

（3）探讨机构具有确定运动时应满足的条件及注意事项。

所有构件都在同一平面或相互平行平面内运动的机构称为平面机构，否则称为空间机构。工程中平面机构应用最广泛，本章仅限于讨论平面机构。

第二节　平面机构的基本组成

一、构件的自由度

由前述可知，构件是机构中具有相对运动的单元体，所以它是组成机构的主要要素之一。

一个构件在平面内自由运动时，有三个独立运动的可能性。如图 2.2.1 所示，构件 AB 可以在 xoy 平面绕任一点 A 转动，也可以沿 x 轴或 y 轴移动。构件的这种可能出现的独立运动称为自由度，构件的独立运动数目称为自由度数。显然，一个在平面内自由运动的构件有三个自由度。

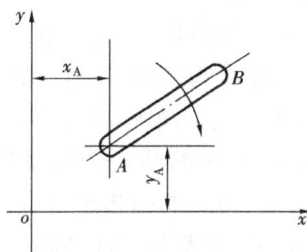

二、运动副和约束

机构中的每一个构件都不可能是自由构件，而是以

图 2.2.1　构件的自由度

一定的方式与其他构件相联。这种使两构件直接接触并能产生一定相对运动的连接称为运动副。例如内燃机中活塞与连杆、活塞与汽缸体的连接都构成了运动副。组成运动副的两构件在相对运动中可能参加接触的点、线、面称为运动副元素。显然，运动副也是组成机构的主要要素之一。

两构件组成运动副后，就限制了两构件间的独立运动，自由度便随之减少，运动副限制构件独立运动的作用称为约束。运动副引入的约束数和构件失去的自由度数相等。

三、运动副分类及代表符号

（一）分类

运动副的运动情况可以在一个平面内反映清楚的称之为平面运动副。平面机构只可能由平面运动副组成。根据组成运动副的两构件间的接触情况，平面运动副又分为低副和高副。

1. 低副

两构件通过面接触组成的运动副称为低副。根据它们的相对运动情况，又可分为转动副和移动副。

（1）转动副。两个构件之间只能做相对转动的运动副称为转动副，又称为铰链。图2.2.2（a）所示的轴和轴承组成的转动副，其中一个构件是固定的，称为固定铰链。图2.2.2（b）所示构件 1 和构件 2 也组成转动副，两构件都是活动的，称为活动铰链。例如，内燃机的曲轴与机架组成的转动副是固定铰链；活塞与连杆、连杆与曲轴所组成的转动副是活动铰链。

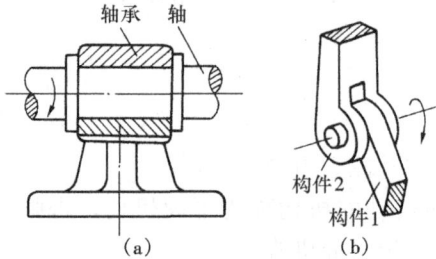

图 2.2.2　转动副
（a）固定铰链；（b）活动铰链

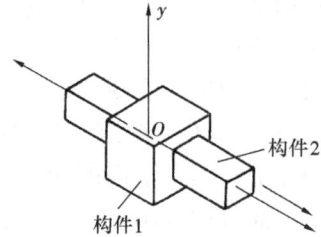

图 2.2.3　移动副

（2）移动副。两个构件只能做相对直线移动的运动副称为移动副。图2.2.3中构件 1 和构件 2 组成的是移动副。组成移动副的两个构件可能都是活动的，也可能有一个是固定的。例如内燃机中的活塞与气缸体所组成的移动副，气缸体是固定的。

2. 平面高副

两构件通过点或线接触组成的运动副称为平面高副。如图2.2.4（a）中的车轮和钢轨，图2.2.4（b）中的凸轮和从动杆，图2.2.4（c）中的齿轮 1 和齿轮 2 等的接触都是平面高副。

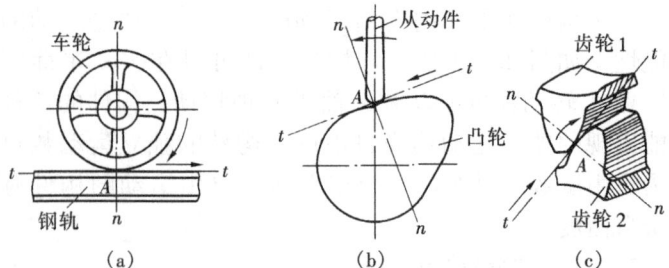

此外，常见的运动副还有图

图 2.2.4　平面高副

2.2.5（a）所示的螺旋副，图 2.2.5（b）所示的球面副，它们的运动情况都不能在一个平面内反映清楚，都属于空间运动副，即两构件间的相对运动为空间运动。本章不做讨论。

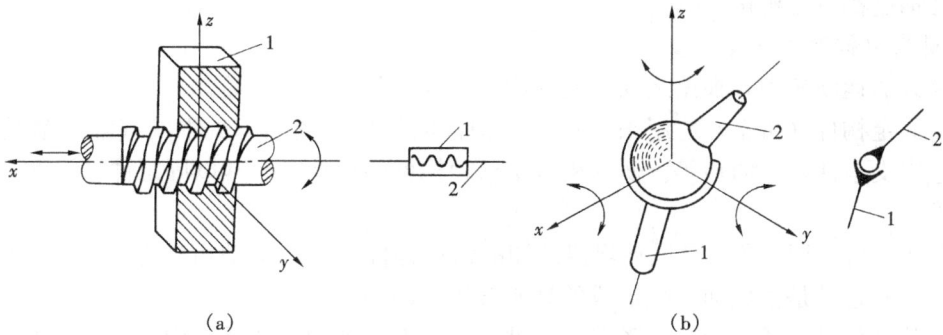

图 2.2.5　螺旋副和球面副
（a）螺旋副；（b）球面副
1、2—构件

（二）常用运动副的代表符号

图 2.2.6（a）表示由两个活动构件组成的转动副；图 2.2.6（b）、（c）表示一个构件是固定的转动副。两构件组成移动副时其表示方法如图 2.2.6（d）～（f）所示，其中画有斜线的构件代表机架。两构件组成平面高副时，应画出两构件接触处的曲线轮廓，如图 2.2.6（g）、（h）所示。

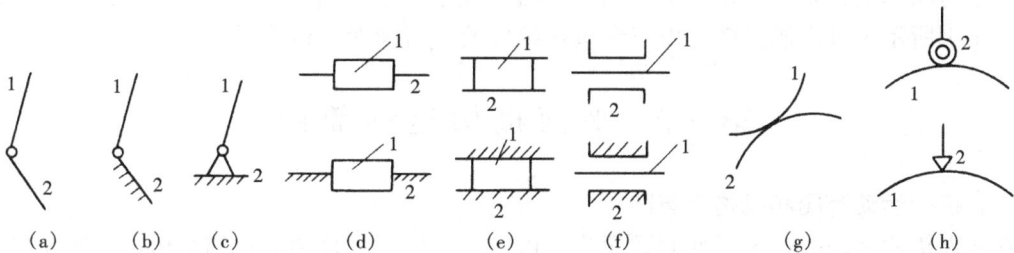

图 2.2.6　运动副表示法
1、2—构件

四、平面机构的基本组成

1. 运动链的概念

用运动副形式将两个以上的构件连接而成的系统称之为运动链。运动链中各构件均在同一平面或平行平面内运动的称为平面运动链。运动链分为闭式运动链和开式运动链两种。如果组成运动链的每个构件至少含有两个运动副元素，这种运动链就称为闭式运动链，如图 2.2.7（a）所示；如果运动链中至少有一个构件只包含一个运动副元素，称为开式运动链，如图 2.2.7（b）所示。机器中应用的多属闭式运动链。

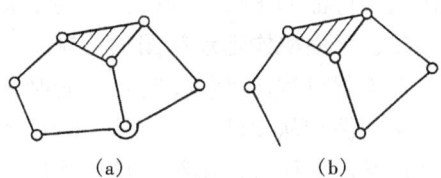

图 2.2.7　运动链
（a）闭式运动链；（b）开式运动链

若将闭式运动链的一个构件固定为机架，而把另一个或几个构件相对于机架的运动规律给定时，其余的构件随之做确定的运动，这种运动链便成为机构。显然，不能运动或无规则乱动的运动链都不是机构。

2. 机构中构件的分类

在闭式的运动链中，根据运动副的性质，构件可分为以下三类。

（1）固定构件（机架）是用来支承活动构件的构件。图 1.1.1 中的气缸体就是固定构件，用它来支承活塞、曲轴等。研究机构中活动构件的运动时，常以固定件（机架）作为参考坐标系。

（2）主动件（原动件）是运动规律已知的活动构件。它的运动由外力驱动，如图 1.1.1 中的活塞，其运动是由燃油燃烧形成的高压气体驱动的。

（3）从动件是闭式运动链中随着主动件的运动而运动的其余活动构件，如图 1.1.1 中连杆、曲轴都是从动件。

3. 平面机构的基本组成及机构划分

由以上分析可知，一般机构由固定件、主动件和若干个从动件（除机架和主动件以外的所有活动件）组成。其中固定件只可能有一个，主动件可有一个或几个，从动件可以有若干个。特殊的机构可以没有从动件，但必须有固定件（机架）和主动件，如电动机和液压油缸等。

一台较复杂的机器，在进行机构的结构分析时，如何划分机构呢？一般应从机器的主动件入手，支承主动件的一定是机架；随主动件运动的构件是从动件，从动件又带动从动件，最终的从动件一定又是被机架所支承。机器中凡组成一个由"固定—主动—从动……固定"这样一个封闭的运动系统就是一个机构。机器组成中有几个这样的封闭系统就有几个机构。如图 1.1.1 所示单缸内燃机就是由三个机构组成的，请读者自行分析。

第三节　平面机构运动简图

一、机构运动简图和机构示意图

在研究机构运动时，为了使问题简化，可不考虑构件的复杂形状和结构，仅用简单线条和规定的运动副符号表示构件，并按一定的比例定出各运动副的相对位置。这种反映机构各构件间相对运动关系的简单图形称为机构运动简图。

机构运动简图保持了其实际机构的运动特征，不仅简明地表达了实际机构的运动情况，还可以通过该图进行机构的运动分析和动力分析。

工程中，有时只需要表明机构运动的传递情况和构造特征，而不需要机构的真实运动情况，因此不必严格地按比例确定机构中各运动副的相对位置。这种不按比例绘制的，只反映机构运动特征的图形称为机构运动示意图，也称机构简图。

二、平面机构运动简图的绘制

在绘制机构运动简图时，首先必须分析机构的实际构造和运动情况，分清机构中的固定件、主动件和从动件；然后从主动件入手，顺着运动传递路线，仔细分析各构件之间的相对运动情况，从而确定出组成该机构的构件数目、运动副数目及性质；在此基础上，按比例确定出各运动副的位置，用运动副的规定代表符号和简单线条表示构件，正确绘制出机构运动简图。同时应注意，选择恰当的绘图平面。如果绘图平面选择不当，会造成图中构件相互重叠或交叉，以至不能清楚地表达各构件的相互关系。

表 2.3.1 摘录了 GB/T 4460—1984《机械制图机构运动简图符号》规定的部分常用机构运动简图符号，供绘制机构运动简图时参考。

表 2.3.1　　　　　部分常用机构运动简图符号（摘自 GB/T 4460—1984）

名称	代表符号	名称	代表符号
杆的固定连接		链传动	
零件与轴的固定		外啮合圆柱齿轮机构	
轴承 — 向心轴承	普通轴承　　滚动轴承	内啮合圆柱齿轮机构	
轴承 — 推力轴承	单向推力　双向推力　　推力滚动轴承	齿轮齿条传动	
轴承 — 向心推力轴承	单向向心推力　双向向心推力　　向心推力滚动轴承	圆锥齿轮机构	
联轴器	可移式联轴器　　弹性联轴器	蜗杆蜗轮传动	
离合器	啮合式　　摩擦式	凸轮从动件	尖顶　曲面　滚子
制动器		螺杆传动整体螺母	
在支架上的电动机			
带传动			

下面举例说明机构运动简图的绘制方法。

【例 2.3.1】　绘制图 1.1.1 所示单缸内燃机的机构运动简图。

解　绘制机构运动简图的步骤如下：

（1）分析机构的结构，分清固定件、原动件和从动件。

前面分析过，内燃机是由连杆机构、齿轮机构和凸轮机构组成。汽缸体作为机架是固定件，活塞是原动件，其余构件都是从动件。

（2）分析机构的运动和运动副。

从原动件开始，按照运动传递顺序，分析各构件间的相对运动性质，确定各运动副的类型。活塞 1 与连杆 2、连杆 2 与曲轴 3、曲轴 3 与机架 8、凸轮 6 与机架 8 之间均为相对转动，构成转动副；活塞 1 与机架 8，气门推杆 7 与机架 8 之间为相对移动，构成移动副。齿轮 4 与齿轮 5，凸轮 6 与气门推杆 7 顶端为点线接触，构成高副。

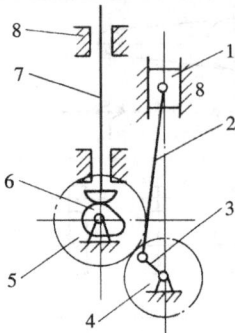

图 2.3.1　内燃机机构
运动简图

1—活塞；2—连杆；3—曲轴；
4—曲轴齿轮；5—凸轮轴齿轮；
6—凸轮；7—气门推杆；
8—机架（汽缸体）

（3）选择视图平面。

一般应选择多数构件所在平面或其平行平面作为视图平面，以便清楚地表达各构件间的运动关系。图 1.1.1 已清楚表达各构件间的运动关系，所以选择此平面作为视图平面。

（4）选定长度比例尺 μ 绘制机构运动简图。μ 的计算式为

$$\mu = \frac{\text{实际构件长度（m）}}{\text{图示构件长度（mm）}}$$

三个机构都选择相同的比例尺，定出各运动副的相对位置，用构件和运动副的规定代表符号绘制内燃机机构运动简图，如图 2.3.1 所示。

在机构运动简图绘制完成后，还应注意对较复杂的机构进行机构自由度计算，以判断它是否具有确定的相对运动和绘制的运动简图是否正确。

第四节　平面机构具有确定运动的条件

一、平面机构的自由度

平面机构的自由度是指该机构中各构件相对于机架所具有的独立运动。平面机构的自由度数与组成机构的构件数目、运动副数目和运动副的性质有关。

图 2.4.1（a）中有三个构件，图 2.4.1（b）中有四个构件，虽然都是转动副连接，但因两者的构件数目和运动副数目不同，则两构件系统的自由度数也不同。显然，图 2.4.1（a）所示的构件系统不能动，图 2.4.1（b）所示的构件系统有一个自由度。

图 2.4.2（a）和（b）都为三构件系统，但图 2.4.2（a）中是三个回转副，实质上是不能动的，图 2.4.2（b）中是两个回转副和一个高副，就有一个自由度。这是因为它们的运动副性质不同，因而对运动的约束数也不相同的缘故。

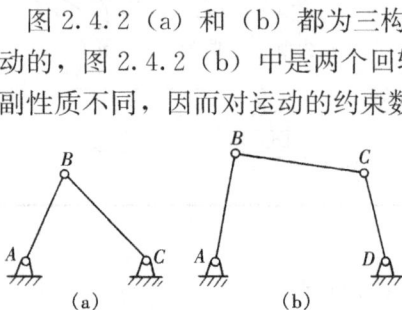

图 2.4.1　构件数目对机构自由度的影响
（a）三构件系统；（b）四构件系统

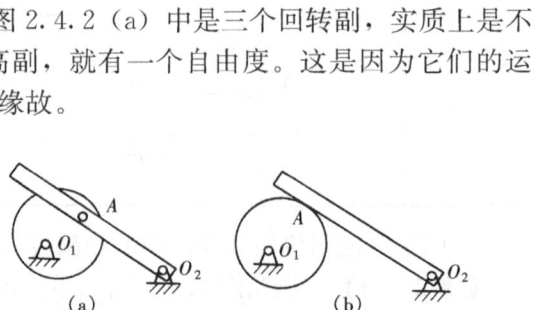

图 2.4.2　运动副性质对机构自由度的影响
（a）三回转副机构；（b）二回转副—高副机构

由前述已知，平面机构中，每一个活动构件在未组成运动副之前，都有三个自由度。当两个构件组成运动副之后，它们的相对运动就受到约束，相应的自由度数减少。转动副约束了两个移动的自由度，保留了一个转动的自由度；移动副是保留了一个方向上的移动自由度，失去了两个自由度；高副则只约束了沿公法线方向的自由度，保留了两个自由度。也就是说，在平面机构中，每个低副引入两个约束，使构件失去两个自由度；每个高副引入一个约束，使构件失去一个自由度。

若一个平面机构中共有 N 个构件，则机构中的活动构件数为 $n=N-1$。未用运动副连接之前，这些活动构件的自由度总数为 $3n$。当用 P_L 个低副与 P_H 个高副连接成机构之后，全部运动副引入的约束总数是 $2P_L+P_H$。活动构件的自由度总数减去运动副引入的约束总数，就是该机构的各个构件相对机架独立运动的数目，即为该机构的自由度数 F。计算平面机构自由度的公式为

$$F=3n-2P_L-P_H \tag{2.4.1}$$

二、机构具有确定运动的条件

从式（2.4.1）可知，机构要能够运动，其自由度必须大于零。通常机构中的每个主动构件具有一个独立运动（如电机转子具有一个独立转动，内燃机的活塞具有一个独立移动）。当机构的自由度等于1时，就需要有一个主动件；当机构的自由度等于2时，需要有两个主动件。机构的主动件数等于机构的自由度数，是机构具有确定运动的条件。

由于机构主动件数是给定的已知条件，所以，只要计算出机构自由度，就可以判断它的运动是否确定。

【例 2.4.1】　图2.1.1中，假定 AB 杆为主动构件，试判定其是否具有确定运动。

解　在图2.1.1中，共有2个活动构件，3个转动副，由式（2.4.1）得

$$F=3n-2P_L-P_H=3\times2-2\times3-0=0$$

此结果说明该三构件组合体实际上是不能动的。若主动件硬性驱动势必导致系统的破坏。

【例 2.4.2】　图2.1.2中，假定 AB 杆为主动构件，试判定其是否具有确定运动。

解　在图2.1.2中，共有4个活动构件，5个转动副，由式（2.4.1）得

$$F=3n-2P_L-P_H=3\times4-2\times5-0=2$$

计算出的机构自由度数多于给定的主动件数，则该机构的各构件间不具有确定的相对运动关系。

【例 2.4.3】　图2.3.1所示内燃机机构运动简图中，活塞1为主动构件，试判定其是否具有确定运动。

解　在图2.3.1中，曲轴3与齿轮4固连为同一构件，齿轮5和凸轮6也是同一构件。该机构共有5个活动构件，6个低副（4个转动副、2个移动副），2个高副，由式（2.4.1）得

$$F=3n-2P_L-P_H=3\times5-2\times6-2=1$$

计算出的机构自由度为1，与机构给定的主动件数一致，所以机构的运动是完全确定的。

综上所述，机构自由度、机构主动件数与机构运动有着密切关系：

（1）当机构自由度小于主动件数，机构不能运动。

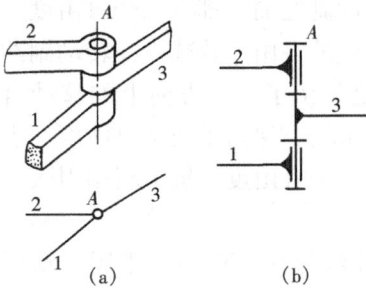

图 2.4.3 复合铰链

(a) 三构件复合铰链；(b) 侧视简图

（2）当机构自由度大于主动件数，机构的相对运动不确定。

（3）只有机构自由度大于零且等于主动件数，机构才有确定的相对运动。

三、计算机构自由度时应注意的问题

1. 复合铰链

由三个及以上的构件在同一处用转动副相联即构成复合铰链。图 2.4.3（a）所示为三个构件在 A 处构成的复合铰链。由图 2.4.3（b）可知，这三个构件组成了两个共轴线的转动副。以此推得，当由 k 个构件组成复合铰链时，则应当构成 $(k-1)$ 个转动副。

在计算机构的自由度时，应仔细观察机构是否有复合铰链存在，以免计算出错。

【例 2.4.4】 图 2.4.4 所示为用于粮食清选的摆筛机的机构简图，试计算其机构自由度。

解 该机构中，共有 5 个活动构件，7 个转动副（C 处为复合铰链），由式（2.4.1）得

$$F=3n-2P_L-P_H=3\times5-2\times7-0=1$$

该机构的自由度为 1，当其 AB 杆为主动件时，机构的各构件间具有完全确定的运动关系。

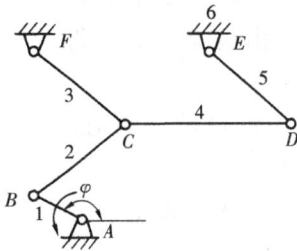

图 2.4.4 摆筛机构

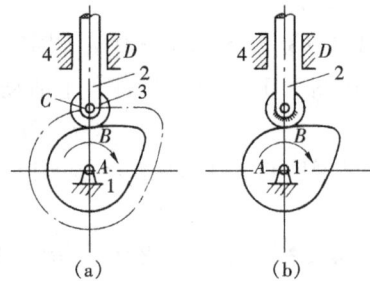

图 2.4.5 局部自由度

1—凸轮；2—从动件；3—滚子；4—机架

2. 局部自由度

机构中出现的一种与输入和输出运动无关的自由度，称之为局部自由度。在计算机构自由度时应预先排除局部自由度。图 2.4.5（a）所示平面凸轮机构中，凸轮 1 是主动件，通过滚子 3 驱动从动件 2，以一定的运动规律在机架 4 中往复移动。不难看出，在该机构中，无论滚子 3 绕其轴线 C 是否转动或转动快慢，都丝毫不影响凸轮 1 与从动件 2 间的相对运动。因此，滚子 3 绕其中心的转动是一个局部自由度。在计算机构自由度时，可设想将滚子 3 与从动件 2 固连在一起作为一个构件考虑，即消除该局部自由度，成为图 2.4.5（b）的形式。

【例 2.4.5】 计算图 2.4.5 所示带滚子从动件平面凸轮机构的自由度。

解 该机构中，因 C 处存在局部自由度，将滚子 3 与从动件 2 视为同一构件，即先消除局部自由度。机构中共有 2 个活动构件，2 个转动副，1 个高副，由式（2.4.1）得

$$F=3n-2P_L-P_H=3\times2-2\times2-1=1$$

该机构自由度为 1，和主动件数目相同，机构具有确定的运动关系。

3. 虚约束

在机构中与其他约束重复而不起新的限制运动作用的约束称为虚约束。虚约束在计算机构自由度时应除去不计。

平面机构的虚约束常出现在下述几种情况：

（1）轨迹重合。被连接件上点的轨迹与机构上连接点的轨迹重合时，这种连接将出现虚约束，如图 2.4.6 所示机车车轮的联动机构。

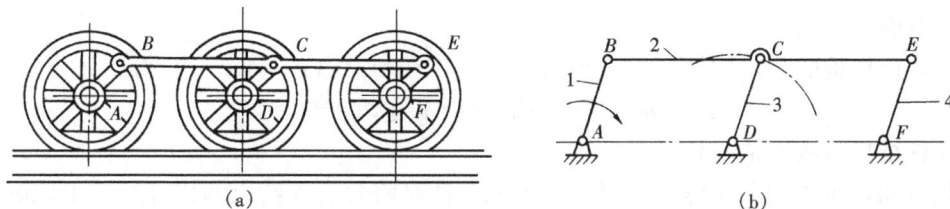

图 2.4.6　轨迹重合的虚约束
（a）机车车轮联动机构；（b）机构运动简图

（2）转动副轴线重合。两构件组成多个转动副且轴线重合，计算机构自由度时只算一个转动副，其余为虚约束。此种情况比较常见，因为轴类零件一般都由两个轴承支承，如图 2.4.7 所示轴的支承。

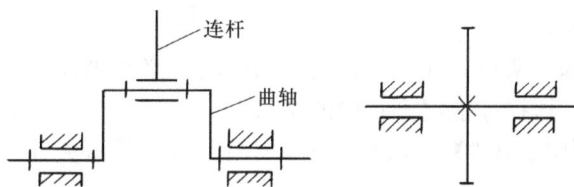

图 2.4.7　轴线重合的虚约束

（3）移动副导路平行。两构件组成多个移动副，其导路均相互平行或重合时，则只有一个移动副起约束作用，其余为虚约束。如图 2.4.8 所示的缝纫机引线机构中，针杆 3 分别与机架 4 组成其导路重合的两移动副，计算其自由度时，只能算一个，另一个为虚约束。

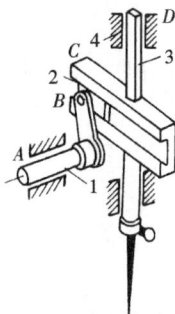

（4）机构存在对运动没影响的对称部分。机构只要存在有对运动不产生影响的对称部分，就一定存在虚约束。如图 2.4.9 所示的行星轮系中，只要有中心轮 1 和 3、行星轮 2 和行星架 H 存在，当构件 1 为主动件时，机构便有确定的运动关系。行星轮 2′ 和 2″ 的加入，对机构的运动不产生影响，使机构增加了虚约束，计算机构自由度时应除去。

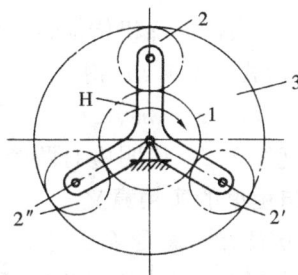

图 2.4.8　导路平行
的虚约束

图 2.4.9　对称结构的虚约束
1、3—中心轮；2、2′、2″—行
星轮；H—行星架

【例 2.4.6】 图 2.4.6 中，$AB=CD=EF$，$BC=AD$，$CE=DF$，试计算其机构自由度。

解 分析机构运动

该机构由于各杆长度关系的特殊性，当主动构件 1 绕 A 点转动时，构件 2 上各点的轨迹都是以 AB 的长度（$AB=CD=EF$）为半径，且圆心都在 AF 线上的圆弧，构件 3 上的 C 点与构件 2 上的 C 点轨迹重合。显然，有无构件 3 并不影响机构的运动，即机构中加入构件 3 及转动副 C、D 引入的一个约束并不起限制机构运动的作用，故为虚约束，机构自由度计算时不予考虑。

所以，该机构的活动构件 3 个，组成了 4 个转动副，由式（1.4.1）得

$$F=3n-2P_L-P_H=3\times3-2\times4-0=1$$

此计算结果与实际情况相符。

由此可知，当机构存在虚约束时，其消除办法是将含有虚约束的构件及其组成的运动副去掉。

应当注意，对于虚约束，从机构运动的观点看是多余的，但从增强构件刚度（见图 2.4.7）、改善机构受力情况（见图 2.4.9）等方面却是必须的。实际机械设备中，虚约束随处可见。

综上所述，在计算机构自由度时，必须考虑是否存在复合铰链、局部自由度和虚约束的问题，这样才能得到正确的结果。

【例 2.4.7】 试计算图 2.4.10（a）所示大筛机构的自由度。

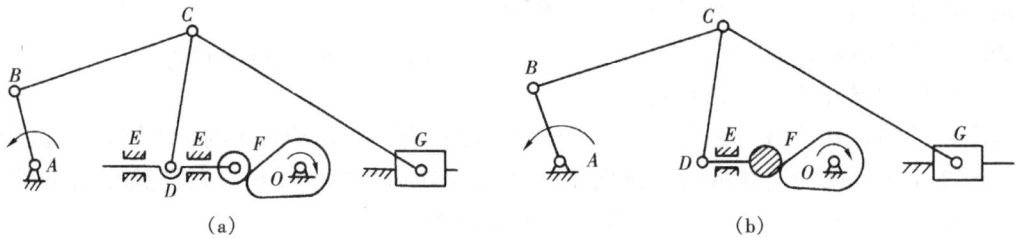

图 2.4.10 大筛机构

解 分析机构运动

机构中的滚子处有一个局部自由度；推杆和机架在 E 和 E' 组成两个导路重合的移动副，其中之一为虚约束；C 处存在复合铰链。现设想将滚子与推杆焊接成一体，去掉移动副 E'，并在 C 处注明有两个转动副，如图 2.4.10（b）所示。

由图 2.4.10（b）知，大筛机构应计算活动构件 7 个，低副 9 个（7 个转动副和 2 个移动副），高副 1 个，由式（2.4.1）得

$$F=3n-2P_L-2P_H=3\times7-2\times9-1=2$$

此机构的自由度等于 2，说明应有两个主动件。

四、计算机构自由度的实用意义

1. 判定机构运动设计方案是否合理

对于我们在机械创新设计中制订出的任何平面机构或其组合的运动方案设计，都可以根据式（2.4.1）计算所得的自由度来检验主动件的选择是否合理，主动件的数目是否正确，从而判断机构是否具有运动的确定性，进而得出其运动方案设计是否合理的结论。

2. 改进不合理的运动方案使其
具有确定的相对运动

（1）图 2.4.11（a）所示，是一
简易冲床设计方案简图，其中构件 1
为机架，构件 2 为主动件，计算得
机构的自由度 $F=0$，设计不合理。
这时，可在冲头 4 与构件 3 连接处 C
增加一滑块及一移动副即解决问题，
如图 2.4.11（b）所示。改进后的机
构自由度 $F=1$，这是因为机构增加
一活动构件有三个自由度，但一个

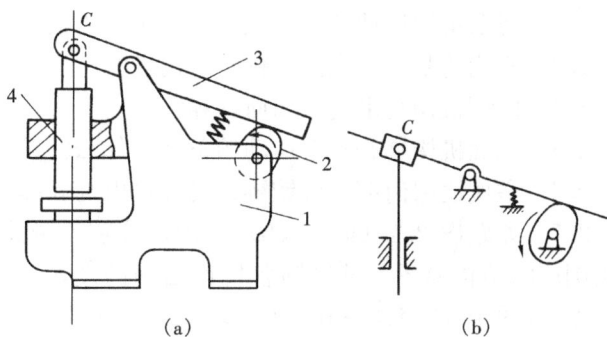

图 2.4.11　简易冲床设计方案
(a) 改进前设计方案简图；(b) 改进后设计方案简图

移动副只引入两个约束，机构实际上增加了一个自由度，从而改变了原来不能运动的状况，
使设计方案合理。所以，如果出现设计方案的机构自由度 $F=0$，而设计要求机构具有一个
自由度时，一般可在该机构的适当位置，用增加一活动构件带一平面低副的办法来解决。

（2）对于设计方案中运动不确定的构件系统，可采用增加约束或主动件的方法使其运动
确定。如图 2.1.2 所示五构件系统，计算得 $F=2$，当仅构件 1 为主动件时，运动是不确定
的。一般可在转动副 C 处增加一杆 6 构成复合铰链，其另一端与机架铰接，从而使机构具
有确定的相对运动。也可以用增加主动件，将构件 4 也定为主动件，使机构的主动件数与机
构的自由度数相等，同样可达到使机构具有确定运动的目的。

3. 判断测绘的机构运动简图是否正确

通过计算所测绘机构的自由度与实际机构主动件数是否相等，可判定其运动的确定性和
测绘的机构运动简图的正确性。

思 考 与 练 习

2.1　何谓运动副？何谓低副和高副？平面机构中的低副和高副各引入几个约束？

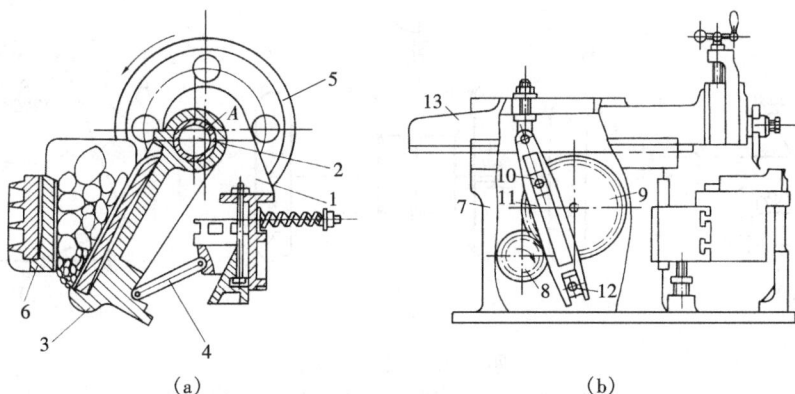

题图 2.1　题 2.7 图
(a) 颚式破碎机结构简图；(b) 牛头刨床结构简图
1—机架；2—偏心轴；3—动颚；4—肘板；5—带轮；6—定颚；
7—床身；8、9—齿轮；10、12—滑块；11—导杆；13—滑枕

2.2 何谓机构运动简图？试绘制你生活中接触的机械对象的机构运动简图。

2.3 机构的基本组成中有哪几种构件？

2.4 何谓机构自由度？如何计算？

2.5 平面机构具有确定运动的条件是什么？

2.6 举例说明何谓复合铰链、局部自由度和虚约束？

2.7 如题图 2.1（a）、（b）所示，分别是颚式破碎机、牛头刨床的结构简图。试绘制各机构运动简图，并计算机构自由度。（图中标箭头的构件为主动件）

2.8 如题图 2.2 所示的小型压力机设计方案简图，试审查该设计方案是否合理？如不合理，试绘出合理的设计方案简图。

题图 2.2 题 2.8 图

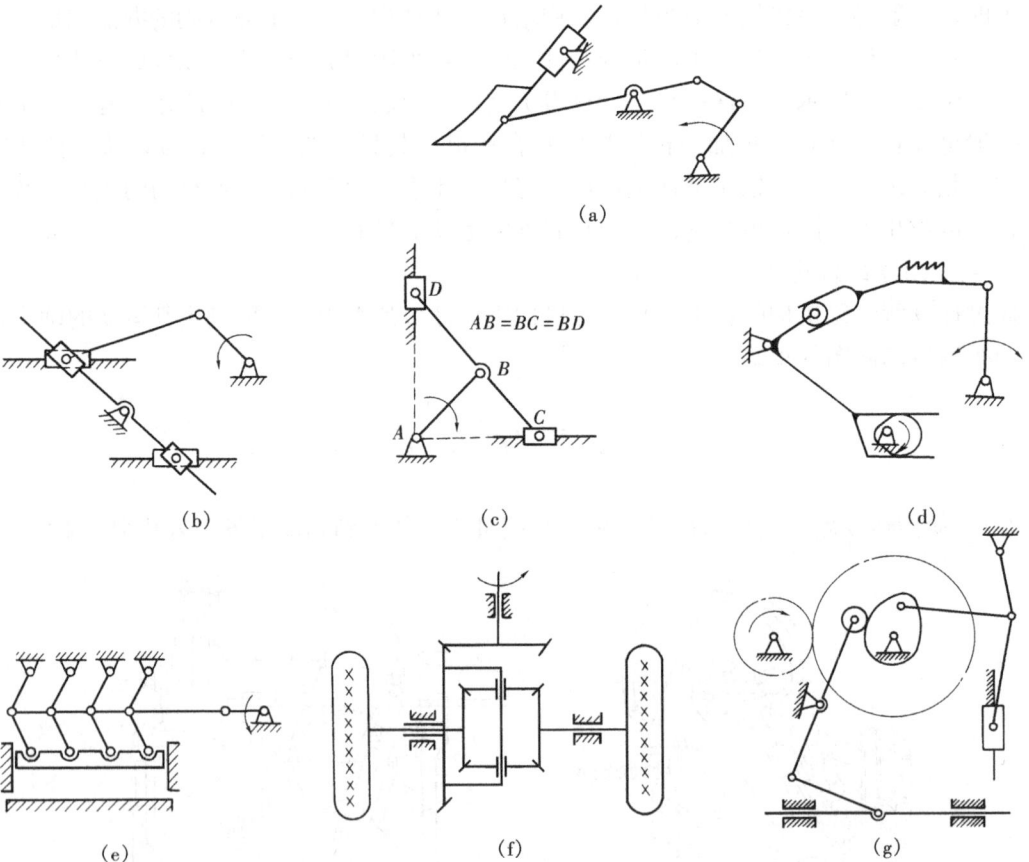

2.9 计算题图 2.3 中各机构的自由度，并判断机构的运动是否确定。（图中标有箭头的构件为主动件）

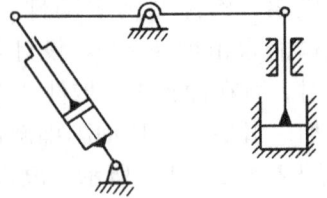

(a)

(b)

(c)

$AB = BC = BD$

(d)

(e)

(f)

(g)

题图 2.3 题 2.9 图

(a) 推土机机构；(b) 压缩机机构；(c) 椭圆器机构；(d) 缝纫机送布机构；(e) 压床机构；
(f) 汽车后桥差速机构；(g) 冲压机构

第三章 平面连杆机构

第一节 概　述

一、基本概念

若干构件用低副连接，且构件间的相对运动均在同一平面或平行平面内的机构，称为平面连杆机构。其中，做平面运动的构件称之为连杆。

由前述可知，三构件用转动副连接起来，不能成为机构。故含转动副的平面连杆机构至少由四杆或四杆以上构件组成。

全部由转动副连接而组成的平面四杆机构称为全铰链四杆机构。

连杆机构中的构件常称为杆，连杆机构以其所含杆的数目而命名。工程中应用最广泛的是平面四连杆机构。许多平面多杆机构均是在此基础上，通过添加一些杆件系统构成。本章主要讨论平面四连杆机构。

二、平面连杆机构的特点及应用

1. 平面连杆机构的特点

（1）寿命较长。由于平面连杆机构的构件间用低副连接，接触表面为平面或圆柱面，因而压强小，便于润滑，磨损较小，寿命较长，适合传递较大动力。

（2）易于制造。结构简单，加工方便，易于获得较高的运动精度。

（3）可实现较远距离的操纵控制。因连杆易于做成较长的构件。

（4）可实现预定的运动轨迹和运动规律。因为连杆机构中存在做平面运动的构件，其上各点的轨迹和运动规律多样化，所以连杆机构常用来作为实现预定的运动轨迹或运动规律的机构。

（5）要求精确实现运动规律时设计复杂，且难于实现。

2. 平面连杆机构的应用

由于具有以上特点，连杆机构广泛应用于各种机械和仪表仪器中。例如，内燃机、锻压机、空气压缩机、牛头刨床的主运动等都是平面连杆机构。再如，雷达天线俯仰角的调整机构（见图 3.1.1），摄影车的升降机构（见图 3.1.2），电风扇摆转驱动机构（见图 3.1.3）以及缝纫机、港口起重机等设备中的传动、操纵机构都是采用平面连杆机构。

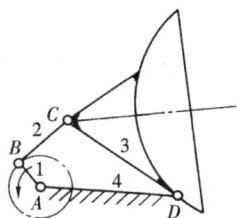

图 3.1.1　雷达天线俯仰角调整机构

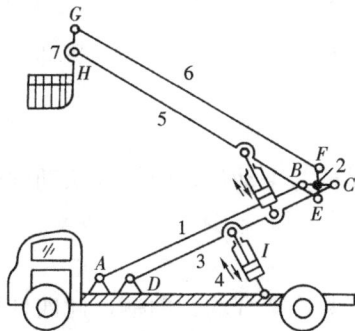

图 3.1.2　摄影车升降机构

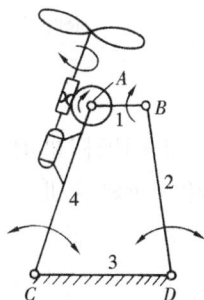

图 3.1.3　风扇摆动机构

第二节　铰链四杆机构基本形式及曲柄存在条件

一、铰链四杆机构的基本形式

平面四杆机构的基本形式是铰链四杆机构，如图 3.2.1 所示。其中固定不动的杆 4 称为

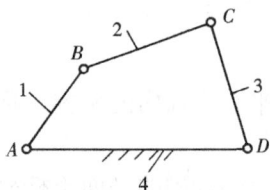

图 3.2.1　铰链四杆机构

1、3—连架杆；2—连杆；4—机架

机架；与机架相连的杆 1、杆 3 称为连架杆；连接两连架杆的杆 2 称为连杆。两连架杆中，能做整周回转的连架杆称为曲柄；只能做一定角度摆动的连架杆称为摇杆。根据两连架杆运动形式的不同，铰链四杆机构又可分为曲柄摇杆机构、双曲柄机构和双摇杆机构三种基本形式。

1. 曲柄摇杆机构

在铰链四杆机构的两连架杆中，一个为曲柄，另一个为摇杆，此四杆机构称为曲柄摇杆机构。曲柄摇杆机构可以实现定轴转动与定轴摆动之间的运动及动力传递。

曲柄摇杆机构一般多以曲柄为主动件作等速转动，摇杆为从动件做往复摆动。例如，图 3.1.1 所示的雷达天线俯仰角调整机构，图 3.2.2 所示的搅拌机构和图 3.2.3 所示的牛头刨床横向自动进给机构。

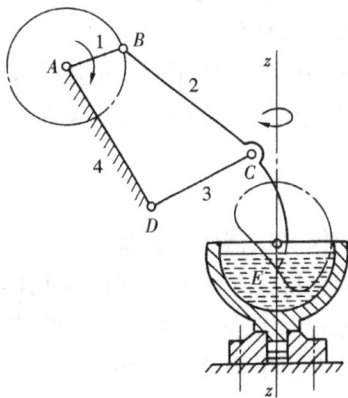

图 3.2.2　搅拌机构

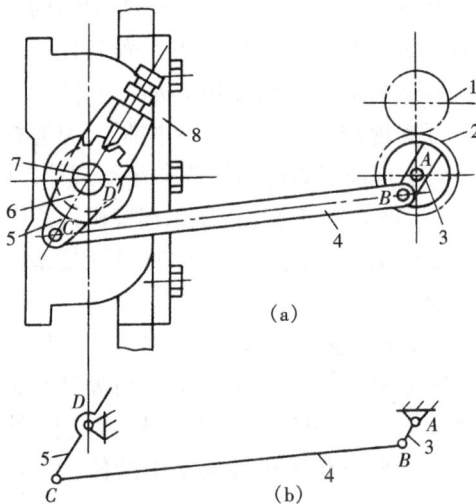

图 3.2.3　牛头刨床横向自动进给机构

1、2—齿轮；3—曲柄；4—连杆；5—摇杆；
6—棘轮；7—丝杠；8—机架

曲柄摇杆机构也有以摇杆为主动件，曲柄为从动件做回转运动的情况，如图 3.2.4 所示的缝纫机踏板机构。

2. 双曲柄机构

在铰接四杆机构中，若两连架杆均为曲柄，此四杆机构称为双曲柄机构。双曲柄机构可以实现定轴转动与定轴转动之间的运动及动力传递。

在双曲柄机构中，若两曲柄的长度不等（见图 3.2.5），就必然有主动曲柄 AB 等速回

转一周，从动曲柄 CD 变速回转一周。图 3.2.6 所示的惯性筛就是利用从动曲柄 CD 的变速转动，使筛子具有适当的加速度，从而利用被筛物料的惯性达到分筛的目的。

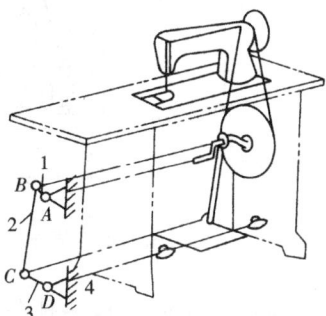

图 3.2.4　缝纫机踏板机构

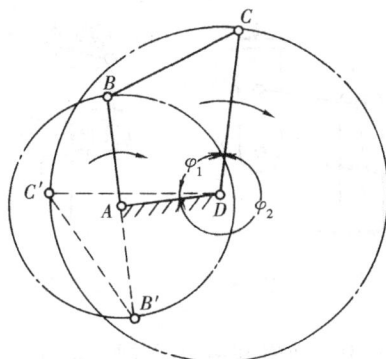

图 3.2.5　双曲柄机构

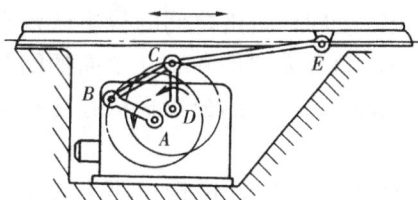

图 3.2.6　惯性筛

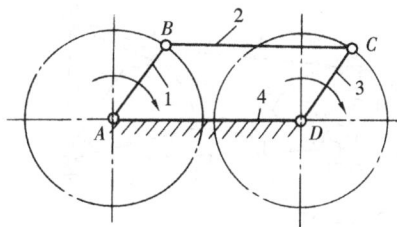

图 3.2.7　正平行四边形机构

在双曲柄机构中，若连杆与机架的长度相等，且两曲柄的转向相同，长度也相等（见图 3.2.7），称之为正平行四边形机构。这种机构的运动特点是两曲柄的角速度始终保持相等，且连杆始终做平动，故应用也很广泛。如图 3.1.2 所示的摄影车升降机构，其升降高度的变化采用两组正平行四边形机构来实现，且利用连杆 7 始终做平动这一特点，可使与连杆固连一体的座椅始终保持水平位置，以保证摄影者安全可靠工作。如图 3.2.8 所示的天平机构，能始终保持天平盘 1、2 处于水平位置。此外，机车车轮的联动机构、火力发电厂风机的风门调节机构等都是正平行四边形机构。

在正平行四边形机构中，当主动曲柄转动一周，将出现两次与从动曲柄、连杆及机架共线的位置，此时，可能出现从动曲柄与主动曲柄转向相同或相反的运动不确定现象。为消除这种运动不确定现象，可采取两种措施：①在从动曲柄上加飞轮，利用飞轮惯性保证其确定运动；②采用多个机构的错位联动，如机车车轮的联动机构等。

对于两个曲柄长度相等转向相反，且连杆与机架的长度也相等的双曲柄机构，则称为逆平行四边形机构。如图 3.2.9 所示的车门启闭机构就是逆平行四边形机构的应用实例。

3. 双摇杆机构

若铰接四杆机构的两连架杆均为摇杆，则此四杆机构称为双摇杆机构。图 3.2.10 所示为鹤式起重机的变幅机构。当摇杆 CD 摆动时，连杆 BC 上悬挂重物的 M 点做近似水平直线运动，从而可避免重物移动时因不必要的升降而发生事故，或消耗过多能量。

在双摇杆机构中，若两摇杆长度相等，则称为等腰梯形机构，如图 3.1.3 所示的电风扇

20

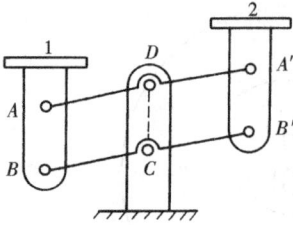

图 3.2.8 天平机构

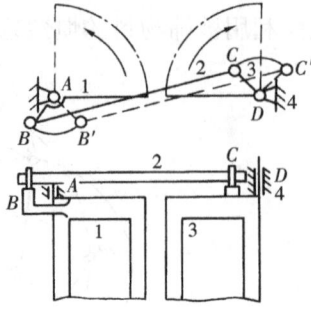

图 3.2.9 车门启闭机构

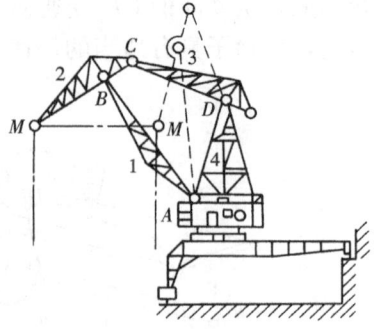

图 3.2.10 鹤式起重机

摆转驱动机构，电动机安装在摇杆 4 上，铰链 A 处有一个与连杆 1 固连成一体的蜗轮，电动机转动时，其轴上的蜗杆带动蜗轮，迫使连杆 1 绕 A 点作整周回转，从而带动连架杆 2 和 4 做往复摆动，实现电风扇的摆动。

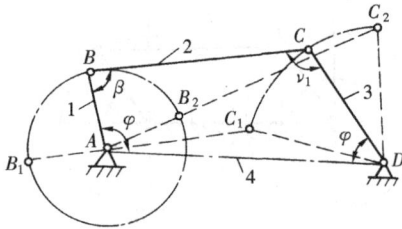

图 3.2.11 铰链四杆机构曲柄存在条件

二、铰链四杆机构曲柄存在条件

上述三种全铰链四杆机构之间的根本区别在于机构是否存在曲柄，而有无曲柄和有几个曲柄则与机构中各杆的相对长度有关。下面分析机构存在一个曲柄的条件。

图 3.2.11 所示铰链四杆机构 ABCD 中，AB 为曲柄，BC 为连杆，CD 为摇杆，AD 为机架，a、b、c、d 分别代表各杆长度。为保证曲柄 AB 能做整周回转，曲柄 AB 必须能顺利通过与连杆共线的两个位置 AB_1 和 AB_2，在这两个位置时，机构各杆分别构成 $\triangle AC_1D$ 和 $\triangle AC_2D$。由几何关系可知

在 $\triangle AC_1D$ 中

$$b-a+d \geqslant c$$
$$b-a+c \geqslant d$$

在 $\triangle AC_2D$ 中

$$a+b \leqslant c+d$$

所以

$$a+b \leqslant c+d \tag{3.2.1}$$
$$a+c \leqslant b+d \tag{3.2.2}$$
$$a+d \leqslant b+c \tag{3.2.3}$$

将式（3.2.1）～式（3.2.3）两边分别两两相加得

$$a \leqslant b \tag{3.2.4}$$
$$a \leqslant c \tag{3.2.5}$$
$$a \leqslant d \tag{3.2.6}$$

上述关系说明，铰链四杆机构中有一个曲柄的条件是：

（1）曲柄为最短连架杆。

（2）最短杆与任一杆长度和应小于或等于其余两杆长度和。

在全铰链四杆机构中，各杆的长度一经确定，各运动副具有的属性不发生改变。由图 3.2.11 可知，曲柄 AB 可做 360° 整周回转，AB 杆与相邻两杆组成的两个转动副 A 和 B 就称为整转副；摇杆 CD 只可能做一定角度（小于 360°）的摆动，CD 与相邻两杆组成的两个转动副

C 和 D 就称为摆转副。根据相对运动原理，连杆 BC 和机架 AD 也可以相对曲柄 AB 做整周回转；而相对摇杆 CD 只能做小于 $360°$ 的摆动。所以，若取 AB 杆为机架，BC 和 AD 均可以分别绕 A 和 B 两点做整周回转成为双曲柄。因此，可得全铰链四杆机构存在曲柄的条件如下：

（1）连架杆与机架中至少有一个是最短杆。

（2）最短杆与最长杆长度和应小于或等于其余两杆长度和。

其中条件（2）又称为格拉肖夫判别式。显然，不满足格拉肖夫判别式的铰链四杆机构，不管取哪个构件为机架，都只能成为双摇杆机构。

【例 3.2.1】　图 3.2.12 所示的铰链四杆机构 $ABCD$ 中，已知各杆长度分别为：$a=30$，$b=50$，$c=40$，$d=45$，试确定该机构分别以 AD、AB、BC、CD 各杆为机架时，属何种机构？

解　$a+b \leqslant c+d$，此机构满足格拉肖夫判别式，因而有曲柄存在。

（1）以最短杆 AB 的相邻杆 AD 为机架。

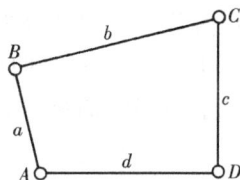

图 3.2.12　铰链四杆机构

因连架杆 AB 与机架 AD 中有一最短杆 AB，故 AB 为曲柄。而另一连架杆 CD 与机架 AD 中无最短杆，故 CD 杆必为摇杆，因此该机构为曲柄摇杆机构。

（2）以最短杆 AB 的另一相邻杆 BC 为机架。

此时与上述情况相似，该机构仍为曲柄摇杆机构。

（3）以最短杆 AB 为机架。

两连架杆 BC 和 AD 均满足曲柄存在条件（1），即 BC 杆与机架 AB、AD 杆与机架 AB 中均有最短杆 AB，故两连架杆 b、d 均为曲柄，该机构为双曲柄机构。

（4）以最短杆 AB 对面杆 CD 为机架。

因两连架杆 BC、AD 与机架 CD 中均无最短杆，故两连架杆 BC、AD 均为摇杆，该机构为双摇杆机构。

通过此例，可以得出以下结论：

若全铰链四杆机构中最短杆与最长杆长度之和小于或等于其余两杆长度和时：①最短杆是连架杆，为曲柄摇杆机构；②最短杆是机架，为双曲柄机构；③最短杆是连杆，为双摇杆机构。

对于平行四边形机构，因为两对应边分别相等，则不论取哪个杆为机架，均存在两个曲柄，故为双曲柄机构。

综上所述，对于满足格拉肖夫判别式的铰链四杆机构，存在着内在联系，可通过取不同的构件为机架而相互转化，如图 3.2.13 所示。

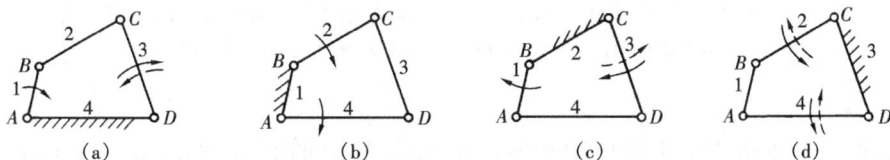

图 3.2.13　取不同的构件为机架，铰链四杆机构的内部演化

（a）、（c）曲柄摇杆机构；（b）双曲柄机构；（d）双摇杆机构

第三节　平面四杆机构的其他形式

一、含一个移动副的平面四杆机构

含一个移动副的平面四杆机构中，曲柄滑块机构结构简单，是应用较多的一种。这种机构能将滑块的往复直线运动转换成曲柄的旋转运动，如图1.1.1所示的内燃机；也能将曲柄的旋转运动转换成滑块的往复直线运动，如空气压缩机、冲床等。

曲柄滑块机构又分为对心曲柄滑块机构［见图3.3.1（a）］、偏置曲柄滑块机构［见图3.3.1（b）］。对心曲柄滑块机构中，滑块的两极限位置C_1和C_2之间的距离H称为行程，等于两倍的曲柄长。为使机构能正常工作，通常连杆和曲柄长度比在$3\sim12$之间选取。

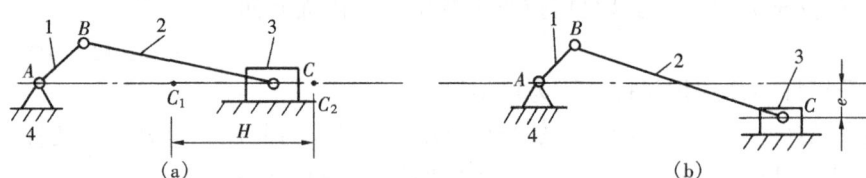

图3.3.1　曲柄滑块机构

（a）对心曲柄滑块机构；（b）偏置曲柄滑块机构

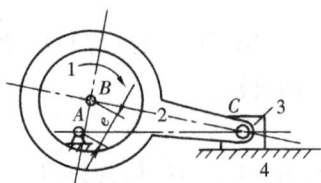

图3.3.2　偏心轮机构

在曲柄滑块机构中，当曲柄较短时，往往用一个旋转中心与几何中心不相重合的偏心轮代替，如图3.3.2所示。图中构件1为偏心轮，偏心距e相当于曲柄长度。偏心轮机构适用于滑块行程较小的场合，如剪板机、冲床、颚式破碎机等。

二、含一个移动副的平面四杆机构内部演化

一个尺寸已定的对心曲柄滑块机构，可以通过选取机构中的不同构件为机架，获得相应的各种派生的平面四杆机构，如图3.3.3所示。各种派生的平面四杆机构在实际生产中均有广泛的应用。

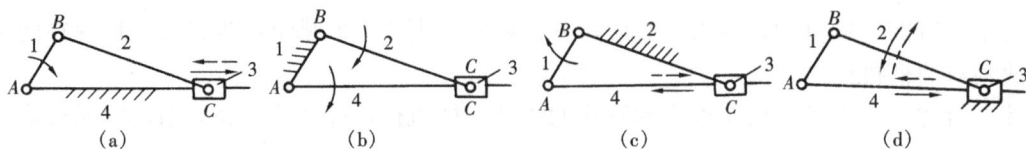

图3.3.3　取不同构件为机架时，含一个移动副的平面四杆机构的内部演化

（a）曲柄滑块机构；（b）转动导杆机构；（c）摇块机构；（d）定块机构

1. 转动导杆机构

所谓导杆，是指机构中不与机架相连而组成移动副的构件，如图3.3.3（b）所示。转动导杆机构可以看做是在一个尺寸已定的对心曲柄滑块机构中，通过选取原机构中的曲柄为机架而得到的。回转式油泵应用了转动导杆机构，如图3.3.4所示。

2. 摇块机构

取原对心曲柄滑块机构中的连杆为机架，即可得到摇块机构。自卸汽车应用了摇块机构，如图 3.3.5 所示。

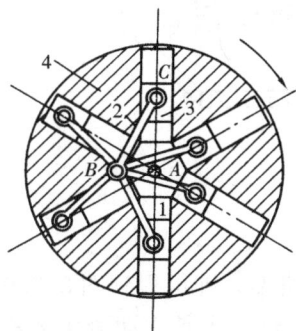

图 3.3.4 回转式油泵

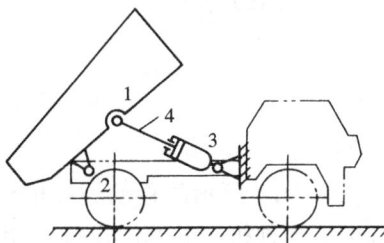

图 3.3.5 自卸汽车

3. 定块机构

取原对心曲柄滑块机构中的滑块为机架，即可得到定块机构。手压唧筒应用了定块机构，如图 3.3.6 所示。

4. 摆动导杆机构

摆动导杆机构可以看做是在转动导杆机构的基础上，通过改变各构件的相对尺寸而得到。牛头刨床的主传动机构应用了如图 3.3.7 所示的摆动导杆机构。

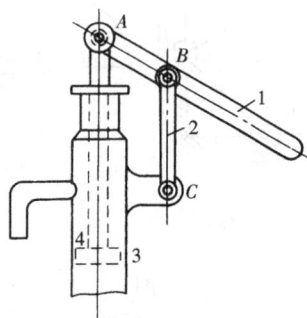

三、含两个移动副的平面四杆机构及演化

在含两个移动副的四杆机构中，比较典型的有以下几种形式。

图 3.3.6 手压唧筒

1. 移动导杆机构

移动导杆机构如图 3.3.8（a）所示，当主动件曲柄 1 等速回转时，从动件导杆 3 的位移与主动件转角的正弦成正比，故又称为正弦机构。该机构的运动简图又可用图 3.3.8（b）表示。缝纫机刺布的驱动机构应用了正弦机构，如图 2.4.8 所示。

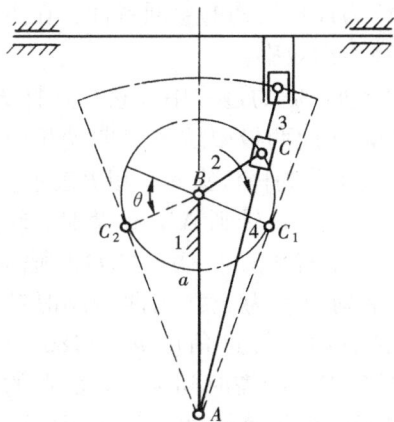

图 3.3.7 牛头刨床的主传动机构

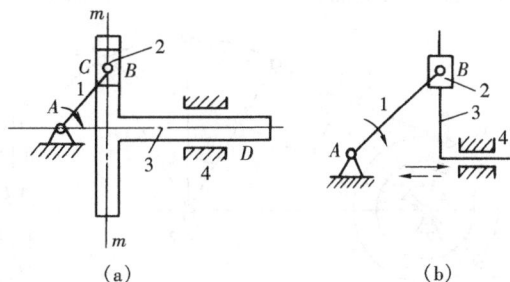

（a）　　　　　（b）

图 3.3.8 移动导杆机构

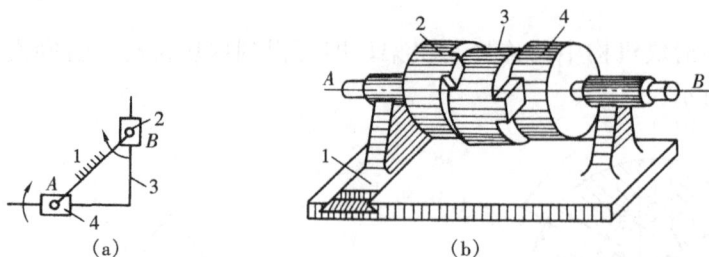

图 3.3.9　双转块机构

2. 双转块机构

在图 3.3.8（b）所示的移动导杆机构中，若取杆 1 为机架，即可得到图 3.3.9（a）所示的双转块机构。这种机构的两滑块均能相对于机架做整周转动，当其主动滑块 2 转动时，通过连杆 3 可使从动滑块 4 获得与滑块 2 完全同步的转动。图 3.3.9（b）所示十字滑块联轴器应用了双转块机构。

3. 双滑块机构

若选取图 3.3.8（b）所示移动导杆机构中的构件 3 为机架，即可得到图 3.3.10（a）所示的双滑块机构。一般两滑块移动方向互相垂直，其连杆 AB（或其延长线）上的任一点 M 的轨迹必为椭圆，故双滑块机构常用做椭圆绘图仪，如图 3.3.10（b）所示。

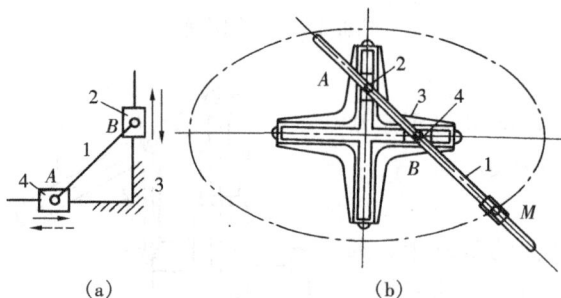

图 3.3.10　双滑块机构
（a）双滑块机构；（b）椭圆绘图仪

第四节　平面四杆机构的运动特性

一、急回特性

在某些连杆机构中，当主动件（一般为曲柄）做等速转动时，从动摇杆做往复摆动，而且摆回时的平均速度比摆去时的平均速度要大，这种性质称为连杆机构的急回特性。在生产实际中利用连杆机构的急回特性可以缩短非生产时间，提高生产效率。

图 3.4.1 所示的曲柄摇杆机构，主动曲柄 AB 做等速转动一周的过程中，它与连杆 BC 两次共线，从动摇杆 CD 分别位于两极限位置 C_1D 和 C_2D，在此两极限位置时曲柄相应的两个位置所夹的锐角称为极位夹角，以 θ 表示。

当曲柄由 AB_1 顺时针转到 AB_2 位置时，转过角度 $\varphi_1 = 180° + \theta$，摇杆由 C_1D 摆至 C_2D，所需时间为 t_1，C 点的平均速度为 v_1。当曲柄顺时针从 AB_2 转到 AB_1 位置时，转过角度 $\varphi_2 = 180° - \theta$，摇杆由 C_2D 摆至 C_1D，所需时间为 t_2，C 点的平均速度为 v_2。由于曲柄等速转动，且 φ_1 大于 φ_2，所以 $t_1 > t_2$，因为摇杆 CD 来回摆动的行程相同，

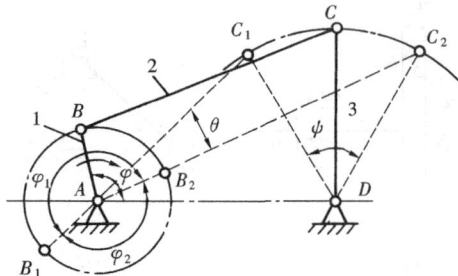

图 3.4.1　曲柄摇杆机构急回特性

均为$\overparen{C_1C_2}$，所以 $v_2 > v_1$。这说明曲柄摇杆机构具有急回特性。

连杆机构急回特性的相对程度，用行程速度变化系数 K 来表示，即

$$K = \frac{v_2}{v_1} = \frac{\overparen{C_1C_2}/t_2}{\overparen{C_1C_2}/t_1} = \frac{t_1}{t_2} = \frac{\varphi_1}{\varphi_2} = \frac{180° + \theta}{180° - \theta} \tag{3.4.1}$$

整理后可得

$$\theta = 180° \frac{K-1}{K+1} \tag{3.4.2}$$

由式（3.4.2）可见，连杆机构的急回特性取决于极位夹角 θ 的大小，θ 角越大，K 值越大，机构的急回程度越高，若 $\theta = 0°$，则 $K=1$，机构无急回特性。

对于其他四杆机构，如图 3.4.2（a）所示的对心曲柄滑块机构，因极位夹角 $\theta = 0°$，所以无急回特性；图 3.4.2（b）所示为偏置曲柄滑块机构，因极位夹角 $\theta \neq 0°$，所以有急回特性；图 3.4.2（c）所示为摆动导杆机构，其极位夹角 θ 恒等于导杆摆角 ψ，所以该机构的急回特性更好。

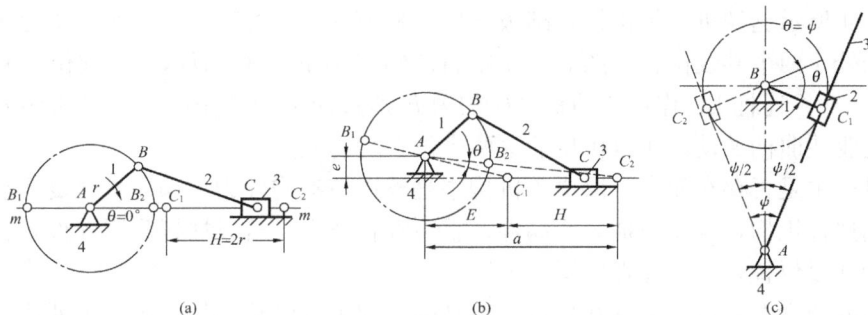

图 3.4.2 其他四杆机构的急回特性

（a）对心曲柄滑块机构；（b）偏置曲柄滑块机构；（c）摆动导杆机构

二、压力角和传动角

在图 3.4.3 所示曲柄摇杆机构中，若不计各构件的质量和运动副中的摩擦力，则连杆 BC 只受两个力的作用且作用力沿 B、C 两点连线方向，于是主动曲柄通过连杆 BC 作用于从动摇杆 CD 的力 F 沿 BC 方向，F 可分解为两个分力 F_t 和 F_n，则

$$F_t = F\cos\alpha \tag{3.4.3}$$

$$F_n = F\sin\alpha \tag{3.4.4}$$

式中，α 为力 F 的作用线与其作用点（图 3.4.3 中为 C 点）速度 v_C 方向所夹的锐角，称为压力角。α 角的余角 γ 称为传动角。由式（3.4.2）和式（3.4.3）可知，α 角越小或 γ 角越大，则使从动件运动的有效分力 F_t 就越大，机构的传动性能就越好，所以压力角 α 是反映机构传动性能的重要指标。在连杆机构设计中，由于传动角 γ 便于观察和测量，故常用 γ 角来衡量连杆机构的传动性能。

为保证连杆机构具有良好的传动性能，对一般机械机构设计要求最小传动角 $\gamma_{min} \geqslant 40°$（即 $\alpha_{max} < 50°$），对高速大功率机械则要求 $\gamma_{min} \geqslant 50°$（即 $\alpha_{max} < 40°$）。

三、死点

在不计构件的重力、惯性力和运动副中摩擦阻力的条件下，当机构处于压力角为 $90°$

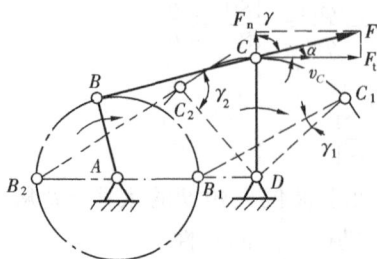

图 3.4.3 压力角和传动角

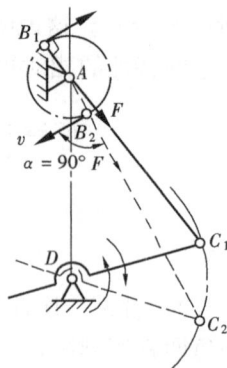

图 3.4.4 缝纫机踏板机构的死点

（传动角为 0°）的位置时，由式（3.4.3）可知，推动从动件的有效分力为零。在此位置，无论驱动力多大，均不能使从动件运动，机构的这种位置即为死点。

图 3.4.4 所示缝纫机踏板机构，踏板（即摇杆 CD）为原动件，曲柄 AB 为从动件。当曲柄与连杆处于两个共线位置（图 3.4.4 中 AB_1C_1 实线位置和 AB_2C_2 虚线位置）时，机构的传动角 $\gamma=0°$，连杆 BC 作用于曲柄 AB 的力 F 通过曲柄回转中心 A，对曲柄的回转力矩为零，不能驱使曲柄转动，所以机构的这两个位置均为死点。

四杆机构中是否存在死点，取决于机构中是整周转动构件为主动还是往复运动构件为主动。对曲柄摇杆机构，若以曲柄为原动件，就不存在死点；若以摇杆为原动件，在机构连杆与从动曲柄共线位置，即是死点位置。

从传动的角度看，机构中存在死点是不利的，因为这时从动件会出现卡死或运动不确定的现象（如缝纫机踏板不动或倒转）。为克服死点对传动的不利影响，应采取相应措施使需要连续运转的机器顺利通过死点。比如在从动曲柄上加装惯性较大的飞轮，利用惯性来通过死点（如单缸内燃机曲轴上加飞轮），或利用多个相同机构错位排列的方法克服死点。

工程上有时也利用死点来实现一定的工作要求。如图 3.4.5 所示的夹具，工件被夹紧后 BCD 成一条直线，此时夹紧机构处于死点位置，即使工件反力很大也不能使夹紧机构反转，使工件的夹紧牢固可靠。再如图 3.4.6 所示的飞机起落架，当起跑轮放下时，BC 杆与 CD 杆共线，机构处在死点位置，地面对轮子的反作用力不会使 CD 杆转动，从而保证飞机安全降落。再如图 3.4.7 所示的折叠椅也是利用死点位置来承受外力。

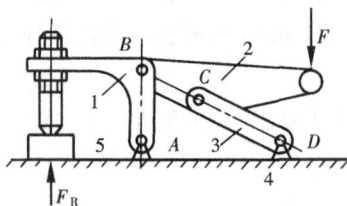

图 3.4.5 夹具

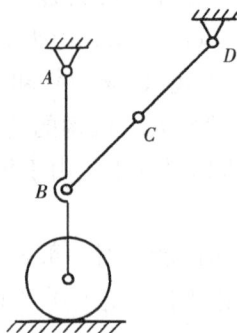

图 3.4.6 飞机起落架

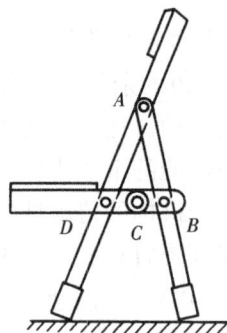

图 3.4.7 折叠椅

第五节 平面四杆机构的设计

平面四杆机构的设计主要是根据使用要求选定机构的形式，并确定机构中各构件的尺寸。这种设计一般可归纳为两类：

(1) 实现预期的运动规律。

(2) 实现给定的运动轨迹。

平面四杆机构的设计方法有图解法、解析法和实验法。图解法直观、简便但精确度不高；解析法精确但计算量大，目前使用计算机作辅助设计既精确又迅速，是设计方法的新方向；实验法简便但不实用。本书仅介绍图解法。

一、按给定行程速度变化系数 K 设计四杆机构

设计具有急回特性的四杆机构，通常根据实际工作需要，先确定行程速度变化系数 K，然后根据机构在极限位置处的几何关系，结合有关辅助条件，确定出机构中各杆的尺寸。

1. 设计曲柄摇杆机构

已知摇杆 CD 的长度 l_{CD}、摆角 ψ 和行程速度变化系数 K，试设计该曲柄摇杆机构。

设计的关键是确定固定铰链中心 A 的位置，具体设计步骤如下：

(1) 选取适当比例尺 μ_1，按摇杆长度 l_{CD} 和摆角 ψ，作出摇杆的两极限位置 C_1D 和 C_2D，如图 3.5.1 所示。

(2) 由式（3.4.2）$\theta=180°\dfrac{K-1}{K+1}$ 算出极位夹角 θ。

(3) 连接 C_1C_2，作 $\angle C_1C_2O=\angle C_2C_1O=90°-\theta$，得一交点 O，以 O 点为圆心、OC_1 为半径作辅助圆，则 C_1C_2 所对的圆心角为 2θ，所对的圆周角为 θ。

(4) 在辅助圆的圆周上允许范围内任选一点 A，则 $\angle C_1AC_2=\theta$。

(5) 由于摇杆在极限位置时，连杆与曲柄共线，则有 $AC_1=BC-AB$；$AC_2=BC+AB$，故有

$$AB=\frac{AC_2-AC_1}{2}, \quad BC=\frac{AC_2+AC_1}{2}$$

由上述两式求得 AB、BC，并由图 3.5.1 中量取 AD 后，可得曲柄、连杆、机架的实际长度分别为

$$l_{AB}=AB\times\mu_1, \qquad l_{BC}=BC\times\mu_1, \qquad l_{AD}=AD\times\mu_1$$

2. 设计摆动导杆机构

已知机架长度 l_{AC}、行程速度变化系数 K，试设计该摆动导杆机构。

由图 3.5.2 可知，摆动导杆机构的极位夹角 θ 和导杆的摆角 ψ 相等，需要确定的尺寸是曲柄的长度 l_{AB}。其设计步骤如下：

(1) 选取适当比例尺 μ_1，由给定的行程速度变化系数 K，求极位夹角 θ（$\theta=\psi$）。由式（3.4.2）$\theta=180°\dfrac{K-1}{K+1}$ 算出极位夹角 θ。

(2) 任选一点 C 作为固定铰链中心，作出导杆的两极限位置，其夹角为 ψ。

(3) 作摆角的角平分线，并在角平分线上取 $AC=l_{AC}$，得固定铰链中心 A 的位置。

(4) 过 A 点作极限位置的垂线 AB_1（或 AB_2），即得到曲柄长度 l_{AB}。曲柄的实际长度

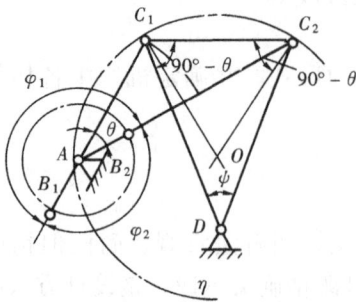

图 3.5.1　按 K 值设计曲柄摇杆机构

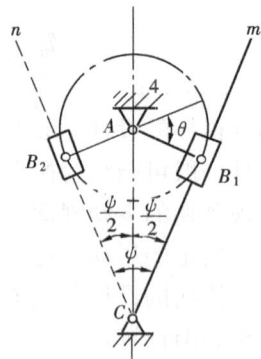

图 3.5.2　按 K 值设计摆动导杆机构

为 $l_{AB} = AB \times \mu_1$。

二、按给定的连杆位置设计四杆机构

1. 给定连杆两个位置设计四杆机构

图 3.5.3（a）所示为加热炉炉门，要求设计一四杆机构，把炉门从开启位置 B_2C_2（炉门水平位置，受热面向下）转变为关闭位置 B_1C_1（炉门垂直位置，受热面朝向炉膛）。

本例中，炉门即为要设计的四杆机构中的连杆。因此，设计的主要问题是根据给定的连杆长度及两个位置来确定另外三杆的长度（实际上即是确定两连架杆 AB 及 CD 的回转中心 A 和 D 的位置）。

由于连杆上 B 点的运动轨迹是以 A 为圆心，以 AB 长为半径的圆弧，所以 A 点必在 B_1、B_2 连线的垂直平分线上，同理可得 D 点亦必在 C_1、C_2 连线的垂直平分线上。因此可得设计步骤如下：

（1）选取适当的长度比例尺 μ_1（μ_1＝实际尺寸/作图尺寸），按已知条件画出连杆（如本例中的炉门）BC 的两个位置 B_1C_1、B_2C_2。

（2）连接 B_1B_2、C_1C_2，分别作 B_1B_2、C_1C_2 的垂直平分线 mm、nn。

（3）分别在直线 mm、nn 上任意选取一点作为转动铰链中心 A、D，如图 3.5.3（b）所示。

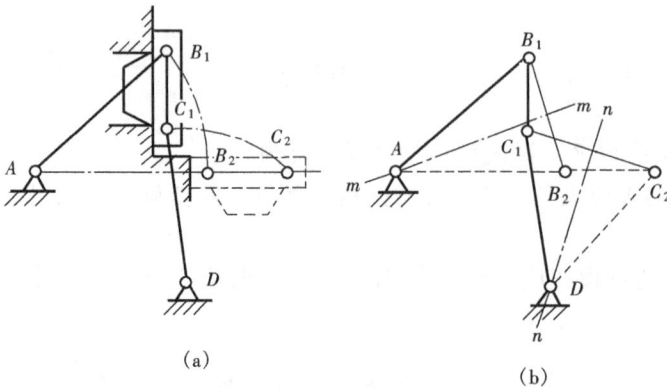

(a)

(b)

图 3.5.3　加热炉炉门

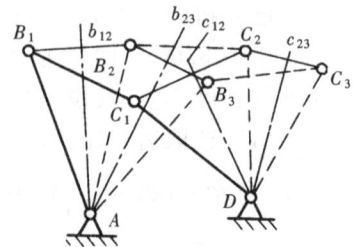

图 3.5.4　按给定连杆三个位置设计四杆机构

由以上分析可见，若只给定连杆两个位置设计，则有无穷多个解。一般是再根据具体情况增加辅助条件（比如限制最小传动角、各杆的尺寸范围或其他结构要求等）得到确定的解。

2. 按给定连杆三个位置设计四杆机构

如果给定连杆的三个位置，设计过程与上述相同。

但由于三点（如 B_1、B_2、B_3）可确定一个圆，故转动中心 A、D 能够唯一确定，即有唯一解，如图 3.5.4 所示。

思 考 与 练 习

3.1 何谓平面连杆机构？它有哪些特点？常应用于何种场合？

3.2 铰链四杆机构有哪几种基本形式？它们各有何区别？

3.3 其他形式的四杆机构有哪几种？各应用情况如何？

3.4 何谓曲柄？铰链四杆机构中曲柄存在的条件是什么？

3.5 连杆机构中急回特性的含义是什么？什么条件下连杆机构才具有急回特性？

3.6 何谓曲柄摇杆机构的行程速度变化系数？何谓极位夹角？

3.7 何谓机构的压力角和传动角？其大小对连杆机构的工作有何影响？

3.8 何谓连杆机构的死点？是否所有四杆机构都存在死点？什么情况下出现死点？请举出避免死点和利用死点的例子。

3.9 试根据题图 3.1（a）～（d）中注明的尺寸判断下列铰链四杆机构是曲柄摇杆机构、双曲柄机构，还是双摇杆机构。

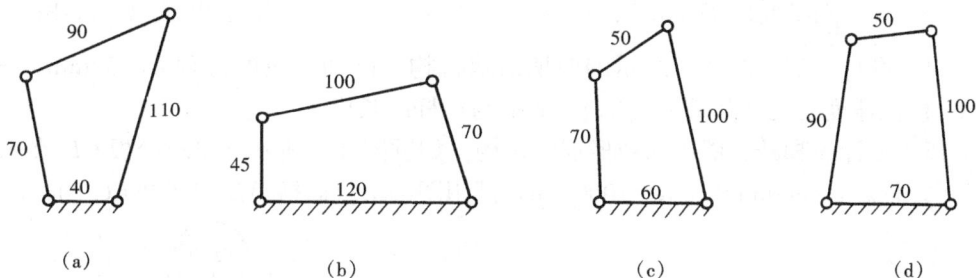

题图 3.1 题 3.9 图

3.10 如题图 3.2 所示，以铰链形式连接组成的闭式运动链中，已知各构件长度：$l_{AB}=55\text{mm}$，$l_{BC}=40\text{mm}$，$l_{CD}=50\text{mm}$，$l_{AD}=25\text{mm}$。试问：

（1）哪个构件固定可获得曲柄摇杆机构？

（2）哪个构件固定可获得双曲柄机构？

（3）哪个构件固定可获得双摇杆机构？

3.11 在题图 3.3 所示的四杆机构中，已知：$l_{BC}=50\text{mm}$，$l_{CD}=35\text{mm}$，$l_{AD}=30\text{mm}$，AD 为机架。试完成：

（1）如果能成为曲柄摇杆机构，且 AB 是曲柄，求 l_{AB} 的极限值；

（2）如果能成为双曲柄机构，求 l_{AB} 的取值范围；

（3）如果能成为双摇杆机构，求 l_{AB} 的取值范围。

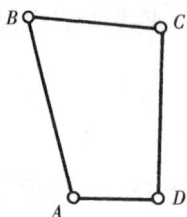

题图 3.2　题 3.10 图

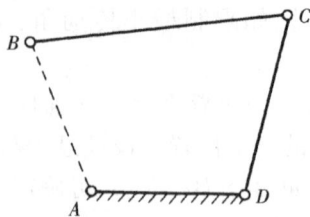

题图 3.3　题 3.11 图

3.12　试用图解法设计题图 3.4 所示的铰链四杆机构。已知摇杆 CD 的长度 $l_{CD}=$ 0.075m，行程速度变化系数 $K=1.5$，机架 AD 的长度 $l_{AD}=0.1$m，摇杆的一个极限位置与机架间的夹角 45°，求曲柄 AB 的长度 l_{AB} 和连杆 BC 的长度 l_{BC}。

3.13　题图 3.5 所示为牛头刨床上的曲柄摆动导杆机构，已知机架 AC 长度 $l_{AC}=$ 400mm，行程速度变化系数 $K=1.65$，试设计此机构。

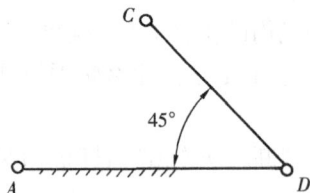

题图 3.4　题 3.12 图

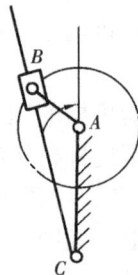

题图 3.5　题 3.13 图

3.14　设计一如题图 3.6 所示的曲柄滑块机构。已知滑块的行程 $h=50$mm，偏距 $e=$ 16mm，行程速度变化系数 $K=1.2$，求曲柄与连杆的长度。

3.15　设计一脚踏轧棉机的曲柄摇杆机构。如题图 3.7 所示，要求踏板 CD 在水平上下各摆 10°，且 $l_{CD}=500$mm，$l_{AD}=1000$mm，试用图解法求曲柄 AB 和连杆 BC 的长度。

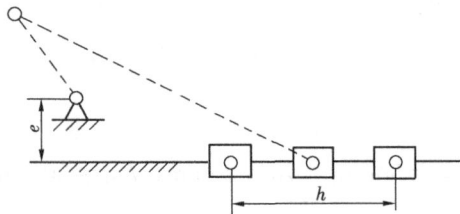

题图 3.6　题 3.14 图

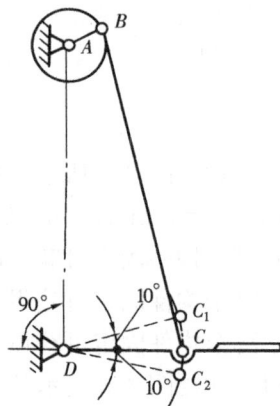

题图 3.7　题 3.15 图

第四章 凸 轮 机 构

第一节　凸轮机构的应用与分类

凸轮机构是由主动件凸轮 1、从动件 2 和机架 3 组成的高副机构，如图 4.1.1 所示。凸轮机构结构简单，可以通过变更凸轮轮廓曲线实现从动件预定的运动规律，因此，在各种机械装置中，特别是自动控制装置中凸轮机构得到广泛应用。

一、凸轮机构应用

图 4.1.1 所示为内燃机配气的凸轮机构，当盘形凸轮 1 做匀速转动时，凸轮曲线轮廓与从动件 2 的平底接触，使其按预期规律做上下往复移动，从而控制新鲜空气准时进入气缸或排出废气。从动件有规律地开启和闭合于气门口的运动取决于凸轮轮廓曲线的形状。

图 4.1.2 所示为自动送料凸轮机构。当带有凹槽的凸轮 1 匀速转动时，通过槽中的滚子，驱使从动件 2 做往复移动，凸轮转动一周，从动件即从储料箱中推出一个毛坯，送到加工位置，实现自动送料。

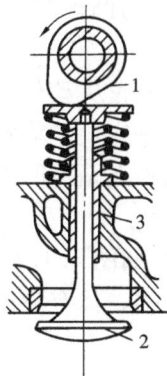

图 4.1.1　内燃机配气的凸轮机构
1—凸轮；2—从动件；3—机架

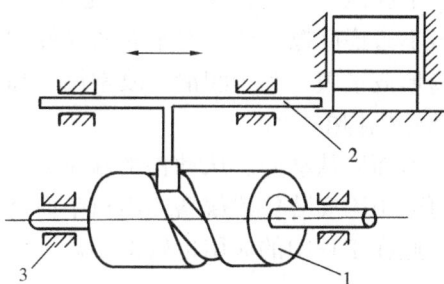

图 4.1.2　自动送料凸轮机构
1—凸轮；2—从动件；3—机架

由以上实例可知，当凸轮做匀速转动时，从动件的运动规律取决于凸轮轮廓的曲线形状。因此，根据机器的工作要求给定从动件运动规律后，合理设计凸轮轮廓曲线，是凸轮机构设计的关键。

二、凸轮机构的分类

1. 按凸轮的形状分类

（1）盘形凸轮。它是一种绕固定轴线回转并具有不同曲率半径的盘形零件，它是凸轮的最基本形式。凸轮与从动件互做平面运动，即为平面凸轮机构，如图 4.1.1 所示。

（2）移动凸轮。凸轮相对机架做往复直线运动，相当于回转中心在无穷远处的盘形凸轮，也是平面凸轮机构，如图 4.1.3 所示。

（3）圆柱凸轮。它是在圆柱端面上作出曲面或是在圆柱面上开出曲面凹槽轮廓的构件，如图 4.1.2 所示。

2. 按从动件形状分类

（1）尖顶从动件。以尖顶与凸轮轮廓接触的从动件称为尖顶从动件，如图4.1.4（a）所示。这种从动件结构最简单，且能与任意形状的凸轮轮廓相接触，实现任意复杂的运动规律；但尖顶接触处易磨损，故仅适用于轻载、低速的凸轮机构。

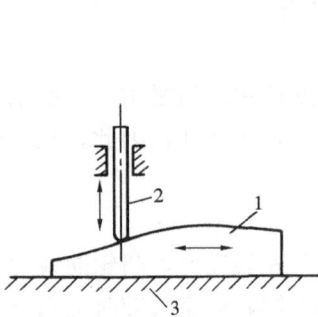

图 4.1.3　移动凸轮
1—凸轮；2—移动从动件；3—机架

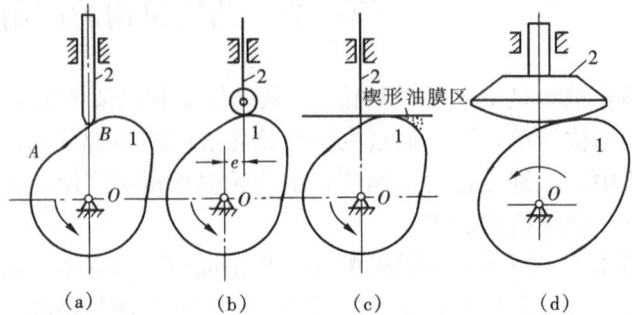

图 4.1.4　从动件的形状
（a）尖顶从动件；（b）滚子从动件；（c）平底从动件；（d）球面底从动件

（2）滚子从动件。以铰接的滚子与凸轮轮廓接触的从动件称为滚子从动件，如图4.1.4（b）所示。从动件与凸轮接触端装有可自由转动的滚子，滚子与凸轮之间为滚动摩擦，磨损小，可以承受较大的载荷，因此应用很普遍。

（3）平底从动件。以平底与凸轮轮廓接触的从动件称为平底从动件，如图4.1.4（c）所示。若不考虑摩擦，凸轮对平底从动件的作用力始终垂直于平底，传动效率较高，且接触面间容易形成油膜，利于润滑，故常用于高速凸轮机构。它的缺点是不能用于凸轮轮廓为凹曲线的凸轮机构中。

（4）球面底从动件。从动件的端部具有突出的球形表面，如图4.1.4（d）所示。这种从动件可减小因安装位置偏斜或不对中而造成的表面应力和磨损，具有尖顶和平底从动件的优点，因此在工程中的应用也较多。

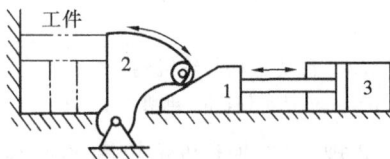

图 4.1.5　夹紧机构
1—凸轮；2—摆杆；3—气缸

3. 按从动件的运动形式分类

（1）直动从动件。相对机架做往复直线运动的从动件称为直动从动件。图4.1.4（a）为对心移动从动件，即从动件的导路线通过凸轮转动中心。图4.1.4（b）为偏置移动从动件，即从动件的导路线偏移凸轮转动中心，偏心距为 e。

（2）摆动从动件。相对机架做往复摆动的从动件称为摆动从动件，如图4.1.5所示。

若将不同类型的凸轮和从动件组合起来，就可以得到各种不同形式的凸轮机构。设计凸轮机构时，可根据不同的工作要求和工作场合加以选择。

第二节　常用的从动件运动规律

从动件的运动规律是指从动件的位移、速度、加速度随时间（或凸轮转角）变化的规律。凸轮做匀速转动时，其转角 δ 与时间 t 成正比，即 $\delta = \omega t$，所以，从动件运动规律可以用从动件的运动参数随凸轮转角的变化规律来表示。

一、平面凸轮机构的基本尺寸和运动参数

图 4.2.1（a）所示为一对心移动尖顶从动件盘形凸轮机构，以凸轮轮廓曲线的最小向径 r_0 为半径所作的圆称为基圆，r_0 称为基圆半径。在图示位置，从动件处于上升的最低位置，也是从动件离凸轮轴心最近的位置，其尖顶与凸轮在 A 点接触。当凸轮以等角速度 ω 顺时针方向转动 δ_0 时，凸轮轮廓 AB 段的向径逐渐增加，推动从动件以一定的运动规律达到最高位置 B'，此时从动件处于距凸轮轴心 O 最远位置，这个从动件远离凸轮轴心的行程称为推程。从动件移动的距离 h 称为升程，与之对应的凸轮转角 δ_0 称为推程运动角。当凸轮继续转动 δ_S 时，凸轮轮廓 BC 段向径不变，此时从动件处于距凸轮轴心最远位置停止不动，对应的凸轮转角 δ_S 称为远休止角。当凸轮继续转动 δ_h 时，凸轮轮廓 CD 段的向径逐渐减小，从动件以一定的运动规律回到起始位置，这一过程称为回程，对应的凸轮转角 δ_h 称为回程运动角。当凸轮继续转动 δ'_S 时，凸轮轮廓 DA 段的向径不变，此时从动件在最近位置停止不动，对应的凸轮转角 δ'_S 称为近休止角。当凸轮继续转动时，从动件重复上述升—停—降—停的运动循环。

从动件的位移 S 与凸轮转角 δ 的关系可以用从动件的位移线图来表示，如图 4.2.1（b）所示。因为大多数凸轮做等速转动，转角与时间成正比，因此横坐标也可以代表时间 t。

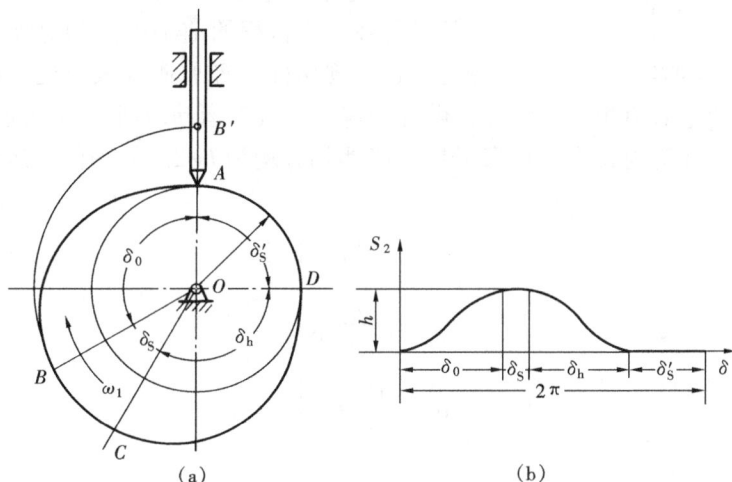

图 4.2.1　凸轮机构的运动过程

由上述分析可知，从动件的运动规律取决于凸轮的轮廓曲线形状。因此，设计凸轮轮廓曲线时，应根据工作要求选定从动件的运动规律，按从动件的位移线图求出相应的凸轮轮廓曲线。

二、常用从动件运动规律

1. 等速运动规律

从动件速度为定值的运动规律称为等速运动规律。

当凸轮转过推程运动角 δ_0 时，从动件升程为 h，推程时间为 T。由于凸轮转角 $\delta = \omega_1 t$，$\delta_0 = \omega_1 T$，则推程时从动件用凸轮转角 δ 表示的运动方程为

$$
\left.\begin{array}{l}
S_2 = \dfrac{h}{\delta_0}\delta \\[2mm]
v_2 = \dfrac{h}{\delta_0}\omega_1 \\[2mm]
a_2 = 0
\end{array}\right\} \tag{4.2.1}
$$

回程时，从动件的速度为负值，回程结束，凸轮转角为 δ_h，$s=0$。回程时从动件的运动方程为

$$
\left.\begin{array}{l}
s_2 = h\left(1 - \dfrac{\delta}{\delta_h}\right) \\[2mm]
v_2 = -\dfrac{h}{\delta_h}\omega_1 \\[2mm]
a_2 = 0
\end{array}\right\} \tag{4.2.2}
$$

图 4.2.2（a）所示为从动件推程做等速运动的位移线图，由图可见，从动件做等速运动时，在行程始末速度有突变，理论上加速度可以达到无穷大，其惯性力将导致机构产生强烈的刚性冲击。因此，等速运动规律仅适用于低速轻载的场合。

2. 等加速等减速运动规律

从动件在一个行程的前半阶段为等加速和后半阶段为等减速的运动规律称为等加速等减速运动规律。通常等加

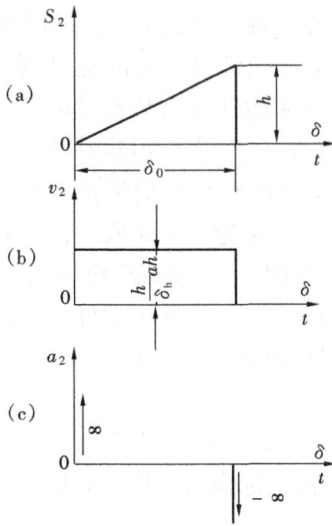

图 4.2.2　等速运动

速度和等减速度的绝对值相等，因此，做等加速和等减速运动时所经历的时间相等，与之对应的凸轮转角也相等均为 $\delta_0/2$，两段升程也必然相等均为 $h/2$。从动件的运动为

前半升程

$$
\left.\begin{array}{l}
S_2 = \dfrac{2h}{\delta_0^2}\delta^2 \\[2mm]
v_2 = \dfrac{4h\omega_1}{\delta_0^2}\delta \\[2mm]
a = \dfrac{4h\omega_1^2}{\delta_0^2}
\end{array}\right\} \tag{4.2.3}
$$

后半升程

$$
\left.\begin{array}{l}
S_2 = h - \dfrac{2h}{\delta_0^2}(\delta_0 - \delta)^2 \\[2mm]
v_2 = \dfrac{4h\omega_1}{\delta_0^2}(\delta_0 - \delta) \\[2mm]
a = -\dfrac{4h\omega_1^2}{\delta_0^2}
\end{array}\right\} \tag{4.2.4}
$$

图 4.2.3 所示为等加速等减速运动线图。该图的位移曲线是一凹一凸两段抛物线连接的曲线，故又称抛物线运动规律。从动件做等加速等减速运动时，在从动件升程始、末以及由等加速过渡到等减速的瞬时即 O、A、B 三点处，加速度出现有限值的突然变化，这将产生有限惯性力的突变，导致机构产生柔性冲击。因此，等加速等减速运动规律不适用于高速，可用于中速轻载的场合。

3. 简谐（余弦加速度）运动规律

从动件的加速度按余弦规律变化的运动规律称为简谐运动规律。当一质点在圆周上做匀速运动时，它在该圆直径上的投影所构成的运动称为简谐运动，如图 4.2.4（a）所示，设以从动件的升程 h 为直径作一圆，则从动件的位移方程为

$$S_2 = \frac{h}{2}(1 - \cos\theta)$$

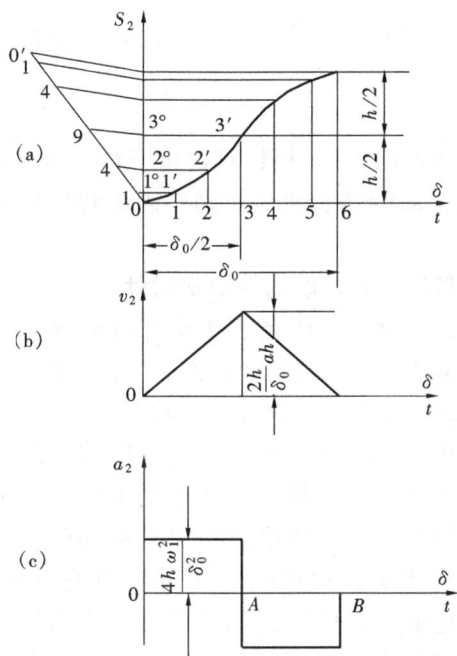

图 4.2.3　等加速等减速运动　　　　　　图 4.2.4　简谐运动

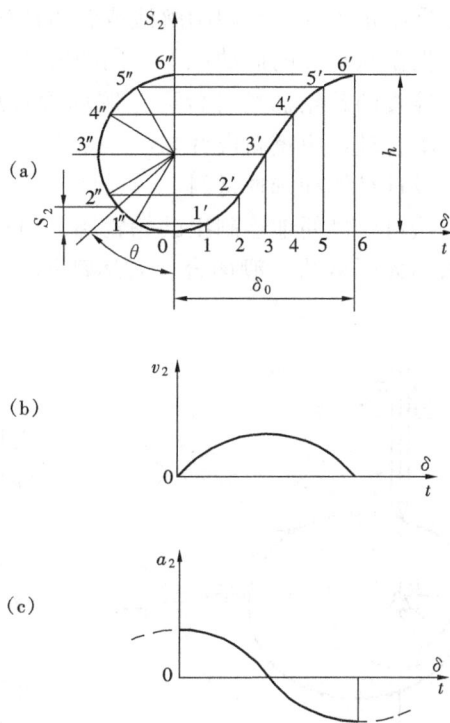

由图 4.2.4 可知，当质点相对圆周移动 $\theta = \pi$ 时，凸轮转角 $\delta = \delta_0$，因此可得 $\theta = \pi\delta/\delta_0$，将其代入上式可导出，从动件推程时所做简谐运动的运动方程为

$$\left.\begin{array}{l} S_2 = \dfrac{h}{2}\left[1 - \cos\left(\dfrac{\pi}{\delta_0}\delta\right)\right] \\[2mm] v_2 = \dfrac{\pi h\omega_1}{2\delta_0}\sin\left(\dfrac{\pi}{\delta_0}\delta\right) \\[2mm] a_2 = \dfrac{\pi^2 h\omega_1^2}{2\delta_0}\cos\left(\dfrac{\pi}{\delta_0}\delta\right) \end{array}\right\} \qquad (4.2.5)$$

同理可导出，从动件回程做简谐运动的运动方程。

由图 4.2.4（c）可知，从动件在升程的始、末两处有加速度突变，产生柔性冲击，因此简谐运动规律只适用中低速场合。但是当从动件按该规律做连续升—降—升往复运动时，将得到连续的加速度曲线［图 4.2.4（c）中虚线所示］，消除了冲击，可用于高速传动。

在工程中，常将上述几种运动规律组合起来应用，为了消除冲击，还可采用摆线运动、正弦加速度、高次多项式等运动规律。

第三节　凸 轮 廓 线 的 设 计

一、凸轮机构的一般设计步骤

（1）根据工作要求，合理选择凸轮的形式和从动件形式，确定从动件的运动规律。

（2）根据容许的空间、从动件行程、凸轮形式等情况，合理确定凸轮的基圆半径。必要时，可根据给定条件，利用图解法或解析法确定凸轮的基圆半径。

（3）根据从动件的运动规律，用图解法或解析法设计凸轮轮廓。

（4）检查凸轮轮廓是否合理，例如检查最大压力角、最小曲率半径以及运动是否失真等。如果不合理，应重新设计。

（5）设计结构和选择材料。

图解法可以简便地绘制出凸轮轮廓，但有一定的作图误差，所以只适用于对从动件运动规律要求不太严格的一般场合。对运动规律精度要求高的凸轮机构，则必须用解析法进行设计。

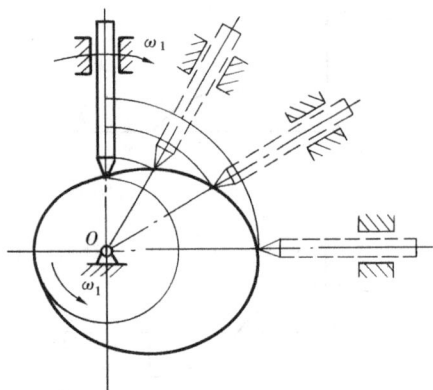

图 4.3.1　反转法原理

二、盘形凸轮轮廓的图解法设计

根据工作要求，选定了从动件运动规律及凸轮机构的形式、凸轮转速、转向、基圆半径 r_0 后，即可用图解法或解析法设计凸轮轮廓。

图解法设计凸轮轮廓是建立在反转法的基础上的。反转法就是根据相对运动的原理，设想给整个机构加上一个绕凸轮轴心 O 转动的公共角速度 $-\omega_1$，机构中各构件间的相对运动关系不变，此时，凸轮就可看成静止不动了，而从动件一方面随导路以角速度 $-\omega_1$ 绕 O 点转动，另一方面又按给定的运动规律在导路中作往复移动，如图 4.3.1 所示。由于从动件的尖顶始终与凸轮轮廓接触，所以反转后尖顶的运动轨迹就是凸轮轮廓。根据这一原理便可以设计出各种类型凸轮机构的凸轮轮廓。

1. 对心移动尖顶从动件盘形凸轮轮廓的绘制

从动件中心线通过凸轮中心，设凸轮基圆半径为 r_0，凸轮以等角速度 ω_1 顺时针转动，根据从动件的运动规律，设计凸轮轮廓曲线步骤如下：

（1）选取长度比例尺 μ_s（实际线性尺寸/图样线性尺寸）和角度比例尺 μ_δ（实际角度/图样线性尺寸），作从动件位移曲线 $S_2 = s(\delta)$，如图 4.3.2（b）所示。

（2）将位移线图的推程角 δ_0 和回程角 δ_h 分段等分，并通过各等分点作垂线，与位移曲线相交，即得相应凸轮各转角时从动件的位移 $11'$、$22'$、…。

（3）用同样比例尺 μ_s，以 O 为圆心，以 $OB_0 = r_0/\mu_s$ 为半径画基圆，如图 4.3.2（a）所示。此基圆与从动件导路线的交点 B_0 即为从动件尖顶的起始位置。

（4）自 OB_0 沿 $-\omega_1$ 的方向取角度 δ_0、δ_s、δ_h 及 δ'_s，并将它们各分成与图 4.3.2（b）对应的若干等份，得点 B'_1、B'_2、B'_3、…。连接 OB'_1、OB'_2、OB'_3、…，并延长各径向线，

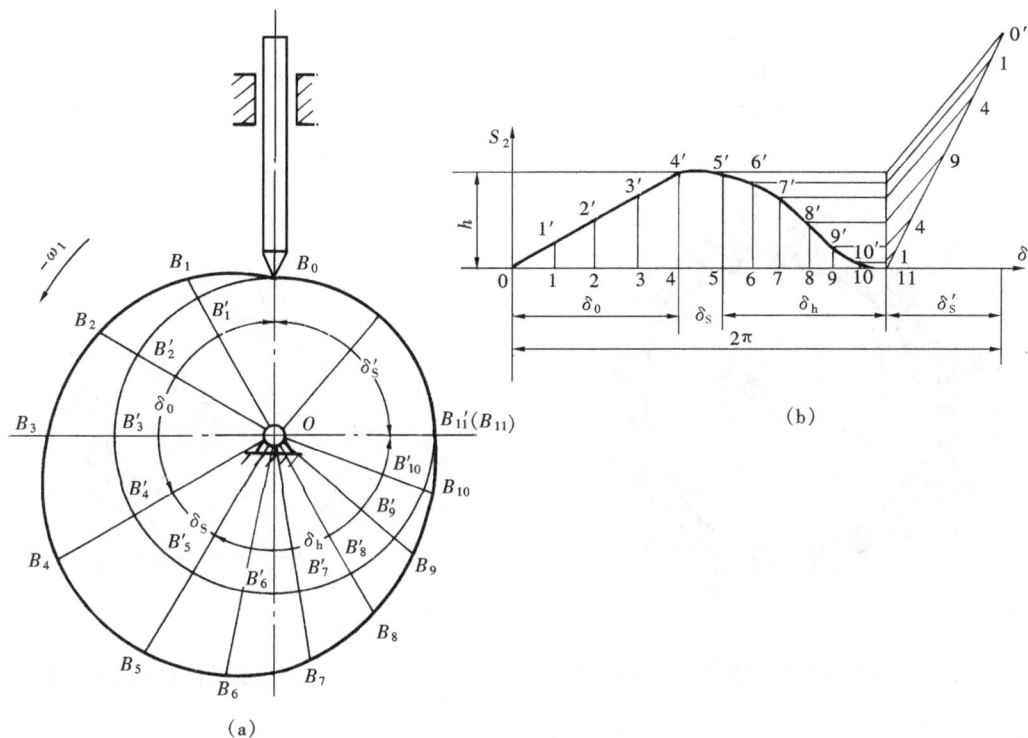

图 4.3.2　对心移动尖顶从动件盘形凸轮机构

它们便是反转后从动件导路线的各个位置。

（5）在位移曲线中量取各个位移量，并取 $B'_1B_1=11'$、$B'_2B_2=22'$、$B'_3B_3=33'$、…，得反转后从动件尖顶的一系列位置 B_1、B_2、B_3、…。

（6）将 B_0、B_1、B_2、…连成光滑的曲线，即是所要求的凸轮轮廓曲线。

2. 对心移动滚子从动件盘形凸轮轮廓的绘制

如图 4.3.3 所示，滚子从动件凸轮轮廓曲线的绘制方法与尖顶从动件凸轮轮廓曲线的绘制方法基本相同。其不同点就是将滚子中心视为尖顶从动件的尖顶，按上述方法求出其轮廓曲线 β_0；再以 β_0 上各点为中心，以滚子半径为半径，画一系列圆，作这些圆的内包络线 β，则曲线 β 为凸轮上与从动件直接接触的轮廓，称为凸轮工作轮廓。它是使用滚子从动件时的实际轮廓曲线。而滚子从动件滚子中心相对于凸轮的运动轨迹，即曲线 β_0 则称为此凸轮的理论轮廓曲线。由以上作图过程可知，滚子从动件的基圆半径 r_0 应在理论轮廓上度量。

3. 对心移动平底从动件盘形凸轮轮廓曲线的绘制

如图 4.3.4 所示，平底从动件凸轮轮廓曲线的绘制也与上述方法相似。首先将从动件的导路中心线与平底交点 B_0 视为尖顶从动件的尖顶，按照尖顶从动件凸轮轮廓曲线的画法，求出导路中心线与平底的各交点 B_1、B_2、B_3、…，过 B_1、B_2、B_3、…作一系列表示平底的直线；然后作此直线族的包络线，即得到该凸轮的工作轮廓曲线。图中位置 2、7 是平底分别与凸轮轮廓相切的最左位置和最右位置。为了保证平底始终与轮廓接触，平底左侧长度应大于 m，右侧长度应大于 L。

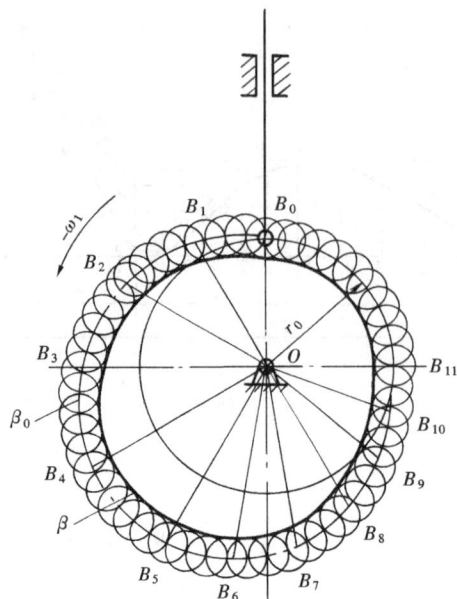

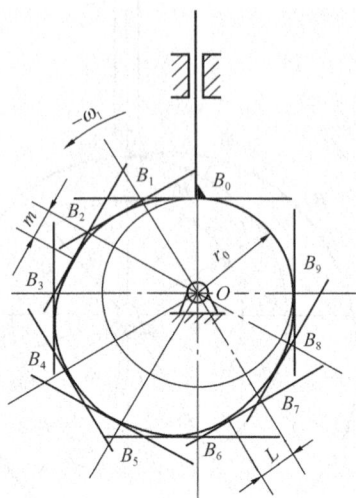

图 4.3.3　带滚子的从动件盘形凸轮机构　　　　　图 4.3.4　平底从动件盘形凸轮机构

4. 偏置移动尖顶从动件盘形凸轮轮廓的绘制

偏置移动尖顶从动件盘形凸轮轮廓曲线的绘制方法也与前述相似，如图 4.3.5 所示。但由于从动件导路的轴线不通过凸轮的转动轴心 O，其偏距为 e。因此，从动件在反转过程中，其导路轴线始终与以偏距 e 为半径所作的偏距圆相切，应沿着这些切线量取从动件的位移量。作图方法如下：

(1) 根据已知从动件的运动规律，按适当比例作出位移曲线，并将横坐标分段等分，如图 4.3.2 (b) 所示。

(2) 选适当作图比例尺 μ_s，并以 O 为圆心，e/μ_s 和 r_0/μ_s 分别为半径，作偏距圆和基圆。

(3) 在基圆上，任取一点 B_0 作为从动件升程的起始点，并过 B_0 作偏距圆的切线，该切线即是从动件导路线的起始位置。

(4) 由 B_0 点开始，沿 $-\omega_1$ 方向将基圆分成与位移线图相同的等份，得各等分点 B'_1、B'_2、B'_3、…。过 B'_1、B'_2、B'_3、… 各点作偏距圆的切线并延长，则这些切线即为从动件在反转过程中所依次占据的位置。

(5) 在各条切线上自 B_1、B_2、B_3、… 截取 $B'_1B_1 = 11'$，$B'_2B_2 = 22'$，$B'_3B_3 = 33'$，… 得 B_1、B_2、B_3、…点。将 B_0、B_1、B_2、…各点连成光滑曲线，即为凸轮轮廓曲线。

※三、解析法设计凸轮轮廓线

随着计算机的普及与数控机床的发展，用解析法设计凸轮轮廓日趋广泛。用解析法设计凸轮轮廓，实际上就是根据工作所要求的从动件运动规律和已知的机构参数，求出凸轮轮廓线的方程，并精确计算出凸轮轮廓线上各点的坐标值。

1. 带滚子的偏置移动从动件盘形凸轮轮廓设计

如图 4.3.6 所示，建立凸轮转轴中心的坐标系 xoy，图 4.3.6 中 B_0 点为从动件推程的起始点，导路与转轴中心的距离为 e（当凸轮逆时针转动且导路右偏时，e 为正，反之，e 为负；当凸轮顺时针转动时，则与之相反），凸轮基圆半径为 r_0（对于滚子从动件凸轮机构，凸轮的基圆半径是在理论轮廓线上度量的）。根据反转法原理，凸轮以 ω 转过 φ 角，相当于从动件及导路以 $-\omega_1$ 转过 φ 角，滚子中心到达 B 点，位移量为 s。从图 4.3.6 可知，B 点的坐标为

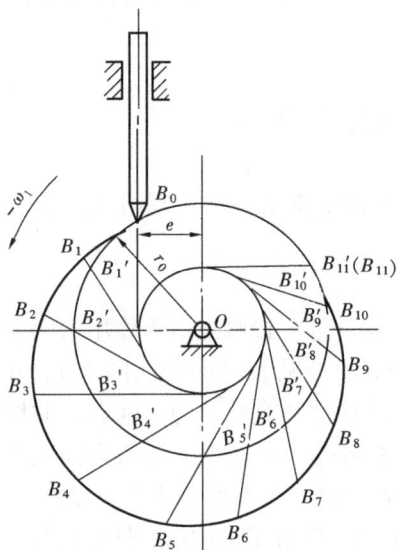

图 4.3.5 偏置移动尖顶从
动件盘形凸轮机构

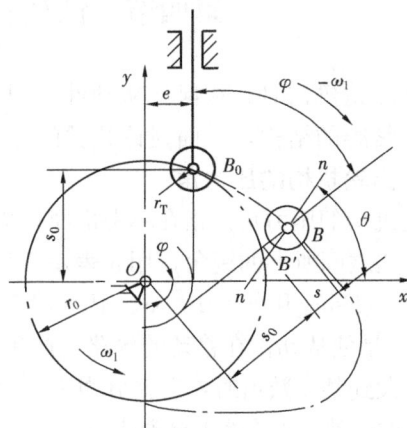

图 4.3.6 带滚子的偏置移动从动件
盘形凸轮轮廓线设计

$$x = (s_0 + s)\sin\varphi + e\cos\varphi \atop y = (s_0 + s)\cos\varphi - e\sin\varphi \right\}$$

$$s_0 = \sqrt{r_0^2 - e^2}$$

(4.3.1)

式（4.3.1）为凸轮理论轮廓线方程。

凸轮实际轮廓线与理论轮廓线在法线方向上相距滚子半径 r_T，若已知理论轮廓线上任一点 $B(x, y)$，则在法线上与之相距 r_T 的点 $B'(x', y')$ 就是实际轮廓线上的点，经推导得出

$$x' = x \mp r_T\cos\theta \atop y' = y \mp r_T\sin\theta \right\}$$

(4.3.2)

式中：取"$-$"号时为内等距曲线；取"$+$"号时为外等距曲线。

2. 带滚子的摆动从动件盘形凸轮轮廓设计

如图 4.3.7 所示，设凸轮中心和摆动杆轴心的连心线长为 a，摆动杆长为 l，取摆动杆的轴心 A_0 与凸轮轴心 O 之连线为坐标系的 y 轴，B_0 点是摆动杆的推程起始位置，摆动杆与 y 轴的夹角 ψ_0 为初始角。当凸轮逆时针转过 φ 角时，根据反转法原理，相当于摆动杆及摆杆轴心顺时针转过 φ 角，此时摆动杆处于图示 AB 的位置，其角位移为 ψ，理论廓线上 B 点的坐标为

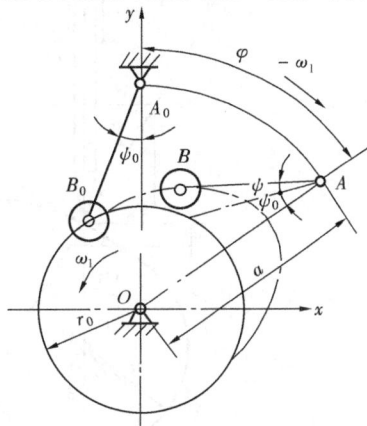

图 4.3.7 带滚子的摆动从动件盘形
凸轮轮廓线设计

$$
\left.
\begin{array}{l}
x = a\sin\varphi - l\sin\left(\varphi + \psi + \psi_0\right) \\
y = a\cos\varphi - l\cos\left(\varphi + \psi + \psi_0\right)
\end{array}
\right\} \tag{4.3.3}
$$

$$
\psi_0 = \arccos\frac{l^2 + a^2 - r_0^2}{2la}
$$

式 (4.3.3) 就是凸轮理论轮廓线方程, 参照解析法设计直动滚子从动件盘形凸轮轮廓的思路, 求出实际轮廓线的直角坐标方程。

第四节　凸轮机构设计中的几个问题

设计凸轮机构时, 在保证从动件实现预定的运动规律前提下, 还要求机构具有良好的传力性能和紧凑的结构, 下面讨论相关的几个问题。

一、凸轮机构的压力角

凸轮机构的压力角是指在不考虑摩擦力的情况下, 从动件在接触点所受作用力的方向与该点速度方向之间所夹的锐角, 用 α 表示, 如图 4.4.1 所示。将从动件所受法向力 F_n 分解为两个分力 $F_x = F\sin\alpha$ 和 $F_y = F\cos\alpha$。显然, F_y 是推动从动件移动的有效分力, 随着 α 的增大而减小; 而 F_x 是使从动件在移动的导路上产生摩擦阻力的有害分力, 随着 α 的增大而增大。当压力角 α 增大到某一数值时, 有害分力 F_x 所引起的摩擦阻力将大于有效分力 F_y, 此时凸轮无法推动从动件运动, 机构处于自锁状态。因此, 压力角的大小, 反映了机构传力性能的好坏, 是机构设计的重要参数。为提高传动效率, 使凸轮机构工作可靠, 必须对压力角加以限制。在设计凸轮机构时, 规定机构最大压力角 α_{max} 不超过许用压力角 $[\alpha]$。根据工程实践经验, 一般情况下, 推程时, 直动从动件凸轮机构的 $[\alpha] = 30° \sim 40°$, 摆动从动件凸轮机构的 $[\alpha] = 40° \sim 50°$; 回程时, 因受力较小, 极少发生自锁, 故许用压力角可取得大些, 通常取 $[\alpha] = 70° \sim 80°$。

检验凸轮压力角的简便方法如图 4.4.2 所示。在理论轮廓线上某几处最陡的地方取几点, 作这几点的法线, 再用量角器检验各点法线与径向之间的夹角是否超过许用压力角。若测量结果超过许用压力角的值, 则应考虑修改设计。通常可用加大凸轮基圆半径的方法使 α_{max} 减小。

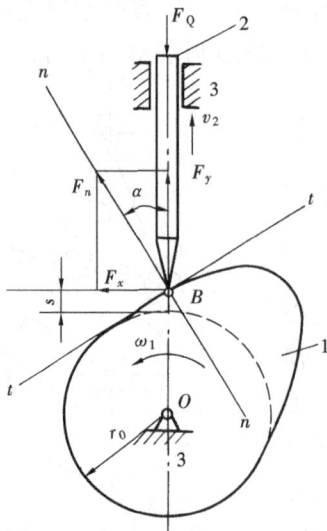

图 4.4.1　凸轮机构的压力角图　　　　　　图 4.4.2　检验压力角

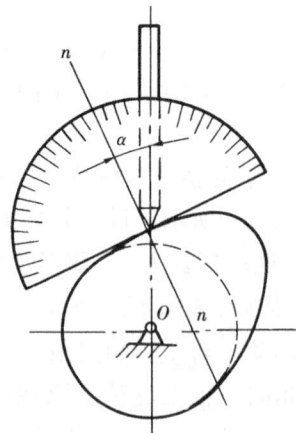

二、基圆半径的确定

设计凸轮机构时，基圆半径 r_0 选得越小，所设计的机构越紧凑，但基圆半径的减小会使压力角增大。

如图 4.4.1 所示，为保证凸轮与从动件的高副接触，它们在 B 点的速度沿公法线 $n-n$ 方向的分量应相等，即 $\omega_1 (r_0+s) \sin\alpha = v_2 \cos\alpha$，$v_2 = \dfrac{\mathrm{d}s}{\mathrm{d}t} = \omega_1 \dfrac{\mathrm{d}s}{\mathrm{d}\varphi}$。因此，图 4.4.1 所示的对心直动滚子从动件盘形凸轮机构在推程任一位置时压力角的表达式为

$$\tan\alpha = \frac{\mathrm{d}s/\mathrm{d}\varphi}{r_0+s} \tag{4.4.1}$$

所以，基圆半径 r_0 为

$$r_0 = \frac{v_2}{\tan\alpha \cdot \omega_1} - s \tag{4.4.2}$$

由式（4.4.1）可知，基圆半径越大，压力角越小。从传力角度考虑，基圆半径越大越好；从机构结构紧凑考虑，基圆半径越小越好。在设计时，应在满足许用压力角要求的前提下，选取最小的基圆半径。

三、滚子半径的设计

对于滚子从动件盘形凸轮结构，滚子尺寸的设计要满足强度要求和运动特性。从滚子本身的结构设计和强度方面考虑，滚子半径大一些比较好。因为这样有利于提高滚子的接触强度，便于滚子的结构设计与安装。但是滚子半径的增大也要受到一定限制，因为滚子半径的大小将给凸轮实际轮廓线带来较大的影响。滚子半径 r_T 与凸轮理论轮廓线的最小曲率半径 ρ_{min} 及对应的凸轮实际轮廓线上的曲率半径 ρ_a 有图 4.4.3 所示的关系。

（1）当凸轮理论轮廓线内凹时〔见图 4.4.3（a）〕，$\rho_a = \rho + r_T$，此时不论滚子半径大小如何，凸轮实际轮廓线均可作出。

（2）当凸轮理论轮廓线外凸时，$\rho_a = \rho - r_T$，此时可能出现以下三种情况：

1）当 $\rho > r_T$ 时，$\rho_a > 0$，凸轮实际轮廓线为一条平滑曲线，如图 4.4.3（b）所示。

2）当 $\rho = r_T$ 时，$\rho_a = 0$，实际轮廓线上产生尖点，尖点极易磨损，磨损后会改变从动件原定的运动规律，如图 4.4.3（c）所示。

3）当 $\rho < r_T$ 时，$\rho_a < 0$，此时凸轮实际轮廓线已相交，交点以外的轮廓线在加工时被切除，致使从动件不能实现预期的运动规律，如图 4.4.3（d）所示。这种从动件运动不能反映

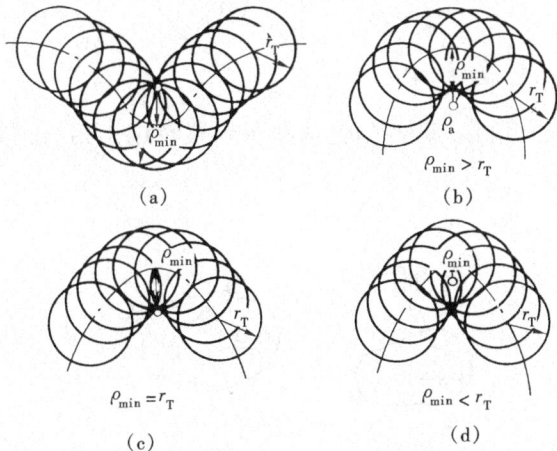

图 4.4.3 滚子半径与凸轮轮廓线的关系　　　图 4.4.4 曲率半径近似估算

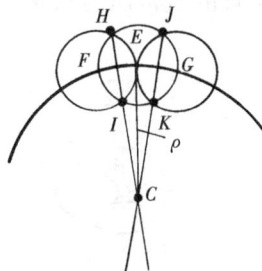

真实运动规律的现象称为"运动失真"。

由上述分析可知，滚子半径不宜过大，否则会产生运动失真。但滚子半径也不宜过小，否则凸轮与滚子接触应力过大，安装困难。因此，设计时一般应保证凸轮实际轮廓线的最小曲率半径满足 $\rho_a = \rho - r_T \geqslant [\rho_a]$ 的条件。其中 $[\rho_a]$ 为实际轮廓线最小曲率半径的许用值，一般取 $[\rho_a] = 3 \sim 5 \text{mm}$。

理论轮廓线最小曲率半径 ρ 可以通过近似的方法确定。如图 4.4.4 所示，在凸轮理论轮廓线上估计曲率半径最小位置点 E。以 E 为圆心作任意半径的小圆，交凸轮轮廓线于点 F 和 G，再分别以 F、G 两点为圆心，以相同的半径作两个小圆，三个小圆相交于 H、I、J、K 四点，连接 HI、JK 并延长交于 C 点。C 点即为曲线上 E 点的曲率中心，CE 为该点的曲率半径。

思 考 与 练 习

4.1　凸轮、从动件各有哪些种类？

4.2　试比较尖顶、滚子和平底从动件的优缺点，并说明它们的应用场合。

4.3　何谓凸轮机构压力角？压力角的大小与凸轮尺寸有何关系？压力角的大小对凸轮机构的作用力和传动有何影响？

4.4　为什么要规定许用压力角？为什么回程时许用压力角可取大些？

4.5　滚子从动件凸轮设计中，如何确定滚子半径？

4.6　凸轮机构的基圆半径取决于哪些因素？

4.7　用作图法求出各凸轮从题图 4.1 所示位置转到 B 点与从动件接触时凸轮的转角 δ。

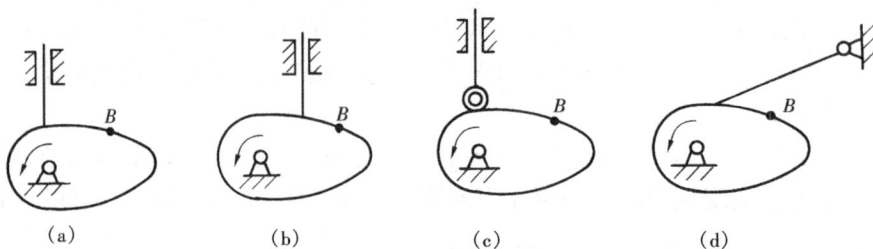

(a)　　　　　　(b)　　　　　　(c)　　　　　　(d)

题图 4.1　题 4.7 图

4.8　注出题图 4.2 所示凸轮机构的压力角 α。若各凸轮从图示位置转过 45°，再次标注各对应位置的机构压力角 α'。

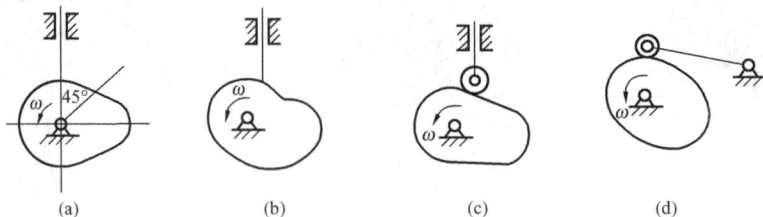

(a)　　　　　　(b)　　　　　　(c)　　　　　　(d)

题图 4.2　题 4.8 图

4.9 设计一尖底对心直动从动件盘形凸轮机构。已知凸轮顺时针匀速回转，凸轮基圆半径 $r_0=40mm$，直动从动件的升程 $h=25mm$，推程运动角 $\delta_0=120°$，远休止角 $\delta_s=30°$，回程运动角 $\delta_h=120°$，近休止角 $\delta'_s=90°$，从动件在推程作简谐运动，回程作等加速等减速运动。试用图解法绘制凸轮轮廓。

4.10 设计一偏置尖底直动从动件盘形凸轮机构。已知凸轮以等角速度 ω 顺时针转动，凸轮转动轴心 O 偏于从动件中心线右方 20mm 处，基圆半径 $r_0=50mm$。当凸轮转过 $\delta_0=120°$ 时，从动件以等加速等减速运动上升 30mm，再转过 $\delta_h=150°$ 时，从动件以简谐运动回到原位，凸轮转过其余 $\delta'_s=90°$ 时，从动件不动。试用图解法绘出此凸轮轮廓。

第五章　间歇运动机构

工程实际中，有很多机器和仪表经常要求机构的主动件连续运动时，从动件产生周期性的运动和停歇，这种能够将主动件的连续运动转变成从动件周期性的运动和停歇的机构称为间歇运动机构。

间歇运动机构广泛应用于自动机床的进给机构、送料机构、刀架转位机构以及自动化生产线中的步进机构、分度转位和计数等装置中。其中，棘轮机构、槽轮机构和不完全齿轮机构是实现间歇运动的几种常用机构。

第一节　棘　轮　机　构

一、棘轮机构的组成及工作原理

棘轮机构是含有棘轮和棘爪的从动件做单方向间歇运动的机构。如图 5.1.1 所示，棘轮机构主要由棘轮、棘爪和机架组成。机械传动系统中常用的齿式棘轮机构，有外啮合和内啮合两种形式。

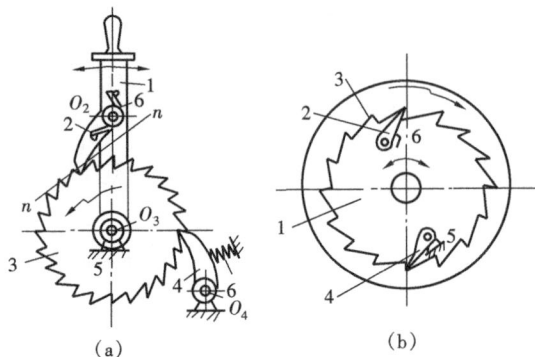

图 5.1.1　棘轮机构

(a) 外啮合棘轮机构；(b) 内啮合棘轮机构

1—主动摇杆；2—主动棘爪；3—棘轮；

4—止回棘爪；5—机架；6—弹簧

图 5.1-1 (a) 所示的外啮合齿式棘轮机构主要由主动摇杆 1、主动棘爪 2、棘轮 3、止回棘爪 4 和机架 5 等组成。主动摇杆 1 空套在机架轴 5 上，当主动摇杆 1 逆时针摆动时，摇杆上铰接的主动棘爪 2 便借助弹簧 6 或自重的作用插入棘轮 3 的齿槽内，推动棘轮同向转过一定角度，此时止回棘爪 4 依靠弹簧 6 与棘轮保持接触并在棘轮的齿背上滑过；当主动摇杆顺时针摆动时，止回棘爪阻止棘轮顺时针方向转动，这时主动棘爪在棘轮的齿背上滑过并落入棘轮的另一齿槽内，而棘轮静止不动。当主动件连续往复摆动时，从动件棘轮将做单向间歇运动。主动摇杆的往复摆动可由连杆机构、凸轮机构、液压传动或电磁装置等来实现。

二、棘轮机构的类型

按照棘轮机构的结构特点，可以把常用的棘轮机构分为齿式和摩擦式两大类。

1. 齿式棘轮机构

这种棘轮的外缘或内缘上具有刚性轮齿，如图 5.1.1 所示。根据棘轮机构的运动情况，齿式棘轮机构又可分为单动式棘轮机构、双动式棘轮机构和可变向棘轮机构三种。

(1) 单动式棘轮机构如图 5.1.1 (a) 所示。其运动特点是主动摇杆往复摆动一次，棘轮沿同一方向做单向间歇转动一次。

当棘轮的直径无穷大时，棘轮变成棘条，棘轮的单向间歇转动变成棘条的单向间歇移动，如图 5.1.2 所示。

（2）双动式棘轮机构如图 5.1.3 所示。其运动特点是装有两个棘爪 2 的主动摇杆 1 做往复摆动时，可使两个棘爪交替带动棘轮 3 沿同一方向间歇运动。

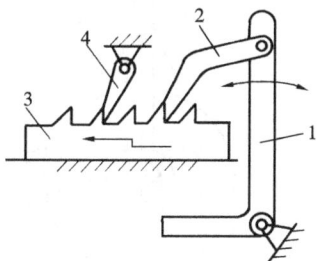

图 5.1.2 单动式棘轮机构

1—主动摇杆；2—主动棘爪；3—棘齿条；4—止回棘爪

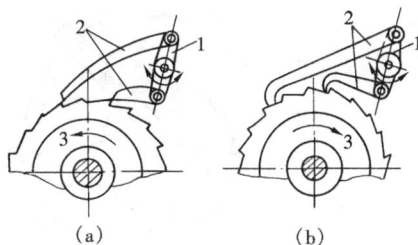

图 5.1.3 双动式棘轮机构

（a）直棘爪；（b）带钩头棘爪

1—摇杆；2—棘爪；3—棘轮

以上两种结构中的棘轮均采用锯齿齿形，棘爪的形状可制成直的或带钩头的。

（3）可变向棘轮机构如图 5.1.4（a）所示。该机构棘轮的齿采用对称的梯形齿，与之配合有对称型的棘爪。其运动特点是当棘爪 2 在实线位置 AB 时，棘轮 3 沿逆时针方向作间歇运动；当棘爪翻转到虚线位置 AB' 时，棘轮 3 沿顺时针方向做间歇运动。图 5.1.4（b）所示为另一种结构的可变向棘轮机构，其棘轮齿形为矩形，棘爪的端头有斜面，当棘爪 2 在图示位置时，推动棘轮 3 沿逆时针方向做间歇运动；若提起棘爪并绕其自身轴线转 180°再插入棘轮齿槽时，棘轮沿顺时针方向做间歇运动；若提起棘爪后绕其自身轴线转 90°，棘爪将被架在壳体顶部，并与棘轮齿槽分开，此时棘轮静止不动。

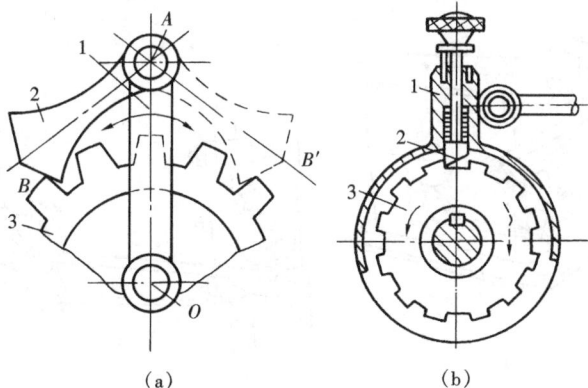

图 5.1.4 可变向棘轮机构

（a）对称梯形齿形；（b）矩形齿形

1—主动摇杆；2—棘爪；3—棘轮

对于以上各机构，如要改变棘轮每次间歇运动的转角，可采用改变主动件摇杆摆角大小的方法；也可以在棘轮的外面加一遮板，变换遮板的位置，可使棘爪行程的一部分在遮板上滑过而不与棘轮齿槽接触，从而改变棘轮转角的大小，如图 5.1.5 所示。

2. 摩擦式棘轮机构

上述齿式棘轮机构的棘轮转角都是相邻两齿所夹的中心角的倍数，即棘轮转角是有级可调的。如果要实现棘轮转角的无级调节，可采用图 5.1.6 所示的无棘齿的摩擦式棘轮机构。这种机构是通过棘爪 1 和棘轮 2 之间的摩擦力来传递运动的，其中棘爪 3 起止动作用。

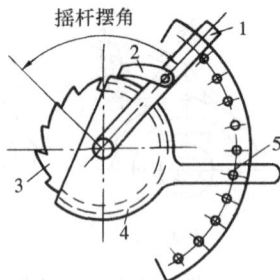

图 5.1.5　带遮板的棘轮机构
1—摇杆；2—棘爪；3—棘轮；4—遮板；5—调节孔

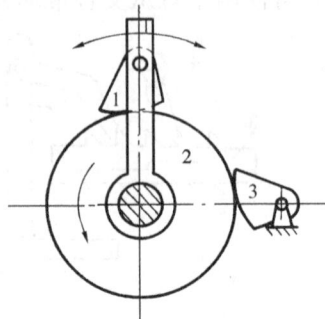

图 5.1.6　摩擦式棘轮机构
1—棘爪；2—棘轮；3—止动棘爪

三、棘轮机构的特点和应用

齿式棘轮机构结构简单，棘轮的转角容易实现有级调节。但这种机构在回程时，棘爪在棘轮齿背上滑过有噪声；在运动开始和终止时，速度骤变而产生冲击，传动平稳性差，棘轮齿易磨损，故常用于低速、轻载等场合实现间歇运动。摩擦式棘轮机构传动相对较平稳、无噪声、棘轮的转角可作无级调节，但运动准确性差，不宜用于运动精度要求高的场合。棘轮机构在工程中能满足送进、制动、超越等要求。

图 5.1.7（a）所示为牛头刨床的示意图。为实现工作台双向间歇进给，由齿轮机构、曲柄摇杆机构和可变向棘轮机构组成了工作台横向进给结构，如图 5.1.7（b）所示。

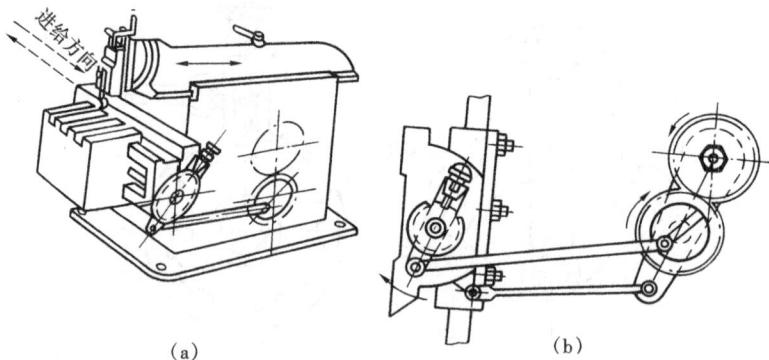

（a）　　　　　　　　　　　　　　　　　（b）

图 5.1.7　牛头刨床示意图
（a）牛头刨床示意图；（b）牛头刨床工作台横向进给机构

图 5.1.8 所示为卷扬机制动机构。为使提升的重物能停止在任何位置，防止因停电等原因使重物下落造成事故，常采用棘轮机构作为防止逆转的制动器。这种机构广泛应用于提升机、运输机等设备中。

图 5.1.9 为自行车后轮轴上的棘轮机构。当脚蹬踏板时，经链轮 1 和链条 2 带动内圈具有棘齿的链轮 3 顺时针转动，再通过棘爪 4 的作用，使后轮轴 5 顺时针转动，从而驱使自行车前进。当自行车行进时，如果不踏动踏板，因惯性作用，后轮轴 5 便会超越链轮 3 而转动

（称超越运动），让棘爪 4 在棘轮齿背上滑过，从而实现不蹬踏板的自由滑行。

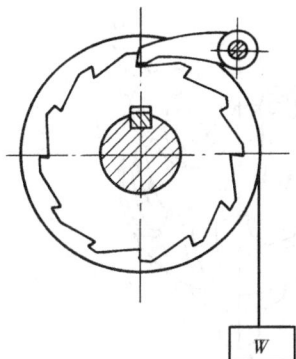

图 5.1.8　棘轮停止器

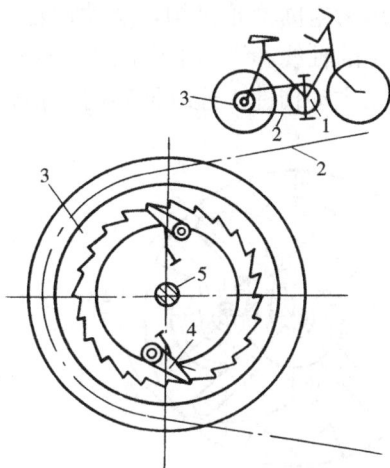

图 5.1.9　超越式棘轮机构
1—链轮；2—链条；3—带棘齿链轮；4—棘爪；5—后轮轴

第二节　槽　轮　机　构

一、槽轮机构的组成及工作原理

槽轮机构又称为马氏机构，如图 5.2.1 所示。

槽轮机构由带有圆柱销 A 的主动销轮 1、具有径向直槽的从动槽轮 2 及机架组成。主动销轮 1 作匀速连续转动时，驱使从动槽轮 2 作时转时停的间歇转动。当圆柱销 A 尚未进入槽轮 2 的径向槽时，槽轮 2 的内凹锁止弧$\overset{\frown}{\beta\beta}$被销轮 1 的外凸锁止弧$\overset{\frown}{\alpha\alpha}$卡住，使得槽轮静止不动；当圆柱销 A 开始进入槽轮的径向槽时（即图 5.2.1 所示位置），$\overset{\frown}{\alpha\alpha}$弧和$\overset{\frown}{\beta\beta}$弧脱开，槽轮在圆柱销 A 的驱动下逆时针转动；当圆柱销 A 开始脱离槽轮的径向槽时，槽轮的另一内凹锁止弧$\overset{\frown}{\beta'\beta'}$又被销轮 1 的外凸锁止弧卡住，致使槽轮又静止不动，直到圆柱销 A 再次进入槽轮 2 的另一径向槽时，又开始重复上述运动循环，从而实现从动槽轮的单向间歇转动。

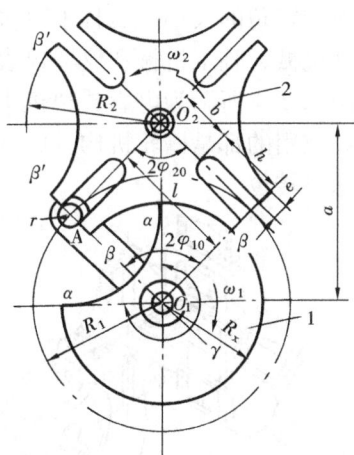

图 5.2.1　外啮合槽轮机构
1—销轮；2—槽轮

二、槽轮机构的类型、特点和应用

1. 槽轮机构的类型

槽轮机构主要分为传递平行轴运动的平面槽轮机构和传递相交轴运动的空间槽轮机构两大类。

平面槽轮机构又分为外啮合槽轮机构和内啮合槽轮机构。图 5.2.1 所示为外啮合槽轮机构，其主动销轮和从动槽轮转向相反；图 5.2.2 所示为内啮合槽轮机构，其主动销轮和从动槽轮转向相同。

图 5.2.3 所示为空间槽轮机构，从动槽轮 2 为半球状结构，槽和锁止弧均匀分布在球面上，主动件销轮 1 的轴线和销 A 的轴线均与槽轮 2 的回转轴线汇交于槽轮球心 O，故又称为球面槽轮机构。当主动构件 1 连续回转时，槽轮 2 做间歇转动。

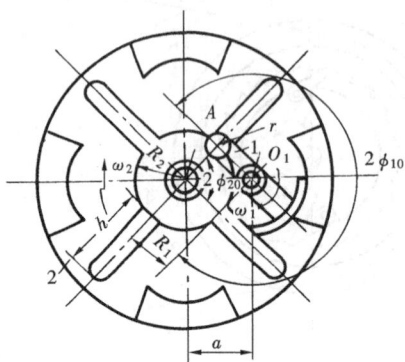

图 5.2.2　内啮合槽轮机构
1—销轮；2—槽轮

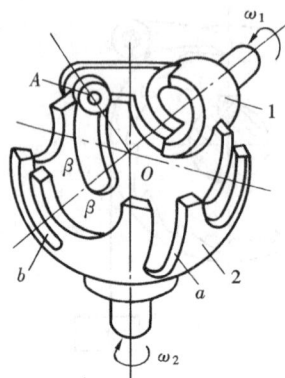

图 5.2.3　空间槽轮机构
1—销轮；2—槽轮

2. 槽轮机构的特点和应用

槽轮机构的特点是结构简单，外型尺寸小，工作可靠，机械效率高，并能较平稳准确地进行间歇转位；但在运动过程中的加速度变化较大，冲击严重，因而不适用于高速。槽轮的径向槽数和主动销轮上的圆柱销数决定了槽轮转角的大小，在槽轮机构的每一个运动循环中，槽轮转角的大小一定且不可调。因此，槽轮机构一般用于转速不很高、转角不需要调节的自动机械、轻工机械和仪器仪表中。

图 5.2.4 所示为电影放映机中常用的送片机构，图 5.2.5 所示为自动车床上刀架的转位机构，应用的都是槽轮机构。此外槽轮机构也常与其他机构组合，在自动生产线中完成工件的传送或转位。

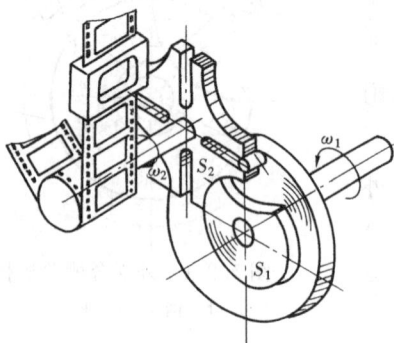

图 5.2.4　电影放映机送片机构

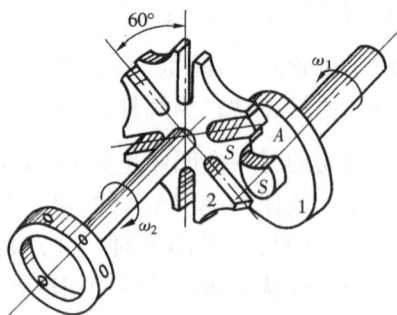

图 5.2.5　刀架转位机构

第三节　不完全齿轮机构

不完全齿轮机构如图 5.3.1 所示，它是由渐开线齿轮机构演变而来的一种间歇机构。这种机构由具有一个齿或几个齿的不完全的主动齿轮 1，有若干个正常齿和带厚齿锁止弧的从动轮 2 以及机架组成。

不完全齿轮机构有图 5.3.1 所示的外啮合、内啮合以及图 5.3.2 所示的不完全齿轮齿条机构三种形式。

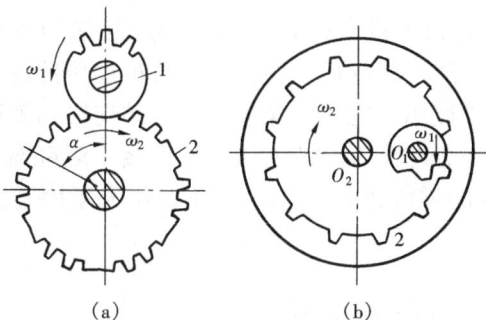

图 5.3.1　不完全齿轮机构
（a）外啮合；（b）内啮合
1—主动轮；2—从动轮

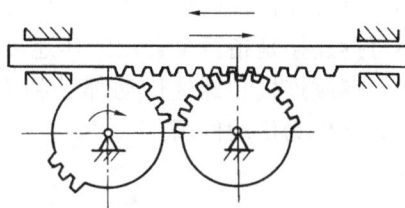

图 5.3.2　不完全齿轮齿条机构

在图 5.3.1（a）所示的外啮合不完全齿轮机构中，主动轮 1 做等速连续转动，当主动轮 1 的轮齿与从动轮 2 的正常齿相啮合时，主动轮 1 驱动从动轮 2 转动；当主动轮 1 的无齿圆弧部分与从动轮 2 厚齿锁止弧接触时，则从动轮 2 可靠停歇在确定的位置上，从而获得从动轮周期性的间歇转动。主动轮 1 上有三个轮齿与从动轮上间隔分布的齿槽啮合，整个轮上有 6 段锁止弧，这样当主动轮转过 1 周时，从动轮所转过的角度为 $\alpha=\dfrac{2\pi}{6}$，也就是从动轮间歇地转过 1/6 周。

不完全齿轮机构结构简单，设计灵活，从动轮的运动角范围大，很容易实现一个周期中的多次动、停时间不等的间歇运动；缺点是加工复杂，在进入和退出啮合时会因速度突变产生刚性冲击。因此，不完全齿轮机构一般只用于低速或轻载的场合，而且主、从动轮不能互换。

不完全齿轮机构常用于计数器、电影放映机和某些具有特殊运动要求的专用机械中。在多工位自动机和半自动工作台中，也常用它作为工作台的间歇转位和间歇进给机构。

思 考 与 练 习

5.1　间歇运动机构有哪几种结构形式？它们各有何运动特点？

5.2　举例说明间歇运动机构的主要用途有哪些？

第六章　螺纹连接与螺旋传动

为了便于机器的制造、安装、维修和运输，在机械设备的各零部件间广泛采用各种连接。连接分为可拆连接和不可拆连接两类。不损坏连接中的任一零件就可将被连接件拆开的连接称为可拆连接，这类连接经多次装拆仍无损于使用性能，如螺纹连接、键连接和销连接等。不可拆连接是指至少必须毁坏连接中的某一部分才能拆开的连接，如焊接、铆钉连接和粘接等。螺纹连接和螺旋传动都是利用具有螺纹的零件进行工作的，前者作为紧固连接件用，后者则作为传动件用。

第一节　螺纹连接的基本知识

一、螺纹的类型

螺纹有外螺纹和内螺纹之分，两者共同组成螺纹副用于连接和传动。螺纹有米制和英制两种，我国除管螺纹外都采用米制螺纹。

螺纹轴向剖面的形状称为螺纹的牙型，常用的螺纹牙型有三角形、矩形、梯形和锯齿形，如图 6.1.1 所示。其中三角形螺纹主要用于连接，其余牙型的螺纹则多用于传动。

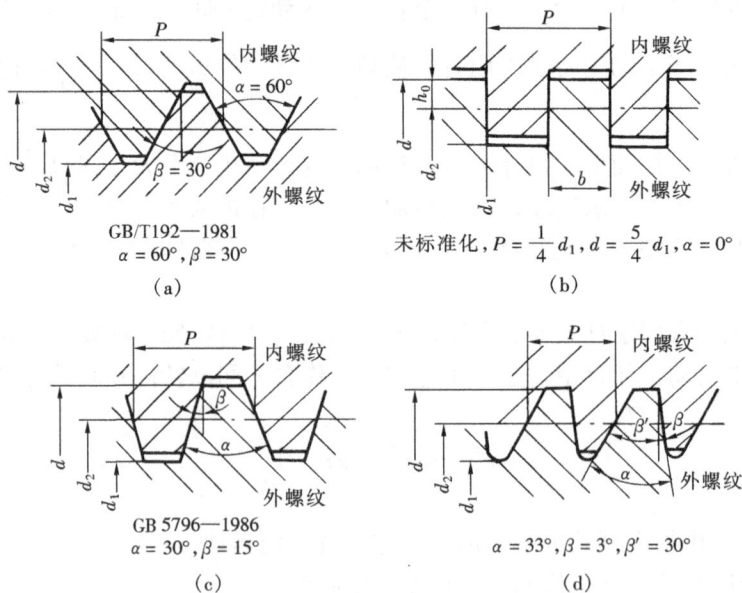

图 6.1.1　螺纹的牙型
（a）三角形；（b）矩形；（c）梯形；（d）锯齿形

按螺旋线绕行方向的不同，螺纹可分为右旋螺纹和左旋螺纹，如图 6.1.2 所示。机械制造中常用右旋螺纹。

根据螺旋线的数目，还可将螺纹分为单线（单头）螺纹和多线（多头）螺纹，如图 6.1.3 所示。

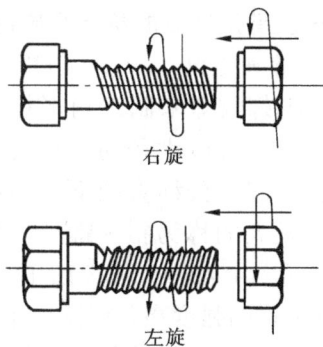

图 6.1.2 螺纹的旋向

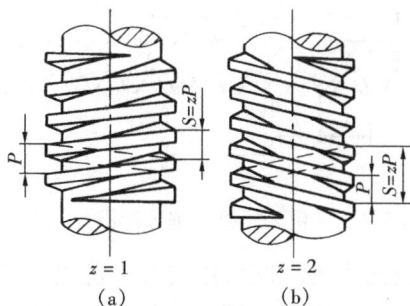

图 6.1.3 螺纹的线数、螺距和导程

（a）单线右旋；（b）双线左旋

二、螺纹的主要几何参数

图 6.1.4 所示为圆柱普通螺纹，其主要几何参数有：

（1）大径 d（D），指与外螺纹牙顶或内螺纹牙底相重合的假想圆柱体的直径，是螺纹的最大直径，在有关螺纹的标准中称为公称直径。

（2）小径 d_1（D_1），指与外螺纹牙底或内螺纹牙顶相重合的假想圆柱体的直径，是螺纹的最小直径，常作为强度计算直径。

（3）中径 d_2（D_2），指在螺纹的轴向剖面内，牙厚和牙槽宽相等处的假想圆柱体的直径。

（4）螺距 P，指螺纹相邻两牙在中径线上对应两点间的轴向距离。

（5）导程 S，指同一条螺旋线上相邻两牙在中径线上对应两点间的轴向距离。设螺纹线数为 z，则对于单线螺纹有 $S=P$，对于多线螺纹有 $S=zP$，如图 6.1.3 所示。

（6）升角 λ，指在中径 d_2 的圆柱面上，螺旋线的切线与垂直于螺纹轴线的平面间的夹角，由图 6.1.4 可得

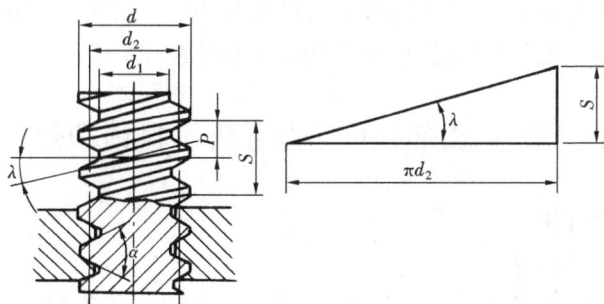

图 6.1.4 螺纹的主要几何参数

$$\tan\lambda = \frac{S}{\pi d_2} = \frac{zP}{\pi d_2} \tag{6.1.1}$$

（7）牙型角 α、牙型斜角 β，指在螺纹的轴向剖面内，螺纹牙型相邻两侧边的夹角称为牙型角 α。牙型侧边与螺纹轴线的垂线间的夹角称为牙型斜角 β，对称牙型的 $\beta = \frac{\alpha}{2}$，如图 6.1.1 所示。

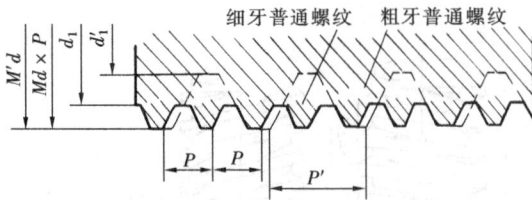

图 6.1.5　粗牙螺纹与细牙螺纹

三、常用螺纹的特点及应用

1. 普通螺纹

普通螺纹即米制三角形螺纹，其牙型角 $\alpha = 60°$，螺纹大径为公称直径，以毫米为单位。同一公称直径下有多种螺距，其中螺距最大的称为粗牙螺纹，其余的都称为细牙螺纹，如图 6.1.5 所示。

普通螺纹的当量摩擦系数较大，自锁性能好，螺纹牙根的强度高，广泛应用于各种紧固连接。一般连接多用粗牙螺纹。细牙螺纹螺距小、升角小、自锁性能好，但螺纹牙根强度低、耐磨性较差、易滑脱，常用于细小零件、薄壁零件或受冲击、振动和变载荷的连接，还可用于微调机构的调整。

2. 管螺纹

管螺纹是英制螺纹，牙型角 $\alpha = 55°$，公称直径为管子的内径。按螺纹是制作在柱面上还是锥面上，可将管螺纹分为圆柱管螺纹和圆锥管螺纹。前者用于低压场合，后者适用于高温、高压或密封性要求较高的管连接。

3. 矩形螺纹

牙型为正方形，牙型角 $\alpha = 0°$。其传动效率最高，但精加工较困难，牙根强度低，且螺旋副磨损后的间隙难以补偿，使传动精度降低，常用于传力或传导螺旋。矩形螺纹未标准化，已逐渐被梯形螺纹所替代。

4. 梯形螺纹

牙型为等腰梯形，牙型角 $\alpha = 30°$。其传动效率略低于矩形螺纹，但工艺性好，牙根强度高，螺旋副对中性好，可以调整间隙，广泛用于传力或传导螺旋，如机床的丝杠、螺旋举重器等。

5. 锯齿形螺纹

工作面的牙型斜角为 $3°$，非工作面的牙型斜角为 $30°$。它综合了矩形螺纹效率高和梯形螺纹牙根强度高的特点，但仅能用于单向受力的传力螺旋。

第二节　螺旋副的受力分析、自锁和效率

一、螺旋副的受力分析

1. 矩形螺纹（牙型角 $\alpha = 0°$）

螺杆与螺母组成的螺旋副如图 6.2.1（a）所示，在轴向载荷 Q 和力矩 T 的作用下做相对运动。为了简化分析，可将螺母视为一滑块［见图 6.2.1（b）］，滑块受轴向载荷 Q，在水平驱动力 F 的推动下沿螺纹表面匀速上升。根据螺旋线形成原理，可将螺旋面沿中径 d_2 展开成一螺纹升角为 λ 的斜面，螺旋副的受力，即相当于滑块在水平力 F 的推动下沿斜面匀速向上移动。

图 6.2.2（a）所示为滑块沿斜面以速度 v 匀速上升时的受力情况。设 N 为斜面对滑块的法向反力，λ 为升角，f 为摩擦系数，则滑块上的摩擦力 $F_f = Nf$，方向与 v 相反，总反力 R 与力 Q 的夹角为（$\lambda + \rho$），ρ 为摩擦角，$\rho = \arctan f$。由于滑块是在 Q、F 及 R 三力作用

下平衡，力三角形封闭，由图 6.2.2（a）可得

$$F = Q\tan(\lambda + \rho) \qquad (6.2.1)$$

F 为旋进螺母时，在螺纹中径 d_2 处施加的水平推力。它对螺纹轴心线的力矩 T 称为螺纹力矩，且有

$$T = F\frac{d_2}{2} = Q\tan(\lambda + \rho)\frac{d_2}{2}$$

$$(6.2.2)$$

图 6.2.1 所示螺旋副中，T 是使螺母前进（上升）时用来克服螺旋副的摩擦阻力和升起重物时所需的力矩。而对于螺纹连接，螺纹连接拧紧即为螺母前进，所以此时又称 T 为拧紧螺纹时的螺纹力矩。

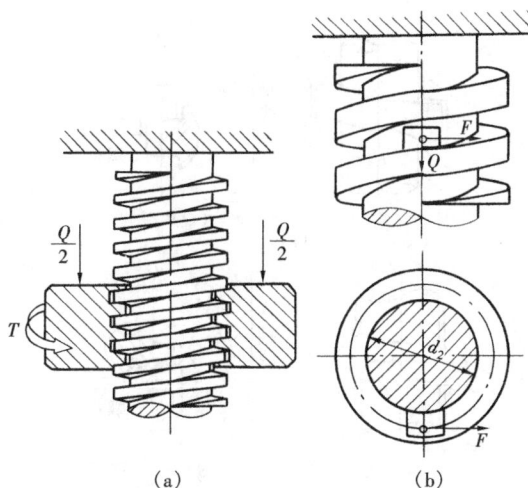

图 6.2.1　螺旋副的简化

当拧松螺旋副时，可视为重物沿斜面匀速下滑，这时，F 和 fN 的方向与匀速上升时的方向相反，如图 6.2.2（b）所示。同理可得重物沿斜面匀速下滑时的水平推力和阻力矩为

$$F = Q\tan(\lambda - \rho) \qquad (6.2.3)$$

$$T = Q\tan(\lambda - \rho)\frac{d_2}{2} \qquad (6.2.4)$$

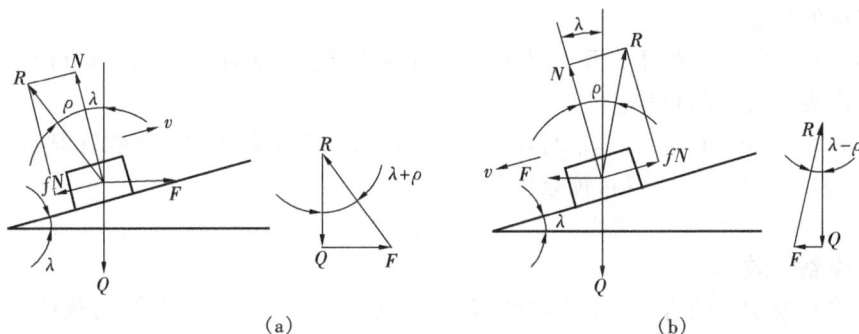

图 6.2.2　斜面上重物的受力分析
（a）匀速上升；（b）匀速下降

2. 非矩形螺纹

非矩形螺纹是指牙型角 $\alpha \neq 0$ 的三角形螺纹、梯形螺纹和锯齿形螺纹。

将图 6.2.3（a）和（b）所示的矩形螺纹和三角螺纹作比较，分析其受力情况可知，若不考虑升角 λ 的影响，在轴向载荷 Q 的作用下，非矩形螺纹的法向力 $N' = \dfrac{Q}{\cos\beta}$ 比矩形螺纹的法向力 $N = Q$ 大。如果把法向力的增加看做摩擦系数的增加，则非矩形螺纹的摩擦阻力为

$$fN' = \frac{fQ}{\cos\beta} = Qf_v \qquad (6.2.5)$$

$$f_v = \tan\rho_v$$

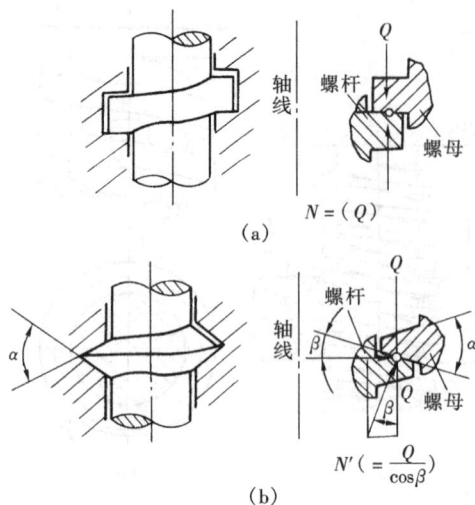

图 6.2.3　螺旋副受力比较

(a) $\alpha=0°$；(b) $\alpha\neq0°$

式中　f_v——当量摩擦系数；

ρ_v——当量摩擦角，(°)；

β——牙型斜角，(°)。

由上面受力分析可知，非矩形螺纹与矩形螺纹所受力仅是摩擦阻力不同。因此，只需将 Nf 改为 Nf_v、ρ 改为 ρ_v，便可得到非矩形螺纹的相应公式：

当滑块沿非矩形螺纹匀速上升时的水平推力为

$$F = Q\tan(\lambda + \rho_v) \qquad (6.2.6)$$

拧紧螺纹时的螺纹力矩为

$$T = Q\tan(\lambda + \rho_v)\frac{d_2}{2} \qquad (6.2.7)$$

当滑块沿非矩形螺纹匀速下滑时的水平推力为

$$F = Q\tan(\lambda - \rho_v) \qquad (6.2.8)$$

阻力矩为

$$T = Q\tan(\lambda - \rho_v)\frac{d_2}{2} \qquad (6.2.9)$$

二、螺纹的自锁

螺纹连接被拧紧后，如不加反向力矩，不论轴向载荷 Q 有多大，螺母也不会自动松退，此现象称为螺旋副的自锁。

由式（6.2.8）可知，当 $\lambda \leqslant \rho_v$ 时，$F \leqslant 0$，即无论 Q 有多大，重物在斜面上不会自动下滑［见图 6.2.2 (b)］，所以自锁条件为

$$\lambda \leqslant \rho_v \qquad (6.2.10)$$

三、螺旋副的效率

螺旋副的有效功与输入功之比称为螺旋副的效率，用 η 表示。在轴向载荷 Q 的作用下，螺旋副相对运动一周时，所作的有效功 W_2 与输入功 W_1 分别为

$$W_2 = Q \cdot S = Q\pi d_2 \tan\lambda$$

$$W_1 = F\pi d_2 = Q\pi d_2 \tan(\lambda + \rho_v)$$

故螺旋副的效率为

$$\eta = \frac{W_2}{W_1} = \frac{\tan\lambda}{\tan(\lambda + \rho_v)} \qquad (6.2.11)$$

第三节　螺纹连接的基本类型及螺纹连接件

一、螺纹连接的基本类型

根据被连接件的特点或连接的功用，螺纹连接可分为以下四种基本类型。

1. 螺栓连接

螺栓连接是将螺栓穿过被连接件上的光孔并用螺母压紧。这种连接结构简单、装拆方

便、应用广泛。

螺栓连接有普通螺栓连接和铰制孔螺栓连接两种。图 6.3.1 （a）所示为普通螺栓连接，其结构特点是螺栓杆与被连接件孔壁之间有间隙，工作载荷只能使螺栓受拉伸。图 6.3.1（b）所示为铰制孔螺栓连接，被连接件上的铰制孔和螺栓的光杆部分多采用基孔制过渡配合，螺栓杆受剪切和挤压。

2. 双头螺柱连接

图 6.3.2 所示为双头螺柱连接。这种连接用于被连接件之一较厚而不宜制成通孔，制成螺纹盲孔，另一厚度较小的被连接件上制成通孔；拆卸时，只需拧下螺母而不必从螺纹孔中拧出螺柱即可将被连接件分开，可用于经常拆卸的场合。

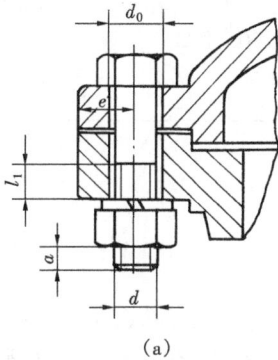

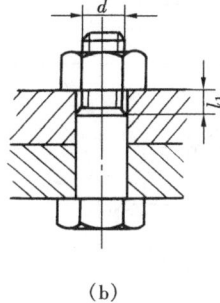

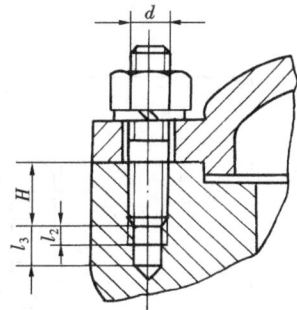

图 6.3.1　螺栓连接
（a）普通螺栓连接；（b）铰制孔螺栓连接
静载荷时 $l_1 \geqslant (0.3 \sim 0.5) d$；变载荷
时 $l_1 \geqslant 0.75d$；冲击或弯曲载荷时 $l_1 \geqslant d$；
$e = d + (3 \sim 6)$ mm；$d_0 \approx 1.1d$；$a \approx (0.2 \sim 0.3) d$；
铰制孔螺栓连接 $l_1 \approx d$

图 6.3.2　双头螺柱连接
螺纹孔件为钢时 $H \approx d$；
为铸铁时 $H \approx (1.25 \sim 1.5) d$；
为铝合金 $H \approx (1.5 \sim 2.5) d$

3. 螺钉连接

图 6.3.3 所示为螺钉连接。这种联接不需用螺母，适用于被连接件之一较厚、不便钻成通孔、受力不大且不需经常拆卸的场合。

4. 紧定螺钉连接

图 6.3.4 所示为紧定螺钉连接。这种连接将紧定螺钉旋入一零件的螺纹孔中，并用螺钉端部顶住或顶入另一个零件，以固定两个零件的相对位置，并可传递不大的力或转矩。紧定螺钉的端部有平端、锥端、柱端等。

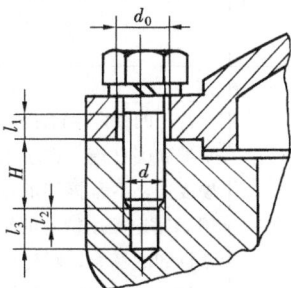

图 6.3.3　螺钉连接
拧入深度同图 6.3.2

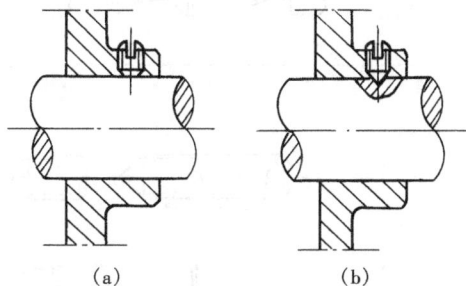

图 6.3.4　紧定螺钉连接

二、螺纹连接件

螺纹连接件的类型很多，在机械制造中常见的螺纹连接件有螺栓、双头螺柱、螺钉、螺母、垫圈等。这类零件大多已标准化，设计时可根据有关标准选用。表 6.3.1 列出了标准螺纹连接件的图例、结构特点及应用。

表 6.3.1　　　　　　　　　　　　　　常用标准螺纹连接件

名　　称	图　　例	结构特点及应用
六角头螺栓		螺纹精度分 A、B、C 三级，通常多用 C 级。杆部可以全部是螺纹或只有一段螺纹
螺　柱		两端均有螺纹，两端螺纹可相同或不同。有 A 型、B 型两种结构。一端拧入厚度大、不便穿透的被连接件，另一端用螺母旋紧
螺　钉		头部形状有圆头、扁圆头、内六角头、圆柱头和沉头等。起子槽有一字槽、十字槽、内六角孔等。十字槽强度高，便于用机动工具，内六角孔用于要求结构紧凑的地方
紧定螺钉		常用的紧定螺钉末端形状有锥端、平端和圆柱端。锥端用于被紧定件硬度低，不常拆卸的场合；平端常用于紧定硬度较高的平面或用于经常拆卸的场合；圆柱端压入轴上的凹坑中，适用于紧定空心轴上的零件

续表

名　称	图　例	结构特点及应用
六角螺母		按厚度分为标准、薄型两种。螺母的制造精度与螺栓的制造精度对应，分 A、B、C 三级，分别与同级别的螺栓配用
圆螺母		圆螺母常与止退垫圈配用，装配时垫圈内舌嵌入轴槽内，外舌嵌入螺母槽内，即可防螺母松脱。常作滚动轴承轴向固定用
垫圈		垫圈放在螺母与被连接件之间用以保护支承面。平垫圈按加工精度分 A、C 两级。用于同一螺纹直径的垫圈又分 4 种大小，特大的用于铁木结构。斜垫圈用于倾斜的支承面

第四节　螺纹连接的预紧与防松

一、螺纹连接的预紧

一般螺纹连接在装配时都必须拧紧，以增强连接的可靠性、紧密性和防松能力。连接件在承受工作载荷之前就预加上的作用力称为预紧力。如果预紧力过小，则会使连接不可靠；如果预紧力过大，又会导致连接过载甚至连接件被拉断的后果。

对于一般的连接，可凭经验来控制预紧力 F_0 的大小，但对重要的连接就要严格控制其预紧力。

预紧时，扳手力矩 T 是用于克服螺纹副的摩擦阻力矩 T_1 和螺母与被连接件支承面间的摩擦阻力矩 T_2，如图 6.4.1 所示。

拧紧时扳手力矩为

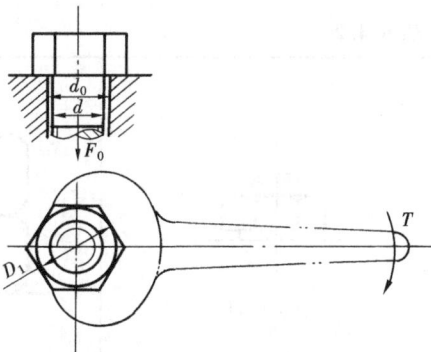

图 6.4.1　扳手力矩 T

$$T = T_1 + T_2 = F_0 \tan(\lambda + \rho_v)\frac{d_2}{2}$$

$$+ \frac{1}{3} f_c F_0 \frac{D_1^3 - d_0^3}{D_1^2 - d_0^2} = K F_0 d \tag{6.4.1}$$

式中　F_0——预紧力，N；

　　　d——螺纹的公称直径，mm；

　　　K——拧紧力矩系数，见表 6.4.1；

　　　λ——螺纹升角，(°)；

　　　ρ_v——当量摩擦角，(°)；

　　　f_c——螺母与被连接件支承面间的摩擦系数。

表 6.4.1　　　　　　　　　　　　　　　拧紧力矩系数 K

摩擦表面状态		精加工表面	一般加工表面	表面氧化	镀　锌	干燥粗加工表面
K 值	有润滑	0.10	0.13～0.15	0.20	0.18	—
	无润滑	0.12	0.18～0.21	0.24	0.22	0.26～0.30

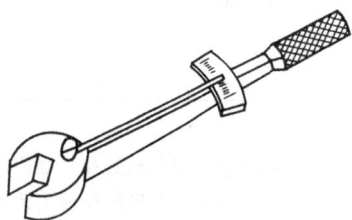

图 6.4.2　测力矩扳手

由式（6.4.1）可知，预紧力 F_0 的大小取决于拧紧力矩 T。

预紧力的大小可根据螺栓的受力情况和连接的工作要求决定，一般规定拧紧后预紧力不超过螺纹连接件材料屈服极限 σ_s 的 80%。

对于比较重要的连接，可采用测力矩扳手来旋紧螺母，所控制的力矩 T 可以在刻度上读出，如图 6.4.2 所示。若不能严格控制预紧力的大小，而只靠安装经验来拧紧螺纹连接件时，不宜采用小于 M12 的螺栓。

二、螺纹连接的防松

连接中常用的单线普通螺纹和管螺纹都能满足自锁条件，在静载荷或冲击振动不大、温度变化不大时不会自行松脱。但在冲击、振动或变载荷的作用下，或当温度变化较大时，螺纹连接会产生自动松脱现象。因此，设计螺纹连接必须考虑防松问题。

螺纹连接防松的根本问题在于要防止螺旋副的相对转动。防松的方法很多，按其工作原理可分为摩擦防松、机械防松、永久防松和化学防松四大类。常用的防松方法如表 6.4.2 所列。

表 6.4.2　　　　　　　　　　　　　　　常用的防松方法

利用附加摩擦力防松	弹簧垫圈	对顶螺母	尼龙圈锁紧螺母

利用附加摩擦力防松	弹簧垫圈材料为弹簧钢，装配后垫圈被压平，其反弹力能使螺纹间保持压紧力和摩擦力	利用两螺母的对顶作用使螺栓始终受到附加拉力和附加摩擦力的作用。结构简单，可用于低速重载场合	螺母中嵌有尼龙圈，拧上后尼龙圈内孔被胀大而箍紧螺栓
采用专门防松元件防松	 槽形螺母和开口销	 圆螺母用带翅垫片	 止动垫片
	槽形螺母拧紧后，用开口销穿过螺栓尾部小孔和螺母的槽，也可以用普通螺母拧紧后再配钻开口销孔	使垫片内翅嵌入螺栓（轴）的槽内，拧紧螺母后将垫片外翅之一折嵌于螺母的一个槽内	将垫片折边以固定螺母和被连接件的相对位置
其他方法防松	 冲点法防松　用冲头冲 2～3 点	 粘合法防松	用粘合剂涂于螺纹旋合表面，拧紧螺母后粘合剂能自行固化，防松效果良好
	 永久防松　焊接	 正确 不正确 串联钢丝	用于螺栓组、螺钉组连接的防松

第五节　单个螺栓连接的强度计算

单个螺栓连接的强度计算是螺纹连接设计的基础。根据连接的工作情况，可将螺栓按受力形式分为受拉螺栓和受剪螺栓，两者失效形式不同。设计准则是针对具体的失效形式，通过对螺栓的相应部位进行相应强度条件的设计计算（或强度校核）而提出的。螺栓的其他部位及螺母、垫圈等的尺寸，一般可从有关手册中查出，不必进行强度计算。

螺栓连接的计算主要是确定螺纹小径 d_1，然后按标准选定螺纹的公称直径（大径） d 及螺距 P 等。

本节关于螺栓连接的强度计算方法，对双头螺柱和螺钉连接也同样适用。

一、受拉螺栓连接

静载荷下这种连接的主要失效形式为螺纹部分的塑性变形和断裂。为了简化计算，取螺纹的小径为危险截面的直径，其强度计算方法按工作情况分述如下。

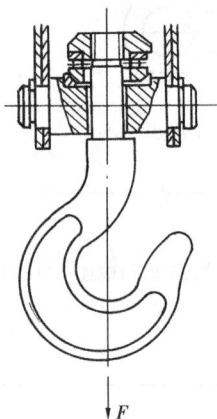

图 6.5.1　松螺栓连接

1. 松螺栓连接

这种连接在承受工作载荷以前螺栓不旋紧，即不受力，如图 6.5.1 所示的起重吊钩尾部的松螺栓连接。

螺栓工作时受轴向力 F 作用，其强度条件为

$$\sigma = \frac{F}{A} = \frac{F}{\frac{\pi d_1^2}{4}} \leqslant [\sigma] \qquad (6.5.1)$$

式中　d_1——螺栓危险截面的直径即螺纹的小径，mm；

$[\sigma]$——松连接螺栓的许用拉应力，查表 6.5.3，MPa。

由式 (6.5.1) 可得设计公式为

$$d_1 \geqslant \sqrt{\frac{4F}{\pi[\sigma]}} \qquad (6.5.2)$$

计算得出 d_1 值后再从有关设计手册中查得螺纹的公称直径 d。

2. 紧螺栓连接

（1）只受预紧力的紧螺栓连接。螺栓拧紧后，其螺纹部分不仅受因预紧力 F_0 的作用而产生的拉应力 σ，还受因螺纹摩擦力矩 T_1 的作用而产生的扭转剪应力 τ，使螺栓螺纹部分处于拉伸与扭转的复合应力状态。

螺栓危险截面上的拉应力为

$$\sigma = \frac{F_0}{\frac{\pi d_1^2}{4}}$$

螺栓危险截面上的扭转剪应力为

$$\tau = \frac{T_1}{\frac{\pi d_1^3}{16}} = \frac{F_0 \tan(\lambda + \rho_v)\frac{d_2}{2}}{\frac{\pi d_1^3}{16}}$$

对于常用的单线、三角形螺纹的普通螺栓（一般为 M16～M68），取 $f_v = \tan\rho_v = 0.15$，经简化处理得 $\tau = 0.5\sigma$。根据第四强度理论，可求出当量应力 σ_e 为

$$\sigma_e = \sqrt{\sigma^2 + 3\tau^2} = \sqrt{\sigma^2 + 3 \times (0.5\sigma)^2} \approx 1.3\sigma$$

因此，螺栓螺纹部分的强度条件为

$$\sigma_e = 1.3\sigma \leqslant [\sigma]$$

即

$$\frac{1.3F_0}{\dfrac{\pi d_1^2}{4}} \leqslant [\sigma] \tag{6.5.3}$$

设计公式为

$$d_1 \geqslant \sqrt{\frac{4 \times 1.3F_0}{\pi[\sigma]}} \tag{6.5.4}$$

式中　$[\sigma]$——紧螺栓连接的许用拉应力，查表 6.5.3。

由此可见，紧螺栓连接的强度也可按纯拉伸计算，但考虑螺纹摩擦力矩 T_1 的影响，需将拉力增大 30%。

（2）承受横向外载荷的紧螺栓连接。图 6.5.2 所示为普通螺栓连接，被连接件承受垂直于螺栓轴线的横向载荷 F_R。由于处于拧紧状态，螺栓受预紧力 F_0 的作用，被连接件受到压力，在接合面之间就产生摩擦力 $F_0 f$（f 为接合面间的摩擦系数）。若满足不滑动条件

$$F_0 f \geqslant F_R$$

则连接不发生滑动。若考虑连接的可靠性及接合面的数目，则上式可改成

$$F_0 fm = K_f F_R$$

$$F_0 = \frac{K_f F_R}{fm} \tag{6.5.5}$$

图 6.5.2 受横向外载荷的
普通螺栓连接

式中　F_R——横向外载荷，N；

　　　f——接合面间的摩擦系数，可查表 6.5.1；

　　　m——接合面的数目；

　　　K_f——可靠性系数，取 $K_f = 1.1 \sim 1.3$。

当 $f = 0.15$、$K_f = 1.1$、$m = 1$ 时，代入式（6.5.5）可得

$$F_0 = \frac{1.1F_R}{0.15 \times 1} \approx 7F_R$$

从上式可见，当承受横向外载荷 F_R 时，要使连接不发生滑动，螺栓上要承受 7 倍于横向外载荷的预紧力。这样设计出的螺栓结构笨重、尺寸大、不经济，尤其在冲击、振动载荷的作用下连接更为不可靠，因此应设法避免这种结构，而采用其他结构。

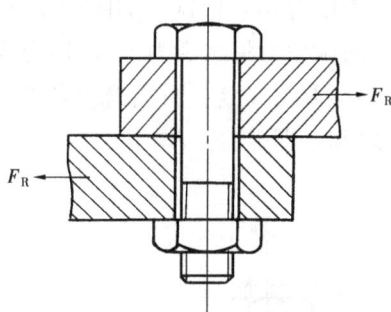

表 6.5.1　　　　　　　　　　　　　　连接结合面间的摩擦系数 f

被连接件	表面状态	f
钢或铸铁零件	干燥的加工表面	0.10～0.16
	有油的加工表面	0.06～0.10
钢结构	喷砂处理	0.45～0.55
	涂富锌漆	0.35～0.40
	轧制表面、用钢丝刷清理浮锈	0.30～0.35
铸铁对榆杨木（或混凝土、砖）	干燥表面	0.40～0.50

（3）承受轴向静载荷的紧螺栓连接。这种受力形式的紧螺栓连接应用最广，也是最重要的一种螺栓连接形式。图 6.5.3 所示为气缸端盖的螺栓组，其每个螺栓承受的平均轴向工作载荷为

$$F = \frac{p\pi D^2}{4n}$$

式中　　p——缸内气压，MPa；

　　　　D——缸径，mm；

　　　　n——连接螺栓数目。

图 6.5.4 所示为气缸端盖螺栓组中一个螺栓连接的受力与变形情况。图 6.5.4（a）所示为螺栓未被拧紧，螺栓与被连接件均不受力时的情况。图 6.5.4（b）所示为螺栓被拧紧后，螺栓受预紧力 F_0，被连接件受预紧力 F_0 的作用而产生压缩变形 δ_1 的情况。图 6.5.4（c）所示为螺栓受到轴向外载荷 F（由气缸内压力而引起的）作用时的情况，螺栓被拉伸，变形增量为 δ_2，根据变形协调条件，δ_2 即等于被连接件压缩变形的减少量。此时被连接件受到的压缩力将减小为 F_0'，称为残余预紧力。显然，为了保证被连接件间密封可靠，应使 $F_0' > 0$，即 $\delta_1 > \delta_2$。此时螺栓所受的轴向总拉力 F_Σ 应为其所受的工作载荷 F 与残余预紧力 F_0' 之和，即

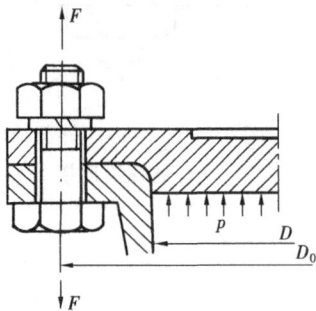

图 6.5.3　气缸盖螺栓连接

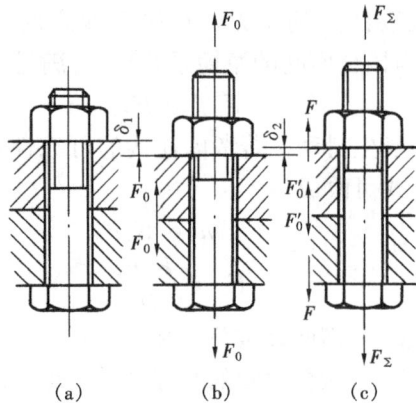

图 6.5.4　螺栓的受力与变形
（a）螺栓未被拧紧；（b）螺栓被拧紧受预紧力 F_0；
（c）螺栓受轴向外载荷 F

$$F_\Sigma = F + F_0' \tag{6.5.6}$$

不同的应用场合，对残余预紧力有着不同的要求，一般可参考以下经验数据来确定：对于一般的连接，若工作载荷稳定，取 $F_0' = (0.2 \sim 0.6)F$，若工作载荷不稳定，取 $F_0' = (0.6 \sim 1.0)F$；对于气缸、压力容器等有紧密性要求的螺栓连接，取 $F_0' = (1.5 \sim 1.8)F$。

当选定残余预紧力 F_0' 后，即可按式（6.5.6）求出螺栓所受的总拉力 F_Σ，同时考虑到可能需要补充拧紧及扭转剪应力的作用，将 F_Σ 增加 30%，则螺栓危险截面的拉伸强度条件为

$$\sigma = \frac{1.3F_\Sigma}{\frac{\pi d_1^2}{4}} \leqslant [\sigma] \tag{6.5.7}$$

设计公式为

$$d_1 \geqslant \sqrt{\frac{4 \times 1.3 F_{\Sigma}}{\pi[\sigma]}} \tag{6.5.8}$$

式中，各符号的含义同前。

根据变形协调条件，可导出预紧力 F_0 和残余预紧力 F_0' 的关系式为

$$F_0 = F_0' + (1 - K_C)F \tag{6.5.9}$$

式中：K_C 为相对刚性系数。

K_C 值与螺栓和被连接件的材料、尺寸、结构及连接中垫片的性质等有关。当被连接件为钢铁零件时，K_C 值可根据垫片材料的不同采用下列数据：金属垫片或无垫片 $K_C = 0.2 \sim 0.3$；皮革垫片 $K_C = 0.7$；铜皮石棉垫片 $K_C = 0.8$；橡胶垫片 $K_C = 0.9$。

二、受剪切螺栓连接

如图 6.5.5 所示，这种连接在装配时螺栓杆与孔壁间采用过渡配合，无间隙，螺母不必拧得很紧。工作时螺栓连接承受横向载荷 F_R，螺栓在连接接合面处受剪切作用，螺栓杆与被连接件孔壁相互挤压，因此应分别按挤压及剪切强度条件进行计算。螺栓杆与孔壁间的挤压强度条件为

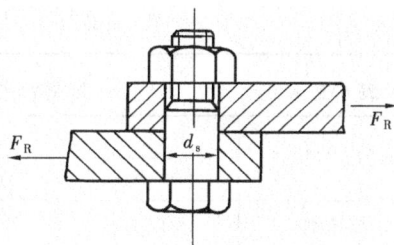

图 6.5.5　受横向外载荷的铰制孔
螺栓连接

$$\sigma_p = \frac{F_R}{d_s \delta} \leqslant [\sigma_p] \tag{6.5.10}$$

螺栓杆的剪切强度条件为

$$\tau = \frac{F_R}{\dfrac{m \pi d_s^2}{4}} \leqslant [\tau] \tag{6.5.11}$$

上两式中　F_R——横向载荷，N；

　　　　d_s——螺栓杆直径，mm；

　　　　m——螺栓受剪面的数目；

　　　　δ——螺栓杆与孔壁接触面的最小长度，mm；

　　　　$[\tau]$——螺栓材料的许用剪应力，N；

　　　　$[\sigma_p]$——螺栓与孔壁中较弱材料的许用挤压应力，N。

在一般条件下工作的螺纹连接件常用材料为低碳钢和中碳钢，其力学性能见表 6.5.2。螺纹连接件材料的许用应力 $[\sigma]$、$[\tau]$、$[\sigma_p]$ 可查表 6.5.3 和表 6.5.4。

表 6.5.2　　　　　　　　**螺纹连接件常用材料的力学性能**

（摘自 GB/T 700—2006、GB/T 699—1999、GB/T 3077—1999）　　　　　MPa

钢号	Q215（A2）	Q235（A3）	35	45	40Cr
强度极限 σ_b	335～410	375～460	530	600	980
屈服极限 σ_s（$d \leqslant 16 \sim 100$mm）	185～215	205～235	315	355	785

注　螺栓直径 d 较小时，取偏高值。

表 6.5.3　　　　　　　　　　螺栓连接的许用应力和安全系数

连接情况	受载情况	许用应力 $[\sigma]$（MPa）和安全系数 S
松连接	轴向静载荷	$[\sigma]=\dfrac{\sigma_s}{S}$。$S=1.2\sim1.7$（未淬火钢取小值）
紧连接	轴向静载荷 横向静载荷	$[\sigma]=\dfrac{\sigma_s}{S}$。控制预紧力时，$S=1.2\sim1.5$； 不控制预紧力时，$S$ 查表 6.5.4
铰制孔用螺栓连接	横向静载荷	$[\tau]=\dfrac{\sigma_s}{2.5}$。被连接件为钢时，$[\sigma_p]=\dfrac{\sigma_s}{1.25}$； 被连接件为铸铁时，$[\sigma_p]=\dfrac{\sigma_B}{2\sim2.5}$
	横向变载荷	$[\tau]=\dfrac{\sigma_s}{3.5\sim5}$。$[\sigma_p]$ 按静载荷的 $[\sigma_p]$ 值降低 20%～30% 计算

表 6.5.4　　　　　　　　紧螺栓连接的安全系数 S（不控制预紧力）

材　　料	静载荷			变载荷	
	M6～M16	M16～M30	M30～M60	M6～M16	M16～M30
碳素钢	4～3	3～2	2～1.3	10～6.5	6.5
合金钢	5～4	4～2.5	2.5	7.5～5	5

第六节　螺栓组连接的结构设计和受力分析

机器中多数螺纹连接件一般都是成组使用的，其中螺栓组连接最具有典型性。下面讨论螺栓组连接的设计问题，其基本结论也适用于双头螺柱组连接和螺钉组连接等。

设计螺栓组连接时，首先要确定螺栓组连接的结构，即设计被连接件接合面的结构、形状，选定螺栓的数目和布置形式，确定螺栓组连接的结构尺寸等。在确定螺栓尺寸时，对于不重要的连接或有成熟实例的连接，可采用类比法。但对于主要的连接，则应根据连接的结构和受力情况，找出受力最大的螺栓及其所受的载荷，然后应用单个螺栓连接的强度计算方法进行螺栓的设计或校核。

一、螺栓组连接的结构设计

（1）连接接合面的几何形状通常设计成轴对称的简单几何形状，如图 6.6.1 所示。这样便于对称布置螺栓，使螺栓组的对称中心和连接接合面的形心重合，保证接合面的受力比较

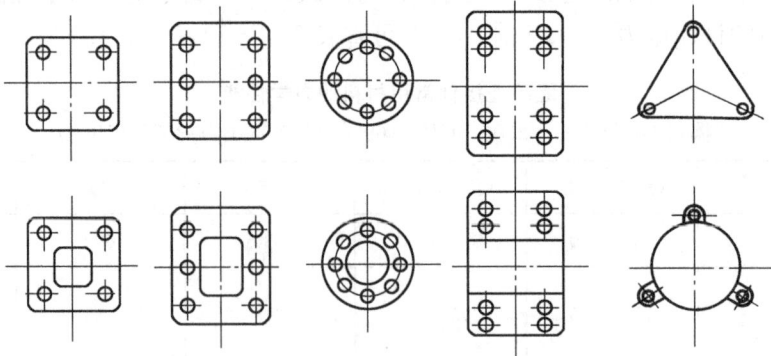

图 6.6.1　连接接合面的几何形状

均匀，同时也便于加工制造。

（2）螺栓的布置应使螺栓的受力合理。当螺栓组连接承受弯矩或扭矩时，应使螺栓的位置适当靠近结合面的边缘，以减小螺栓的受力，如图 6.6.2 所示。不要在平行于工作载荷的方向上成排地布置 8 个以上的螺栓，以避免螺栓受力不均。若螺栓组同时承受较大的横向、轴向载荷，应采用销、套筒、键等零件来承受横向载荷，以减小螺栓的结构尺寸，如图 6.6.3 所示。

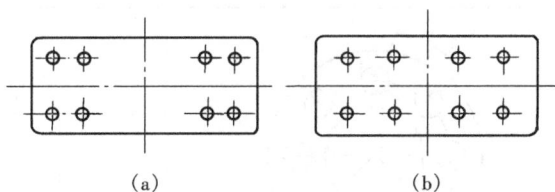

图 6.6.2　结合面受弯矩或扭矩时螺栓的布置图

（a）合理布置；（b）不合理布置

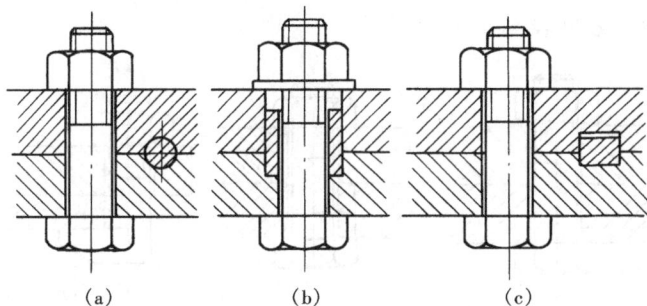

图 6.6.3　承受横向载荷的减载装置

（a）用减载销；（b）用减载套筒；（c）用减载键

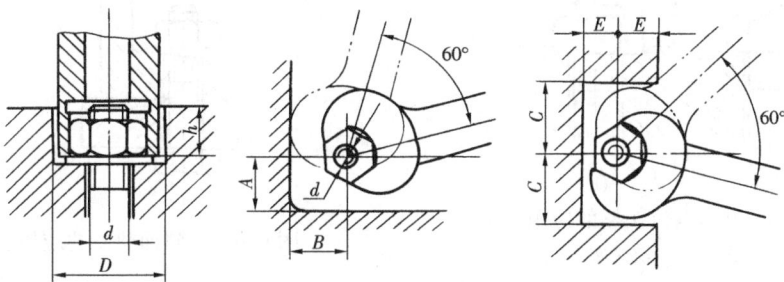

图 6.6.4　扳手空间尺寸

（3）螺栓的排列应有合理的间距、边距。应根据扳手空间尺寸来确定各螺栓中心的间距及螺栓轴线到机体壁面间的最小距离。图 6.6.4 所示的扳手空间尺寸可查阅有关标准。相邻螺栓的中心距一般应小于 $10d$，对于压力容器等紧密性要求较高的连接，螺栓间距 t 不得大于表 6.6.1 所推荐的数值。

（4）同一螺栓组连接中各螺栓的直径和材料均应相同。分布在同一圆周上的螺栓数目应取 4、6、8 等偶数，以便于分度与划线。

（5）要避免图 6.6.5 所示的螺栓承受偏心载荷的现象，要减小载荷相对于螺栓轴线的偏距。应在被连接件上设置凸台、沉头座或采用斜面垫圈，如图 6.6.6 及图 6.6.7 所示，保证螺母或螺栓头部支承面平整并与螺栓轴线相垂直。

表 6.6.1 紧密连接的螺栓间距 t

		容器工作压力 p（MPa）				
d—螺纹公称直径	≤1.6	1.6～4	4～10	10～16	16～20	20～30
	7d	4.5d	4.5d	4d	3.5d	3d

进行螺栓组的结构设计时，在综合考虑上述各项的同时，还要根据螺栓连接的工作条件合理地选择防松装置，参见表 6.4.2。

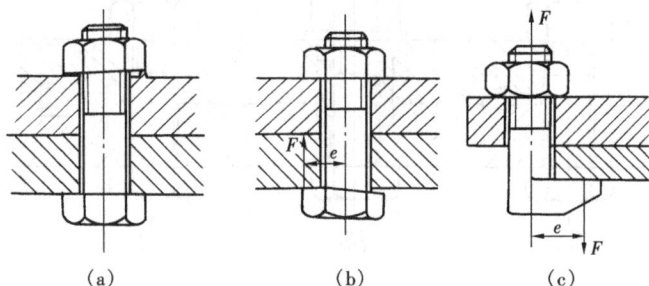

（a） （b） （c）

图 6.6.5 螺栓承受偏心载荷

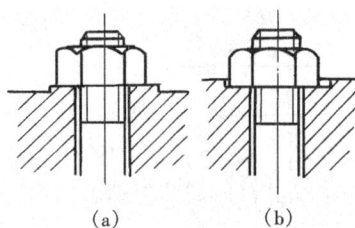

（a） （b）

图 6.6.6 凸台与沉头座的应用

（a）凸台；（b）沉头座

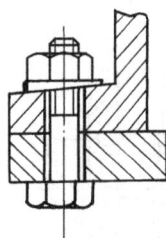

图 6.6.7 斜面垫圈的应用

二、螺栓组连接的受力分析

为了简化受力分析时的计算，通常作如下假设：①螺栓组内各螺栓的材料、结构、尺寸和所受的预紧力均相同；②螺栓组的对称中心与连接接合面的形心重合；③受载后连接接合面仍保持为平面；④被连接件为刚体；⑤螺栓的变形在弹性范围内等。下面分析四种典型受载情况下的螺栓组连接。

1. 受横向载荷的螺栓组连接

图 6.6.8（a）所示为板件连接，横向载荷 F_R 可通过两种不同方式传递。图 6.6.8（b）所示为用受拉普通螺栓连接传递，图 6.6.8（c）所示为用受剪铰制孔螺栓连接传递。

（1）普通螺栓连接可根据式（6.5.5）分析得出每个螺栓上所受的预紧力 F_0 为

$$F_0 = \frac{K_f F_R}{fnm} \qquad (6.6.1)$$

（2）假设铰制孔螺栓连接各螺栓的受力相等，则每个螺栓所受的横向工作剪力 F_S 为

$$F_S = \frac{F_R}{n} \qquad (6.6.2)$$

2. 受旋转力矩的螺栓组连接

如图 6.6.9 所示，转矩作用在连接接合面内，在转矩 T 的作用下，底板有绕螺栓组几何中心轴线 O—O 旋转的趋势。

（1）普通螺栓连接如图 6.6.9（a）所示，各螺栓所受预紧力均为 F_0，由预紧力产生的摩擦力 fF_0 集中作用在各螺栓的中心处，并垂直于螺栓中心与底板旋转中心 O 的连线，根据底板的力矩平衡条件得

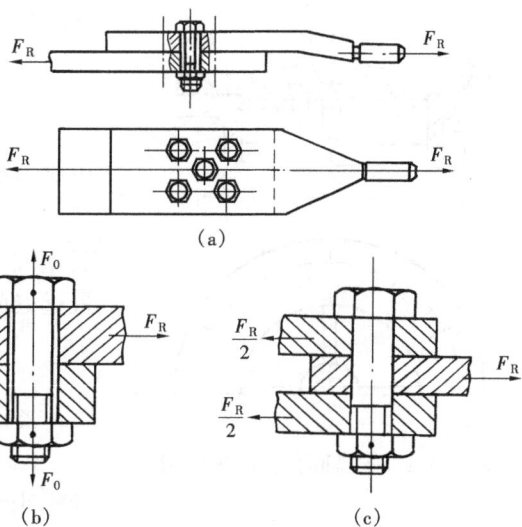

图 6.6.8 受横向载荷的螺栓组
（a）板件连接；（b）受拉螺栓连接；（c）受剪螺栓连接

$$\left.\begin{aligned} fF_0 r_1 + fF_0 r_2 + \cdots + fF_0 r_n \geqslant K_f T \\ F_0 \geqslant \frac{K_f T}{f(r_1 + r_2 + \cdots + r_n)} \end{aligned}\right\} \qquad (6.6.3)$$

式中　　　　f——接合面间的摩擦系数，查表 6.5.1；
$r_1, r_2, \cdots, r_n$——各螺栓轴线至底板中心 O 的距离，mm；
　　　　　　K_f——可靠性系数。

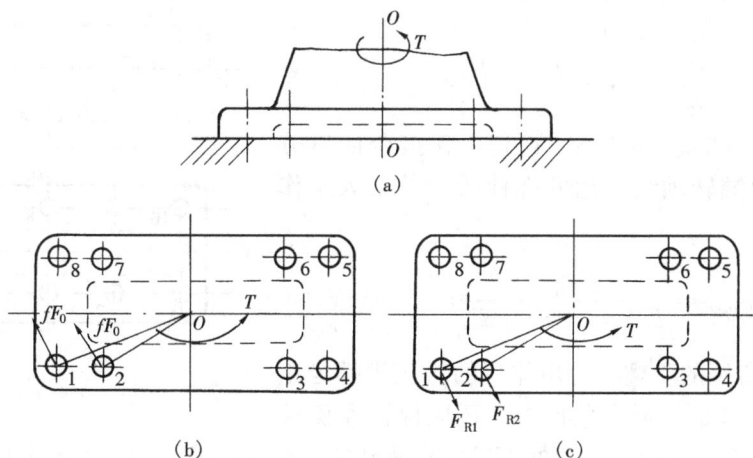

图 6.6.9 受旋转力矩的螺栓组
（a）普通螺栓；（b）、（c）铰制孔用螺栓

（2）铰制孔螺栓连接。如图 6.6.9（b）所示，在转矩 T 的作用下各螺栓受到剪切和挤压作用，各螺栓所受的剪力 F_{Ri} 的方向与该螺栓轴线至底板旋转中心 O 的连线相垂直。假定底板与座体均为刚体，则各螺栓的剪切变形量与其至底板旋转中心 O 的距离 r 成正比。若

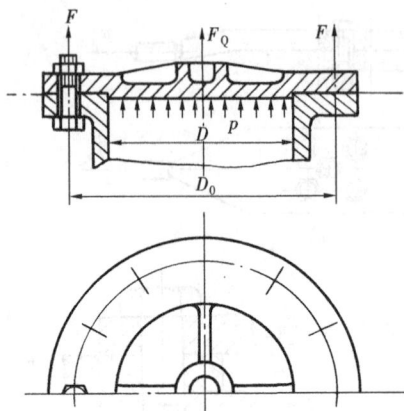

图 6.6.10 受轴向载荷的螺栓组

各螺栓刚度相同，螺栓所受剪力也与此距离成正比，即

$$\frac{F_{R1}}{r_1} = \frac{F_{R2}}{r_2} = \cdots = \frac{F_{Rn}}{r_n} = \frac{F_{Rmax}}{r_{max}} \quad (6.6.4)$$

由底板的力矩平衡条件得

$$T = F_{R1}r_1 + F_{R2}r_2 + \cdots + F_{Rn}r_n \quad (6.6.5)$$

联立式（6.6.4）和式（6.6.5），可得距离旋转中心 O 最远处的螺栓所受的最大工作剪力为

$$F_{Rmax} = \frac{Tr_{max}}{r_1^2 + r_2^2 + \cdots + r_n^2} \quad (6.6.6)$$

3. 受轴向载荷的螺栓组连接

图 6.6.10 所示为气缸盖螺栓组连接，其载荷 F_Q 的作用线平行于螺栓轴线并通过螺栓组的对称中心。假定各螺栓平均受载，则每个螺栓所受的轴向工作载荷为

$$F = \frac{F_Q}{z}$$

4. 受翻转力矩的螺栓组连接

图 6.6.11 所示为受翻转力矩 M 的螺栓组连接。设力矩 M 作用在过 x—x 轴的纵向对称面内，刚性底板在 M 作用下，有绕接合面对称轴 O—O 翻转的趋势，使 O—O 轴左侧螺栓受拉伸，右侧螺栓被放松，以至预紧力 F_0 减少。

由底板的力矩平衡条件得

$$M = F_1l_1 + F_2l_2 + \cdots + F_nl_n \quad (6.6.7)$$

假定各螺栓的刚度相同，则螺栓的工作拉力与其到底板翻转轴线的距离成正比，即

$$\frac{F_1}{l_1} = \frac{F_2}{l_2} = \cdots = \frac{F_n}{l_n} = \frac{F_{max}}{l_{max}} \quad (6.6.8)$$

联立式（6.6.7）和式（6.6.8）可得，在接合面有分离趋势一侧，距翻转轴线最远的螺栓所受的最大工作拉力 F_{max} 为

$$F_{max} = \frac{Ml_{max}}{l_1^2 + l_2^2 + \cdots + l_n^2} \quad (6.6.9)$$

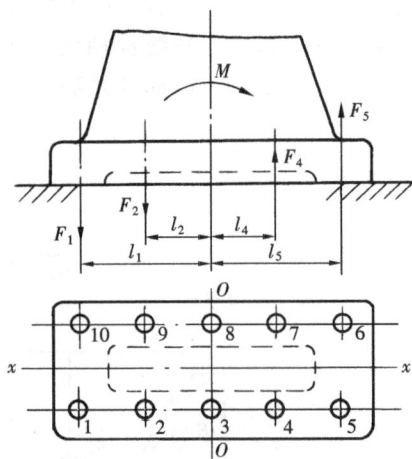

图 6.6.11 受翻转力矩的螺栓组

对于图 6.6.11 所示的受翻转力矩作用的机座类螺栓组连接，除螺栓要满足其强度条件外，还应保证左侧接合面处不出现间隙，右侧接合面处不发生压溃破坏。接合面最小受压处不出现间隙的条件为

$$\sigma_{pmin} = \frac{nF_0}{A} - \frac{M}{W} > 0 \quad (6.6.10)$$

接合面最大受压处不发生压溃的条件为

$$\sigma_{pmax} = \frac{nF_0}{A} + \frac{M}{W} \leqslant [\sigma_p] \quad (6.6.11)$$

式中 F_0——每个螺栓的预紧力，N；

    A——底座与支撑面的接触面积，mm^2；

    W——底座与支撑面间接合面的抗弯截面系数，mm^3；

    $[\sigma_p]$——连接接合面较弱材料的许用挤压应力，MPa，$[\sigma_p]$ 可查表 6.6.2。

表 6.6.2   **连接结合面材料的许用挤压应力 $[\sigma_p]$**   MPa

材料	钢	铸铁	混凝土	砖（水泥浆缝）	木材
$[\sigma_p]$	$0.8\sigma_s$	$(0.4\sim0.5)\,\sigma_B$	$2.0\sim3.0$	$1.5\sim2.0$	$2.0\sim4.0$

在实际使用中，螺栓组连接的受载情况可能是以上四种简单受力状态的不同组合。无论实际螺栓组受力状态如何复杂，只要分别计算出螺栓组在这些简单受力状态下每个螺栓的工作载荷，然后将它们以向量形式叠加，即可得到每个螺栓的总工作载荷。确定受力最大的螺栓及其载荷后，就可以进行单个螺栓连接的强度计算。

【例 6.6.1】 已知图6.5.3所示气缸与气缸盖的螺栓连接中，气缸内径 $D=200\text{mm}$，气缸内气体的工作压力 $p=1.2\text{MPa}$，缸盖与缸体之间采用橡胶垫圈密封。若螺栓数目 $n=10$，螺栓分布圆直径 $D_0=260\text{mm}$，试确定螺栓直径，并检查螺栓间距 t 及扳手空间是否符合要求。

解 （1）确定每个螺栓所受的轴向工作载荷 F

$$F = \frac{\pi D^2 p}{4n} = \frac{\pi \times 200^2 \times 1.2}{4 \times 10} = 3770(\text{N})$$

（2）计算每个螺栓的总拉力 F_Σ

根据汽缸盖螺栓连接的紧密性要求，取残余预紧力 $F_0'=1.8F$，由式（6.5.6）计算螺栓的总拉力

$$F_\Sigma = F + F_0' = F + 1.8F = 2.8F = 2.8 \times 3770 = 10\,556(\text{N})$$

（3）确定螺栓的公称直径

1）螺栓材料选用 35 号钢，由表 6.5.2 查得 $\sigma_s=315\text{MPa}$，若装配时不控制预紧力，则螺栓的许用应力与其直径有关，故应采用试算法。假定螺栓直径 $d=16\text{mm}$，由表 6.5.4 查得安全系数 $S=3$，则许用应力

$$[\sigma] = \frac{\sigma_s}{S} = \frac{315}{3} = 105(\text{MPa})$$

2）由式（6.5.8）计算螺栓的小径为

$$d_1 \geqslant \sqrt{\frac{4 \times 1.3 F_\Sigma}{\pi[\sigma]}} = \sqrt{\frac{4 \times 1.3 \times 10\,556}{\pi \times 105}} = 12.90(\text{mm})$$

根据 d_1 的计算值，查手册得螺纹外径的标准值 $d=16\text{mm}$，与假定值相符，故能适用。其标记为螺栓 GB/T 5782—2000M16$\times L$。

（4）检查螺栓间距 t

螺栓间距 $t = \dfrac{\pi D_0}{n} = \dfrac{\pi \times 260}{10} = 81.68(\text{mm})$

查表 6.6.1，当 $p \leqslant 1.6MPa$ 时，压力容器螺栓间距 $t < 7d = 7 \times 16 = 112$（mm），故上述螺栓间距的计算结果能满足紧密性要求。

查有关设计手册，M16 的扳手空间 $A = 48mm$，故本题中的 $t > A$，能满足扳手空间要求。

若螺栓间距 t 或扳手空间不符合要求，则应重新选取螺栓数目 n，再按上述步骤重新计算，直到满足要求为止。

【例 6.6.2】 图 6.6.12（a）所示矩形钢板用 4 个螺栓固定在 250mm 宽的槽钢上，受悬臂载荷 $F = 16kN$。试求：①用铰制孔螺栓连接，受载最大的螺栓所受的横向剪力；②用普通螺栓连接，螺栓所需的预紧力。设摩擦系数 $f = 0.3$，可靠性系数 $K_f = 1.1$。

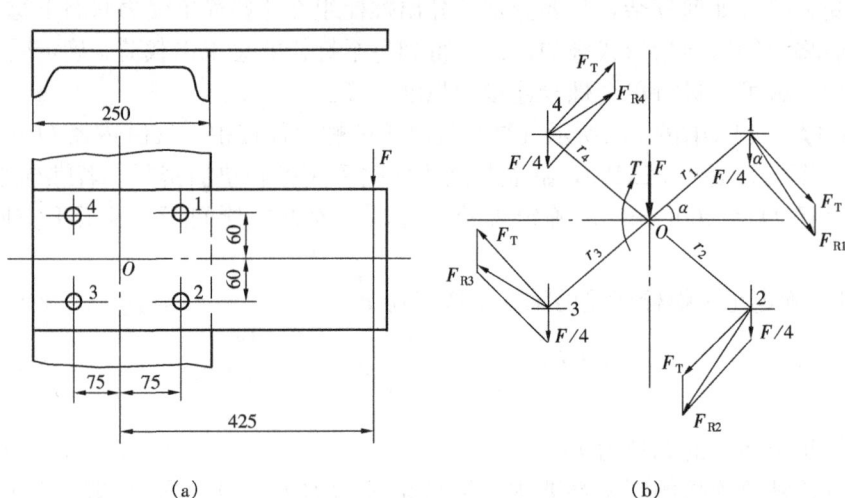

（a）　　　　　　　　　　　　　（b）

图 6.6.12　用螺栓连接矩形钢板

解　为了简化计算，将力 F 移向接合面形心，得

横向力 $F = 16$（kN）

旋转力矩 $T = 425F = 425 \times 16 \times 10^3 = 6.8 \times 10^6$（N·mm）

（1）用铰制孔螺栓连接

由 F 引起的剪力为

$$\frac{F}{4} = \frac{16}{4} \times 10^3 = 4 \times 10^3 (\text{N})$$

取 $r_1 = r_2 = r_3 = r_4 = r = \sqrt{60^2 + 75^2} = 96$（mm），则

由 T 引起的剪力为

$$F_T = \frac{T}{4r} = \frac{6.8 \times 10^6}{4 \times 96} = 17\ 700(\text{N})$$

图 6.6.12（b）所示的合成剪力图表明，1、2 螺栓受力最大。图中

$$\alpha = \arctan\frac{60}{75} = 38.66°$$

$$F_{Rmax} = F_{R1} = F_{R2} = \sqrt{\left(\frac{F}{4}\right)^2 + F_T^2 + 2\left(\frac{F}{4}\right)(F_T)\cos\alpha}$$

$$= \sqrt{4000^2 + 17\ 700^2 + 2 \times 4000 \times 17\ 700 \times \cos 38.66°}$$

$$= 21\ 000(N)$$

（2）用普通螺栓连接

螺栓的受力分析同上，螺栓 1 和 2 处传递的横向载荷最大，$F_{R1} = F_{R2} = 21\ 000$N，每个螺栓仅受预紧力。

根据螺栓 1 或 2 求预紧力 F_0

$$fF_0 m \geqslant K_f F_{R1}$$

$$F_0 \geqslant \frac{K_f F_{R1}}{fm} = \frac{1.1 \times 21\ 000}{0.3 \times 1} = 7.7 \times 10^4(N)$$

由此可得计算结果：用铰制孔螺栓连接，1、2 号螺栓受力最大，$F_{R1} = F_{R2} = 21\ 000$（N）；用普通螺栓连接，螺栓所需预紧力 $F_0 = 7.7 \times 10^4$（N）。

在一般的机械设计中，对于不太重要的螺栓连接，通常可凭经验或参照同类结构用类比法选定螺栓直径，不必进行强度计算。

第七节　螺　旋　传　动

螺旋传动是利用螺杆和螺母组成的螺旋副来实现的传动，主要用于将回转运动变换成直线运动，也可以将直线运动变换成旋转运动。螺旋传动采用螺旋机构。

螺旋机构按摩擦性质的不同，可分为滑动螺旋机构、滚动螺旋机构和静压螺旋机构三大类。螺旋机构具有结构简单，工作连续、平稳，承载能力大，传动精度高，易于自锁等优点；但摩擦损耗大，传动效率较低。近年来滚动螺旋的应用，使磨损和效率问题在很大程度上得到了改善；但滚动螺旋结构复杂，无自锁性且成本较高，仅用于要求高效率、高精度的重要传动中。

一、滑动螺旋机构

滑动螺旋在传动中，螺杆和螺母间产生滑动摩擦。滑动螺旋机构所用的螺纹为传动性能好、效率高的矩形、梯形或锯齿形螺纹。

1. 滑动螺旋结构的类型

按其用途不同可分为以下三种类型。

（1）传力螺旋，以传递动力为主，要求以较小的转矩产生较大的轴向力。这种螺旋传动一般为间歇性工作，工作速度不高，通常要求有较高的强度和自锁性，广泛应用于各种起重或加压装置中，如图 6.7.1（a）所示的螺旋千斤顶。为了保证良好的自锁性，传力螺旋的螺纹升角 $\lambda \leqslant 4°30'$。

（2）传导螺旋，以传递运动为主，要求有较高的传动精度和传动效率，运转轻便灵活，如图 6.7.1（b）所示的机床刀架进给机构。传动螺旋常采用多线螺纹来提高效率。

（3）调整（差动）螺旋，用于调整、固定零件的相对位置，常要求微量或快速调整，一般受力较小，如机床夹具、仪器或测量装置中的调整螺旋、差动螺旋等，如图 6.7.1（c）

所示的量具测量螺旋。

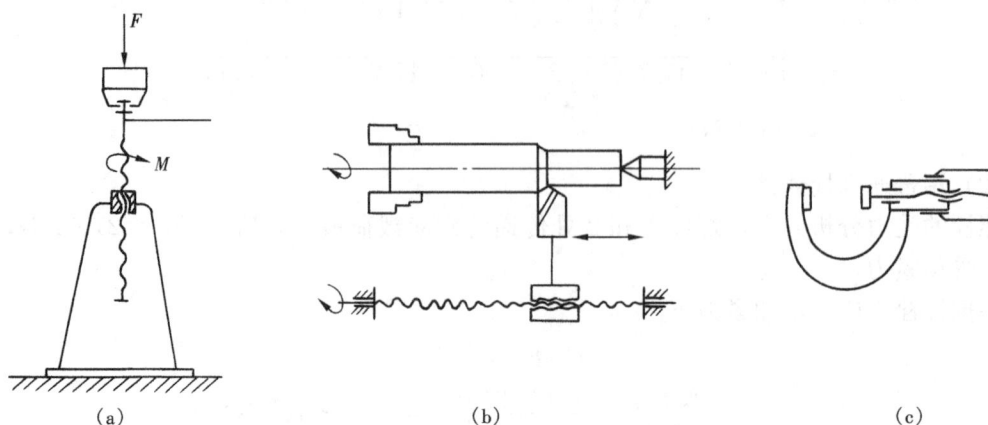

图 6.7.1　螺旋机构

（a）螺旋千斤顶；（b）机床刀架进给机构；（c）量具的测量螺旋

2. 滑动螺旋副的材料和结构

螺杆的材料应具有足够的强度和耐磨性，良好的切削性，对于精密传动的螺旋机构，还要求螺杆在热处理后有较好的尺寸稳定性。螺母的材料除要求具有足够的强度外，还要求与螺杆配合传动时摩擦系数小，耐磨性好，抗胶合能力强。螺旋副常用材料见表 6.7.1。

表 6.7.1　　　　　　　　　　　　　　　螺旋副常用材料

	工作条件	常　用　材　料
螺　杆	一般传动	Q275，40Mn，40 号，50 号
	重要丝杠	T10，T12，65Mn，40Cr，40MnB，20CrMnTi
	精密丝杠	9Mn2V，CrWMn，38CrMoAl
螺　母	一般传动	ZCuSn10FePb1，ZcuSn5Pb5Zn5
	重要丝杠	ZcuAl10Fe3，ZCuZn25Al6Fe3Mn3
	精密丝杠	耐磨铸铁，灰铸铁

螺母结构有：

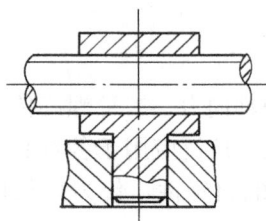

图 6.7.2　整体螺母

（1）整体螺母见图 6.7.2，不能调整间隙，只能用在轻载且精度要求较低的场合。

（2）组合螺母见图 6.7.3，通过拧紧调整螺钉 2 驱使楔块 3 将其两侧螺母拧紧，以便减少间隙，提高传动精度。

（3）对开螺母见图 6.7.4，这种螺母便于操作，一般用于车床溜板箱的螺旋传动中。

二、滚动螺旋机构

滚动螺旋机构由具有螺旋槽的螺杆、螺母及其中的滚珠组成，如图 6.7.5 所示。当螺杆或螺母转动时，滚珠沿螺旋槽滚道滚动，形成滚动摩擦。滚珠经导向装置可返回滚道，反复循环，又称其为滚珠丝杠副。

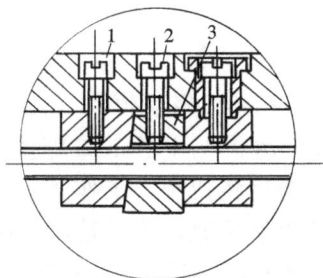

图 6.7.3　组合螺母

1—固定螺钉；2—调整螺钉；3—调整楔块

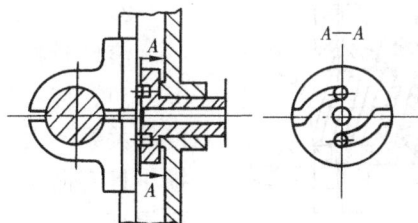

图 6.7.4　对开螺母

1. 滚珠丝杠副的分类

(1) 按用途分类：

1) 定位滚珠丝杠。通过旋转角度和导程控制轴向位移量，称为 P 类滚珠丝杠。

2) 传动滚珠丝杠。用于传递动力的滚珠丝杠，称为 T 类滚珠丝杠。

(2) 按滚珠的循环方式分类。因为滚珠的循环方式分为内循环和外循环，所以滚珠丝杠分为内循环滚珠丝杠和外循环滚珠丝杠。

1) 内循环滚珠丝杠。如图 6.7.5 所示，滚珠在循环回路中始终和螺杆接触，螺母上开有侧孔，孔内装有反向器将相邻两螺纹滚道联通，滚珠越过螺纹顶部进入相邻滚道，形成一个循环回路。一个螺母通常装配 2~4 个反向器。当螺母上有两个封闭循环滚道时，两个反向器在圆周上相隔 180°；当螺母上有三个封闭循环滚道时，三个反向器在圆周上两两相隔 120°。内循环的每一封闭循环滚道只有一圈滚珠，滚珠的数量少，流动性好，摩擦损失少，传动效率高，径向尺寸小，但反向器及螺母上定位孔的加工要求较高。

2) 外循环滚珠丝杠。如图 6.7.6 所示，滚珠在循环回路中脱离螺杆的滚道，在螺旋滚道外进行循环。常见的外循环形式有螺旋槽式和插管式两种。

图 6.7.6 所示为螺旋槽式外循环滚动螺旋。这是在螺母的外表面上铣出一个供滚珠返回的螺旋槽，其两端钻有圆孔，与螺母上内滚道相通。在螺母的滚道上装有挡珠器，引导滚珠从螺母外表面上的螺旋槽返回滚道，循环到工作滚道的另一端。这种结构的加工工艺性比内循环滚珠丝杠好，故应用较广，但其缺点是挡珠器的形状复杂且容易磨损。

图 6.7.7 所示为插管式外循环滚动螺旋。它是用导管作为返回滚道，导管的端部插入螺母的孔中，与工作滚道的始末相通。当滚珠沿工作滚道运行到一定位置时，遇到挡珠器迫使其进入返回滚道（即导管）内，循环到工作滚道的另一端。这种结构的工艺性较好，但返回

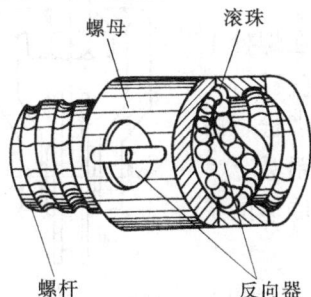

图 6.7.5　内循环式滚动螺旋机构

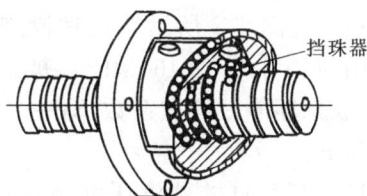

图 6.7.6　螺旋槽式外循环滚动螺旋

滚道凸出于螺母外面，不便在设备内部安装。

图 6.7.7　插管式外循环滚动螺旋

2. 滚珠丝杠的特点和应用

滚珠丝杠的主要优点：①滚动摩擦系数小（$f = 0.002 \sim 0.005$），传动效率高，其效率可达 90% 以上；②摩擦系数与速度的关系不大，故起动扭矩接近运转扭矩，工作较平稳；③磨损小且寿命长，可用调整装置调整间隙，传动精度与刚度均得到提高；④不具有自锁性，可将直线运动变为回转运动。滚珠丝杠的缺点：①结构复杂，制造困难；②在需要防止逆转的机构中，要加自锁机构；③承载能力不如滑动螺旋。

滚珠丝杠多用在车辆转向机构及对传动精度要求较高的场合，如飞机机翼和起落架的控制驱动、大型水闸闸门的升降驱动及数控机床的进给机构等。

关于滚动螺旋传动设计计算的方法、步骤及其有关参数，可查阅相关手册和资料。

思 考 与 练 习

6.1　根据螺纹牙型的不同，螺纹可分为哪几种？各有哪些特点？常用的连接和传动螺纹都有哪些牙型？

6.2　螺纹的主要几何参数有哪些？怎样计算？

6.3　螺纹的导程和螺距有何区别？螺纹的导程 S、螺距 P 与螺纹线数 n 三者间有何关系？

6.4　螺纹连接的基本形式有哪几种？各使用于何种场合？有何特点？

6.5　为什么螺纹连接通常要采用防松措施？常用的防松方法和装置有哪些？

6.6　常见的螺栓失效形式有哪几种？失效发生的部位通常在何处？

6.7　被连接件受横向载荷时，螺栓是否一定受到剪切力？

6.8　松螺栓连接与紧螺栓连接的区别何在？它们的强度计算有何区别？

6.9　铰制孔用螺栓连接有何特点？主要用于承受何种载荷？

6.10　在进行紧螺栓连接的强度计算时，为什么要将螺栓拉力增加 30% ？

6.11　进行螺栓组连接的受力分析时，有哪五项假设？

6.12　螺旋机构有哪几种类型？各有何特点？

6.13　起重滑轮松螺栓连接如题图 6.1 所示。已知作用在螺栓上的工作载荷 $F_Q = 50\text{kN}$，螺栓材料为 Q235，试确定螺栓的直径。

6.14　题图 6.2 所示普通螺栓连接，采用两个 M10 的螺栓，螺栓的许用应力 $[\sigma] = 160\text{MPa}$，被连接件接触面间的摩擦系数 $f = 0.2$，若取摩擦传力可靠系数 $K_f = 1.2$，试计算该连接允许传递的最大静载荷 F_R。

6.15　某气缸的蒸汽压强 $p = 1.5\text{MPa}$，气缸内径 $D = 200\text{mm}$。气缸与气缸盖采用螺栓连接，如图 6.6.10 所示，螺栓分布直径 $D_0 =$

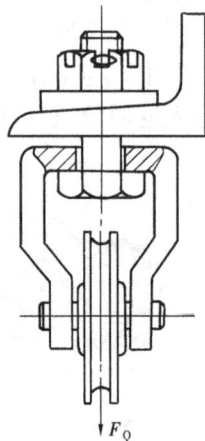

题图 6.1　题 6.13 图

300mm。为保证紧密性要求，螺栓间距不大于 80mm，试设计此气缸盖的螺栓组连接。

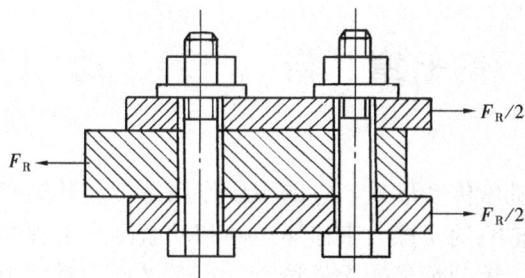

题图 6.2　题 6.14 图

第七章 带 传 动

带传动是一种常用的机械传动形式，它的主要作用是传递转矩和改变转速。大部分带传动是依靠挠性传动带与带轮间的摩擦力来传递运动和动力的。工程实际中，带传动常应用于传动功率不大、速度适中、传动距离较大的场合。在多级传动系统中，通常将带传动直接与原动机相连，起到过载保护和减小结构尺寸等效果。

第一节 带传动的类型、特点和应用

如图 7.1.1 所示，带传动一般是由主动轮 1、从动轮 2 和紧套在两轮上的传动带 3 及机架 4 组成。当原动机驱动带轮 1（即主动轮）转动时，由于带与带轮间摩擦力的作用，使从动轮 2 一起转动，从而实现传递运动和动力。

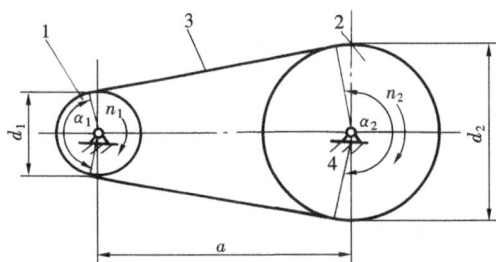

图 7.1.1 带传动
1—主动轮；2—从动轮；3—传动带

一、带传动的类型

1. 按传动原理分

（1）摩擦带传动。摩擦带传动靠传动带与带轮间的摩擦力实现传动，如 V 带传动、平带传动等。

（2）啮合带传动。啮合带传动靠带内侧凸齿与带轮外缘上的齿槽相啮合实现传动，如同步带传动。

2. 按用途分

（1）传动带传动。传动带用于传递动力。

（2）输送带传动。输送带用于输送物品。

本章仅讨论传动带。

3. 按传动带的截面形状分

（1）平带传动。如图 7.1.2（a）所示。平带的截面形状为矩形，内表面为工作面。常用的平带有胶带、编织带、强力锦纶带等。

（2）V 带传动。V 带的截面形状为梯形，两侧面为工作表面，如图 7.1.2（b）所示。传动时，V 带与轮槽两侧面接触，在同样压紧力 F_Q 的作用下，V 带的摩擦力比平带大，传递功率也较大，且结构紧凑。

（3）多楔带传动。如图 7.1.3 所示。它是在平带基体上由多根 V 带组成的传动带。多楔带结构紧凑，可传递很大的功率。

（4）圆形带传动。如图 7.1.4 所示。圆形带横截面为圆形，只适用于小功率传动。

（5）同步带传动。带的截面为矩形，带的内环表面成齿形，如图 7.1.5 所示。同步带传动是靠传动带与带轮上的齿互相啮合来传递运动和动力，除保持了摩擦带传动的优点外，还具有传递功率大，传动比准确等优点，多用于要求传动平稳、传动精度较高的场合。

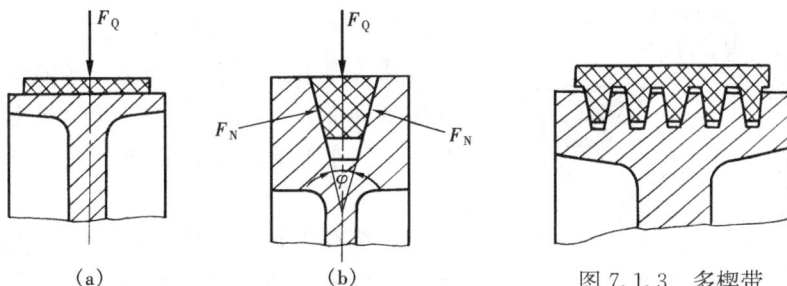

图 7.1.2　平带和 V 带

（a）平带；（b）V 带

图 7.1.3　多楔带

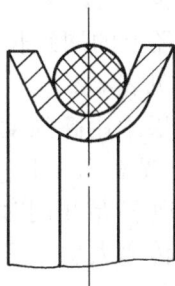
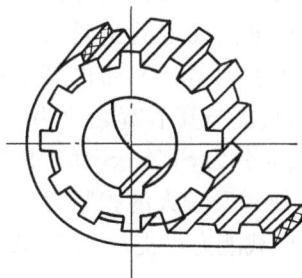

图 7.1.4　圆形带　　　　　　　图 7.1.5　同步带

二、带传动的特点和应用

带传动属于挠性传动，传动平稳，噪声小，可缓冲吸振。过载时，带会在带轮上打滑，从而起到保护其他传动件免受损坏的作用。带传动允许较大的中心距，结构简单，制造、安装和维护较方便，且成本低廉。但由于带与带轮之间存在滑动，不能保证准确的传动比。带传动的传动效率较低，带的寿命一般较短，不宜在易燃易爆场合下工作。

一般情况下，带传动的传动功率 $P \leqslant 100\text{kW}$，带速 $v=5 \sim 25\text{m/s}$，平均传动比 $i \leqslant 5$，传动效率为 $94\% \sim 97\%$。高速带传动的带速可达 $60 \sim 100\text{m/s}$，传动比 $i \leqslant 7$。同步齿形带的带速为 $40 \sim 50\text{m/s}$，传动比 $i \leqslant 10$，传递功率可达 200kW，效率高达 $98\% \sim 99\%$。

第二节　普通 V 带和 V 带轮

V 带分为普通 V 带、窄 V 带、宽 V 带、汽车 V 带、大楔角 V 带等。普通 V 带和窄 V 带应用较广，本章主要讨论普通 V 带传动。

一、普通 V 带的结构和尺寸标准

标准 V 带都制成无接头的环形带，其横截面结构如图 7.2.1 所示。V 带由包布层、伸张层、强力层、压缩层组成。强力层的结构形式有图 7.2.1（a）所示的帘布结构和图 7.2.1（b）所示的线绳结构两种。

帘布结构抗拉强度高，但柔韧性及抗弯曲强度不如线绳结构好。线绳结构 V 带适用于转速高、带轮直径较小的场合。

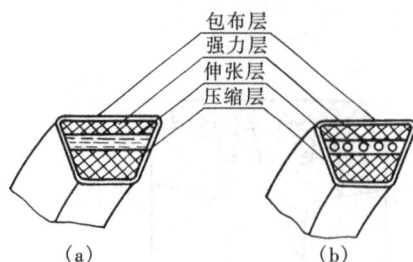

图 7.2.1　V 带的结构
（a）帘布结构；（b）线绳结构

V 带和 V 带轮有两种尺寸制，即基准宽度制和有效宽度制，本书采用基准宽度制。

普通 V 带的尺寸已标准化，按截面尺寸由小至大的顺序分为 Y、Z、A、B、C、D、E 七种型号，见表 7.2.1。在同样条件下，截面尺寸大则传递的功率就大。

V 带绕在带轮上产生弯曲，外层受拉伸变长，内层受压缩变短，两层之间存在一长度不变的中性层。中性层面称为节面，节面的宽度称为节宽 b_p。普通 V 带的截面高度 h 与其节宽 b_p 的比值已标准化（为 0.7）。V 带装在带轮上，和节宽 b_p 相对应的带轮直径称为基准直径，用 d_d 表示，基准直径系列见表 7.2.2。V 带在规定的张紧力下，位于带轮基准直径上的周线长度称为基准长度 L_d，用于带传动的几何计算。V 带的基准长度 L_d 已标准化，见表 7.2.3。

窄 V 带的截面高度与其节宽之比为 0.9。窄 V 带的强力层采用高强度绳芯。按国家标准，窄 V 带截面尺寸分为 SPZ、SPA、SPB、SPC 四个型号，见表 7.2.1。窄 V 带具有普通 V 带的特点，并且能承受较大的张紧力。当窄 V 带带高与普通 V 带相同时，其带宽较普通 V 带约小 1/3，而承载能力可提高 1.5～2.5 倍，因此适用于传递大功率且传动装置要求紧凑的场合。

表 7.2.1　　　　　　　　V 带截面基本尺寸（GB/T 13575.1—2008）　　　　　　　　mm

带　　型	节宽 b_p	顶宽 b	高度 h	楔角 α
Y	5.3	6.0	4.0	
Z	8.5	10.0	6.0	
A	11	13.0	8.0	
B	14	17.0	11.0	40°
C	19	22.0	14.0	
D	27	32.0	19.0	
E	32	38.0	23.0	
SPZ	8.5	10.0	8.0	
SPA	11	13.0	10.0	
SPB	14	17.0	14.0	40°
SPC	19	22.0	18.0	

表 7.2.2　　　　　　　　　　V 带轮的基准直径系列　　　　　　　　　　mm

基准直径 d_d	带　　型						
	Y	Z SPZ	A SPA	B SPB	C SPC	D	E
	外　　径 d_a						
20	23.2						
22.4	25.6						
25	28.2						
28	31.2						

基准直径 d_{d}	带　型						
	Y	Z SPZ	A SPA	B SPB	C SPC	D	E
	外　径　d_{a}						
31.5	34.7						
35.5	38.7						
40	43.2						
45	48.2						
50	53.2	+54					
56	59.2	+60					
63	66.2	67					
71	74.2	75					
75		79	+80.5				
80	83.2	84	+85.5				
85			+90.5				
90	93.2	94	95.5				
95			100.5				
100	103.2	104	105.5				
106			111.5				
112	115.2	116	117.5				
118			123.5				
125	128.2	129	130.5	+132			
132		136	137.5	+139			
140		144	145.5	147			
150		154	155.5	157			
160		164	165.5	167			
170				177			
180		184	185.5	187			
200		204	205.5	207	+209.5		
212				219	+221.6		
224				231	233.6		
236		228	229.5	243	245.6		
250		254	255.5	257	259.6		
265					274.6		
280		284	285.5	287	289.6		
315		319	320.5	322	324.6		
355		359	360.5	362	364.6	371.2	
375						391.2	
400		404	405.5	407	409.6	416.2	
425						441.2	

续表

基准直径 d_d	带　型						
	Y	Z SPZ	A SPA	B SPB	C SPC	D	E
	外　径　d_a						
450			455.5	457	459.6	466.2	
475						491.2	
500		504	505.5	507	509.6	516.2	519.2
530							549.2
560			565.5	567	569.6	576.2	579.2
630		634	635.5	637	639.6	646.2	649.2
710			715.5	717	719.6	726.2	729.2
800			805.5	807	809.6	816.2	819.2
900				907	909.6	916.2	919.2
1000				1007	1009.6	1016.2	1019.2
1120				1127	1129.6	1136.2	1139.2
1250					1259.6	1266.2	1269.2
1600						1616.2	1619.2
2000						2016.2	2019.2
2500							2519.2

注　1. 有"＋"号的外径只用于普通 V 带。

　　2. 直径的极限偏差：基准直径按 c_{11}，外径按 h_{12}。

　　3. 没有外径值的基准直径不推荐采用。

表 7.2.3　　　　　　　　　普通 V 带基准长度（GB/T—11544）　　　　　　　　mm

型　号						
Y	Z	A	B	C	D	E
200	405	630	930	1565	2740	4660
224	475	700	1000	1760	3100	5040
250	580	790	1100	1950	3330	5420
280	625	890	1210	2195	3780	6100
315	700	990	1370	2420	4080	6850
355	780	1100	1560	2715	4620	7650
400	920	1250	1760	2880	5400	9150
450	1080	1430	1950	3080	6100	12 230
500	1330	1550	2180	3520	6840	13 750
	1420	1640	2300	4060	7620	15 280
	1540	1750	2500	4600	9140	16 800
		1940	2700	5380	10 700	
		2050	2870	6100	12 200	
		2200	3200	6815	13 700	
		2300	3600	7600	15 200	
		2480	4060	9100		
		2700	4430	10 700		
			4820			
			5370			
			6070			

表 7.2.4　　　　窄 V 带基准长度 (GB/T 11544)　　　　mm

L_d	不同型号的分布范围			
	SPZ	SPA	SPB	SPC
630	+			
710	+			
800	+	+		
900	+	+		
1000	+	+		
1120	+	+		
1250	+	+	+	
1400	+	+	+	
1600	+	+	+	
1800	+	+	+	
2000	+	+	+	+
2240	+	+	+	+
2500	+	+	+	+
2800	+	+	+	+
3150	+	+	+	+
3550	+	+	+	+
4000		+	+	+
4500		+	+	+
5000			+	+
5600			+	+
6300			+	+
7100			+	+
8000			+	+
9000				+
10 000				+
11 200				+
12 500				+

表 7.2.5　　　　普通 V 带带长修正系数 K_L

Y L_d	K_L	Z L_d	K_L	A L_d	K_L	B L_d	K_L	C L_d	K_L	D L_d	K_L	E L_d	K_L
200	0.81	405	0.87	630	0.81	930	0.83	1565	0.82	2740	0.82	4660	0.91
224	0.82	475	0.90	700	0.83	1000	0.84	1760	0.85	3100	0.86	5040	0.92
250	0.84	530	0.93	790	0.85	1100	0.86	1950	0.87	3330	0.87	5420	0.94
280	0.87	625	0.96	890	0.87	1210	0.87	2195	0.90	3730	0.90	6100	0.96
315	0.89	700	0.99	990	0.89	1370	0.90	2420	0.92	4080	0.91	6850	0.99
355	0.92	780	1.00	1100	0.91	1560	0.92	2715	0.94	4620	0.94	7650	1.01
400	0.96	920	1.04	1250	0.93	1760	0.94	2880	0.95	5400	0.97	9150	1.05
450	1.00	1080	1.07	1430	0.96	1950	0.97	3080	0.97	6100	0.99	12 230	1.11
500	1.02	1330	1.13	1550	0.98	2180	0.99	3520	0.99	6840	1.02	13 750	1.15
		1420	1.14	1640	0.99	2300	1.01	4060	1.02	7620	1.05	15 280	1.17
		1540	1.54	1750	1.00	2500	1.03	4600	1.05	9140	1.08	16 800	1.19
				1940	1.02	2700	1.04	5380	1.08	10 700	1.13		
				2050	1.04	2870	1.05	6100	1.11	12 200	1.16		
				2200	1.05	3200	1.07	6815	1.14	13 700	1.19		
				2300	1.07	3600	1.09	7600	1.17	15 200	1.21		
				2480	1.09	4060	1.13	9100	1.21				
				2700	1.10	4430	1.15	10 700	1.24				
						4820	1.17						
						5370	1.20						
						6070	1.24						

表 7.2.6　　　　　　　　　　　**窄 V 带带长修正系数**

L_d	K_L			
	SPZ	SPA	SPB	SPC
630	0.82			
710	0.84			
800	0.86	0.81		
900	0.88	0.83		
1000	1.90	0.85		
1120	0.93	0.87		
1250	0.94	0.89	0.82	
1400	0.96	0.91	0.84	
1600	1.00	0.93	0.86	
1800	1.01	0.95	0.88	
2000	1.02	0.96	0.90	0.81
2240	1.05	0.98	0.92	0.83
2500	1.07	1.00	0.94	0.86
2800	1.09	1.02	0.96	0.88
3150	1.11	1.04	0.98	0.90
3550	1.13	1.06	1.00	0.92
4000		1.08	1.02	0.94
4500		1.09	1.04	0.96
5000			1.06	0.98
5600			1.08	1.00
6300			1.10	1.02
7100			1.12	1.04
8000			1.14	1.06
9000				1.08
10 000				1.10
11 200				1.12
12 500				1.14

普通 V 带和窄 V 带的标记由带型、基准长度和标准号组成。例如，A 型普通 V 带，基准长度为 1400mm，其标记为

A－1400 GB/T 11544—1989

又如，SPA 型窄 V 带，基准长度为 1250mm，其标记为

SPA－1250 GB/T 12730—1991

带的标记通常压印在带的外表面上，以便选用识别。

二、普通 V 带轮的结构

1. V 带轮的设计要求

V 带轮应具有足够的强度和刚度，无过大的铸造内应力；质量小且分布均匀，结构工艺性好，便于制造；带轮工作表面应光滑，以减少带的磨损。当 5m/s＜v＜25m/s 时，带轮要进行静平衡；v＞25m/s 时带轮则应进行动平衡。

2. V 带轮的材料

V 带轮材料常采用铸铁、铸钢、铝合金或工程塑料等，铸铁带轮应用最多。当带速 v≤25m/s 时采用 HT150；当 v＝25～30m/s 时采用 HT200；当 v≥25～45m/s 时则应采用球墨铸铁、铸钢或锻钢，也可以采用钢板冲压后焊接带轮。小功率传动时带轮可采用铸铝、塑料等材料。

3. V 带轮的结构

V 带轮由轮缘、腹板（轮辐）和轮毂三部分组成。轮槽尺寸见表 7.2.7。

V 带轮按腹板（轮辐）结构的不同分为以下几种形式：①S 型——实心式带轮，适用于 $d_d \leqslant (2.5\sim3) d_0$（$d_0$ 为带轮轴孔直径），如图 7.2.2（a）所示；②P 型——腹板式带轮，适用于 $d_d \leqslant 300\text{mm}$，如图 7.2.2（b）所示；③H 型——孔板式带轮，适用于 $d_d \leqslant 400\text{mm}$，如图 7.2.2（c）所示；④E 型——椭圆轮辐式带轮，适用于 $d_d > 400\text{mm}$，如图 7.2.2（d）所示。每种形式还根据轮毂相对于腹板（轮辐）位置的不同分为 Ⅰ、Ⅱ、Ⅲ、Ⅳ 等几种，如图 7.2.2 所示。

V 带轮的结构形式及腹板（轮辐）厚度的确定可参阅有关设计手册。

表 7.2.7　　　　V 带轮（基准宽度制）的轮槽尺寸（摘自 GB/T 13575.1）　　　　mm

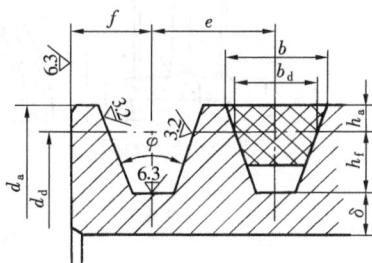

项　　目	符　号	槽　　型						
		Y	Z SPZ	A SPA	B SPB	C SPC	D	E
基准宽度	b_d	5.3	8.5	11.0	14.0	19.0	27.0	32.0
基准线上槽深	h_{smin}	1.6	2.0	2.75	3.5	4.8	8.1	9.6
基准线下槽深	h_{fmin}	4.7	7.0 9.0	8.7 11.0	10.8 14.0	14.3 19.0	19.9	23.4
槽间距	e	8±0.3	12±0.3	15±0.3	19±0.4	25.5±0.5	37±0.6	44.5±0.7
槽边距	f_{min}	6	7	9	11.5	16	23	28
最小轮缘厚	δ_{min}	5	5.5	6	7.5	10	12	15
圆角半径	r_1	0.2~0.5						
带轮缘宽	B	$B = (z-1) e + 2f$（式中 z 为轮槽数）						
外　　径	d_a	$d_a = d_d + 2h_a$						
轮槽角 ϕ	32°	相应的基准直径 d_d	≤60	—	—	—	—	—	—
	34°		—	≤80	≤118	≤190	≤315	—	—
	36°		>60	—	—	—	—	≤475	≤600
	38°		—	>80	>118	>190	>315	>475	>600
极限偏差		±30′						

注　槽间距 e 的极限偏差适用于任何两个轮槽对称中心面的距离，不论相邻还是不相邻。

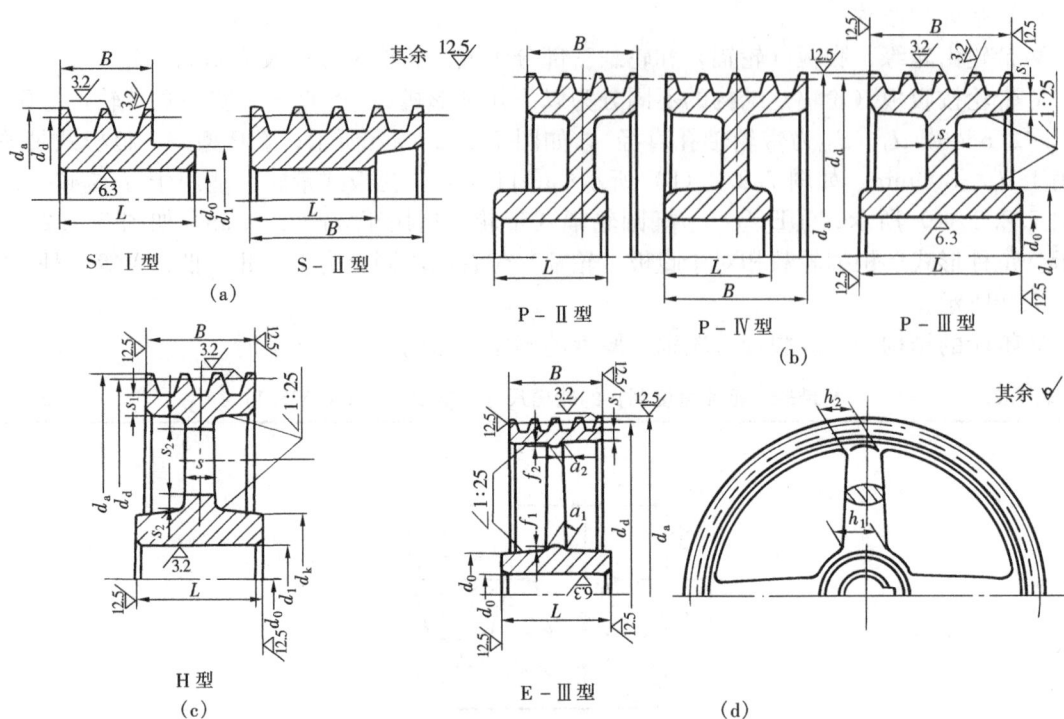

图 7.2.2　Ⅴ带轮的结构

(a) S 型；(b) P 型；(c) H 型；(d) E 型

$$d_1 = (1.8 \sim 2)d_0; L = (1.5 \sim 2)d_0; s_1 \geqslant 1.5s; s_2 \geqslant 0.5s_1; s = (0.2 \sim 0.3)B; f_1 \geqslant 0.2h_1;$$

$$f_2 \geqslant 0.2h_2, h_2 \geqslant 0.8h_1; a_1 \geqslant 0.4h_1; a_2 \geqslant 0.8h_1$$

$$h_1 = 290 \times \sqrt[3]{P/nA}; P\text{—传递功率,kW}; h\text{—带轮转速,r/min}; A\text{—轮辐数}$$

第三节　带传动的工作能力分析

一、带传动的受力分析

为保证带传动正常工作，传动带必须以一定的张紧力套在带轮上。当传动带静止时，带两边承受相等的拉力，称为初拉力 F_0，如图 7.3.1（a）所示。当传动带传动时，由于带和带轮接触面间摩擦力的作用，带两边的拉力不再相等，如图 7.3.1（b）所示。绕入主动轮的一边被拉紧，拉力由 F_0 增大到 F_1，称为紧边；绕入从动轮的一边被放松，拉力由 F_0 减少为 F_2，称为松边。设环形带的总长度不变，则紧边拉力的增加量 $F_1 - F_0$ 应等于松边拉力的减少量 $F_0 - F_2$，即

$$F_0 = \frac{1}{2}(F_1 + F_2) \tag{7.3.1}$$

带两边的拉力之差 F 称为带传动的有效拉力。实际上 F 是带与带轮之间摩擦力的总和，在最大静摩擦力范围内，带传动的有效拉力 F 与总摩擦力相等，F 同时也是带传动所传递的圆周力，即

$$F = F_1 - F_2 \tag{7.3.2}$$

带传动所传递的功率为

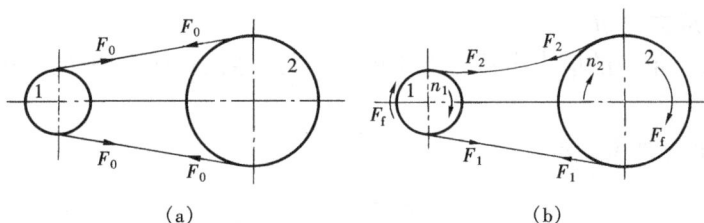

图 7.3.1　带传动的工作原理图

(a) 不工作时；(b) 工作时

$$P = \frac{Fv}{1000} \tag{7.3.3}$$

式中　P——传递功率，kW；

　　　　F——有效圆周力，N；

　　　　v——带的速度，m/s。

在一定的初拉力 F_0 作用下，带与带轮接触面间摩擦力的总和有一极限值。当带所传递的圆周力超过带与带轮接触面间摩擦力总和的极限值时，带与带轮将发生明显的相对滑动，这种现象称为打滑。带打滑时从动轮转速急剧下降，使传动失效，同时也加剧了带的磨损，因此应避免出现带打滑现象。

当传动带和带轮间有全面滑动趋势时，摩擦力达到最大值，即有效圆周力达到最大值。此时，忽略离心力的影响，紧边拉力 F_1 和松边拉力 F_2 之间的关系可用欧拉公式表示，即

$$\frac{F_1}{F_2} = e^{f\alpha} \tag{7.3.4}$$

式中　F_1、F_2——分别为带的紧边拉力和松边拉力，N；

　　　　e——自然对数的底，$e \approx 2.718$；

　　　　f——带与带轮接触面间的摩擦系数，V 带用当量摩擦系数 f_v 代替 f，$f_v = \dfrac{f}{\sin\varphi/2}$；

　　　　α——包角，即带与带轮接触弧所对的中心角，rad。

由式 (7.3.1)、式 (7.3.2) 和式 (7.3.4) 可得

$$F = 2F_0\left(\frac{e^{f\alpha}-1}{e^{f\alpha}+1}\right) \tag{7.3.5}$$

式 (7.3.5) 表明，带所传递的圆周力 F 与下列因素有关：

(1) 初拉力 F_0。F 与 F_0 成正比，增大初拉力 F_0，带与带轮间正压力增大，则传动时产生的摩擦力就越大，故 F 越大。但 F_0 过大会加剧带的磨损，致使带过快松弛，缩短其工作寿命。

(2) 摩擦系数 f。f 越大，摩擦力也越大，F 就越大。f 与带和带轮的材料、表面状况、工作环境、条件等有关。

(3) 包角 α。F 随 α 的增大而增大。因为增加 α 会使整个接触弧上摩擦力的总和增加，从而提高传动能力。因此水平装置的带传动，通常将松边放置在上边，以增大包角。由于大带轮的包角 α_2 大于小带轮的包角 α_1，打滑首先在小带轮上发生，所以只需考虑小带轮的包角 α_1。

联立式 (7.3.2) 和式 (7.3.4)，可得带传动在不打滑条件下所能传递的最大圆周力为

$$F_{max} = F_1\left(1 - \frac{1}{e^{f\alpha_1}}\right) \tag{7.3.6}$$

二、带传动的应力分析

带传动工作时，带中的应力由拉力产生的拉应力、离心力产生的离心拉应力和弯曲应力三部分组成。

1. 由拉力产生的拉应力 σ

紧边拉应力
$$\sigma_1 = \frac{F_1}{A}$$

松边拉应力
$$\sigma_2 = \frac{F_2}{A}$$

式中：A 为带的横截面面积，mm^2。

2. 由离心力产生的离心拉应力 σ_c

工作时，绕在带轮上的传动带随带轮作圆周运动，产生离心力 F_c，F_c 的计算公式为

$$F_c = qv^2$$

式中　q——传动带单位长度的质量，kg/m，各种型号 V 带的 q 值见表 7.3.1；

　　　v——传动带的速度，m/s。

F_c 作用于带的全长上，产生的离心拉应力为

$$\sigma_c = \frac{F_c}{A} = \frac{qv^2}{A}$$

表 7.3.1　　　　　V 带（基准宽度制）每米长的质量 q 及带轮最小基准直径

带型	Y	Z	A	B	C	D	E	SPZ	SPA	SPB	SPC
q（kg/m）	0.02	0.06	0.10	0.17	0.30	0.62	0.90	0.07	0.12	0.20	0.37
d_{dmin}（mm）	20	50	75	125	200	355	500	63	90	140	224

3. 弯曲应力 σ_b

传动带绕过带轮时发生弯曲，从而产生弯曲应力。由材料力学得带的弯曲应力为

$$\sigma_b \approx E \frac{h}{d}$$

式中　E——带的弹性模量，MPa；

　　　h——带的高度，mm；

　　　d——带轮直径，mm，对于 V 带轮，则为其基准直径。

弯曲应力 σ_b 只发生在带上包角所对的圆弧部分。h 越大，d 越小，则带的弯曲应力就越大，故一般弯曲应力 $\sigma_{b1} > \sigma_{b2}$。因此为避免弯曲应力过大，小带轮的直径不能过小。

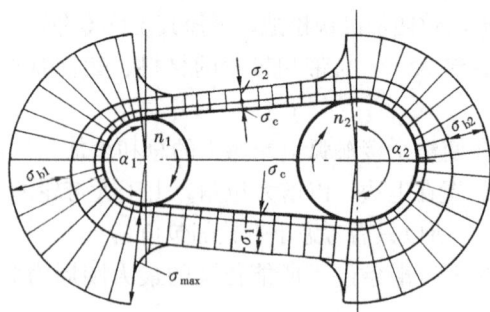

图 7.3.2　带的应力分布

带在工作时的应力分布情况如图 7.3.2 所示。由此可知带是在变应力情况下工作的，故易产生疲劳破坏。带的最大应力发生在紧边与小带轮的接触处，其值为

$$\sigma_{max} = \sigma_1 + \sigma_c + \sigma_{b1}$$

为保证带具有足够的疲劳寿命，应满足

$$\sigma_{max} = \sigma_1 + \sigma_c + \sigma_{b1} \leqslant [\sigma] \tag{7.3.7}$$

式中：$[\sigma]$ 为带的许用应力，是在 $\alpha_1 = \alpha_2 = 180°$，规定带长和应力循环次数，载荷平稳等

条件下通过试验确定的。

三、带传动的弹性滑动和传动比

传动带是弹性体，受到拉力后会产生弹性伸长，伸长量随拉力大小的变化而改变。带由紧边绕过主动轮进入松边时，带内拉力由 F_1 减小为 F_2，其弹性伸长量也由 δ_1 减小为 δ_2。这说明带在绕经带轮的过程中，相对于轮面向后收缩了 $\Delta\delta$（$\Delta\delta = \delta_1 - \delta_2$），带与带轮轮面间出现局部相对滑动，导致带的速度逐渐小于主动轮的圆周速度，如图 7.3.3 所示。同样，当带由松边绕过从动轮进入紧边时，拉力增加，带逐渐被拉长，沿轮面产生向前的弹性滑动，使带的速度逐渐大于从动轮的圆周速度。这种由于带的弹性变形而产生的带与带轮间的滑动称为弹性滑动。

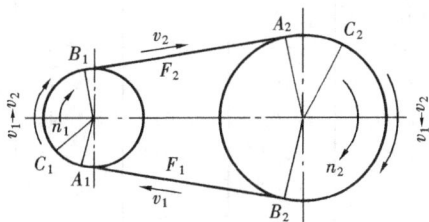

图 7.3.3 带传动的弹性滑动

弹性滑动和打滑是两个截然不同的概念。打滑是指过载引起的全面滑动，是可以避免的；而弹性滑动是由拉力差引起的，只要传递圆周力，就必然会发生弹性滑动，所以，弹性滑动是不可避免的。

带的弹性滑动使从动轮的圆周速度 v_2 低于主动轮的圆周速度 v_1，其速度的降低率用滑动率 ε 表示，即

$$\varepsilon = \frac{v_1 - v_2}{v_1} = \frac{\pi d_1 n_1 - \pi d_2 n_2}{\pi d_1 n_1}$$

式中 n_1、n_2——分别为主动轮、从动轮的转速，r/min；

d_1、d_2——分别为主动轮、从动轮的直径，对 V 带传动则为带轮的基准直径，mm。

由上式得带传动的传动比为

$$i = \frac{n_1}{n_2} = \frac{d_2}{d_1(1-\varepsilon)} \tag{7.3.8}$$

从动轮的转速为

$$n_2 = \frac{n_1 d_1(1-\varepsilon)}{d_2} \tag{7.3.9}$$

因带传动的滑动率 $\varepsilon = 0.01 \sim 0.02$，其值很小，所以在一般传动计算中可不予考虑。

第四节   普通 V 带传动的设计

一、带传动的失效形式和设计准则

由带传动的工作情况分析可知，带传动的主要失效形式有带与带轮之间的磨损、打滑和带的疲劳断裂等。因此，带传动的设计准则是：在传递规定功率时不打滑，同时具有足够的疲劳强度和一定的使用寿命，即满足式（7.3.6）和式（7.3.7）。

二、单根 V 带传递的功率

在包角 $a = 180°$、特定带长、工作平稳的条件下，单根普通 V 带的基本额定功率 P_0 见表 7.4.1～表 7.4.11。

表 7.4.1　　　　　　　　　**Y 型单根 V 带的基本额定功率 P_0**　　　　　　　　kW

小带轮转速 n_1 (r/min)	小带轮基准直径 d_{d1} （mm）								带速 v (m/s)
	20	25	28*	31.5*	35.5*	40*	45	50	
400	—	—	—	—	—	—	0.04	0.05	
730**	—	—	—	0.03	0.04	0.04	0.05	0.06	
800	—	0.03	0.03	0.04	0.05	0.05	0.06	0.07	
980**	0.02	0.03	0.04	0.04	0.05	0.06	0.07	0.08	
1200	0.02	0.03	0.04	0.05	0.06	0.07	0.08	0.09	
1460	0.02	0.04	0.05	0.06	0.06	0.08	0.09	0.11	
1600	0.03	0.05	0.05	0.06	0.07	0.09	0.11	0.12	5
2000	0.03	0.05	0.06	0.07	0.08	0.11	0.12	0.14	
2400	0.04	0.06	0.07	0.09	0.09	0.12	0.14	0.16	
2800**	0.04	0.07	0.08	0.10	0.11	0.14	0.16	0.18	
3200	0.05	0.08	0.09	0.11	0.12	0.15	0.17	0.20	
3600	0.06	0.08	0.10	0.12	0.13	0.16	0.19	0.22	
4000	0.06	0.09	0.11	0.13	0.14	0.18	0.20	0.23	10
4500	0.07	0.10	0.12	0.14	0.16	0.19	0.21	0.24	
5000	0.08	0.11	0.13	0.15	0.18	0.20	0.23	0.25	
5500	0.09	0.12	0.14	0.16	0.19	0.22	0.24	0.26	

　＊　为优先采用的基准直径。

　＊＊　为常用转速。

表 7.4.2　　　　　　　　　**Z 型单根 V 带的基本额定功率 P_0**　　　　　　　　kW

小带轮转速 n_1 (r/min)	小带轮基准直径 d_{d1} （mm）						带速 v (m/s)
	50	56	63*	71*	80*	90	
400	0.06	0.06	0.08	0.09	0.14	1.14	
730**	0.09	0.11	0.13	0.17	0.20	1.22	
800	0.10	0.12	0.15	0.20	0.22	0.24	
980**	0.12	0.14	0.18	0.23	0.26	0.28	5
1200	0.14	0.17	0.22	0.27	0.30	0.33	
1460**	0.16	0.19	0.25	0.31	0.36	0.37	
1600	0.17	0.20	0.27	0.33	0.39	0.40	
2000	0.20	0.25	0.32	0.39	0.44	0.48	10
2400	0.22	0.30	0.37	0.46	0.50	0.54	
2800**	0.26	0.33	0.41	0.50	0.56	0.60	15
3200	0.28	0.35	0.45	0.54	0.61	0.64	
3600	0.30	0.37	0.47	0.58	0.64	0.68	
4000	0.32	0.39	0.49	0.61	0.67	0.72	
4500	0.33	0.40	0.50	0.62	0.67	0.73	20
5000	0.34	0.41	0.50	0.62	0.66	0.73	
5500	0.33	0.41	0.49	0.61	0.64	0.65	25
6000	0.31	0.40	0.48	0.56	0.61	0.56	

　＊　为优先采用的基准直径。

　＊＊　为常用转速。

表 7.4.3 　　　　　　　　　　 A 型单根 V 带的基本额定功率 P_0 　　　　　　　　 kW

小带轮转速 n_1 (r/min)	小带轮基准直径 d_{d1} (mm)								带速 v (m/s)
	75	80	90*	100*	112*	125*	140	160	
200	0.16	0.18	0.22	0.26	0.31	0.37	0.43	0.51	
400	0.27	0.31	0.39	0.47	0.56	0.67	0.78	0.94	
730**	0.42	0.49	0.63	0.77	0.93	1.11	1.31	1.56	5
800	0.45	0.52	0.68	0.83	1.00	1.19	1.41	1.69	
980**	0.52	0.61	0.79	0.97	1.18	1.40	1.66	2.00	10
1200	0.60	0.71	0.93	1.14	1.39	1.66	1.96	2.36	
1460**	0.68	0.81	1.07	1.32	1.62	1.93	2.29	2.74	15
1600	0.73	0.87	1.15	1.42	1.74	2.07	2.45	2.94	20
2000	0.84	1.01	1.34	1.66	2.04	2.44	2.87	3.42	
2400	0.92	1.12	1.50	1.87	2.30	2.74	3.22	3.80	
2800**	1.00	1.22	1.64	2.05	2.51	2.98	3.48	4.06	25
3200	1.04	1.29	1.75	2.19	2.68	3.16	3.65	4.19	
3600	1.08	1.34	1.83	2.28	2.78	3.26	3.72	—	30
4000	1.09	1.37	1.87	2.34	2.83	3.28	3.67	—	
4500	1.07	1.36	1.88	2.33	2.79	3.17	—	—	
5000	1.02	1.31	1.82	2.25	2.64	—	—	—	
5500	0.96	1.21	1.70	2.07	—	—	—	—	
6000	0.80	1.06	1.50	1.80	—	—	—	—	

* 为优先采用的基准直径。

** 为常用转速。

表 7.4.4 　　　　　　　　　　 B 型单根 V 带的基本额定功率 P_0 　　　　　　　　 kW

小带轮转速 n_1 (r/min)	小带轮基准直径 d_{d1} (mm)								带速 v (m/s)
	125	140*	160*	180*	200	224	250	280	
200	0.48	0.59	0.74	0.83	1.02	1.19	1.37	1.58	5
400	0.84	1.05	1.32	1.59	1.85	2.17	2.50	2.89	10
730**	1.34	1.69	2.16	2.61	3.06	3.59	4.14	4.77	
800	1.44	1.82	2.32	2.81	3.30	3.86	4.46	5.51	
980**	1.67	2.13	2.72	3.30	3.86	4.50	5.22	5.93	
1200	1.93	2.47	3.17	3.85	4.50	5.26	6.04	6.70	15
1460	2.20	2.83	3.64	4.41	5.15	5.99	6.85	7.78	20
1600	2.33	3.00	3.86	4.68	5.46	6.33	7.20	8.13	
1800	2.50	3.32	4.15	5.02	5.83	6.73	7.63	8.46	25
2000	2.64	3.42	4.40	5.30	6.13	7.02	7.87	8.60	
2200	2.76	3.58	4.60	5.52	6.35	7.19	7.79	—	30
2400	2.85	3.70	4.75	5.67	6.47	7.25	—	—	
2800**	2.96	3.85	4.80	5.76	6.43	—	—	—	
3200	2.94	3.83	4.80	—	—	—	—	—	
3600	2.80	3.63	—	—	—	—	—	—	
4000	2.51	3.24	—	—	—	—	—	—	
4500	1.93	—	—	—	—	—	—	—	

* 为优先采用的基准直径。

** 为常用转速。

表 7.4.5　　　　　　　　　　　　C 型单根 V 带的基本额定功率 P_0　　　　　　　　　　　　kW

小带轮转速 n_1 (r/min)	小带轮基准直径 d_{d1}（mm）								带速 v (m/s)
	200*	224*	250*	280*	315*	355	400*	450	
200	1.39	1.70	2.03	2.42	2.86	3.36	3.91	4.51	
300	1.92	2.37	2.85	3.40	4.04	4.75	5.54	6.40	5
400	2.41	2.99	3.62	4.32	5.14	6.05	7.06	8.20	10
500	2.87	3.58	4.33	5.19	6.17	7.27	8.52	9.81	
600	3.30	4.12	5.00	6.00	7.14	8.45	9.82	11.29	
730**	3.80	4.78	5.82	6.99	8.34	9.79	11.52	12.98	15
800	4.07	5.12	6.23	7.52	8.92	10.46	12.10	13.80	
980**	4.66	5.89	7.18	8.65	10.23	11.92	13.67	15.39	20
1200	5.29	6.71	8.21	9.81	11.53	13.31	15.04	16.59	25
1460**	5.86	7.47	9.06	10.74	12.48	14.12	—	—	30
4600	6.07	7.75	9.38	11.06	12.72	14.19	—	—	
1800	6.28	8.00	9.63	11.22	12.67	—	—	—	
2000	6.34	8.06	9.62	11.04	—	—	—	—	
2200	6.26	7.92	9.34	—	—	—	—	—	
2400	6.02	7.57	—	—	—	—	—	—	
2600	5.61	—	—	—	—	—	—	—	
2800**	5.01	—	—	—	—	—	—	—	

＊ 为优先采用的基准直径。

＊＊ 为常用转速。

表 7.4.6　　　　　　　　　　　　D 型单根 V 带的基本额定功率 P_0　　　　　　　　　　　　kW

小带轮转速 n_1 (r/min)	小带轮基准直径 d_{d1}（mm）								带速 v (m/s)
	355*	400*	450*	500*	560*	630	710	800	
100	3.01	3.66	4.37	5.08	5.91	6.88	83.01	9.22	
150	4.20	5.14	6.17	7.18	8.43	9.82	11.38	13.11	5
200	5.31	6.52	7.90	9.21	10.76	12.54	14.55	16.76	
250	6.36	7.88	9.50	11.09	12.97	15.13	17.54	20.18	
300	7.35	9.13	11.02	12.88	15.07	17.57	20.35	23.39	10
400	9.24	11.45	13.85	16.20	18.95	22.05	25.45	29.08	
500	10.90	13.55	16.40	19.17	22.38	25.94	29.76	33.72	
600	12.39	15.42	18.67	21.78	25.32	29.18	33.18	37.13	15
730**	14.04	17.58	21.12	24.52	28.28	32.19	35.97	39.26	20
800	14.83	18.46	22.25	25.76	29.55	33.38	36.87	—	25
980**	16.30	22.25	24.16	27.60	31.00	—	—	—	
1100	16.98	20.99	24.84	28.02	—	—	—	—	30
1200	17.25	21.20	24.84	—	—	—	—	—	
1300	17.26	21.06	—	—	—	—	—	—	
1460**	16.70	—	—	—	—	—	—	—	
1600	15.63	—	—	—	—	—	—	—	

＊ 为优先采用的基准直径。

＊＊ 为常用转速。

表 7.4.7　　　　　　　　　　　　**E 型单根 V 带的基本额定功率 P_0**　　　　　　　　　　　　kW

小带轮转速 n_1 (r/min)	小带轮基准直径 d_{d1} （mm）								带速 v (m/s)
	500*	560*	630*	710*	800	900	1000	1120	
100	6.21	7.32	8.75	10.31	12.05	13.96	15.84	18.07	
150	8.60	10.33	12.32	14.56	17.05	19.76	22.44	25.58	
200	10.86	13.09	15.65	18.52	21.07	25.15	28.52	32.47	10
250	12.97	15.67	18.77	22.23	26.03	30.14	34.11	38.71	
300	14.96	18.10	21.69	25.69	30.05	34.71	39.17	44.26	15
350	16.81	20.38	24.42	28.89	33.73	38.84	43.66	49.04	20
400	18.55	22.49	26.95	31.83	37.05	42.49	47.52	52.98	
500	21.65	26.25	31.36	36.85	42.53	48.20	53.13	57.94	25
600	24.21	29.30	34.83	40.58	46.26	51.48	—	—	30
730**	26.62	32.02	37.64	43.07	47.79	—	—	—	
800	27.57	33.03	38.52	43.52	—	—	—	—	
980**	28.52	33.00	—	—	—	—	—	—	
1100	27.30	—	—	—	—	—	—	—	

＊ 为优先采用的基准直径。

＊＊ 为常用转速。

表 7.4.8　　　　　　　　　　　**SPZ 型单根 V 带的基本额定功率 P_0**　　　　　　　　　　　kW

小带轮转速 n_1 (r/min)	小带轮基准直径 d_{d1} （mm）							带速 v (m/s)
	63	71	75	80	90	100	112	
200	0.20	0.25	0.28	0.31	0.37	0.43	0.51	
400	0.35	0.44	0.49	0.55	0.67	0.79	0.93	
730*	0.56	0.72	0.79	0.88	1.12	1.33	1.57	5
800	0.60	0.78	0.87	0.99	1.21	1.44	1.70	
980*	0.70	0.92	1.02	1.15	1.44	1.70	2.02	
1200	0.81	1.08	1.21	1.38	1.70	2.02	2.40	
1460*	0.93	1.25	1.41	1.60	1.98	2.36	2.80	10
1600	1.00	1.35	1.52	1.73	2.14	2.55	3.04	
2000	1.17	1.59	1.79	2.05	2.55	3.05	3.62	
2400	1.32	1.81	2.04	2.34	2.93	3.49	4.16	15
2800*	1.45	2.00	2.27	2.61	3.26	3.90	4.64	
3200	1.56	2.18	2.48	2.85	3.57	4.26	5.06	20
3600	1.66	2.33	2.65	3.06	3.84	4.58	5.42	
4000	1.74	2.46	2.81	3.24	4.07	4.85	5.72	25
4500	1.81	2.59	2.96	3.42	4.30	5.10	5.99	
5000	1.85	2.68	3.07	3.56	4.46	5.27	6.14	

＊ 常用转速。

表 7.4.9   SPA 型单根 V 带的基本额定功率 P_0 kW

小带轮转速 n_1 (r/min)	小带轮基准直径 d_{d1} (mm)							带速 v (m/s)
	90	100	112	125	140	160	180	
200	0.43	0.53	0.64	0.77	0.92	1.11	1.30	
400	0.75	0.94	1.16	1.40	1.68	2.04	2.39	
730*	1.21	1.54	1.91	2.33	2.81	3.42	4.03	5
800	1.30	1.65	2.07	2.52	3.03	3.70	4.36	
980*	1.53	1.93	2.44	2.98	3.58	4.38	5.17	10
1200	1.76	2.27	2.86	3.50	4.23	5.17	6.10	
1460*	2.02	2.61	3.31	4.06	4.91	6.01	7.07	
1600	2.16	2.80	3.57	4.38	5.29	6.47	7.62	15
2000	2.49	3.27	4.18	5.15	6.22	7.60	8.90	
2400	2.77	3.61	4.71	5.80	7.01	8.53	9.93	20
2800*	3.00	3.99	5.15	6.34	7.64	9.24	10.67	25
3200	3.16	4.25	5.49	6.76	8.11	9.72	11.09	30
3600	3.26	4.42	5.72	7.03	8.39	9.94	11.15	
4000	3.29	4.50	5.85	7.16	8.48	9.87	10.81	35
4500	3.24	4.48	5.83	7.09	8.27	9.34	9.78	40
5000	3.07	4.31	5.61	6.75	7.69	8.28	7.99	

* 常用转速。

表 7.4.10   SPB 型单根 V 带的基本额定功率 P_0 kW

小带轮转速 n_1 (r/min)	小带轮基准直径 d_{d1} (mm)							带速 v (m/s)
	140	160	180	200	224	250	280	
200	1.08	1.37	1.65	1.94	2.28	2.64	3.05	
400	1.92	2.47	3.01	3.54	4.18	4.86	5.63	5
730*	3.13	4.06	4.99	5.88	6.97	8.11	9.41	10
800	3.35	4.37	5.37	6.35	7.52	8.75	10.14	
980*	3.92	5.13	6.31	7.47	8.83	10.27	11.89	
1200	4.55	5.98	7.38	8.74	10.33	11.99	13.82	15
1460*	5.21	6.89	8.50	10.07	11.86	13.72	15.71	20
1600	5.54	7.33	9.05	10.90	12.59	14.51	16.56	
1800	5.95	7.89	9.74	11.50	13.49	15.47	17.52	25
2000	6.31	8.38	10.34	12.18	14.21	16.19	18.17	
2200	6.62	8.80	10.83	12.72	14.76	16.68	18.48	30
2400	6.86	9.13	11.21	13.11	15.10	16.89	18.43	
2800*	7.15	9.52	11.62	13.41	15.14	16.44	17.13	35
3200	7.17	9.53	11.43	13.01	14.22	—	—	40
3600	6.89	9.10	10.77	11.83	—	—	—	

* 常用转速。

表 7.4.11　　　　　　　　　　　A 型单根 V 带的基本额定功率 P_0　　　　　　　　　　kW

小带轮转速 n_1 (r/min)	小带轮基准直径 d_{d1} （mm）							带速 v (m/s)
	224	250	280	315	355	400	450	
200	2.90	3.50	4.18	4.97	5.89	6.86	7.96	
400	5.19	6.31	7.59	9.07	10.72	12.56	14.56	5
600	7.21	8.81	10.26	12.70	15.05	17.56	20.29	10
730*	8.82	10.27	12.40	14.82	17.50	20.41	23.49	15
800	10.43	11.02	13.31	15.90	18.76	21.84	25.07	
980*	10.39	12.76	15.40	18.37	21.55	25.15	28.83	20
1200	11.89	14.61	17.60	20.88	24.34	27.33	31.15	
1460*	13.26	16.26	19.49	22.92	26.32	29.40	32.01	25
1600	13.81	16.92	20.20	23.58	26.80	29.53	31.33	35
1800	14.35	17.52	20.70	23.91	26.62	28.42	28.69	40
2000	14.58	17.70	20.75	23.47	25.37	25.81	23.95	
2200	14.47	17.44	20.13	22.18	22.94	—	—	
2400	14.01	16.69	18.86	19.93	19.22	—	—	
2600	12.95	15.14	16.49	16.26	—	—	—	

＊　为常用转速。

表 7.4.12　　　　　　　　　　　包角修正系数 K_α

α_1/（°）	K_α	α_1/（°）	K_α	α_1/（°）	K_α
180	1.00	145	0.91	110	0.78
175	0.99	140	0.89	105	0.76
170	0.98	135	0.88	100	0.74
165	0.96	130	0.86	95	0.72
160	0.95	125	0.84	90	0.69
155	0.93	120	0.82		
150	0.92	115	0.80		

当实际工作条件与确定 P_0 值的特定条件不同时，应对查得的单根 V 带的基本额定功率 P_0 值加以修正，修正后即得实际工作条件下单根 V 带所能传递的功率 $[P_0]$，$[P_0]$ 的计算公式为

$$[P_0] = (P_0 + \Delta P_0)K_\alpha K_L \tag{7.4.1}$$

$$\Delta P_0 = K_b n_1 \left(1 - \frac{1}{K_i}\right) \tag{7.4.2}$$

式中　ΔP_0——功率增量，kW，考虑传动比 $i \neq 1$ 时，带在大轮上的弯曲应力较小，故在寿命相同的条件下，可传递的功率应比基本额定功率 P_0 大；

K_α——包角系数，考虑 $\alpha \neq 180°$ 时，α 对传递功率的影响，查表 7.4.12；

K_L——带长修正系数，考虑带为非特定长度时带长对传递功率的影响，查表 7.2.5 和表 7.2.6；

K_b——弯曲影响系数，考虑 $i \neq 1$ 时不同带型弯曲应力差异的影响，查表 7.4.13；

n_1——小带轮转速，r/min；

K_i——传动比系数，考虑 $i \neq 1$ 时带绕经两轮的弯曲应力差异对 ΔP_0 的影响，查表 7.4.14 和表 7.4.15。

表 7.4.13		弯曲影响系数 K_b
带 型		K_b
普通 V 带	Y	$0.020\,4\times10^{-3}$
	Z	$0.173\,4\times10^{-3}$
	A	$1.027\,5\times10^{-3}$
	B	$2.649\,4\times10^{-3}$
	C	$7.501\,9\times10^{-3}$
	D	$2.657\,2\times10^{-2}$
	E	$4.983\,3\times10^{-2}$
窄 V 带（基准宽度制）	SPZ	$1.283\,4\times10^{-3}$
	SPA	$2.786\,2\times10^{-3}$
	SPB	$5.726\,6\times10^{-3}$
	SPC	$1.388\,7\times10^{-2}$

表 7.4.14　普通 V 带传动比系数 K_i

i	K_i
$1.00\sim1.01$	$1.000\,0$
$1.02\sim1.04$	$1.013\,6$
$1.05\sim1.08$	$1.027\,6$
$1.09\sim1.12$	$1.041\,9$
$1.13\sim1.18$	$1.056\,7$
$1.19\sim1.24$	$1.071\,9$
$1.25\sim1.34$	$1.087\,5$
$1.35\sim1.51$	$1.103\,6$
$1.52\sim1.99$	$1.120\,2$
$\geqslant2.00$	$1.137\,3$

表 7.4.15　窄 V 带传动比系数 K_i

i	K_i	i	K_i
$1.00\sim1.01$	$1.000\,0$	$1.19\sim1.26$	$1.065\,4$
$1.02\sim1.05$	$1.009\,6$	$1.27\sim1.38$	$1.080\,4$
$1.06\sim1.11$	$1.026\,6$	$1.39\sim1.57$	$1.095\,9$
$1.12\sim1.18$	$1.047\,3$	$1.58\sim1.94$	$1.109\,3$

三、普通 V 带传动的设计步骤和方法

设计普通 V 带传动时，一般已知条件是：传动的工作情况，传递的功率 P，两轮转速 n_1、n_2（或传动比 i）以及空间尺寸要求等。具体的设计内容有：确定 V 带的型号、长度和根数，确定传动中心距及带轮直径，带轮结构尺寸画出带轮零件图等。

1. 确定计算功率

计算功率 P_C 是根据传递的额定功率（如电动机的额定功率）P，并考虑载荷性质以及每天运转时间的长短等因素的影响而确定的，即

$$P_C = K_A P \tag{7.4.3}$$

式中：K_A 为工作情况系数，查表 7.4.16 可得。

表 7.4.16　　　　　　　　　　　工作情况系数 K_A

工　况		K_A					
		空、轻载起动			重载起动		
		每天工作小时数（h）					
		<10	$10\sim16$	>16	<10	$10\sim16$	>16
载荷变动微小	液体搅拌机、通风机和鼓风机（$\leqslant7.5\text{kW}$）、离心式水泵、压缩机、轻型输送机等	1.0	1.1	1.2	1.1	1.2	1.3
载荷变动小	带式输送机（不均匀载荷）、通风机（$>7.5\text{kW}$）、旋转式水泵、压缩机（非离心式）、发电机、金属切削机床、印刷机、旋转筛、锯木机等	1.1	1.2	1.3	1.2	1.3	1.4

续表

工 况		K_A					
		空、轻载起动			重载起动		
		每天工作小时数（h）					
		<10	10～16	>16	<10	10～16	>16
载荷变动较大	制砖机、斗式提升机、往复式水泵压缩机、起重机、磨粉机、冲剪机床、橡胶机械振动筛、纺织机械、重载输送机等	1.2	1.3	1.4	1.4	1.5	1.6
载荷变动很大	破碎机（旋转式、颚式等）、磨碎机（球磨、棒磨、管磨）等	1.3	1.4	1.5	1.5	1.6	1.8

注 1. 空、轻载起动：电动机（交流起动、△起动、直流并励），四缸以上的内燃机，装有离心式离合器、液力联轴器的动力机。重载起动：电动机（联机交流起动、直流复励或串励），四缸以下的内燃机。

2. 反复起动、正反转频繁、工作条件恶劣等场合，K_A 应乘以 1.2。

3. 增速传动时，K_A 应乘下列系数：

增速比 1.25～1.74 1.75～2.49 2.5～3.49 ≥3.5

系数 1.05 1.11 1.18 1.28

2. 选择 V 带的型号

根据计算功率 P_C 和主动轮转速 n_1，由图 7.4.1 和图 7.4.2 选择 V 带型号。当所选的坐标点在图中两种型号分界线附近时，可先选择两种型号分别进行计算，然后择优选用。

3. 确定带轮基准直径 d_{d1}、d_{d2}

带轮直径小可使传动结构紧凑，但另一方面弯曲应力大，使带的寿命降低。设计时应取小带轮的基准直径 $d_{d1} \geqslant d_{dmin}$，$d_{dmin}$ 的值查表 7.3.1。忽略弹性滑动的影响，$d_{d2} = d_{d1} \cdot n_1 / n_2$，$d_{d1}$、$d_{d2}$ 应取标准值（查表 7.2.2）。

4. 验算带速 v

带速计算公式为

$$v = \frac{\pi d_{d1} n_1}{60 \times 1000}$$

(7.4.4)

带速太高会使离心力增大，使带与带轮间的摩擦力减小，传动中容易打滑；另外，单位时间内带绕过带轮的次数也增多，降低传动带的工作寿命。若带速太低，则当传递功率一定时，使传递的圆周力增大，带的根数增多。一般应使 $v > 5\text{m/s}$，对于普通 V 带应使 $v_{max} = 25 \sim 30\text{m/s}$，对于窄 V 带应使 v_{max}

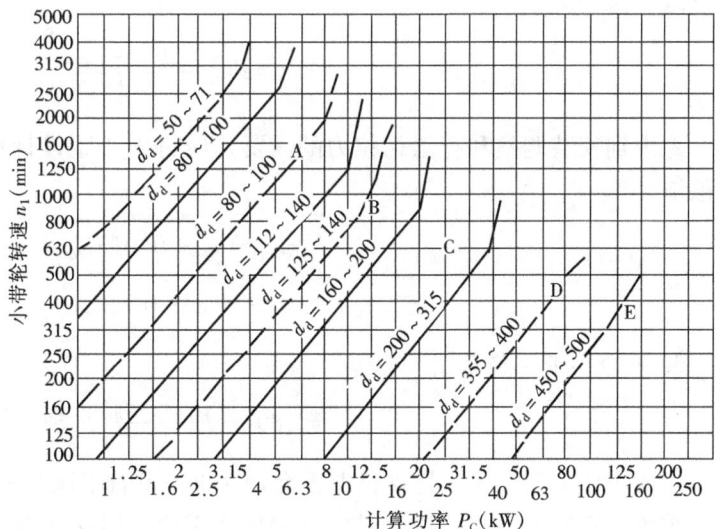

图 7.4.1 普通 V 带选型图

＝35～40m/s。如带速超过上述范围，应重选小带轮直径 d_{d1}。

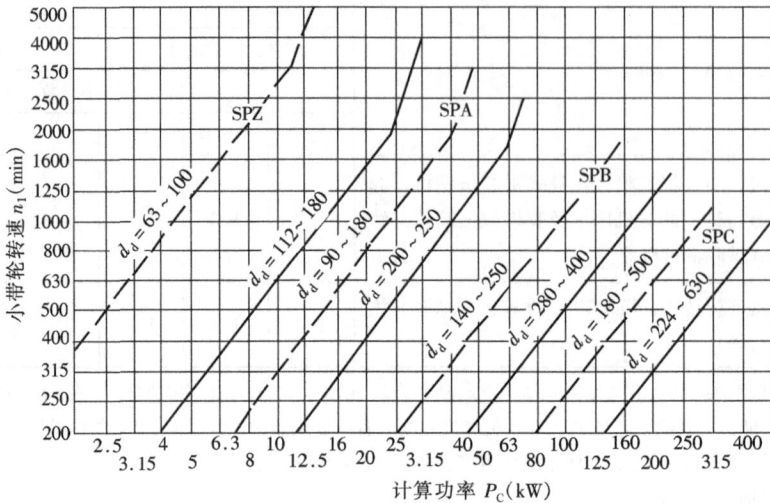

图 7.4.2　窄 V 带（基准宽度制）选型图

5. 初定中心距 a 和基准带长 L_d

传动中心距小则结构紧凑，但传动带较短，包角减小，且带的绕转次数增多，降低了带的寿命，致使传动能力降低；如果中心距过大则结构尺寸增大，当带速较高时带会产生颤动。设计时应根据具体的结构要求或按下式初步确定中心距 a_0

$$0.7(d_{d1} + d_{d2}) \leqslant a_0 \leqslant 2(d_{d1} + d_{d2}) \tag{7.4.5}$$

由带传动的几何关系可得带的基准长度计算公式为

$$L_0 = 2a_0 + \frac{\pi}{2}(d_{d1} + d_{d2}) + \frac{(d_{d2} - d_{d1})^2}{4a_0} \tag{7.4.6}$$

L_0 为带的基准长度计算值，查表 7.2.3 即可选定带的基准长度 L_d，而实际中心距 a 可由下式近似确定

$$a \approx a_0 + \frac{L_d - L_0}{2} \tag{7.4.7}$$

考虑到安装调整和补偿初拉力的需要，应将中心距设计成可调式，有一定的调整范围，一般取

$$a_{min} = a - 0.015 L_d$$

$$a_{amx} = a + 0.03 L_d$$

6. 校验小带轮包角 α_1

$$\alpha_1 = 180° - \frac{d_{d2} - d_{d1}}{a} \times 57.3° \tag{7.4.8}$$

一般应使 $\alpha_1 \geqslant 120°$（特殊情况下允许 $\geqslant 90°$），若不满足此条件，可适当增大中心距或减小两带轮的直径差，也可以在带的外侧加压带轮，但这样做会降低带的使用寿命。

7. 确定 V 带根数 z

计算公式为

$$z \geqslant \frac{P_C}{[P_0]} = \frac{P_C}{(P_0 + \Delta P_0)K_\alpha K_L} \tag{7.4.9}$$

带的根数应取整数。为使各带受力均匀，带的根数不宜过多，一般应满足 $z < 10$。如果计算结果超出范围，应改选 V 带型号或加大带轮直径后重新设计。

8. 单根 V 带的初拉力 F_0

单根 V 带所需的初拉力 F_0 为

$$F_0 = \frac{500 P_C}{zv}\left(\frac{2.5}{K_\alpha} - 1\right) + qv^2 \tag{7.4.10}$$

由于新带易松弛，对不能调整中心距的普通 V 带传动，安装新带时的初拉力应为计算值的 1.5 倍。

9. 带传动作用在带轮轴上的压力 F_Q

V 带的张紧对轴、轴承产生的压力 F_Q 会影响轴、轴承的强度和寿命。为简化其运算，一般按静止状态下带轮两边均作用初拉力 F_0 进行计算（见图 7.4.3），得

$$F_Q = 2F_0 z \sin\frac{\alpha_1}{2} \tag{7.4.11}$$

10. 带轮结构设计

参见本章第二节。设计出带轮结构后还要绘制带轮零件图。

11. 设计结果

列出带型号，带的基准长度 L_d，带的根数 z，带轮直径 d_{d1}、d_{d2}，中心距 a，轴上压力 F_Q 等。

【例 7.4.1】　设计某鼓风机用普通 V 带传动。已知电动机额定功率 $P = 10\text{kW}$，转速 $n_1 = 1450\text{r/min}$，从动轴转速 $n_2 = 400\text{r/min}$，中心距约为 1500mm，每天工作 24h。

图 7.4.3　带传动作用在轴上的压力

解　（1）确定计算功率 P_C

由表 7.4.16 查得 $K_A = 1.3$，由式（7.4.3）得

$$P_C = K_A P = 1.3 \times 10 = 13(\text{kW})$$

（2）选取普通 V 带型号

根据 $P_C = 13\text{kW}$、$n_1 = 1450\text{r/min}$，由图 7.4.1 选用 B 型普通 V 带。

（3）确定带轮基准直径 d_{d1}、d_{d2}

根据表 7.3.1 和图 7.4.1 选取 $d_{d1} = 140\text{mm}$，且 $d_{d1} = 140\text{mm} > d_{dmin} = 125\text{mm}$。

大带轮基准直径为

$$d_{d2} = \frac{n_1}{n_2}d_{d1} = \frac{1450}{400} \times 140 = 507.5(\text{mm})$$

按表 7.2.2 选取标准值 $d_{d2} = 500\text{mm}$，则实际传动比 i、从动轮的实际转速分别为

$$i = \frac{d_{d2}}{d_{d1}} = \frac{500}{140} = 3.57$$

$$n_2 = n_1/i = 1450/3.57 = 406(\text{r/min})$$

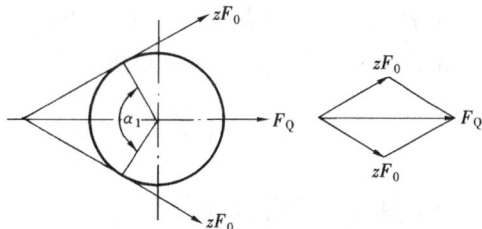

从动轮的转速误差率为

$$\frac{406-400}{400}\times100\%=1.5\%$$

在±5% 以内为允许值。

（4）验算带速 v

$$v=\frac{\pi d_{d1}n_1}{60\times1000}=\frac{\pi\times140\times1450}{60\times1000}=10.63(\text{m/s})$$

带速在 5～25m/s 范围内。

（5）确定带的基准长度 L_d 和实际中心距 a

按结构设计要求初定中心距 $a_0=1500\text{mm}$。

由式（7.4.6）得

$$L_0=2a_0+\frac{\pi}{2}(d_{d1}+d_{d2})+\frac{(d_{d2}-d_{d1})^2}{4a_0}$$

$$=\left[2\times1500+\frac{\pi}{2}(140+500)+\frac{(500-140)^2}{4\times1500}\right]$$

$$=4026.9(\text{mm})$$

由表 7.2.3 选取基准长度 $L_d=4060\text{mm}$。

由式（7.4.7）得实际中心距 a 为

$$a\approx a_0+\frac{L_d-L_0}{2}=\left(1500+\frac{4060-4026.9}{2}\right)=1517(\text{mm})$$

中心距 a 的变化范围为

$$\alpha_{min}=\alpha-0.015\,L_d=(1517-0.015\times4060)=1456(\text{mm})$$

$$\alpha_{max}=\alpha+0.03\,L_d=(1517+0.03\times4060)=1639(\text{mm})$$

（6）校验小带轮 α_1

由式（7.4.8）得

$$\alpha_1=180°-\frac{d_{d2}-d_{d1}}{a}\times57.3°=180°-\frac{500-140}{1487}\times57.3°$$

$$=166.13°>120°$$

（7）确定 V 带根数 z

由式（7.4.9）得

$$z\geqslant\frac{P_C}{[P_0]}=\frac{P_C}{(P_0+\Delta P_0)K_\alpha K_L}$$

根据 $d_{d1}=140\text{mm}$、$n_1=1450\text{r/min}$，查表 7.4.4，用内插法得

$$P_0=2.82\text{kW}$$

由表 7.4.13 查得 $K_b=2.649\,4\times10^{-3}$，根据传动比 $i=3.57$，查表 7.4.14 得 $K_i=1.1373$，代入式（7.4.2）得功率增量 ΔP_0 为

$$\Delta P_0 = \left[2.649\ 4 \times 10^{-3} \times 1450 \times \left(1 - \frac{1}{1.137\ 3}\right) \right] = 0.46(\text{kW})$$

由表 7.2.5 查得带长度修正系数 $K_L = 1.13$，由表 7.4.12 查得包角系数 $K_\alpha = 0.97$，得普通 V 带根数为

$$z = \frac{13}{(2.82 + 0.46) \times 0.97 \times 1.13} = 3.62(\text{根})$$

圆整得 $z = 4$ 根。

（8）求初拉力 F_0 及带轮轴上的压力 F_Q

由表 7.3.1 查得 B 型普通 V 带的每米长质量 $q = 0.17\text{kg/m}$，根据式（7.4.10）得单根 V 带的初拉力为

$$F_0 = \frac{500 P_C}{zv}\left(\frac{2.5}{K_\alpha} - 1\right) + qv^2$$

$$= \left[\frac{500 \times 13}{4 \times 10.63}\left(\frac{2.5}{0.97} - 1\right) + 0.17 \times (10.63)^2\right] = 260.33(\text{N})$$

由式（7.4.11）可得作用在轴上的压力 F_Q 为

$$F_Q = 2F_0 z \sin\frac{\alpha_1}{2} = 2 \times 260.33 \times 4 \sin\frac{166.13°}{2} = 2067.4(\text{N})$$

（9）带轮的结构设计

按本章第二节进行设计（设计过程及带轮工作图略）。

（10）设计结果

选用 4 根 B—4000 GB 1171—1989 V 带，中心距 $a = 1517\text{mm}$，带轮直径 $d_{d1} = 140\text{mm}$、$d_{d2} = 500\text{mm}$，轴上压力 $F_Q = 2067.4\text{N}$。

第五节 带传动的张紧、安装和维护

一、带传动的张紧

带传动工作一段时间后就会由于塑性变形而松弛，使初拉力减小，传动能力下降，这时必须重新张紧。常用的张紧方式可分为调整中心距方式与张紧轮方式两类。

1. 调整中心距方式

（1）定期张紧指定期调整中心距以恢复张紧力，常见的有滑道式和摆架式两种，如图 7.5.1 所示。一般通过调节螺钉来调节中心距。滑道式适用于水平传动或倾斜不大的传动场合。

（2）自动张紧。图 7.5.2 所示是一种自动张紧装置，它将装有带轮的电动机装在浮动的摆架上，利用电动机的自重张紧传动带，通过载荷的大小自动调节张紧力。

2. 张紧轮方式

若带轮传动的轴间距不可调整时，可采用张紧轮装置。图 7.5.3（a）所示为调位式内张紧轮装置，图 7.5.3（b）所示为摆锤式内张紧轮装置。

张紧轮一般设置在松边的内侧且靠近大轮处。若设置在外侧时，则应使其靠近小轮，这样可以增加小带轮的包角，提高带的疲劳强度。

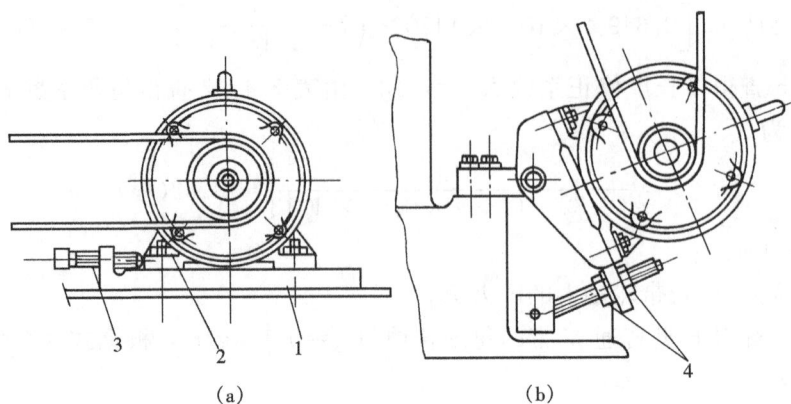

图 7.5.1　带的定期张紧装置

（a）滑道式；（b）摆架式

1—机架；2—螺母；3—调整螺钉；4—调整螺母

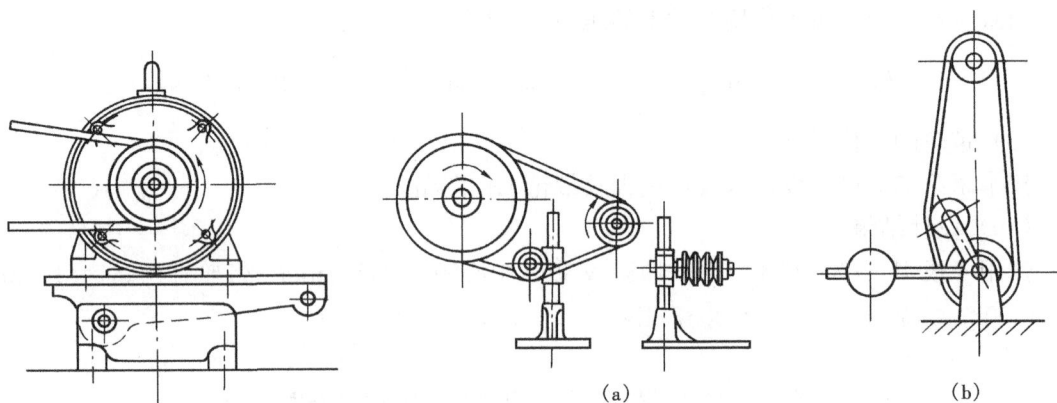

图 7.5.2　带的自动张紧装置

图 7.5.3　张紧轮装置

（a）调位式；（b）摆锤式

二、带传动的安装与维护

1. 带传动的安装

（1）带轮的安装。平行轴传动时，各带轮的轴线必须保持规定的平行度。各轮宽的中心线、V 带轮和多楔带轮的对应轮槽中心线及平带轮面凸弧的中心线均应共面且与轴线垂直，否则会加速带的磨损，降低带的寿命，如图 7.5.4 所示。

（2）传动带的安装：

1）通常应通过调整各轮中心距的方法来安装带和张紧。切忌硬将传动带从带轮上拔下或扳上，严禁用撬棍等工具将带强行撬入或撬出带轮。

2）在带轮轴间距不可调而又无张紧的场合下，安装聚酰胺片基平带时，应在带轮边缘垫布以防刮破传动带，并应边转动带轮边套带。安装同步带时，要在多处同时缓慢地将带移动，以保持带能平齐移动。

3）同组使用的 V 带应型号相同、长度相等，不同厂家生产的 V 带、新与旧 V 带不能同组使用。

4）安装 V 带时，应按规定的初拉力张紧。对于中等中心距的带传动，也可凭经验张紧，带的张紧程度以大拇指能将带按下 15mm 为宜，如图 7.5.5 所示。新带使用前，最好预先拉紧一段时间后再使用。

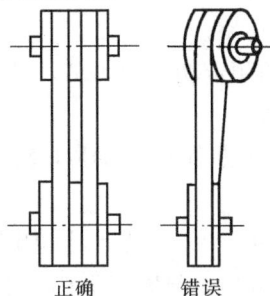

图 7.5.4　两带轮的
相对位置

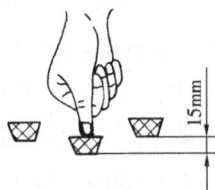

图 7.5.5　V 带的
张紧程度

2. 带传动的维护

（1）带传动装置外面应加防护罩，以保证安全，防止带与酸、碱或油接触而腐蚀传动带。

（2）带传动不需润滑，禁止往带上加润滑油或润滑脂，应及时清理带轮槽内及传动带上的油污。

（3）应定期检查胶带，如有一根松弛或损坏则应全部更换新带。

（4）带传动的工作温度不应超过 60℃。

（5）如果带传动装置需闲置一段时间后再用，应将传动带放松。

思 考 与 练 习

7.1　带传动的主要类型有哪些？各有何特点？试分析摩擦带传动的工作原理。

7.2　什么是有效拉力？什么是初拉力？它们之间有何关系？

7.3　小带轮包角对带传动有何影响？为什么只给出小带轮包角 α_1 的公式？

7.4　带传动工作时，带截面上产生哪些应力？最大应力在何处？

7.5　带传动的弹性滑动和打滑是怎样产生的？它们对传动有何影响？是否可以避免？

7.6　带传动的设计准则是什么？

7.7　在 V 带传动设计过程中，为什么要校验带速 $5\mathrm{m/s} \leqslant v \leqslant 25\mathrm{m/s}$ 和包角 α_1？

7.8　带传动张紧的目的是什么？张紧轮应安放在松边还是紧边上？内张紧轮应靠近大带轮还是小带轮？外张紧轮又该怎样？并分析说明两种张紧方式的利弊。

7.9　窄 V 带强度比普通 V 带高，这是为什么？窄 V 带与普通 V 带高度相同时，哪种传动能力大，为什么？

7.10　带传动功率 $P = 5\mathrm{kW}$，已知 $n_1 = 400\mathrm{r/min}$，$d_1 = 450\mathrm{mm}$，$d_2 = 650\mathrm{mm}$，中心距 $a = 1.5\mathrm{m}$，$f_\mathrm{v} = 0.2$，求

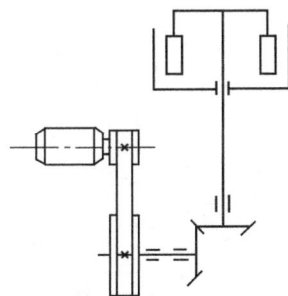

题图 7.1　题 7.13 图

带速 v、包角 α_1 和有效拉力 F。

7.11　已知某普通 V 带传动由电动机驱动，电动机转速 $n_1=1450r/min$，小带轮基准直径 $d_{d1}=100mm$，大带轮基准直径 $d_{d2}=280mm$，中心距 $a\approx350mm$，用 2 根 A 型 V 带传动，载荷平稳，两班制工作，试求此传动所能传递的最大功率。

7.12　设计搅拌机的普通 V 带传动。已知电动机的额定功率为 4kW，转速 $n_1=1440r/min$，要求从动轮转速 $n_2=575r/min$，工作情况系数 $K_A=1.1$。

7.13　题图 7.1 为磨碎机的传动系统图。已知电机功率 $P=30kW$，转速 $n_1=1470r/min$，带传动比 $i\approx1.15$，试设计其 V 带传动参数。

7.14　试设计某车床上电动机和床头箱间的普通 V 带传动。已知电动机的功率 $P=4kW$，转速 $n_1=1440r/min$，从动轴的转速 $n_2=680r/min$，两班制工作，根据机床结构，要求两带轮的中心距在 950mm 左右。

第八章　链　传　动

链传动是一种以链条作中间挠性件的啮合传动，同时具有刚、柔特点，兼有带传动和齿轮传动的一些特点，一般用于两轴相距较远的场合，是一种应用十分广泛的机械传动形式。

第一节　链传动的特点、类型及应用

如图 8.1.1 所示，链传动由主动链轮 1、从动链轮 2 和中间挠性件链条 3 组成，通过链条的链节与链轮上的轮齿相啮合传递运动和动力。

与带传动相比，链传动无弹性滑动和打滑现象，能得到准确的平均传动比；张紧力小，故对轴的压力小；传动效率高，可达 0.98；可在高温、油污、潮湿等恶劣环境下工作。但其传动平稳性差，工作时有一定的冲击和噪声。

链传动适用于工作可靠、两平行轴间距较大的低速传动及工作条件恶劣的场合，广泛应用于矿山机械、冶金机械、农业机械、石油机械、机床及轻工机械中。

链传动适用的一般范围为：传递功率 $P \leqslant 100kW$，中心距 $a \leqslant 5 \sim 6m$，传动比 $i \leqslant 8$，链速 $v \leqslant 15m/s$，传动效率为 $0.95 \sim 0.98$。

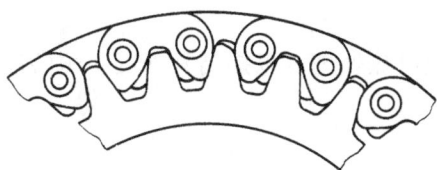

图 8.1.1　链传动
1—主动链轮；2—从动链轮；3—中间挠性件链条

按用途的不同链条可分为传动链、起重链和拽引链三大类。用于传递动力的传动链有图 8.1.2 所示的齿形链和图 8.2.1 所示的滚子链两种。齿形链运转较平稳，噪声小，又称为无声链，适用于高速、运动精度较高的传动中，链速可达 40m/s，但缺点是制造成本高、重量大。起重链用于各种起重机械

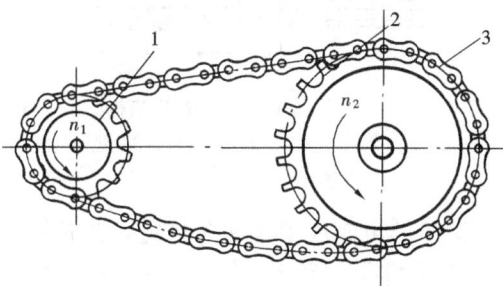

图 8.1.2　齿形链

中，用以提升重物。拽引链主要用于运输机械。本章仅讨论滚子链。

第二节　滚 子 链 和 链 轮

一、滚子链

1. 滚子链的结构

滚子链的结构如图 8.2.1 所示，它由内链板 1、外链板 2、销轴 3、套筒 4 和滚子 5 组成，内链板与套筒、外链板与销轴间均为过盈配合，套筒与销轴、滚子与套筒间均为间隙配合。内、外链板交错连接而构成铰链，当链条进入啮合和退出啮合时，内外链板做相对转动，同时滚子沿链轮轮齿滚动，可减少链条与轮齿的磨损。为了使链板各横截面具有接近相等的抗拉强度，并减小链的重量和运动惯性，内外链板均制成"∞"形。传动中链的磨损主

要发生在销轴与套筒的接触面上，所以，内外链板间应留少许间隙，以使润滑油渗入销轴和套筒的摩擦面间。

相邻两滚子轴线间的距离称为链节距，用 p 表示。链节距 p 是传动链的重要参数，节距越大，链条各部位的尺寸也越大。

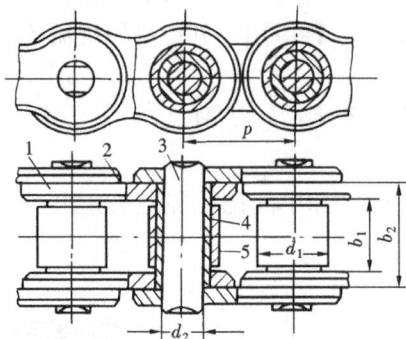

图 8.2.1　滚子链的结构
1—内链板；2—外链板；3—销
轴；4—套筒；5—滚子

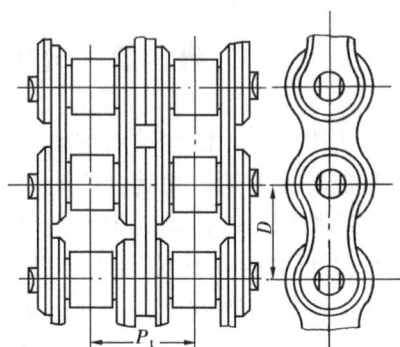

图 8.2.2　双排链

滚子链可制成单排和多排链，当传递功率较大时，可采用图 8.2.2 所示的双排链或多排链，P_t 为排距。当多排链的排数较多时，各排受载不易均匀，因此实际中常用双排链或三排链，排数一般不超过 4。

链条在使用时封闭为环形，当链节数为偶数时，正好是外链板与内链板相接，可用开口销或弹簧卡固定销轴，如图 8.2.3（a）、（b）所示；若链节数为奇数，则需采用过渡链节，如图 8.2.3（c）所示。由于过渡链节的链板要受附加的弯矩作用，一般应避免使用，最好采用偶数链节。

链条中的各个零件由碳素钢或合金钢制成，还需经过热处理，以提高其强度、耐磨性和耐冲击性。

2. 滚子链的标准

我国目前使用的滚子链的标准为 GB/T 1243—1997，分为 A、B 两个系列，A 系列起源于美国，流行全世界；B 系列起源于英国，主要流行在欧洲。两个系列互相补充，在我国都生产使用。设计中推荐优先使用 A 系列，其主要参数见表 8.2.1。国际上链节距均采用英制单位，我国标准中规定链节距采用米制单位，因此，链节距 p＝链号×25.4/16mm。

滚子链的标记方法为：链号—排数—链节数加标准代号来表示。例如：08A—1—88 GB/T 1243—1997，表示 A 系列、节距为 12.7mm、单排、88 节组成的滚子链。

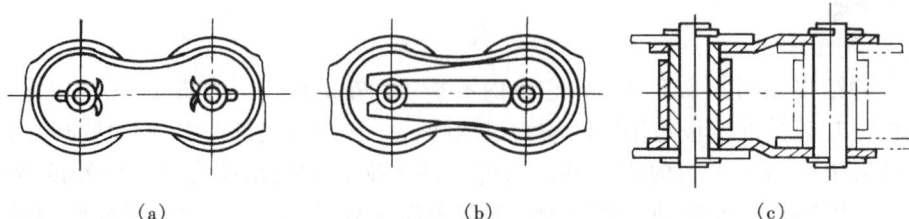

（a）　　　　　　　　　（b）　　　　　　　　　（c）

图 8.2.3　滚子链的接头形式

表 8.2.1 **滚子链的基本参数及其抗拉载荷 (GB/T 1243—1997)**

链 号	链节距 p	滚子外径 d_1	销轴直径 d_2	内链节内宽 b_1	内链节外宽 b_2	内链板高度 h_2	排 距 p_t	单排单位长度质量 q (kg/m)	单排链抗拉载荷 Q_{min} (kN)
				mm					
08A	12.700	7.92	3.96	7.85	11.18	12.07	14.38	0.6	13.8
10A	15.875	10.16	5.08	9.40	13.84	15.09	18.11	1.0	21.8
12A	19.050	11.91	5.94	12.57	17.75	18.08	22.78	1.5	31.1
16A	25.400	15.88	7.92	15.88	22.61	24.13	29.29	2.6	55.6
20A	31.750	19.05	9.53	18.90	27.46	30.18	35.76	3.8	86.7
24A	38.100	22.23	11.10	25.22	35.46	36.20	45.44	5.6	124.6
28A	44.450	25.40	12.70	25.22	37.19	42.24	48.87	7.5	169.0
32A	50.800	28.58	14.27	31.55	45.21	48.26	58.55	10.1	222.4
40A	63.500	39.68	19.84	37.85	54.89	60.33	71.55	16.1	347.0
48A	76.200	47.63	23.80	47.35	67.82	72.39	87.83	22.6	500.4

二、链轮

1. 链轮的齿形

在链轮上制出特殊齿形的齿，通过轮齿与链节相啮合而进行传动。链轮的齿形应保证链轮与链条接触良好且均匀受力，链节能顺利地进入和退出与轮齿的啮合，不易脱落。国家标准规定了滚子链链轮端面齿形，如图8.2.4所示。链轮齿形可采用渐开线齿廓链轮滚刀以范成法加工。

2. 链轮的基本参数和主要尺寸

链轮的基本参数为链轮的节距 p、齿数 z、链轮的分度圆直径 d 及滚子外径 d_1。分度圆是指链轮上销轴中心所在且被链条节距等分的圆。

链轮主要尺寸的计算公式

分度圆直径 $d = p/\sin(180°/z)$

齿顶圆直径 $d_{amax} = d + 1.25p - d_1$, $d_{amin} = d + (1 - 1.6/z)p - d_1$

齿根圆直径 $d_f = d - d_1$

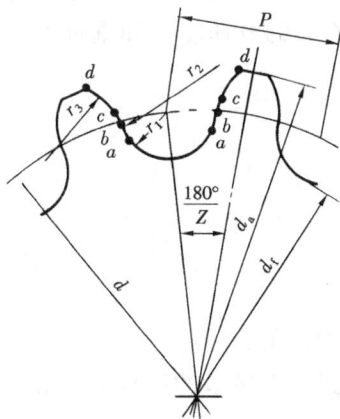

图 8.2.4 滚子链链轮端面齿形

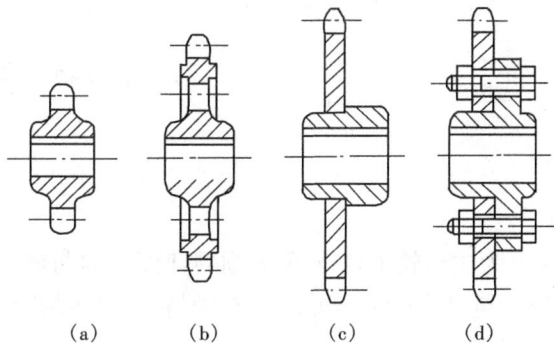

图 8.2.5 链轮的结构形式
(a) 整体式；(b) 孔板式；(c) 焊接式；(d) 装配式

3. 链轮的结构

作为盘类零件的链轮,可根据其尺寸选取图 8.2.5 所示不同的链轮结构。当链轮尺寸较小时,可制成图 8.2.5(a)所示的整体式结构;中等直径的链轮可制成图 8.2.5(b)所示的孔板式结构;直径较大的链轮可采用图 8.2.5(c)所示的焊接式结构或图 8.2.5(d)所示的装配式结构,这种齿圈磨损后可以更换。

4. 链轮的材料

链轮的材料应保证具有足够的强度和良好的耐疲劳性,通常采用碳钢或合金钢制成,齿面经过热处理,以提高其强度和耐磨性。

第三节 链传动的运动分析

链传动由刚性链节组成的链条绕在两链轮上,相当于边长为链条节距 p、边数为链轮齿

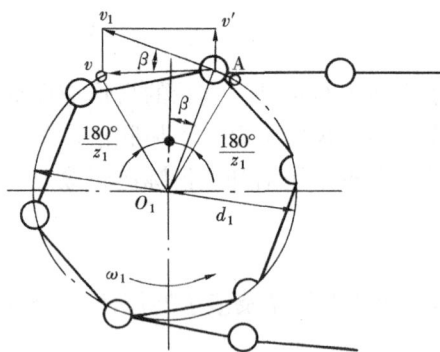

图 8.3.1 链传动的速度分析

数 z 的两多边形轮子间的带传动,如图 8.3.1 所示。链的平均速度为

$$v = \frac{z_1 p n_1}{60 \times 1000} = \frac{z_2 p n_2}{60 \times 1000} \quad (8.3.1)$$

式中 n_1、n_2——分别为两轮的转速,r/min;

z_1、z_2——分别为主、从动链轮的齿数;

p——链节距,mm。

由式(8.3.1)可得链传动的传动比为

$$i_{12} = \frac{n_1}{n_2} = \frac{z_2}{z_1} = 常数 \quad (8.3.2)$$

由式(8.3.1)求得的链速是平均值,因此由式(8.3.2)求得的链传动比也是平均值。实际上链速和链传动比在每一瞬时都是变化的,而且是按每一链节的啮合过程周期性变化。在图 8.3.1 中,假设链条的上边始终处于水平位置,铰链 A 已进入啮合。主动轮以角速度 ω_1 回转,其圆周速度 $v_1 = d_1\omega_1/2$,将其分解为沿链条前进方向的分速度 v 和垂直方向的分速度 v',则 v 和 v' 的值分别为

$$v = v_1 \cos\beta = \frac{d_1\omega_1}{2}\cos\beta \quad (8.3.3)$$

$$v' = v_1 \sin\beta = \frac{d_1\omega_1}{2}\sin\beta \quad (8.3.4)$$

式中:β 为主动轮上铰链 A 的圆周速度方向与链条前进方向的夹角。

每一链节自啮入链轮后,在随链轮的转动沿圆周方向送进一个链节的过程中,每一铰链转过 $\frac{360°}{z_1}$。当铰链中心转至链轮的垂直中心线位置时,其链速达最大值,$v_{\max} = v_1 = d_1\omega_1/2$;当铰链处于 $-\frac{180°}{z_1}$ 和 $+\frac{180°}{z_1}$ 时链速为最小,$v_{\min} = (d_1\omega_1/2)\cos\frac{180°}{z_1}$。由此可见,链轮每送

进一个链节，其链速 v 经历"最小—最大—最小"的周期性变化。这种由于链条绕在链轮上形成多边形啮合传动而引起传动速度不均匀的现象，称为多边形效应。当链轮齿数较多，β 的变化范围较小时，其链速的变化范围也较小，多边形效应相应减弱。

此外，链条在垂直方向上的分速度 v' 也做周期性变化，引起链条上下抖动。链节进入链轮的瞬间，以一定相对速度相啮合，将使链轮轮齿受到冲击。

用同样的方法对从动轮进行分析可知，从动轮的角速度 ω_2 是变化的，所以链速和链传动的瞬时传动比 i_{12} 也是变化的。

由上述分析可知，链传动工作时不可避免地会产生振动、冲击，引起附加的动载荷，因此链传动不宜用在高速级。当链速 v 一定时，采用较多链齿和较小链节距，可减小冲击及附加的动载荷。

第四节　滚子链传动的设计

链条是标准件，设计链传动的主要内容包括：根据工作要求选择链条的类型、型号及排数，合理选择传动参数，确定润滑方式，设计链轮等。

一、链传动的失效形式

由于链条强度不如链轮高，所以一般链传动的失效主要是链条的失效。常见链条的失效形式有以下几种。

1. 链板的疲劳破坏

链传动工作中，由于链条松边和紧边的拉力不等，在其反复作用下经过一定的循环次数，链板发生疲劳断裂。在正常的润滑条件下，一般是链板首先发生疲劳断裂，其疲劳强度成为限定链传动承载能力的主要因素。

2. 滚子和套筒的冲击疲劳破坏

链传动在反复起动、制动或反转时产生较大的惯性冲击，会使滚子和套筒发生冲击疲劳破坏。

3. 链条铰链磨损

链条中的各零件在工作过程中都会有不同程度的磨损，但主要磨损发生在铰链的销轴与套筒的承压面上。磨损使链条的节距增加，容易产生跳齿和脱链。一般开式传动时极易产生磨损，降低链条寿命。

4. 链条铰链的胶合

当链速过高或润滑不良时，链节啮入时受到的冲击能量增大，工作表面的温度过高，销轴和套筒间的润滑油膜破坏而产生胶合。胶合限制了链传动的极限转速。

5. 静力拉断

在低速（$v < 0.6\text{m/s}$）、重载或严重过载的场合，当载荷超过链条的静力强度时将导致链条被拉断。

二、功率曲线图

1. 极限功率曲线图

链传动的每一种失效形式都限制了链传动的传递功率。因此，在选择链条时，必须综合考虑各种失效形式对传动的影响。如果规定链条的寿命，把主动链轮在不同转速下由各种失

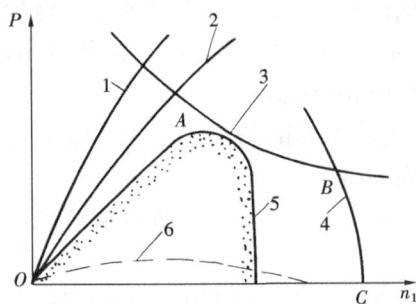

图 8.4.1　极限功率曲线

效形式所限定的传动功率绘成曲线，即得图 8.4.1 所示的极限功率曲线。其中曲线 1 是在正常润滑条件下，铰链磨损限定的极限功率曲线；曲线 2 是链板疲劳强度限定的极限功率曲线；曲线 3 是套筒和滚子的冲击疲劳强度限定的极限功率曲线；曲线 4 是铰链胶合限定的极限功率曲线；曲线 5 是考虑一定的安全系数、实际使用的极限功率曲线；虚线 6 表示当润滑密封不良及工况恶劣时，磨损将很严重，其极限功率大幅度下降。

2. 功率曲线图

在特定的实验条件下，可求得链传动不失效所能传递的功率 P_0，并绘制成功率曲线图，如图 8.4.2 所示。它表明了链条规格、功率 P_0 和小链轮转速 n_1 之间的关系，依据此图可根据功率 P_0 和小链轮转速 n_1 选定链条的规格。图中的功率曲线是国产 A 系列滚子链在以下特定条件下绘制的：两轮端面共面，小链轮齿数 $z_1=19$，链长 L_p 为 100 节，单排链，载荷平稳，采用推荐的润滑方式，寿命为 15 000h，传动比 $i=3$，中心距 $a=40p$。

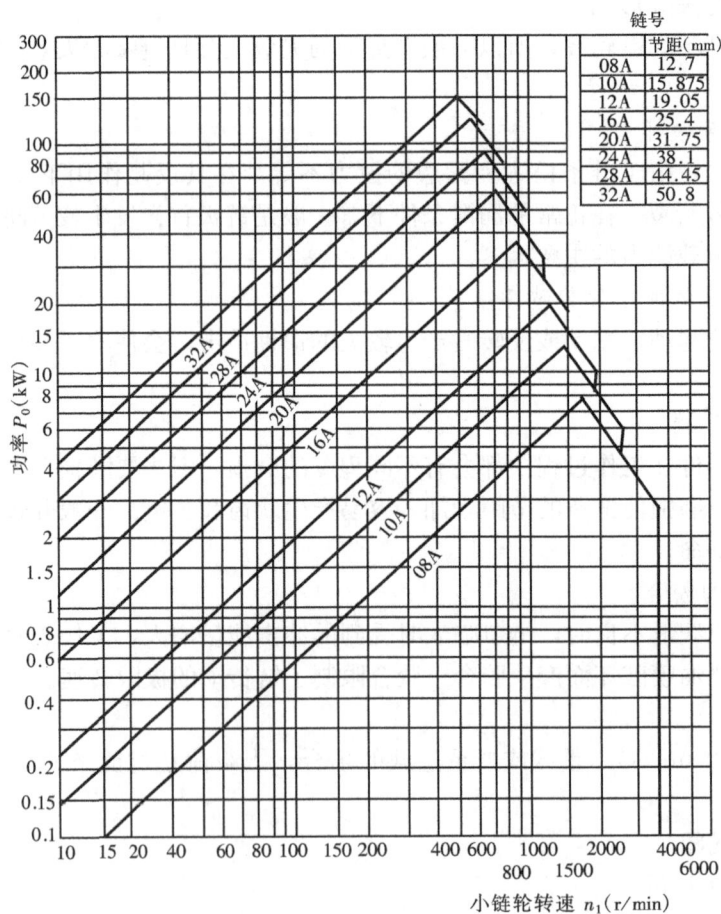

图 8.4.2　功率曲线图

三、设计计算准则

对于一般链速（$v > 0.6 \text{m/s}$）的链传动，其主要失效形式为疲劳破坏，故设计计算通常以疲劳强度为主并综合考虑其他失效形式的影响。计算准则为传递的功率值（计算功率值）小于许用功率值，即 $P_C \leqslant [P]$。

由图 8.4.2 查得的 P_0 值是在规定的试验条件下得到的，与实际工作条件往往不一致，所以 P_0 值不能作为 $[P]$，而必须对 P_0 进行修正，即

$$P_C = K_A P \leqslant K_z K_L K_m P_0$$

$$P_0 \geqslant P \frac{K_A}{K_z K_L K_m} \tag{8.4.1}$$

式中　P——名义功率，kW；

　　　K_A——工作情况系数，见表 8.4.1；

　　　K_z——小链轮齿数系数，见表 8.4.2，当工作在图 8.4.2 曲线顶点左下侧范围内时查 K_z，当工作在曲线顶点右下侧范围内时查 K_z'；

　　　K_L——链长系数，见图 8.4.3；

　　　K_m——多排链系数，见表 8.4.3。

表 8.4.1　工作情况系数 K_A

载荷种类	原 动 机	
	电动机或汽轮机	内 燃 机
载荷平稳	1.0	1.2
中等冲击	1.3	1.4
较大冲击	1.5	1.7

表 8.4.2　小链轮齿数系数 K_z

Z_1	17	19	21	23	25	27	29	31	33	35
K_z	0.887	1.00	1.11	1.23	1.34	1.46	1.58	1.70	1.82	1.93
K_z'	0.846	1.00	1.16	1.33	1.51	1.69	1.89	2.08	2.29	2.50

表 8.4.3　多排链系数 K_m

排 数	1	2	3	4
K_m	1.0	1.7	2.5	3.3

当链速 $v \leqslant 0.6 \text{m/s}$ 时，链传动的主要失效形式为链条的过载拉断，因此应进行静强度计算，校核其静强度安全系数 S，即

$$S = \frac{F_Q m}{K_A F} \geqslant 4 \sim 8 \tag{8.4.2}$$

$$F = \frac{1000 P}{v}$$

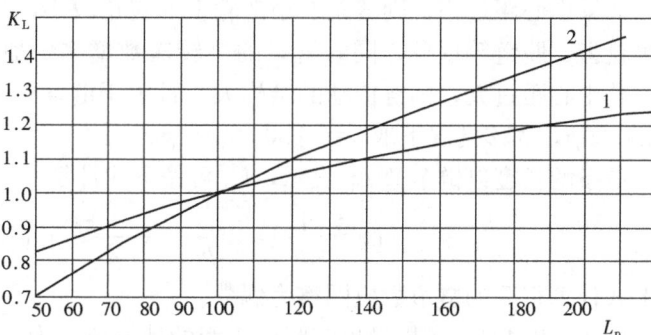

图 8.4.3　链长系数 K_L
1—用于链板疲劳；2—用于滚子、套筒冲击疲劳

式中　F_Q——单排链的极限拉伸载荷，N，见表 8.2.1；

　　　m——链条排数；

　　　F——链的工作拉力，N；

　　　P——名义功率，kW；

　　　v——链速，m/s。

链条作用在链轮轴上的压力 F' 可近似取为

$$F' = (1.2 \sim 1.3)F \tag{8.4.3}$$

当有冲击、振动时，式中的系数取大值。

四、链传动主要参数的选择

1. 链的节距和排数

链节距越大，则链的零件尺寸越大，承载能力越强，但传动时的不平稳性、动载荷和噪声也越大。链的排数越多，则其承载能力增强，传动的轴向尺寸也越大。因此，选择链条时应在满足承载能力要求的前提下，尽量选用较小节距的单排链，当在高速大功率时，可选用小节距的多排链。

2. 链轮齿数和传动比

为保证传动平稳，减少冲击和动载荷，小链轮齿数 z_1 不宜过小，一般应大于 17，通常可按表 8.4.4 选取。大链轮齿数 $z_2 = iz_1$，z_2 不宜过多，齿数过多除了增大传动的尺寸和重量外，还会出现跳齿、脱链等现象，通常 $z_2 < 120$。

由于链节数常取为偶数，为使链条与链轮的轮齿磨损均匀，链轮齿数一般应取与链节数互为质数的奇数。

滚子链的传动比 $i = z_2/z_1$ 不宜大于 7，一般推荐 $i = 2 \sim 3.5$，只有在低速时 i 才可取大些。i 过大，链条在小链轮上的包角减小，啮合的轮齿数减少，从而加速轮齿的磨损。

表 8.4.4　　　　　　　　　　　　　　小 链 轮 齿 数

链速 v (m/s)	$0.6 \sim 3$	$3 \sim 8$	>8
Z_1	$\geqslant 17$	$\geqslant 21$	$\geqslant 35$

3. 中心距和链节数

如果中心距过小，则链条在小链轮上的包角较小，啮合的齿数少，导致磨损加剧，且易产生跳齿、脱链等现象。同时链条的绕转次数增多，加剧了疲劳磨损，从而影响链条的寿命。若中心距过大，则链传动的结构大，且由于链条松边的垂度大而产生抖动。一般中心距取 $a < 80p$，大多情况下取 $a = (30 \sim 50)p$。

链条的长度以链节数 L_p 表示，L_p 可按下式计算

$$L_p = \frac{L}{p} = 2\frac{a}{p} + \frac{z_1 + z_2}{2} + \left(\frac{z_2 - z_1}{2\pi}\right)^2 \frac{p}{a} \tag{8.4.4}$$

由上式计算得到的链节数应圆整为偶数。

由式 (8.4.4) 可推导出实际中心距的计算公式为

$$a = \frac{p}{4}\left[\left(L_p - \frac{z_1 + z_2}{2}\right) + \sqrt{\left(L_p - \frac{z_1 + z_2}{2}\right)^2 - 8\left(\frac{z_1 - z_2}{2\pi}\right)^2}\right] \tag{8.4.5}$$

一般情况下中心距设计成可调节的，若中心距不可调节，则实际安装中心距应比计算值小 2～5mm。

五、链传动的设计计算

一般设计链传动时的已知条件有链传动的用途和工作情况，原动机的类型，需要传递的功率，主动轮的转速，传动比以及外廓安装尺寸等。

链传动的设计计算一般包括确定滚子链的型号、链节距、链节数，选择链轮的齿数、材料、结构，绘制链轮工作图并确定传动的中心距。

链传动的具体设计计算方法和步骤见本章末的［例 8.5.1］。

第五节 链传动的布置及张紧

一、链传动的布置

链传动的布置对传动的工作状况和使用寿命有较大影响。通常情况下链传动的两轴线应平行布置，两链轮的回转平面应在同一平面内，否则易引起脱链和不正常磨损。安装应使链条主动边（紧边）在上，从动边（松边）在下，以免松边垂度过大时链与轮齿相干涉或紧、松边相碰。如果两链轮中心的连线不能布置在水平面上，其与水平面的夹角应小于45°。应尽量避免中心线垂直布置，以防止下链轮啮合不良。

二、链传动的张紧

链传动需适当张紧，以免垂度过大而引起啮合不良。一般情况下链传动设计成中心距可调整的形式，通过调整中心距来张紧链轮。也可采用图8.5.1所示的张紧轮张紧，张紧轮应设在松边。

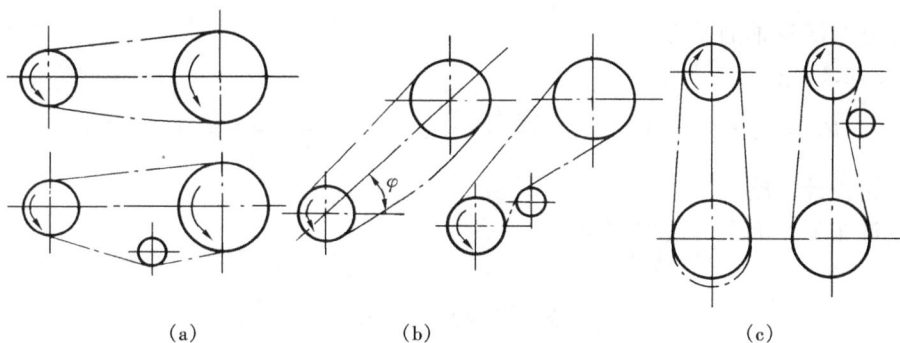

图 8.5.1　链传动的张紧

(a) 内张紧轮；(b) 外张紧轮；(c) 侧张紧轮

【例 8.5.1】　试设计一链式输送机的滚子链传动。已知传递功率 $P=10\text{kW}$ ，$n_1=950\text{r/min}$ ，$n_2=250\text{r/min}$ ，电动机驱动，载荷平稳，单班工作。

解

（1）选择链轮齿数 z_1、z_2

先假设链速 $v=3\sim8\text{m/s}$ ，根据表 8.4.4 选取小链轮齿数 $z_1=25$ ，则大链轮齿数 $z_2=z_1n_1/n_2=25\times950/250=95$ 。

（2）确定链节数

初定中心距 $a_0=40p$ ，由式（8.4.4）得链节数 L_p 为

$$L_p=\frac{2a_0}{p}+\frac{z_1+z_2}{2}+\left(\frac{z_2-z_1}{2\pi}\right)^2\frac{p}{a_0}$$

$$=\frac{2\times40p}{p}+\frac{25+95}{2}+\frac{(95-25)^2}{39.5\times40p}p=143.1$$

取 $L_p=144$ 。

（3）根据功率曲线确定链型号

由表 8.4.1 查得 $K_A=1$ ；按图 8.4.2 估计链工作点在曲线顶点的左下侧，按表 8.4.2 查

得 $K_z=1.34$；由图 8.4.3 曲线 1 查得 $K_L=1.11$；采用单排链，由表 8.4.3 得 $K_m=1$。

由式（8.4.1）计算链需传递的功率

$$P_0 \geqslant \frac{K_A P}{K_z K_L K_m} = \frac{1 \times 10}{1.34 \times 1.11 \times 1} = 6.73 (\text{kW})$$

按图 8.4.2 选取链号为 10A，节距 $p=15.875\text{mm}$。

（4）验算链速

$$v = \frac{z_1 p n_1}{60 \times 1000} = \frac{25 \times 15.875 \times 950}{60 \times 1000} = 6.28 (\text{m/s})$$

v 值在 3～8m/s 范围内，与假设链速相符，故所取链速合适。

（5）计算实际中心距

设计成可调整中心距的形式，因此不必精确计算中心距，可取

$$a \approx a_0 = 40p = 40 \times 15.875 = 635 (\text{mm})$$

（6）确定润滑方式

查图 8.5.2，应选用油浴润滑。

（7）计算对链轮轴的压力 F'

由式（8.4.3）得

$$F' = 1.25F = 1.25 \times \frac{1000P}{v} = 1.25 \times \frac{1000 \times 10}{6.28} = 1990 (\text{N})$$

（8）链轮设计（略）。

（9）设计张紧、润滑等装置（略）。

<h2 style="text-align:center">思 考 与 练 习</h2>

8.1　与带传动相比，链传动具有哪些优点？它主要适用于何种场合？

8.2　链节数通常应取什么数？为什么？

8.3　链传动的主要失效形式有哪几种？

8.4　链传动的设计准则是什么？

8.5　链传动的合理布置有哪些要求？

8.6　某一链式运输机的驱动装置采用滚子链传动。已知：传递的功率 $P=7.5\text{kW}$，主动链轮转速 $n_1=960 \text{ r/min}$，传动比 $i=2.8$，电动机驱动，载荷平稳。试设计此链传动。

第九章 齿 轮 传 动

第一节 概　　述

齿轮传动由主动齿轮、从动齿轮以及支承它们的机架组成。它是靠两齿轮的轮齿依次相互啮合传递运动和动力。其历史悠久，形式多样，广泛应用于任意两轴或多轴间的运动和动力传递，也是现代机械传动中应用最多的传动形式之一。

一、齿轮传动的特点

（1）能保证瞬时传动比恒定、准确。

（2）适用的范围广，圆周速度 v 可达 300m/s，转速 $n=10^5$ r/min，传动的功率从小于 1W 到 10^5 kW，模数 $m=0.004\sim100$mm，直径 $d=1$mm~152.3m。

（3）传动效率高，一对高精度的渐开线圆柱齿轮，效率可达 99％以上。

（4）结构紧凑、工作可靠，适用于近距离传动。

（5）制造高精度齿轮时，工艺复杂，成本高，安装精度要求高。

（6）运转时有振动和噪声，会产生一定的动载荷，且无过载保护装置。

二、齿轮传动的分类

齿轮传动的种类很多，常用的分类方法如下：

（1）按照两轴线相对位置和齿向的不同，齿轮传动可分为两轴线平行的齿轮传动和两轴线不平行的齿轮传动两大类。常用齿轮传动的类型为：

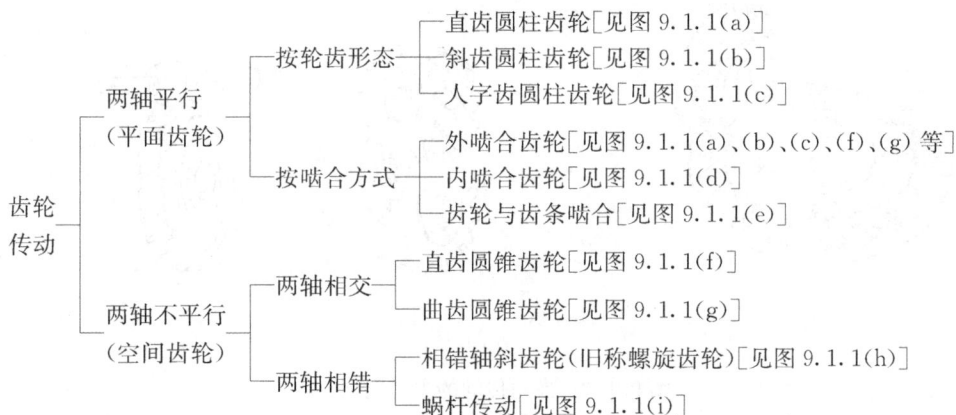

```
          ┌ 两轴平行   ┌ 按轮齿形态 ┌ 直齿圆柱齿轮[见图 9.1.1(a)]
          │ (平面齿轮)  │         ├ 斜齿圆柱齿轮[见图 9.1.1(b)]
          │           │         └ 人字齿圆柱齿轮[见图 9.1.1(c)]
          │           │
          │           └ 按啮合方式 ┌ 外啮合齿轮[见图 9.1.1(a)、(b)、(c)、(f)、(g) 等]
齿轮      │                     ├ 内啮合齿轮[见图 9.1.1(d)]
传动      │                     └ 齿轮与齿条啮合[见图 9.1.1(e)]
          │
          └ 两轴不平行  ┌ 两轴相交  ┌ 直齿圆锥齿轮[见图 9.1.1(f)]
            (空间齿轮)  │         └ 曲齿圆锥齿轮[见图 9.1.1(g)]
                      │
                      └ 两轴相错  ┌ 相错轴斜齿轮(旧称螺旋齿轮)[见图 9.1.1(h)]
                                └ 蜗杆传动[见图 9.1.1(i)]
```

（2）按照工作条件的不同，齿轮传动又可分为开式齿轮（齿轮外露）和闭式齿轮（齿轮被封闭在刚性箱体内）两种类型。开式齿轮工作条件差，齿面易磨损，故仅用于低速传动；闭式齿轮润滑及防护条件好，有条件时尽可能用闭式齿轮。

（3）按照齿轮的齿廓曲线形状的不同，齿轮传动又可分为渐开线齿轮传动、摆线齿轮传动、圆弧齿轮传动等。由于渐开线齿轮的制造和安装均较方便，故应用最为广泛。本章只研究渐开线齿轮传动的相关问题。

三、对齿轮传动的基本要求

由于齿轮是用于传递运动和动力的零部件，所以对其提出了两点基本要求：

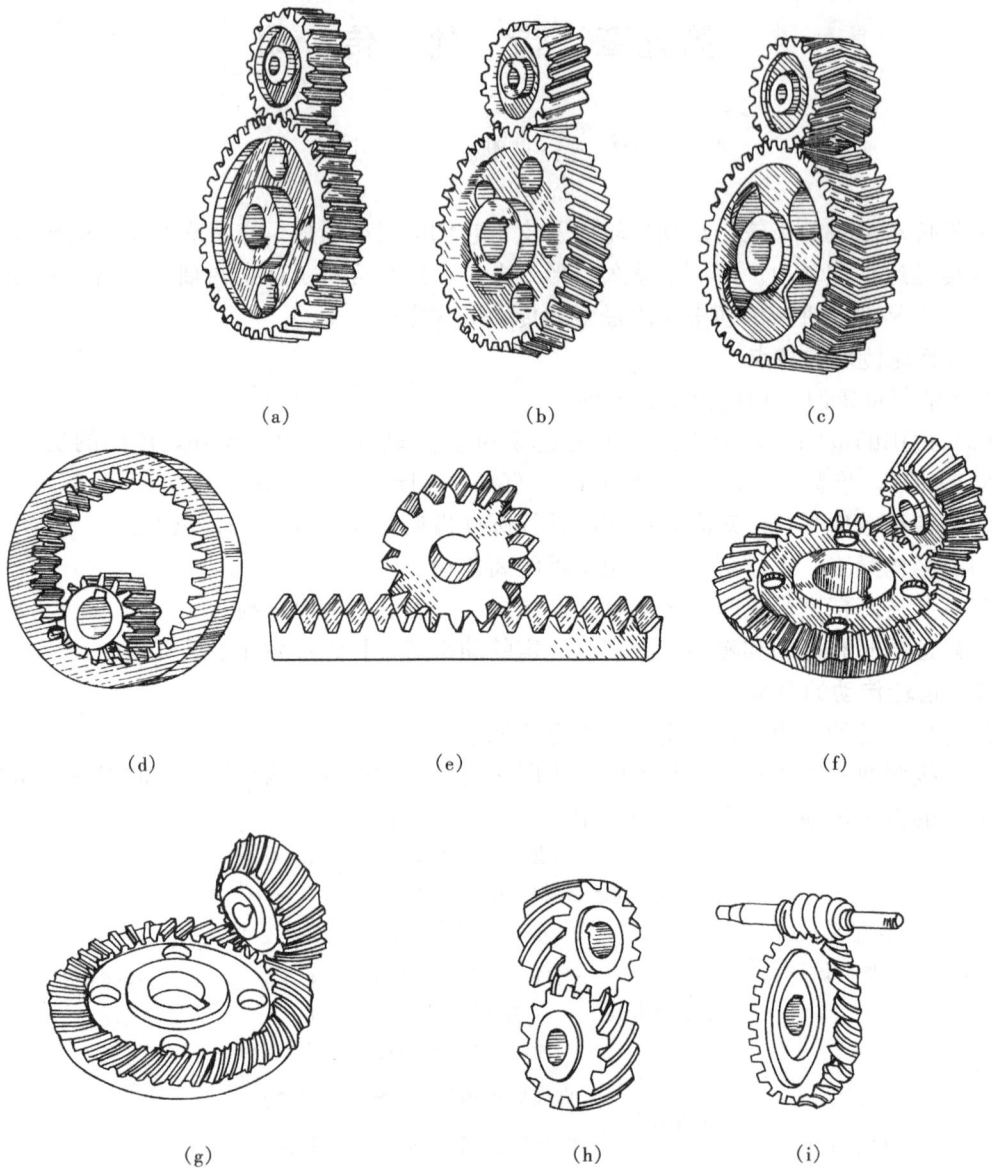

图 9.1.1　齿轮传动的主要类型

（1）传动要准确、平稳，即要求齿轮在传动过程中，瞬时传动比（$i_{12}=\omega_1/\omega_2$，又称角速度比）恒定不变。

（2）承载能力要高，即要求齿轮在传动过程中有足够的强度、刚度，能传递较大的动力，并在使用寿命内不发生断齿、点蚀、过度磨损等现象。

第二节　齿廓啮合基本定律

对齿轮传动的基本要求之一，是两齿轮的瞬时传动比必须恒定。否则当主动轮以等角速

度 ω_1 转动时，从动轮的角速度 ω_2 为变量，这样将会产生角加速度，进而产生惯性力矩，不仅影响机器的寿命，而且还会引起机器的振动并产生噪声，影响其工作精度。因此有必要研究齿廓曲线与传动比的关系，即齿廓啮合基本定律。

如图 9.2.1 所示的一对互相啮合的齿廓，主动齿廓 E_1 与从动齿廓 E_2 在任意点 K 接触，O_1、O_2 为两轮的固定轴心。若两轮的角速度分别为 ω_1（顺时针回转）和 ω_2（逆时针回转），则两齿廓在 K 点的线速度分别为 v_{K1}、v_{K2}。

由图 9.2.1 中几何关系知

$$v_{K1} = \omega_1 O_1 K, v_{K2} = \omega_2 O_2 K$$

显然，两齿廓在 K 点的线速度 $v_{K1} \neq v_{K2}$。

过 K 点作齿廓 E_1 和 E_2 的公法线 $\overline{nn}$，为保证两齿廓连续传动，即彼此既不发生分离，也不相互嵌入，应使线速度 v_{K1}、v_{K2} 在公法线 nn 方向上的分速度相等，即

$$v_{K1} \cos\alpha_{K1} = v_{K2} \cos\alpha_{K2}$$

或

$$\omega_1 O_1 K \cos\alpha_{K1} = \omega_2 O_2 K \cos\alpha_{K2}$$

由此可得两轮的传动比为

$$i_{12} = \frac{\omega_1}{\omega_2} = \frac{O_2 K \cos\alpha_{K2}}{O_1 K \cos\alpha_{K1}}$$

过两轮心 O_1、O_2 分别作公法线 nn 的垂线 $O_1 N_1$ 和 $O_2 N_2$，交 nn 于 N_1 和 N_2 点。由图 9.2.1 几何关系知

$$\angle N_1 O_1 K = \alpha_{K1}, \angle N_2 O_2 K = \alpha_{K2}$$

故 $O_1 N_1 = O_1 K \cos\alpha_{K1}$；$O_2 N_2 = O_2 K \cos\alpha_{K2}$。

又因 $\triangle O_1 C N_1 \sim \triangle O_2 C N_2$，所以两齿轮传动比为

$$i_{12} = \frac{\omega_1}{\omega_2} = \frac{O_2 N_2}{O_1 N_1} = \frac{O_2 C}{O_1 C} \tag{9.2.1}$$

式（9.2.1）表明：互相啮合传动的一对齿廓，在任一瞬时的传动比，等于该瞬时两轮连心线被其啮合齿廓接触点的公法线所分割的两线段长度的反比。这一规律称为齿廓啮合基本定律。

齿廓啮合基本定律表明：齿廓曲线的形状决定接触点处齿廓公法线的方向，进一步决定公法线与连心线交点的位置，从而影响传动比的大小。欲使一对齿轮的瞬时传动比恒定不变，即要 $\dfrac{O_2 C}{O_1 C}$＝常量，因连心线 $O_1 O_2$ 为定长，则 C 点必须为连心线上一定点。由此可知，满足定传动比的齿廓形状必须符合：不论两齿廓在哪一点接触，过接触点的两齿廓公法线必须与两轮连心线交于一定点，该定点 C 称为节点。分别以 O_1、O_2 为圆心，$O_1 C$、$O_2 C$ 为半径所作的圆称为两轮的节圆，两节圆半径分别以 r_1' 和 r_2' 表示。

由式（9.2.1）可得，$\omega_1 r_1' = \omega_2 r_2'$，即两轮节圆的圆周速度相等。由此可知，一对齿轮传动可视为两轮节圆做

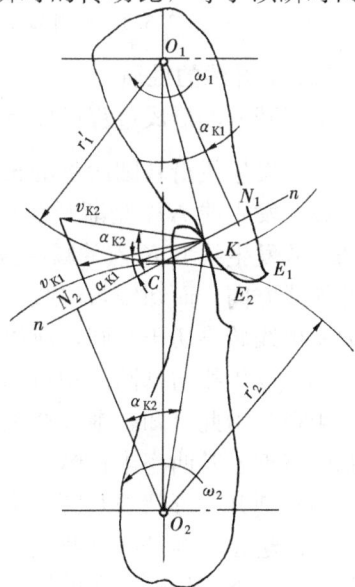

图 9.2.1 齿廓啮合基本定律

纯滚动，其传动比等于两轮节圆半径的反比。

一对能满足齿廓啮合基本定律的齿廓曲线称为共轭齿廓。作为共轭齿廓曲线，从理论上讲有无穷多。但在生产实践中，除考虑传动比要求外，还要考虑设计、制造、安装、使用等要求。对于定传动比要求的齿轮，目前最常用的齿廓曲线是渐开线，其次是摆线、圆弧曲线等。

第三节　渐开线及其特性

一、渐开线的形成

如图 9.3.1 所示，将直线 AB 沿着半径为 r_b 的圆做纯滚动，直线上任一点 K 的轨迹 DKE 称为该圆的渐开线。该圆称为渐开线的基圆，直线 AB 称为发生线。

以同一基圆上产生的两条相反渐开线为齿廓的齿轮，即是渐开线齿轮，如图 9.3.2 所示。

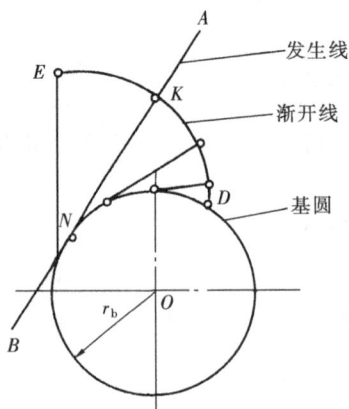

图 9.3.1　渐开线的形成

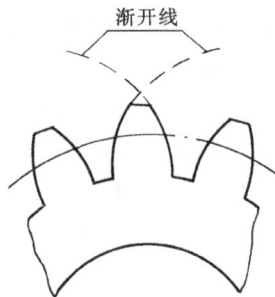

图 9.3.2　渐开线齿廓

二、渐开线的性质

从渐开线的形成过程可以看出，它有以下主要性质：

（1）发生线沿基圆滚过的长度等于基圆上被滚过的弧长，即 $\overline{NK} = \overset{\frown}{ND}$。

（2）发生线 NK 是渐开线在 K 点的法线。当发生线在基圆上纯滚动时，发生线绕 N 点转动，故发生线上 K 点的瞬时速度方向与 NK 垂直；同时 K 点的速度方向应沿渐开线在 K 点的切线方向，而切线与法线互相垂直。由此可知，发生线 NK 就是渐开线在 K 点的法线，又因发生线始终切于基圆，所以渐开线上任一点的法线必与基圆相切。

（3）发生线与基圆的切点 N 是渐开线在 K 点的曲率中心，线段 NK 为渐开线上 K 点的曲率半径。由此可知，渐开线离基圆越远，其曲率半径越大，渐开线越平直；反之，渐开线离基圆越近，其曲率半径越小，渐开线越弯曲；渐开线在基圆上的点的曲率半径为零。

（4）渐开线形状与基圆的大小有关。同一基圆上的渐开线形状完全相同。由图 9.3.3 可见：基圆越小，渐开线越弯曲；基圆越大，渐开线越平直；当基圆半径趋向无穷大时，渐开线就成了一条直线。齿条的渐开线齿廓就是这种直线齿廓。

（5）基圆内无渐开线。因渐开线是从基圆上向外展出的，所以基圆内无渐开线。

三、渐开线方程

1. 渐开线齿廓的压力角

如图 9.3.4 所示，渐开线齿廓上任意一点 K 所受法向力 F（沿 KN 方向）的方向，与渐开线绕基圆圆心 O 转动时该点瞬时速度的方向之间所夹的锐角 α_K，称为渐开线齿廓在 K 点的压力角。

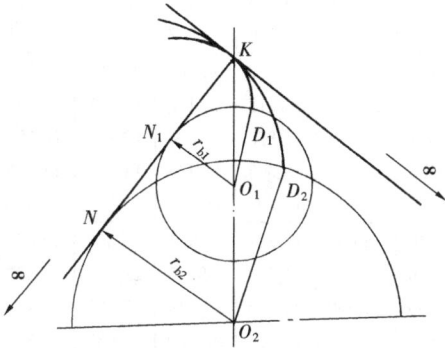

图 9.3.3　不同基圆上的渐开线　　　　　　图 9.3.4　渐开线齿廓的压力角

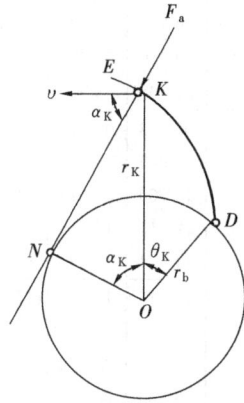

2. 渐开线方程

下述渐开线方程是极坐标形式，引入的目的是为了研究渐开线齿轮啮合原理。

由图 9.3.4 中几何关系知

$$\angle NOK = \alpha_K$$

$$\cos\alpha_K = \frac{ON}{OK} = \frac{r_b}{r_K} \tag{9.3.1}$$

$$\tan\alpha_K = \frac{\overline{NK}}{r_b} = \frac{\overset{\frown}{ND}}{r_b} = \frac{r_b(\alpha_K + \theta_K)}{r_b} = \alpha_K + \theta_K$$

或

$$\theta_K = \tan\alpha_K - \alpha_K \tag{9.3.2}$$

式中　r_b——渐开线的基圆半径；

　　　r_K——渐开线在 K 点的向径；

　　　θ_K——渐开线在 K 点的展角。

由式（9.3.1）可知，渐开线上某一点 K 的压力角大小是随该点到圆心的距离 r_K 而变的。离基圆越远，r_K 越大，压力角也越大；反之，离基圆越近，r_K 越小，压力角也越小；在渐开线起始点（基圆上）的压力角为零。

由式（9.3.2）可知，渐开线展角 θ_K 随压力角 α_K 的大小而变化，即 θ_K 是 α_K 的函数，称为渐开线函数，用 $inv\alpha_K$ 表示，即

$$\theta_K = inv\alpha_K = \tan\alpha_K - \alpha_K \tag{9.3.3}$$

故渐开线极坐标方程为

$$\left.\begin{array}{l} \cos\alpha_K = \dfrac{ON}{OK} = \dfrac{r_b}{r_K} \\[2mm] inv\alpha_K = \tan\alpha_K - \alpha_K \end{array}\right\} \tag{9.3.4}$$

展角 θ_K 的单位是弧度（rad），为方便起见，工程上已将不同压力角的渐开线函数列成表格（见表 9.3.1）已备查用。

表 9.3.1　　　　　　　　　　　　　　**渐 开 线 函 数**

α_K^0	次	0′	5′	10′	15′	20′	25′	30′	35′	40′	45′	50′	55′
11	0.00	23 941	24 495	25 057	25 628	26 208	26 797	27 394	28 001	28 616	29 241	29 875	30 518
12	0.00	31 171	31 832	32 504	33 185	33 875	34 575	35 285	36 005	36 735	37 474	38 224	38 984
13	0.00	39 754	40 534	41 325	42 126	42 938	43 760	44 593	45 437	46 291	47 157	48 033	48 921
14	0.00	49 819	50 729	51 650	52 582	53 526	54 492	55 448	56 427	57 417	58 420	59 434	60 460
15	0.00	61 498	62 548	63 611	64 686	65 773	66 873	67 985	69 110	70 248	71 398	72 561	73 738
16	0.0	07 493	07 613	07 725	07 857	07 982	08 107	08 234	08 362	08 492	08 623	08 756	08 889
17	0.0	09 025	09 161	09 299	09 439	09 580	09 722	09 866	10 012	10 158	10 307	10 456	10 608
18	0.0	10 760	10 915	11 071	11 228	11 387	11 547	11 709	11 873	12 038	12 205	12 373	12 543
19	0.0	12 715	12 888	13 063	13 240	13 418	13 598	13 779	13 963	14 148	14 334	14 523	14 713
20	0.0	14 904	15 098	15 293	15 490	15 689	15 890	16 092	16 296	16 502	16 710	16 920	17 123
21	0.0	17 345	17 560	17 777	17 996	18 217	18 440	18 665	18 891	19 120	19 350	19 583	19 817
22	0.0	20 054	20 292	20 533	20 775	21 019	21 266	21 514	21 765	22 018	22 272	22 529	22 788
23	0.0	23 049	23 312	23 577	23 845	24 114	24 886	24 660	24 926	25 214	25 495	25 778	26 062
24	0.0	26 350	26 639	26 931	27 225	27 521	27 820	28 121	28 424	28 729	29 037	29 348	29 660
25	0.0	29 975	30 293	30 613	30 935	31 260	31 587	31 917	32 249	32 583	32 920	33 260	33 602
26	0.0	33 947	34 294	34 644	34 997	35 352	35 709	36 069	36 432	36 798	37 166	37 537	37 910
27	0.0	38 287	38 666	39 047	39 432	39 819	40 209	40 602	40 997	41 395	41 797	42 201	42 607
28	0.0	43 017	43 430	43 845	44 264	44 685	45 110	45 537	45 967	46 400	46 837	47 276	47 718
29	0.0	48 164	48 612	49 064	49 518	49 976	50 437	50 901	51 368	51 838	52 312	52 788	53 268
30	0.0	53 751	54 238	54 728	55 221	55 717	56 217	56 720	57 226	57 736	58 249	58 765	59 285

【例 9.3.1】　已知渐开线的基圆半径 $r_b=55$mm，当其上 K 点的压力角 $\alpha_K=20°$ 时，求 K 点的 r_K 向径及展角 θ_K。

解　由式（9.3.3）得

$$r_K = \frac{r_b}{\cos\alpha_K} = \frac{55}{\cos20°} = 55.529\ 9(\text{mm})$$

由表 9.3.1 查得 $\theta_K = inv20° = 0.014\ 904$rad。

第四节　渐开线标准直齿圆柱齿轮基本参数及尺寸计算

一、齿轮各部分名称及代号

如图 9.4.1 所示为直齿圆柱齿轮的一部分。齿轮的各部分名称及代号如下：

（1）齿顶圆。齿轮齿顶圆柱面与端平面的交线，称为齿顶圆，其直径用 d_a 表示。

（2）齿根圆。齿轮齿根圆柱面与端平面的交线，称为齿根圆，其直径用 d_f 表示。

（3）齿厚、齿槽宽和齿距。同一齿的两侧端面齿廓之间的任意圆弧长，称为在该圆上的齿厚，用 s_K 表示；同一齿槽的两侧齿廓之间的任意圆弧长，称为在该圆上的齿槽宽，用 e_K 表示；相邻两齿同侧的端面齿廓之间的任意圆弧长，称为在该圆上的齿距，用 p_K 表示。它们之间的关系为

$$p_K = e_K + s_K \tag{9.4.1}$$

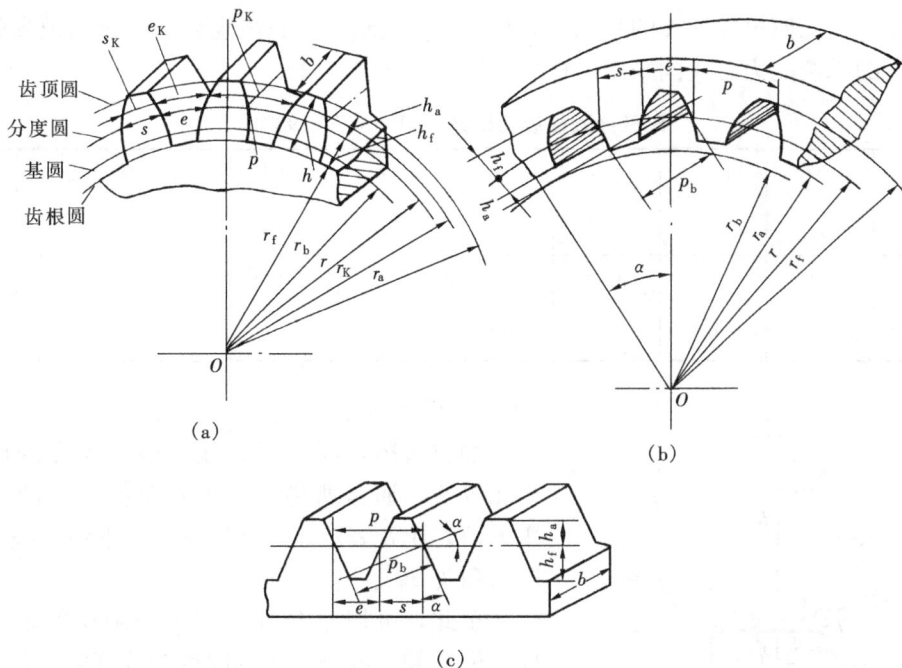

图 9.4.1 齿轮各部分名称

(a) 外齿轮；(b) 内齿轮；(c) 齿条

(4) 分度圆。齿轮的分度圆柱面与端平面的交线，称为分度圆，其直径用 d 表示。对于标准齿轮，其分度圆上的齿厚与齿槽宽相等。分度圆是齿轮设计、制造和测量的基准圆。为了简便，分度圆上各参数的代号均不带角标，如用 s 表示齿厚、用 e 表示齿槽宽、用 p 表示齿距等。分度圆上有

$$p = s + e$$

(5) 齿顶高、齿根高和齿高。齿顶圆与分度圆之间的径向距离，称为齿顶高，用 h_a 表示；齿根圆与分度圆之间的径向距离，称为齿根高，用 h_f 表示；齿顶圆与齿根圆之间的径向距离，称为齿高，用 h 表示，即

$$h = h_a + h_f \tag{9.4.2}$$

二、渐开线齿轮的基本参数

齿轮的基本参数有五个，即齿数 z、模数 m、压力角 α、齿顶高系数 h_a^* 和顶隙系数 c^*。以上参数，除齿数 z 外均已标准化。

1. 齿数 z

齿数的多少影响齿轮的几何尺寸，也影响齿廓曲线的形状。

2. 模数 m

根据齿距的定义，分度圆的圆周长 $\pi d = zp$，式中 π 是一个无理数，对设计、制造都不方便，工程上人为地把分度圆上 (p/π) 的比值规定为标准值，称之为模数，用 m 表示，即

$$m = \frac{p}{\pi} \quad (\text{mm}) \tag{9.4.3}$$

于是得分度圆直径的计算公式为

$$d = mz \tag{9.4.4}$$

模数是齿轮几何尺寸计算的基础，m 越大，p 也越大，轮齿也越大，所以模数的大小又表明了轮齿的承载能力。我国采用的标准模数值见表 9.4.1。

表 9.4.1 　　　　　　　　　　渐开线圆柱齿轮模数（GB 1357—1987） 　　　　　　　　　　 mm

第一系列	1	1.25	1.5	2	2.5	3	4	5	6
	8	10	12	16	20	25	32	40	50
第二系列	1.75	2.25	2.75	(3.25)	3.5	(3.75)	4.5	5.5	(6.5)
	7	9	(11)	14	18	22	28	36	45

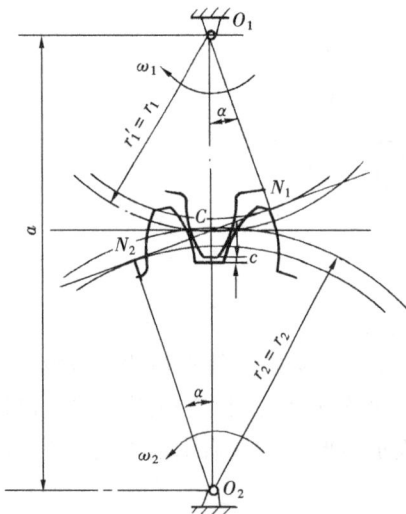

图 9.4.2　一对齿轮啮合时的顶隙

3. 压力角 α

如前所述，同一渐开线齿廓上各点的压力角是不相等的。通常所说的压力角是指分度圆上齿廓的压力角，用 α 表示，并规定其为标准值。我国取标准压力角为 $20°$。

至此，可以给分度圆下一个确切的定义：具有标准模数和标准压力角的圆称为分度圆。

4. 齿顶高系数 h_a^* 和顶隙系数 c^*

为了用模数的倍数表示齿顶高的大小，引入齿顶高系数 h_a^*，故齿顶高的计算式为

$$h_a = h_a^* m \tag{9.4.5}$$

一个齿轮的齿根圆柱面与配对齿轮的齿顶圆柱面之间在连心线上度量的距离，称为顶隙，如图 9.4.2 所示，用 c 表示。顶隙的作用是避免齿顶和齿槽底相抵触，同时还能储存润滑油。其值为

$$c = c^* m \tag{9.4.6}$$

由此可得齿根高的计算式为

$$h_f = (h_a^* + c^*)m \tag{9.4.7}$$

齿顶高系数和顶隙系数标准值见表 9.4.2。

表 9.4.2 　　　　　　　　　　齿顶高系数和顶隙系数

名　称	齿顶高系数 h_a^*	顶隙系数 c^*
正常齿	1	0.25
短　齿	0.8	0.3

所谓标准齿轮，是指模数、压力角、齿顶高系数和顶隙系数均为标准值，且分度圆上齿厚与齿槽宽相等的齿轮。

三、标准直齿圆柱齿轮几何尺寸计算

标准直齿圆柱齿轮几何尺寸的计算公式列于表 9.4.3，也可查阅机械设计手册得到。

表 9.4.3 渐开线标准直齿圆柱齿轮主要尺寸计算（正常齿） mm

名　　称	外　齿　轮	内　齿　轮
分度圆直径 d	$d=mz$	$d=mz$
顶隙 c	$c=c^* m=0.25m$	$c=c^* m=0.25m$
齿顶高 h_a	$h_a=h_a^* m$	$h_a=h_a^* m$
齿根高 h_f	$h_f=h_a+c=(h_a^* +c^*)m=1.25m$	$h_f=h_a+c=(h_a^* +c^*)m=1.25m$
齿高 h	$h=h_a+h_f=(2h_a^* +c^*)m=2.25m$	$h=h_a+h_f=(2h_a^* +c^*)m=2.25m$
齿顶圆直径 d_a	$d_a=d+2h_a=m(z+2h_a^*)=m(z+2)$	$d_a=d-2h_a=m(z-2h_a^*)=m(z-2)$
齿根圆直径 d_f	$d_f=d-2h_f=m(z-2h_a^* -2c^*)=m(z-2.5)$	$d_f=d+2h_f=m(z+2h_a^* +2c^*)=m(z+2.5)$
基圆直径 d_b	$d_b=mz\cos\alpha$	$d_b=mz\cos\alpha$
齿距 p	$p=\pi m$	$p=\pi m$
齿厚 s	$s=p/2=\pi m/2$	$s=p/2=\pi m/2$
齿槽宽 e	$e=p/2=\pi m/2$	$e=p/2=\pi m/2$
标准中心矩 a	$a=m(z_1+z_2)/2$	$a=m(z_2-z_1)/2$

四、径节制齿轮简介

英、美等国采用径节制齿轮，即以径节作为齿轮几何尺寸计算的基础。径节是齿数与分度圆直径（单位为 in）的比值，即每英寸分度圆直径拥有的齿数。径节用 DP 表示，即

$$DP = \frac{\pi}{p} \qquad (1/\text{in}) \qquad (9.4.8)$$

模数与径节 DP 互为倒数，各自单位也不相同，其换算关系为

$$m = \frac{25.4}{DP} \qquad (\text{mm}) \qquad (9.4.9)$$

第五节　渐开线齿轮的啮合

一、渐开线齿廓可以保证定传动比传动

图 9.5.1 所示为一对相啮合的渐开线齿廓 E_1、E_2，r_{b1}、r_{b2} 为两齿轮的基圆半径。当两齿廓在任意点 K 接触时，过 K 点作两齿廓的公法线 nn，根据渐开线的性质（2），公法线 nn 必与两基圆相切（切点为 N_1、N_2），与两轮的连心线 O_1O_2 交于 C 点。由于两基圆为定圆，在同一个方向上有且仅有一条内公切线。所以，过齿廓任意接触点 K 所做的公法线都必与两基圆的内公切线重合，与两轮的连心线交于一固定点 C。这说明渐开线齿廓可以满足齿廓啮合基本定律，保证定传动比传动。分别以 O_1、O_2 为圆心，以 O_1C、O_2C 为半径作出两个在 C 点相切的两节圆，节圆的半径分别用 r_1'、r_2' 表示。由图 9.5.1 中几何关系知

$\triangle O_1 N_1 C \sim \triangle O_2 N_2 C$，故传动比

$$i = \frac{\omega_1}{\omega_2} = \frac{O_2C}{O_1C} = \frac{r_2'}{r_1'} = \frac{r_{b2}}{r_{b1}} \qquad (9.5.1)$$

式（9.5.1）表明，渐开线齿轮的传动比不仅与两轮节圆半径成反比，同时也与两轮的基圆半径成反比。

二、渐开线齿轮传递的压力方向不变

由前述知，渐开线齿轮两齿廓在啮合过程中的接触点都落在直线 $N_1 N_2$ 上，故称 $N_1 N_2$

为啮合线。因为啮合线就是齿廓接触点的公法线，也是两齿廓间的正压力作用线，所以齿廓间的正压力方向不变，有利于提高齿轮传动的平稳性。

过节点 C 作两节圆的公切线 tt，它与啮合线 N_1N_2 所夹的锐角 α' 称为啮合角，由图 9.5.1 可知，啮合角为定值，其大小等于渐开线在节圆上的压力角。

三、渐开线齿轮中心距的可分性

由于制造和安装的误差，一对渐开线齿轮的实际中心距与理论计算出来的中心距不可能完全一致。当中心距有误差时，齿轮的瞬时传动比会不会变化呢？由式（9.5.1）知，一对渐开线齿轮的瞬时传动比与两轮的基圆半径有关，当一对齿轮制造完成后，其基圆半径是不变的，因此，实际中心距略有增大时，不影响定传动比传动，渐开线齿轮的这种特性称为中心距的可分性。它是渐开线齿轮特有的优点，为齿轮的设计、制造和安装带来很大的方便。

四、渐开线齿轮正确啮合条件

前已证明，渐开线齿廓能够实现定传动比传动。但不是任意两个渐开线齿轮都能搭配在一起相互啮合，它们必须符合一定的条件。

如图 9.5.2 所示，由于两轮齿廓的啮合是沿啮合线进行的，因此只有两轮在啮合线上的齿距相等，即

$$\overline{K_1K_1'} = \overline{K_2K_2'}$$

才能保证两轮的相邻齿廓相互正确啮合。

由渐开线的性质（1）知道，齿轮的法线齿距等于其基圆齿距，即

$$\overline{K_1K_1'} = p_{b1}, \overline{K_2K_2'} = p_{b2}$$

故齿轮的正确啮合条件可以写为

$$p_{b1} = p_{b2}$$

设 α_1、α_2、m_1、m_2 分别为两轮的压力角和模数，因

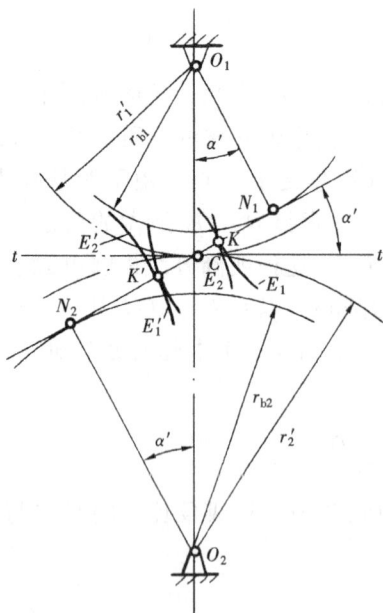

图 9.5.1 渐开线齿廓的啮合   图 9.5.2 渐开线齿轮的正确啮合

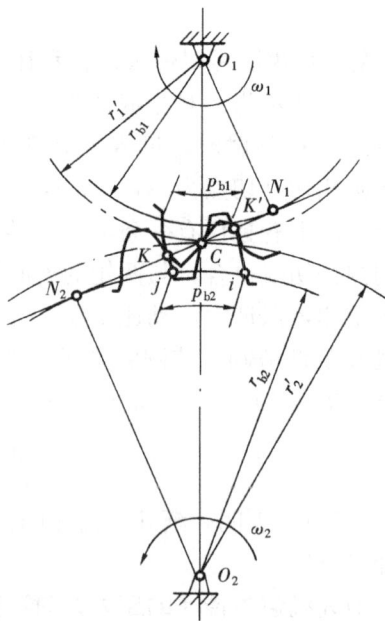

$$p_{b1} = \frac{\pi d_{b1}}{z_1} = \frac{\pi d_1 \cos\alpha_1}{z_1} = p_1 \cos\alpha_1 = \pi m_1 \cos\alpha_1$$

$$p_{b2} = \frac{\pi d_{b2}}{z_2} = \pi m_2 \cos\alpha_2$$

故 $$m_1 \cos\alpha_1 = m_2 \cos\alpha_2$$

由于模数和压力角都已标准化，故要满足上式，必须有

$$\left. \begin{array}{c} m_1 = m_2 = m \\ \alpha_1 = \alpha_2 = \alpha \end{array} \right\} \tag{9.5.2}$$

式（9.5.2）表明，一对渐开线直齿圆柱齿轮的正确啮合条件是两齿轮的模数和压力角必须分别相等且等于标准值。

五、直齿圆柱齿轮的标准中心距

一对正确安装的标准齿轮，在分度圆上的齿厚与齿槽宽相等，即 $s_1 = e_1 = s_2 = e_2$。正确安装时认为没有齿侧间隙，因而两齿轮的分度圆相切，这时两节圆与其相应的分度圆重合，啮合角与分度圆压力角相等，这样安装的一对标准齿轮的中心距称为标准中心距，用 a 表示，有

$$a = r_1' + r_2' = r_1 + r_2 = \frac{m}{2}(z_1 + z_2) \tag{9.5.3}$$

应该指出，单独一个齿轮上有四个圆和一个角，即齿顶圆、齿根圆、基圆、分度圆和分度圆压力角。对于一对相啮合的渐开线齿轮，每个齿轮除了上述四圆一角外，还有一个节圆，同时两轮还有一个啮合角。标准齿轮只有正确安装时，分度圆与节圆才重合，压力角与啮合角才相等；否则，分度圆与节圆不重合，压力角与啮合角也不相等。

六、渐开线齿轮连续传动的条件

1. 齿廓啮合过程

如图 9.5.3 所示，轮 1 为主动，轮 2 为从动。齿廓的啮合是由轮 1 的齿根推动轮 2 的齿顶开始。因此，从动齿轮的齿顶圆与啮合线的交点 B_2 即为一对齿廓进入啮合的开始点。随着轮 1 推动轮 2 转动，两齿廓的啮合点沿啮合线移动。当啮合点移动到轮 1 的齿顶圆与啮合线的交点 B_1 时，该对齿廓啮合终止，即将分离。故啮合线上的线段 $\overline{B_1B_2}$ 为齿廓啮合点的实际轨迹，称为实际啮合线。如将两轮的齿顶圆加大，则 B_1、B_2 点分别趋近于两基圆和啮合线的切点 N_1、N_2。但由于基圆内无渐开线，所以线段 $\overline{N_1N_2}$ 是理论上最长的啮合线，称为理论啮合线。N_1、N_2 点称为啮合极限点。

2. 连续传动的条件

由上述一对齿廓的啮合过程可以看出，为保证实现连续传动，就必须在前一对轮齿尚未脱离

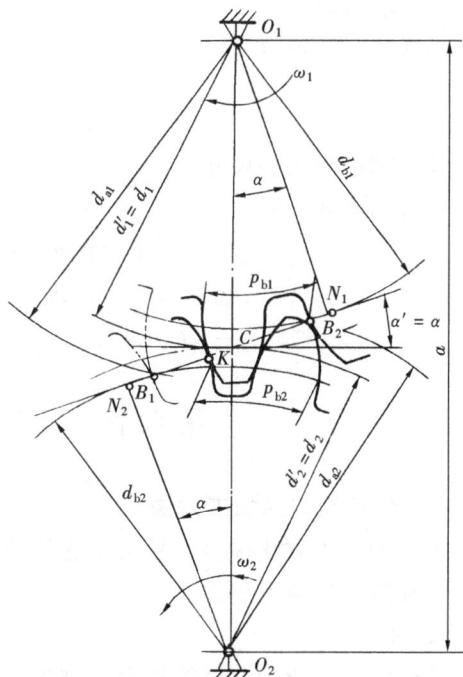

图 9.5.3 齿轮传动的啮合过程

啮合时，后一对轮齿能及时的进入啮合。如果前一对轮齿的啮合到达 B_1 点即将分离时，后一对轮齿尚未进入啮合，则传动不连续，并因惯性发生齿间冲击。因此，理论上保证一对齿轮平稳地连续传动必须满足的条件是实际啮合线段的长度 B_1B_2 应大于或等于齿的法向齿距 B_2K。由渐开线的性质（1）知，齿轮的法向齿距等于基圆齿距，所以有 $B_1B_2 \geqslant B_2K$ 或 $B_1B_2 \geqslant p_b$

实际啮合线段 B_1B_2 与基圆齿距 p_b 的比值称为重合度，用 ε 表示。通常用重合度表示连续传动的条件，即

$$\varepsilon = \frac{B_1B_2}{p_b} \geqslant 1 \tag{9.5.4}$$

重合度的物理意义，是表征了同时参与啮合的轮齿对数。从理论上讲，重合度等于 1 就能够保证齿轮连续传动，但因齿轮的制造和安装都会有一定的误差，所以必须使重合度大于 1。一般机械中，要求 $\varepsilon \geqslant 1.1 \sim 1.4$。正常齿标准齿轮的设计，均能满足连续传动的条件。

【例 9.5.1】　有一对正常齿制的直齿圆柱齿轮传动，其小齿轮丢失，需要配制。现测得两齿轮的中心距 $a = 225\text{mm}$，大齿轮齿数 $z_2 = 60$，齿顶圆直径 $d_{a2} = 310\text{mm}$。试计算小齿轮的分度圆直径 d_1、齿顶圆直径 d_{a1} 和齿根圆直径 d_{f1}。

解　由题意知该对齿轮是正常齿制，且一对齿轮的模数应相等，所以求出模数 m 和小齿轮的齿数 z_1，便可求得小齿轮的尺寸。

（1）求模数 m

由表 9.4.3 查得

$$m = \frac{d_{a2}}{z_2 + 2h_a^*} = \frac{310}{60 + 2 \times 1} = 5(\text{mm})$$

（2）求齿数 z_1

由式（9.5.4）得

$$z_1 = \frac{2a}{m} - z_2 = \frac{2 \times 225}{5} - 60 = 30$$

（3）求小齿轮的尺寸

由表 9.4.3 查得

$$d_1 = mz_1 = 5 \times 30 = 150(\text{mm})$$

$$d_{a1} = m(z_1 + 2h_a^*) = 5(30 + 2 \times 1) = 160(\text{mm})$$

$$d_{f1} = m(z_1 - 2h_a^* - 2c^*) = 5(30 - 2 \times 1 - 2 \times 0.25) = 137.5(\text{mm})$$

第六节　渐开线齿轮的加工和精度

一、齿轮轮齿的加工方法

轮齿的加工方法很多，最常用的是切削法。根据加工原理的不同，常规切削法中又分为仿形法和范成法两大类。

1. 仿形法

仿形法加工所用刀具的外形与被加工齿轮的齿廓形状完全相同。一般情况，小模数齿轮（$m < 10\text{mm}$）是用圆盘铣刀［见图 9.6.1（a）］在卧式铣床上加工的；大模数齿轮（$m >$

10mm）是用指状铣刀［见图9.6.1（b）］在立式铣床上加工的。铣齿时，齿轮坯在铣刀转动的同时沿其轴线送进，铣出一个齿槽后，齿轮坯要退回到原位，将其分度（转过$2\pi/z$），再铣下一个齿槽，以此类推直至完成整个齿轮的加工。

由于渐开线形状与基圆半径有关，而基圆半径 $r_b = r\cos\alpha = (mz\cos\alpha)/2$，显然，在模数、压力角相同时，若齿数不同，基

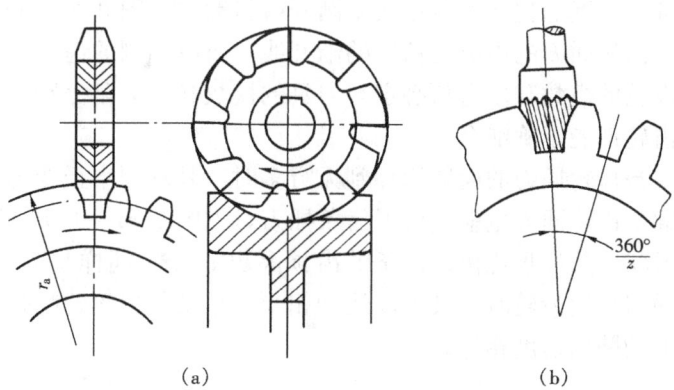

图 9.6.1　用仿形法加工轮齿
(a) 圆盘铣刀；(b) 指状铣刀

圆半径就不同，渐开线的形状也就不同。要想得到准确的齿形，每一种模数中不同的齿数就需要不同的刀，这在实际生产中是无法实现的。为了减少加工齿轮的铣刀数目，标准规定，对于同一模数和标准压力角的铣刀，一般采用 8 把为一套，每把铣刀铣一定的齿数范围，以适应加工不同齿数的齿轮需要，见表 9.6.1。

表 9.6.1　　　　　　　　　　　　　盘形铣刀加工齿数的范围

刀　　号	1	2	3	4	5	6	7	8
加工齿数范围	12～13	14～16	17～20	21～25	26～34	35～54	55～134	135 以上

表 9.6.1 中每号铣刀的齿形是按该组齿数范围中最少齿数的齿形制成的，因而，对该组其余的齿数而言，其齿廓都是近似的。因此，仿形加工方法精度低；逐个齿槽切削，生产效率也低；但切齿方法简单，不需要专用机床，故适用于修配齿轮及单件生产。

2. 范成法

范成法是利用齿轮的啮合原理加工轮齿的。插齿、滚齿、剃齿和磨齿都属于范成法加工。其中，剃齿和磨齿用于齿轮的精加工。

（1）插齿。图 9.6.2（a）所示为齿轮插刀插齿时的情况。齿轮插刀端面为渐开线齿廓的刀刃，刀具齿顶比传动齿轮的齿顶高出 $c^* m$，以便切制出齿轮的径向顶隙。插齿时，插刀沿轮坯轴线方向做往复运动，同时插刀与轮坯按定传动比 $i = \omega_1/\omega_2 = z_2/z_1$ 转动，插刀刀

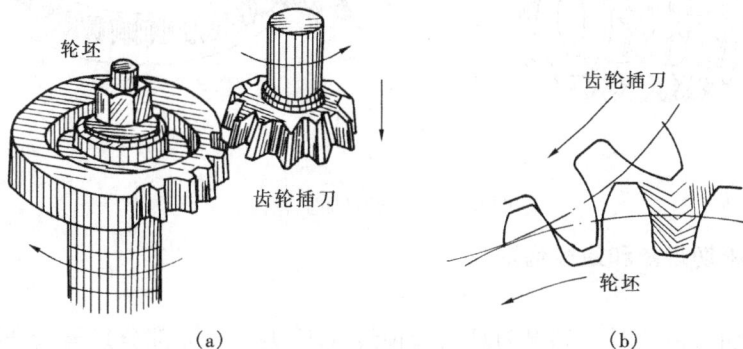

图 9.6.2　齿轮插刀加工齿轮

刃各个位置的包络线就形成了渐开线齿廓，如图 9.6.2（b）所示。

齿轮插刀的齿廓是精确的渐开线，所以插制的齿轮也是渐开线。根据正确啮合条件，被切齿轮的模数和压力角必定与刀具的模数和压力角分别相等。故用同一把插刀切出不同齿数的齿轮都能正确啮合。

当齿轮插刀的齿数增加到无穷多时，其基圆半径变为无穷大，插齿刀的齿廓变成了直线齿廓，齿轮插刀也就变成了齿条插刀，见图 9.6.3（a）。图 9.6.3（b）所示为齿条插刀的刀刃形状，其齿顶比传动齿条的齿顶高出 $c^* m$，同样是为了保证切制出齿轮的径向顶隙。齿条插刀切制齿轮时，其范成运动相当于齿条与齿轮的啮合传动，插刀的移动速度与轮坯分度圆上的圆周速度相等。

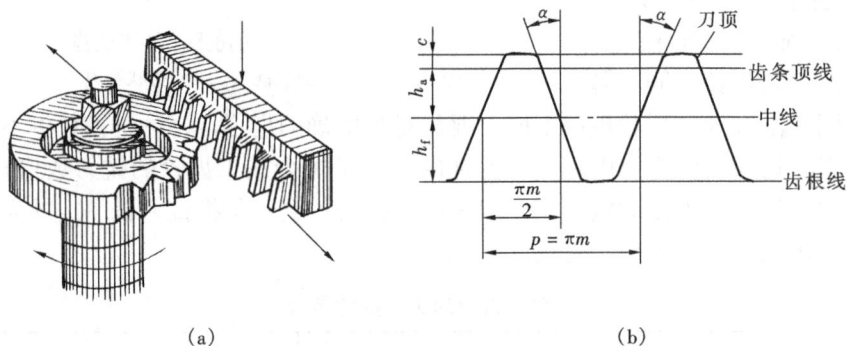

(a)　　　　　　　　　　　　(b)

图 9.6.3　齿条插刀加工齿轮

（2）滚齿是利用滚刀在滚齿机上进行轮齿加工。图 9.6.4（a）为一具有纵向斜槽的滚刀，其轴向剖面似齿条插刀，所以滚刀可以看成是由若干齿条插刀组成。切齿时，滚刀和轮坯各绕自身的轴线回转，同时滚刀沿轮坯轴线方向作切削运动，以切出整个齿宽，如图 9.6.4（b）所示。由于齿轮滚刀切齿是连续转动，克服了上述两种刀具切削不连续的缺点，所以生产效率高。大批量生产时广泛采用滚齿加工。

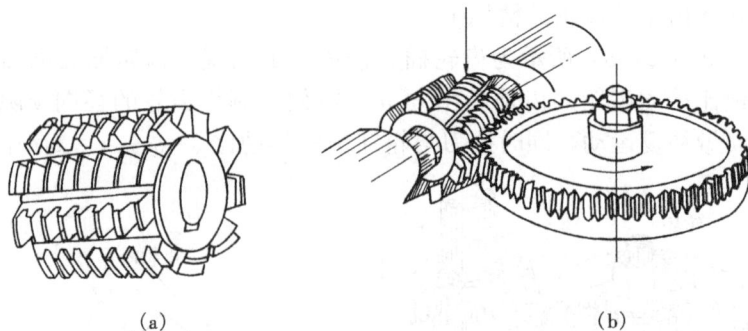

(a)　　　　　　　　　　　　(b)

图 9.6.4　滚刀加工轮齿

二、轮齿的根切现象和最少齿数

1. 根切现象

当用范成法加工齿轮时，如果刀具的齿顶线（不包括 $c^* m$ 部分）与啮合线的交点 B_2 超过啮合极限点 N_1［如图 9.6.5（a）］所示，在切齿过程中就会出现刀具齿廓 G_2 将轮坯齿根

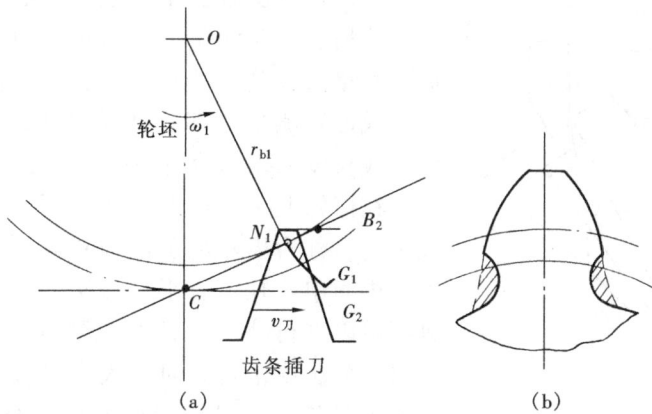

图9.6.5　渐开线齿廓的根切

渐开线齿廓 G_1 切去一部分（图中阴影部分），这种现象称为齿廓的根切。显然轮齿发生根切，齿根强度就被削弱［见图9.6.5（b）］，同时重合度降低，传动的平稳性变差。所以应设法避免根切现象。

2. 不产生根切的最少齿数确定

由图9.6.5知，产生根切的原因是刀具的顶线与啮合线的交点 B_2 超过了啮合极限点 N_1，所以要避免根切，就要保证 $CB_2 \leqslant CN_1$。

图9.6.6所示为齿条刀具加工标准齿轮的情况，刀具的中线与齿轮毛坯的分度线相切。当刀具模数一定时，刀具齿顶线的位置即固定，N_1 点的位置由被切齿轮的基圆半径决定。当模数和压力角一定时，基圆半径与齿轮齿数成正比，故齿数越少越容易发生根切。由图9.6.6知

$$CB_2 = \frac{h_a^* m}{\sin\alpha}$$

$$CN_1 = r\sin\alpha = \frac{mz}{2}\sin\alpha$$

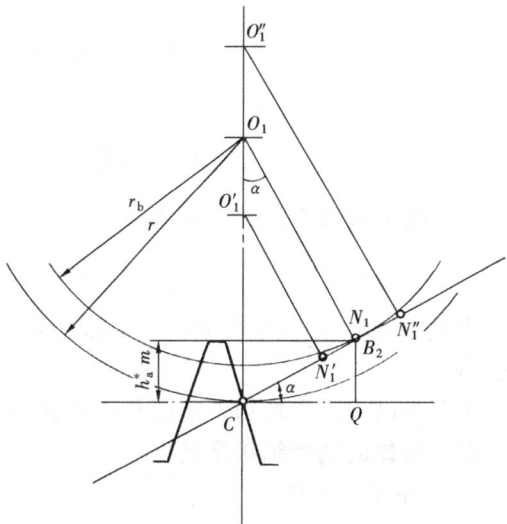

图9.6.6　齿数与根切关系

根据不产生根切条件 $CB_2 \leqslant CN_1$ 得

$$z \geqslant \frac{2h_a^*}{\sin^2\alpha}$$

所以，加工标准齿轮不产生根切的最少齿数为

$$z_{min} = \frac{2h_a^*}{\sin^2\alpha} \tag{9.6.1}$$

对于正常齿，$\alpha = 20°$，$h_a^* = 1$，$z_{min} = 17$；对于短齿，$\alpha = 20°$，$h_a^* = 0.8$，$z_{min} = 14$。

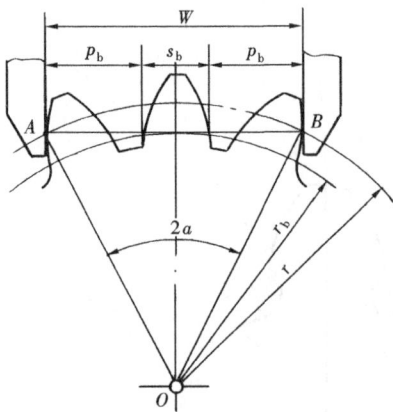

图 9.6.7　齿轮的公法线长度

三、标准直齿圆柱齿轮的公法线长度

轮齿加工时测量方法有齿厚测量法、圆柱销（或球）测量法及公法线长度测量法。齿厚测量法和圆柱销（或球）测量法都有其局限性，所以常用测量齿轮公法线长度来控制轮齿的加工精度。

在齿轮上跨过若干齿数 k 所量得的渐开线间的法线距离，称为齿轮的公法线长度。齿轮的公法线长度测量很简单，凡带有平行测头，并能卡入齿槽中的量具都可以进行公法线长度的测量，常用的有公法线千分尺和公法线卡规。对于大直径齿轮或测量精度要求不太高的齿轮，可用游标卡尺进行测量。如图 9.6.7 所示，用卡尺的两个量脚跨过 k 个齿（图中 $k=3$），与两条反向渐开线齿廓切于 A、B 两点，根据渐开线的性质（2），A 点的法线和 B 点的法线都与基圆相切，且是同一根线，其长度 AB 即称为公法线长度，用 W 表示。由图可知，$W = (k-1)\, p_b + s_b$，由此可导出准直齿圆柱齿轮公法线长度 W 的计算公式为

$$W = m\cos\alpha\,[(k-0.5)\pi + z(\tan\alpha - \alpha)]$$

或

$$W = m\cos\alpha\,[(k-0.5)\pi + z\,\mathrm{inv}\,\alpha]$$

当 $\alpha = 20°$ 时，有

$$W = m[2.9521(k-0.5) + 0.014z] \tag{9.6.2}$$

其中跨测齿数 k 的计算式为

$$k \approx 0.111z + 0.5 \tag{9.6.3}$$

由式（9.6.3）计算得到的 k 应按四舍五入取整数，然后再代入式（9.6.2）计算公法线长度 W。

工程中已将跨齿数和公法线长度的数值列成表，可直接从机械设计手册中查得。

四、齿轮的精度等级及选择

1. 齿轮精度等级

GB/T 10095.1—2001《渐开线圆柱齿轮的精度标准》是我国颁布的最新推荐标准，等同于 ISO 1328—1：1997 标准。与老标准相比的区别是：①精度等级增加，由原来 12 个等级增加到 13 个等级；②不规定公差组；③不规定公差组在图样上的标注方法；④强调客观评价和协商一致的原则。

在 GB/T 10095.1 中，对单个齿轮规定了 13 个精度等级，分别用阿拉伯数字 0，1，2，3，…，10，11，12 表示。其中 0 级是最高精度等级，精度按数字依次降低，12 级为最低。0～2 级精度的齿轮要求非常高，目前我国只有极少的单位能制造 2 级精度的齿轮，使用场合也很少，所以仍属于有待发展的精度等级；3～5 级精度称为高精度等级；6～9 级称为中等精度等级；10～12 级则称为低精度等级。机械制造及设备中一般常用 5～9 级。

标准中的 5 级精度是 13 个精度等级中的基础级，是制订精度标准时齿轮各项偏差的公差计算式的精度等级。

2. 精度等级的选择

齿轮精度等级的选择，必须根据齿轮的用途、使用条件、传递功率、圆周速度以及综合考虑其他技术条件、经济指标等确定。一般用计算法或经验法（表格法）两种方法确定。目前企业界主要采用的是表格法。表9.6.2列出的是常见机器中所用齿轮精度等级的选择范围；表9.6.3列出的是常用齿轮精度等级的加工方法及应用范围。

表 9.6.2   **常见机器中齿轮的精度等级**

机器名称	精度等级	机器名称	精度等级
汽轮机	3～6	通用减速器	6～9
金属切削机床	3～8	锻压机床	6～9
航空发动机	4～8	起重机	7～9
轻型汽车	5～8	矿山卷扬机	8～10
载重汽车	6～9	农用机械	8～10
拖拉机	6～8		

表 9.6.3   **常用齿轮精度等级的加工方法及应用范围**

精度等级	5级	6级	7级	8级	9级
加工方法	在周期性误差小的精密齿轮机床上范成加工	在精密的齿轮机床上范成加工	在较精密的齿轮机床上范成加工	范成加工或仿形加工	用任意方法切削加工
齿面最终精加工	精密磨齿，对软或中硬齿面大齿轮精密滚齿后研齿或剃齿	精密滚齿、磨齿或剃齿	高精度滚齿、插齿和剃齿；渗碳淬火齿轮必须磨齿、精刮齿、珩齿	滚齿、插齿，必要时剃齿或刮齿或珩齿	一般滚、插齿工艺
齿面粗糙度 Ra（μm）	0.4～0.8	0.8～1.6	1.6～3.2	3.2～6.4	6.4～12.5
应用范围	高速并对运转平稳性和噪声要求高的齿轮，如精密分度机构、汽轮机	分度机构或高速重载齿轮，如机床、汽车、飞机、船舶、精密仪器	高、中速重载齿轮，如机床、汽车、内燃机、标准减速器	一般机械中的齿轮，不属于分度系统的机床齿轮，行驶机械中的不重要齿轮，轻工和农机中的重要齿轮	对精度要求不高的低速、轻载齿轮
齿轮圆周速度 v（m/s） 圆柱齿轮 直齿	>20	≤20	≤15	≤10	≤4
斜齿	>35	≤35	≤25	≤15	≤6
单级传动效率	不低于0.99（包括轴承不低于0.985）		不低于0.98（包括轴承不低于0.975）	不低于0.97（包括轴承不低于0.965）	不低于0.96（包括轴承不低于0.95）

3. 侧隙

前述标准中心距的计算是在无侧隙啮合条件下，实际上，一对装配好的齿轮副，在静态可测量条件下必须要有一定的齿侧间隙，以考虑齿轮副受热的膨胀和润滑的方便。

所谓侧隙是指两个相配齿轮的工作齿面相接触时，在两个非工作齿面间所形成的间隙。侧隙是通过选择适当的中心距偏差、齿厚极限偏差（或公法线长度极限偏差）等予以保证的。

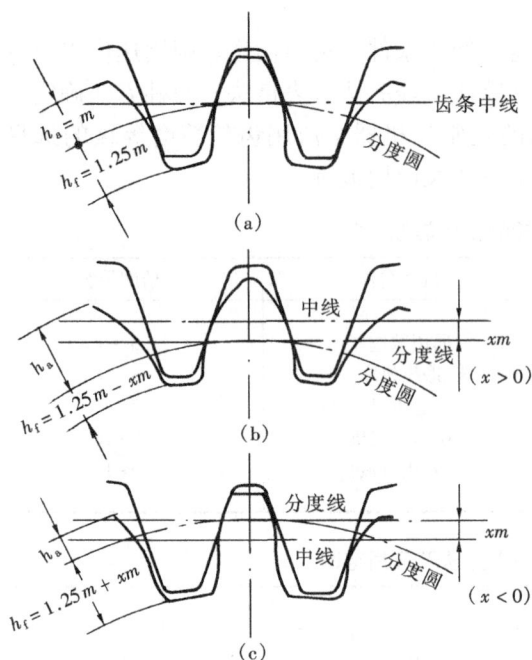

图 9.6.8　标准齿轮与变位齿轮
（a）标准齿轮；（b）正变位齿轮；（c）负变位齿轮

关于齿轮精度的具体内容、规定及其侧隙的选择计算，可查阅有关设计资料。

＊五、变位齿轮简介

下面以齿条刀具切制齿轮为例，简要介绍有关变位齿轮的概念。

如图 9.6.8（a）所示，齿条刀具的中线与轮坯的分度圆相切并做纯滚动，由于刀具中线上的齿厚与齿槽宽相等，故所切出的齿轮在分度圆上的齿厚与齿槽宽也相等，其值均为 $\frac{\pi m}{2}$。这样切制出来的齿轮即为标准齿轮。

若刀具和轮坯间的相对运动关系不变，但刀具的中线相对加工标准齿轮的位置发生改变而加工出来的齿轮称为变位齿轮。刀具中线相对被加工齿轮的分度圆移动的距离，称为变位量 X（$X=xm$，x 称为变位系数）。刀具中线相对轮坯中心移远的变位，称为正变位（$x>0$），切出的齿轮称为正变位齿轮，见图 9.6.8（b）；刀具中心相对轮坯中心移近的变位称为负变位（$x<0$），切出的齿轮称为负变位齿轮，见图 9.6.8（c）。

刀具变位后，刀具上总有一条与其中线平行的分度线与轮坯的分度圆相切并保持纯滚动。因刀具上任一条分度线上的齿距、模数和压力角均相等且为标准值，故变位齿轮分度圆上的齿距、模数和压力角等于刀具上的齿距、模数和压力角，也是标准值。由此可知，变位齿轮的模数、压力角、分度圆直径、基圆直径都和标准齿轮的一样，且齿廓曲线都是同一基圆上的渐开线。变位后的一对齿轮其传动比大小和定传动比的性质保持不变，但其齿顶圆、齿根圆、齿顶高、齿根高以及分度圆上的齿厚和齿槽宽，与标准齿轮相比，都发生了变化。

变位齿轮主要优点如下：

（1）采用正变位，可以制造齿数少于 z_{min} 而又不产生根切的齿轮，从而使机构尺寸更为紧凑。

（2）大齿轮采用负变位，小齿轮采用正变位，可以在保证标准中心距不变的前提下提高小齿轮弯曲强度。

（3）可以利用变位齿轮传动配凑中心距。

变位齿轮的主要缺点是必须成对设计和制造，没有互换性。

关于变位齿轮的理论、计算和应用，可参阅有关资料。

第七节　斜齿圆柱齿轮的啮合传动

一、斜齿轮与直齿轮的比较

（1）直齿轮和斜齿轮齿廓曲线的形成原理相同，均是发生面绕基圆柱做纯滚无滑运动而在空间展出的渐开面。所不同的是：形成直齿轮渐开线齿面的直线 KK 与基圆柱和发生面的切线 NN 平行，如图 9.7.1（a）所示；形成斜齿轮渐开线齿面的直线 KK 与基圆柱和发生面的切线 NN 相交成一定的角度，如图 9.7.1（b）所示。所以从垂直于轴线的端面看，直、斜齿轮的齿廓曲线均为渐开线，如图 9.7.1 所示。

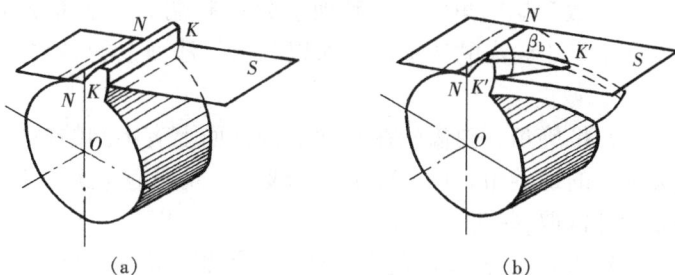

图 9.7.1 渐开线曲面的形成
（a）直齿轮；（b）斜齿轮

（2）直齿轮的齿向线与轴线平行，在垂直于其齿向线的法面与垂直于轴线的端面内齿廓曲线相同，故直齿轮无端面、法面之分；斜齿轮的齿向线与轴线成一定的角度，在垂直于其齿向线的法面与垂直于轴线的端面内齿廓曲线不同，故斜齿轮有端面参数、法面参数之分。

（3）直齿轮啮合时，一对轮齿的接触线沿整个齿面宽同时进入啮合和退出啮合，轮齿的受载也是突然加上和突然卸掉，容易引起冲击、振动和噪声，传动平稳性较差；斜齿轮啮合时，两齿廓的接触线是由零逐渐增大，而后又逐渐缩短，直至脱离啮合，因而轮齿是逐渐进入啮合，而后又逐渐退出啮合，减小了冲击、振动和噪声，使传动平稳性提高。

（4）正常齿制的标准直齿轮传动时，同时参与啮合的轮齿对数不超过 2 对，而斜齿轮传动时，由于轮齿的倾斜，可能是多对轮齿同时参与工作，其承载能力较同尺寸的直齿轮要高。所以，斜齿轮广泛应用于高速、重载的传动中。

（5）斜齿轮由于轮齿的倾斜，在传动时会产生轴向推力 F_a ［见图 9.7.2（a）］，对轴和轴承结构提出特殊要求。若采用人字齿轮，可以使齿两侧产生的轴向力互相平衡，如图 9.7.2（b）所示。但人字齿轮加工比较困难，精度较低，一般用在重型机械的齿轮传动中。

斜齿轮按其齿廓渐开螺旋面的旋向，分为右旋和左旋两种，如图 9.7.3 所示。

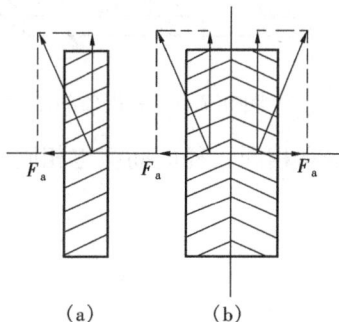

图 9.7.2 斜齿轮和人字齿轮的轴向力
（a）斜齿轮；（b）人字齿轮

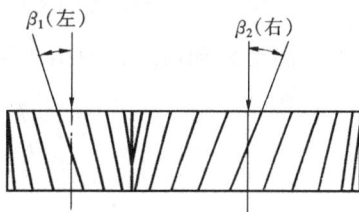

图 9.7.3 斜齿轮轮齿的旋向

二、斜齿圆柱齿轮的基本参数和几何尺寸

1. 基本参数

斜齿轮的基本参数有齿数 z、螺旋角 β、模数 m、压力角 α、齿顶高系数 h_a^* 和顶隙系数

c^*。除齿数和螺旋角之外，其他参数均有端面、法面之分。由于斜齿轮加工时，刀具的进刀方向垂直于轮齿的法平面，所以斜齿轮法面上的参数均为标准值，与直齿轮的标准和齿制相同。

（1）螺旋角。斜齿轮在不同的圆柱面上有不同的螺旋角。通常斜齿轮的螺旋角是指其分度圆柱上的螺旋角，用 β 表示。β 越大，轮齿越倾斜，传动的平稳性越好，但轴向力越大，一般设计常取 $\beta=8°\sim20°$。

近年来，为增大齿轮传动的重合度，增加传动的平稳性和降低噪声，有大螺旋角倾向。

（2）模数。图 9.7.4 为斜齿轮沿分度圆柱面的展开形状，图中阴影部分表示齿厚，空白部分表示齿槽。由图知，法面齿距 p_n 与端面齿距 p_t 之间有如下关系

$$p_n = p_t \cos\beta$$

因 $p_n=\pi m_n$ 和 $p_t=\pi m_t$，所以法面模数和端面模数之间的关系为

$$m_n = m_t \cos\beta \tag{9.7.1}$$

（3）压力角。如图 9.7.5 所示为斜齿条的一个齿，由图中几何关系可推得，其法面压力角 α_n 和端面压力角 α_t 之间亦有如下关系

$$\tan\alpha_n = \tan\alpha_t \cos\beta \tag{9.7.2}$$

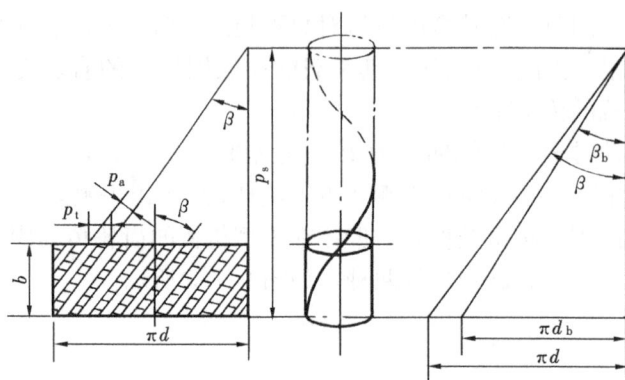

图 9.7.4　斜齿轮的展开图　　　　　　图 9.7.5　斜齿条的压力角

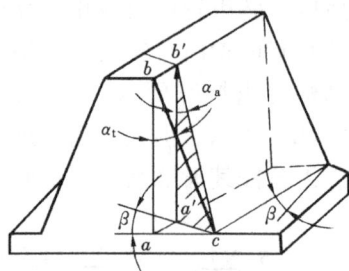

（4）齿顶高系数和顶隙系数由于端面和法面上的齿顶高相同，径向间隙也相同，即有

$$h_a = h_{an}^* m_n = h_{at}^* m_t$$

$$c = c_n^* m_n = c_t^* m_t$$

将以上两式代入式（9.7.1）得

$$h_{at}^* = h_{an}^* \cos\beta \tag{9.7.3}$$

$$c_t^* = c_n^* \cos\beta \tag{9.7.4}$$

2. 几何尺寸计算

外啮合标准斜齿圆柱齿轮的几何尺寸计算公式列于表 9.7.1。

表 9.7.1　　　　　　　　　　　标准斜齿圆柱齿轮主要尺寸计算公式

名　称	符　号	公　式
螺旋角	β	一般取 $8°\sim20°$
法面模数	m_n	根据齿轮强度计算按表 9.4.1 取标准值
端面模数	m_t	$m_t=m_n/\cos\beta$
法面压力角	α_n	$\alpha_n=20°$
端面压力角	α_t	$\tan\alpha_t=\tan\alpha_n/\cos\beta$
分度圆直径	d	$d=m_t z=m_n z/\cos\beta$
基圆直径	d_b	$d_b=d\cos\alpha_t$
齿顶高	h_a	$h_a=h_{an}^* m_n$
齿根高	h_f	$h_f=(h_{an}^*+c_n^*)m_n$
全齿高	h	$h=h_a+h_f=(2h_{an}^*+c_n^*)m_n$
齿顶圆直径	d_a	$d_a=d+2h_a$
齿根圆直径	d_f	$d_f=d-2h_f$
法面齿距	p_n	$p_n=\pi m_n$
端面齿距	p_t	$p_t=\pi m_t=\pi m_n/\cos\beta=p_n/\cos\beta$
标准中心距（外啮合）	a	$a=\dfrac{d_1+d_2}{2}=\dfrac{m_t(z_1+z_2)}{2}=\dfrac{m_n(z_1+z_2)}{2\cos\beta}$
当量齿数	z_v	$z_v=z/\cos^3\beta$

三、斜齿圆柱齿轮传动的正确啮合条件

在端面内，一对外啮合斜齿圆柱齿轮传动和直齿圆柱齿轮一样，都是渐开线齿廓。因此，一对外啮合斜齿圆柱齿轮传动时，必须满足 $m_{t1}=m_{t2}$，$\alpha_{t1}=\alpha_{t2}$。换算成斜齿轮的法面参数，同时注意到相啮合齿轮的旋向关系，一对外啮合斜齿圆柱齿轮传动的正确啮合条件为

$$\left.\begin{array}{l} m_{n1}=m_{n2}=m_n \\ \alpha_{n1}=\alpha_{n2}=\alpha_n \\ \beta_1=-\beta_2 \end{array}\right\} \tag{9.7.5}$$

式中，$\beta_1=-\beta_2$ 表示相啮合的两斜齿圆柱齿轮螺旋角大小相等，旋向相反，即一个为左旋，另一个必为右旋。

四、斜齿圆柱齿轮的当量齿数

1. 当量齿轮及当量齿数概念

用仿形法切制斜齿轮时，铣刀的刀刃位于轮齿的法面内，并沿着螺旋齿槽的方向进刀。因此，铣刀的刀刃形状必须与斜齿轮的法向齿槽的形状相当，即在选择铣刀刀号时，就应该知道斜齿轮的法向齿形。如图 9.7.6 所示，过斜齿圆柱齿轮分度圆柱上的 C 点作轮齿的法平面 nn，此法面与分度圆柱的交线为一椭圆，椭圆上 C 点的曲率半径为 ρ。以 ρ 为分度圆半径，以 m_n 为模数做一假想直齿圆柱齿轮，则该齿轮的齿廓形状与斜齿轮的法面齿廓形状非常近似。这个假想得到的直齿圆柱齿轮就叫作斜齿轮的当量齿轮。当量齿轮拥有的齿数称为当量齿数，用 z_v 表示。

2. 斜齿轮当量齿数的计算

由数学知识知，图 9.7.6 中的椭圆长半轴 $a=\dfrac{d}{2\cos\beta}$，

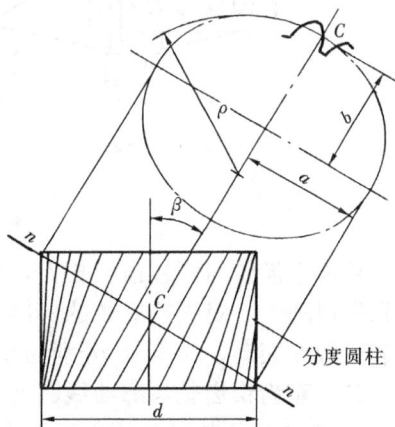
图 9.7.6　斜齿轮的当量齿轮

短半轴 $b=\dfrac{d}{2}$，C 点的曲率半径为

$$\rho = \frac{a^2}{b} = \frac{d}{2\cos^2\beta} \tag{9.7.6}$$

当量齿数 $z_v=2\rho/m_n$，将式（9.7.6）代入，则斜齿轮的当量齿数 z_v 与其实际齿数 z 的关系是

$$z_v = \frac{d}{m_n\cos^2\beta} = \frac{m_t z}{m_n\cos^2\beta} = \frac{m_n z}{m_n\cos^3\beta} = \frac{z}{\cos^3\beta} \tag{9.7.7}$$

3. 计算当量齿数的目的

（1）成型法加工时选定刀号。

（2）用以确定不产生根切的最少齿数 $z_{min}=z_{vmin}\cos^3\beta=17\cos^3\beta$。只要 β 不等于零，就有斜齿轮不产生根切的最少齿数小于 17，由此可知，斜齿轮可以得到比直齿轮更为紧凑的结构。

（3）斜齿轮的强度计算时也要用到 z_v。

第八节　直齿锥齿轮的啮合传动

一、直齿锥齿轮传动概述

锥齿轮用于传递两相交轴之间的运动和动力。其传动可以看成是两个锥顶共点的圆锥体相互作纯滚动，如图 9.8.1 所示。锥齿轮的轮齿是均匀分布在一个截锥体上，从大端到小端逐渐收缩，其轮齿有直齿和曲齿两种类型。直齿锥齿轮易于制造，适用于低速、轻载传动；曲齿锥齿轮传动平稳、承载能力强，常用于高速、重载传动，但其设计、制造均复杂。理论上，两轴的轴交角可以任意，但在实际中，轴交角 $\Sigma=90°$ 的锥齿轮应用居多。本节只介绍轴交角 $\Sigma=90°$ 的标准直齿锥齿轮传动。

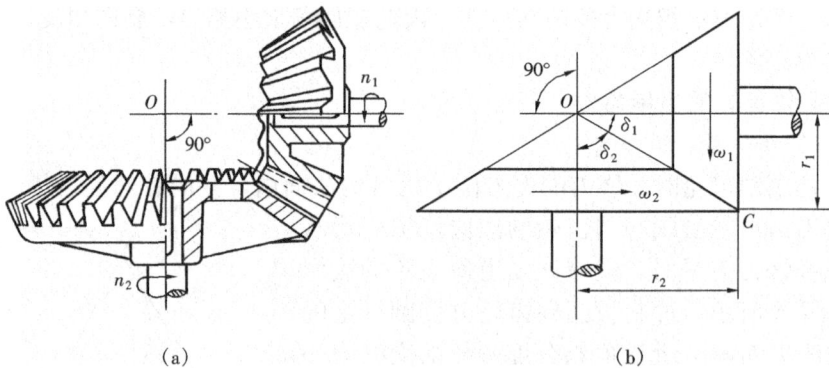

（a）　　　　　　　　　　　（b）

图 9.8.1　标准直齿锥齿轮传动

直齿锥齿轮与圆柱齿轮相似，单个锥齿轮有分度锥、顶锥、根锥等，亦有分度圆、齿顶圆和齿根圆。一对正确安装的标准直齿锥齿轮传动，其节锥和分度锥重合，其运动相当于一对节锥做纯滚动，δ_1 和 δ_2 分别为小锥齿轮和大锥齿轮的分度锥角。

二、直齿锥齿轮齿廓曲线、背锥和当量齿轮

1. 直齿锥齿轮齿廓曲线的形成

直齿锥齿轮齿廓曲线的形成如图 9.8.2 所示。以半球截面的圆平面 S 为发生面，它与基

锥相切于 ON，ON 既是圆平面 S 的半径，又是基锥的锥距 R，圆平面 S 的圆心 O（球心）又是基锥的锥顶。当发生面沿基锥做纯滚动时，该平面上任一点 B 的空间轨迹 BA 是位于以锥距 R 为半径的球面渐开线。所以直齿锥齿轮大端的齿廓曲线，理论上应在以锥顶 O 为球心，锥距 R 为半径的球面上。由于球面渐开线不能够在平面上展开，给锥齿轮的设计和制造带来困难。因此，实际上采用背锥上的齿形近似代替理论上的球面渐开线齿形。

2. 背锥

如图 9.8.3 所示，$\triangle OAB$ 为锥齿轮的分度锥，过 A 点作球面渐开线的切线 AO_1 与锥齿轮的轴线交于 O_1 点，以 OO_1 为轴线，O_1A 为母线作一锥 AO_1B，此锥即称为锥齿轮的背锥。背锥与球面相切于锥齿轮大端的分度圆上。将球面上的轮齿向背锥上投影，则 a、b 点的投影为 a'、b'，由图知，ab 与 $a'b'$ 相差很小，即背锥面上的齿高部分与球面上的齿高部分非常接近。因此可认为，一对直齿锥齿轮的啮合近似于其背锥面上的齿廓啮合。

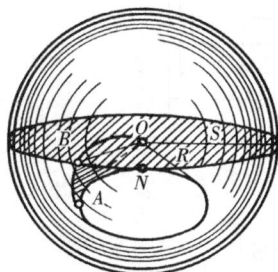

图 9.8.2 球面渐开线的形成

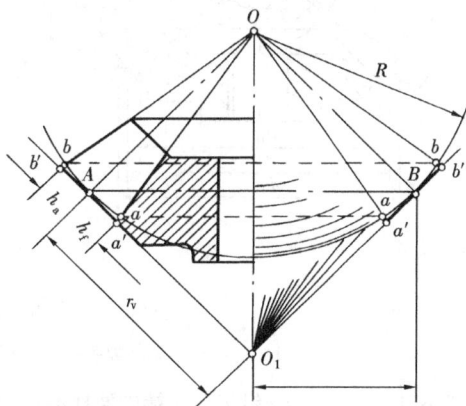

图 9.8.3 锥齿轮的背锥

3. 当量齿轮及当量齿数

图 9.8.4 所示为一对相啮合的直齿锥齿轮，背锥展开为一平面成两个扇形齿轮，其分度圆半径即是背锥距，分别以 r_{v1} 和 r_{v2} 表示。将两扇形齿轮补全为完整的圆柱齿轮，则这两个假想的圆柱齿轮就称为锥齿轮的当量齿轮，其齿数称为当量齿数，用 z_v 表示。

由图 9.8.4 可得

$$r_{v1} = \frac{r_1}{\cos\delta_1} = \frac{mz_1}{2\cos\delta_1} \qquad (9.8.1)$$

又因 $r_{v1} = \dfrac{mz_{v1}}{2}$，所以

$$z_{v1} = \frac{z_1}{\cos\delta_1}, \quad z_{v2} = \frac{z_2}{\cos\delta_2} \qquad (9.8.2)$$

4. 计算当量齿数的目的

(1) 仿形法加工圆锥齿轮时定刀号。

(2) 用以确定直齿圆锥齿轮不产生根切的最少齿数 $z_{min} = 17\cos\delta$。

(3) 用于圆锥齿轮强度计算。

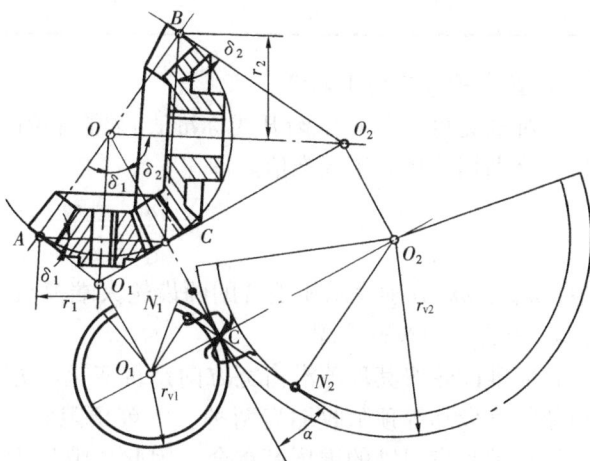

图 9.8.4 锥齿轮的当量齿轮

三、直齿锥齿轮的基本参数和几何尺寸

1. 基本参数

如图 9.8.5 所示，由于锥齿轮大端尺寸大，计算和测量时相对误差小，同时也便于确定齿轮的外形尺寸，所以规定锥齿轮的参数和尺寸都以大端为标准。标准直齿锥齿轮的基本参数有 δ、z、m、α、h_a^* 和 c^*。标准锥齿轮规定：当模数大于 1 时，$h_a^*=1$，$c^*=0.25$；当模数小于 1 时，$h_a^*=1$、$c^*=0.2$；大端分度圆上的压力角为标准值，$\alpha=20°$；标准模数系列见表 9.8.1。

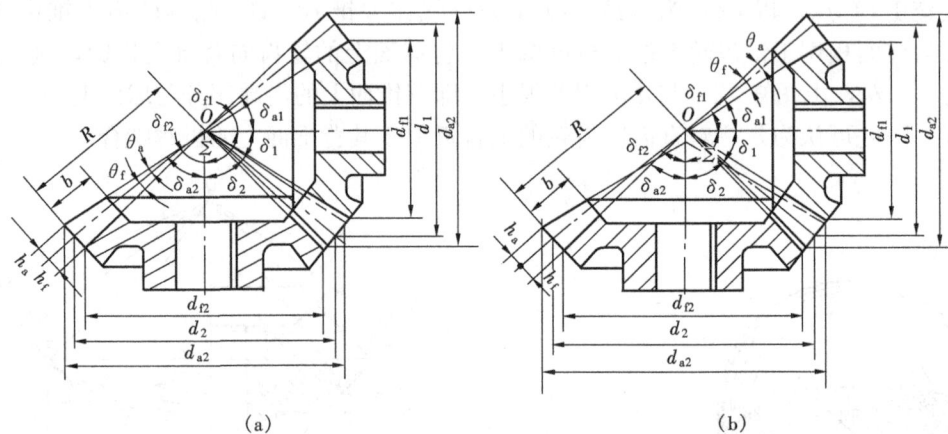

图 9.8.5　直齿锥齿轮传动几何参数

（a）不等顶隙收缩齿锥齿轮；（b）等顶隙收缩齿锥齿轮

表 9.8.1　　　　　　　　锥齿轮大端端面标准模数系列（摘自 GB 12369—1990）　　　　　　　　mm

0.1	0.35	0.9	1.75	3.25	5.5	10	20	36
0.12	0.4	1	2	3.5	6	11	22	40
0.15	0.5	1.125	2.25	3.75	6.5	12	25	45
0.2	0.6	1.25	2.5	4	7	14	28	50
0.25	0.7	1.375	2.75	4.5	8	16	30	—
0.3	0.8	1.5	3	9	18	32	—	

2. 直齿锥齿轮的正确啮合条件

一对轴交角 $\Sigma=90°$ 的渐开线标准直齿锥齿轮的正确啮合条件是两齿轮大端的模数和压力角应分别相等且等于标准值，即

$$\left.\begin{aligned} m_{e1}=m_{e2}=m \\ \alpha_1=\alpha_2=\alpha \end{aligned}\right\} \tag{9.8.3}$$

式中：m_{e1}、m_{e2} 分别表示相啮合的两齿轮大端模数。

3. 锥齿轮的齿高类型

直齿锥齿轮按其顶隙沿齿宽方向是否变化，分为收缩齿和等高齿。其中收缩齿又分为不等顶隙收缩齿和等顶隙收缩齿两种。不等顶隙收缩齿锥齿轮如图 9.8.5（a）所示，其分度锥、齿顶锥和齿根锥的锥顶都重合，因此顶隙从大端到小端逐渐缩小，小端齿根强度较弱，且不利于储存润滑油。等顶隙收缩齿的顶隙从大端到小端保持不变，如图 9.8.5（b）所示。

它允许齿的小端有较大的齿根圆角，对刀具寿命和齿轮强度都有利。因此国家标准规定，多采用等顶隙收缩齿锥齿轮传动。

4. 几何尺寸计算

图 9.8.5 所示为一对标准直齿锥齿轮，其背锥上的分度圆直径分别为

$$d_1 = 2R\sin\delta_1 , d_2 = 2R\sin\delta_2 \qquad (9.8.4)$$

式中　R——分锥距，mm；

δ_1、δ_2——分别为两轮的分度锥角，(°)。

一对锥齿轮传动的传动比为

$$i = \frac{\omega_1}{\omega_2} = \frac{z_2}{z_1} = \frac{d_2}{d_1} = \frac{\sin\delta_2}{\sin\delta_1} \qquad (9.8.5)$$

当两轴线交角 $\Sigma = 90°$时，则传动比为

$$i = \cot\delta_1 = \tan\delta_2 \qquad (9.8.6)$$

标准直齿锥齿轮各部名称及几何尺寸计算公式见表 9.8.2。

表 9.8.2　　　　　标准直齿锥齿轮各部名称及几何尺寸计算公式　　　　　mm

名　称	代　号	计　算　公　式	
		小　齿　轮	大　齿　轮
分锥角	δ	$\delta_1 = \arctan(z_1/z_2)$	$\delta_2 = 90° - \delta_1$
齿顶高	h_a	$h_a = h_a^* m$	
齿根高	h_f	$h_f = (h_a^* + c^*) m$	
分度圆直径	d	$d_1 = mz_1$	$d_2 = mz_2$
齿顶圆直径	d_a	$d_{a1} = d_1 + 2h_a\cos\delta_1$	$d_{a2} = d_2 + 2h_a\cos\delta_2$
齿根圆直径	d_f	$d_{f1} = d_1 - 2h_f\cos\delta_1$	$D_{f1} = d_2 - 2h_f\cos\delta_2$
锥　距	R	$R = \frac{m}{2}\sqrt{z_1^2 + z_2^2}$	
齿顶角	θ_a	$\tan\theta_a = h_a/R$（不等顶隙收缩齿）	
		$\theta_a = \theta_f$（等顶隙收缩齿）	
齿根角	θ_f	$\tan\delta_f = h_f/R$	
顶锥角	δ_a	$\delta_{a1} = \delta_1 + \theta_{a1}$	$\delta_{a2} = \delta_2 + \theta_{a2}$（不等顶隙收缩齿）
		$\delta_{a1} = \delta_1 + \theta_{f2}$	$\delta_{a2} = \delta_2 + \theta_{f1}$（等顶隙收缩齿）
根锥角	δ_f	$\delta_{f1} = \delta_1 - \theta_{f1}$	$\delta_{f2} = \delta_2 - \theta_{f2}$
顶　隙	c	$c = c^* m$	
分度圆齿厚	s	$s = \pi m/2$	
当量齿数	z_v	$z_{v1} = z_1/\cos\delta_1$	$z_{v2} = z_2/\cos\delta_2$
齿　宽	b	$b \leqslant R/3$（取整）	

第九节　轮齿的失效和齿轮常用材料

一、轮齿的失效

齿轮的失效，主要是轮齿的失效。常见的失效形式有五种。

1. 轮齿折断

轮齿折断常发生在齿根部位。这是因为齿轮啮合时，轮齿根部产生的弯曲应力最大，而且齿根处会引起应力集中。轮齿脱离啮合时，齿根弯曲应力为零。所以，轮齿承受的是变化的弯曲应力作用。若轮齿单侧受力，齿根弯曲应力按脉动循环变化；若轮齿双侧受力，齿根弯曲应力按对称循环变化。在载荷多次重复作用下，首先在有应力集中的齿根部产生疲劳裂纹，随后逐渐发展，引起轮齿折断，称为疲劳折断。轮齿宽度较大的齿轮，由于制造、安装的误差，使其局部受载过大，也可能使轮齿局部折断，如图9.9.1所示。另外，轮齿工作时，因短时意外的严重过载和过大的冲击载荷而引起轮齿的突然折断，称为过载折断。用淬火钢或铸铁制成的齿轮，容易发生这种断齿。

2. 齿面点蚀

轮齿在啮合过程中传递载荷时，理论上两齿面是线接触，但由于受力而产生弹性变形的原因，实际上是很小的面接触，在轮齿接触表面产生很大的局部应力，称为接触应力。轮齿不断的啮合和分离，其工作表面所产生的接触应力总是按脉动循环变化，当接触应力超过了材料的疲劳极限时，齿面表层产生不规则的细微疲劳裂纹，裂纹的蔓延扩展，使齿面表层金属微粒剥落，形成一个个小坑（麻点），这种现象称为疲劳点蚀。实践证明：点蚀首先出现在靠近节线的齿根表面处，如图9.9.2所示。齿面抗点蚀能力主要与齿面硬度有关，齿面硬度越高，则抗点蚀能力也越强。

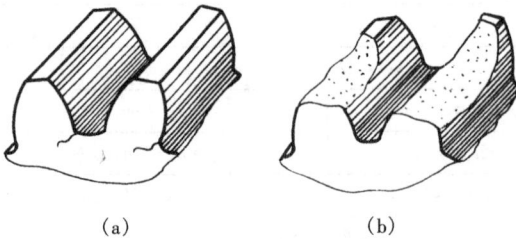

（a）　　　　　　　　（b）　　　　　　　　　　　　　（a）　　　　　　　　（b）

图 9.9.1　轮齿折断　　　　　　　　　　　图 9.9.2　齿面点蚀

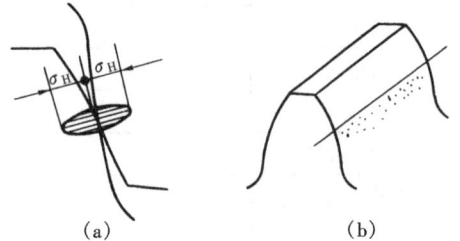

点蚀是润滑良好的闭式软齿面齿轮传动中最常见的失效形式。而开式齿轮传动，由于齿面磨损较快，点蚀未形成之前就已被磨掉，故一般不会发生点蚀破坏。

3. 齿面磨损

图 9.9.3　齿面磨损

齿面磨损有两种情况：一种是跑合性磨损，对提高齿轮寿命是必要的；另一种是由于灰砂、硬屑粒等进入齿面间而引起的磨粒性磨损。开式传动中，由于灰尘、砂粒、金属屑等极易进入啮合齿面起到磨粒作用，形成磨粒磨损。这是开式传动不可避免的一种主要失效形式，如图9.9.3所示。磨损不仅使轮齿失去正确的渐开线齿形，齿厚减小，侧隙增大，传动不平稳，还会使轮齿变薄，严重时引起轮齿折断。采用闭式传动、降低齿面粗糙度、提高齿面硬度和保持良好的润滑，可以防止和减轻这种磨损。

4. 齿面胶合

在高速重载传动中，常因啮合区温度升高而造成润滑不良，致使两齿轮齿面金属直接接触，并因局部高温引起相互粘连，当两齿面相对运动时，较软的齿面沿滑动方向被撕成沟纹

（见图 9.9.4），这种现象称为胶合。在低速重载传动中，由于齿面间的润滑油膜不易形成也可能产生胶合。

提高齿面硬度，降低粗糙度，选用抗胶合性能好的齿轮材料，采用抗胶合性能强的润滑油，减小模数，降低齿高以及滑动速度等，均有助于防止或减轻齿面的胶合。

5. 齿面塑性变形

在低速和过载且启动频繁的齿轮传动中，较软齿面可能产生局部的塑性变形，使齿面失去正确的齿形，而导致轮齿失效，如图 9.9.5 所示。为减轻或防止轮齿的塑性变形，应尽量提高齿轮硬度。

图 9.9.4 齿面胶合

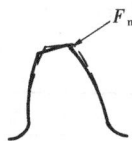

图 9.9.5 齿面塑性变形

二、齿轮常用材料

1. 对齿轮材料的基本要求

为了使齿轮在使用期内不发生失效，且具有足够长的使用寿命，在选择齿轮材料时，应满足以下基本要求：

（1）轮齿表层应有较高的硬度和良好的耐磨性能。

（2）轮齿芯部应有足够的强度和韧性，齿根应有良好的弯曲强度和抗冲击能力。

（3）应有良好的加工工艺性能及热处理性能，使其易于达到所需的加工精度及机械性能的要求。

2. 齿轮的常用材料及热处理方法

制造齿轮的常用材料有锻钢、铸钢和铸铁。对各种齿轮材料应进行适当的热处理，以改善其机械性能。在一些轻工、家电产品中的齿轮，也有选用工程塑料等非金属材料的。

（1）锻钢。锻钢是制造齿轮的主要材料，具有强度高、韧性好、便于制造等优点。根据齿面硬度和制造工艺齿轮分为两类。

1）齿面硬度 HBS≤350 的齿轮，称为软齿面齿轮。软齿面齿轮一般是用中碳钢或中碳合金钢进行正火或调质处理得到的。这类齿轮在热处理后进行切齿，齿面精度一般为 7 级或 8 级，用于对强度和精度要求不高、速度较低且对齿轮尺寸无严格限制的传动场合，如一般用途的减速器。

2）齿面硬度 HBS＞350 的齿轮，称为硬齿面齿轮。硬齿面齿轮一般是用中碳钢、中碳合金钢进行表面淬火或用低碳钢、低碳合金钢进行渗碳淬火处理得到的。这类齿轮是粗切齿后进行热处理，然后再进行精加工，如磨齿、剃齿等，一般齿面精度可达 5 级或 6 级，主要用于承载能力较大、速度较高和精密的机械，如汽车和机床的传动齿轮等。

采用锻钢的齿轮直径不能太大，一般小于 500mm。

（2）铸钢。铸钢常用于不宜锻造的大直径（大于 400mm）齿轮，可用铸造方法制成铸钢齿坯。由于铸钢晶粒较粗，铸造后应进行正火处理。

（3）铸铁。普通灰铸铁的抗弯强度和抗冲击性能较差，但铸造容易，加工方便，成本低，一般仅应用在一些低速、轻载和冲击小的非重要齿轮传动中。由于铸铁性能较脆，为了避免载荷集中造成齿端局部裂断，铸铁齿轮的齿面宽应取得小些。

高强度球墨铸铁的机械性能和抗冲击能力比灰铸铁高，可以代替铸钢铸造大尺寸的齿轮坯。

大小齿轮都是软齿面时，考虑到小齿轮齿根强度较弱，且受载次数较多，故在选择材料和热处理时，一般应使小齿轮齿面硬度比大齿轮齿面硬度高 20～50HBS，以使大小齿轮的工作寿命相接近。大小齿轮都是硬齿面时，小齿轮的齿面硬度应略高，也可与大齿轮相等。常用齿轮齿面硬度组合见表 9.9.1。常用齿轮材料及力学性能见表 9.9.2。

表 9.9.1　　　　　　　　　　　　　齿轮齿面硬度及其组合的应用举例

齿面类型	齿轮种类	热 处 理		两轮工作齿面硬度差	工作齿面硬度举例		备 注
		小齿轮	大齿轮		小 齿 轮	大 齿 轮	
软齿面	直齿	调质	正火 调质	25～30 HBS	240～270HBS 260～290HBS	180～220HBS 220～240HBS	用于重载中、低速和一般的传动装置
	斜齿及人字齿	调质	正火 正火 调质	40～50 HBS	240～270HBS 260～290HBS 270～300HBS	160～190HBS 180～210HBS 200～230HBS	
软、硬组合齿面	斜齿及人字齿	表面淬火	调质	齿面硬度差很大	45～50HRC	270～300HBS 200～230HBS	用于冲击载荷及过载都不大的重载中、低速传动装置
		渗氮 渗碳	调质		56～62HRC	270～300HBS 300～330HBS	
硬齿面	直齿、斜齿及人字齿	表面淬火	表面淬火	齿面硬度大致相同	45～50HRC		用于传动受结构限制的情形和寿命、重载能力要求较高的传动装置
		渗碳	渗碳		56～62HRC		

表 9.9.2　　　　　　　　　　　　　齿轮常用材料及其力学性能

材 料	牌 号	热处理	硬 度	强度极限 σ_b（MPa）	屈服极限 σ_s（MPa）	应用范围
优质碳素钢	45	正火	169～217HBS	580	290	低速轻载
		调质	217～255HBS	650	360	低速中载
		表面淬火	48～55HRC	750	450	高速中载或冲击很小
	50	正火	180～220HBS	620	320	低速轻载
合金钢	40Cr	调质	240～260HBS	700	550	中速中载
		表面淬火	48～55HRC	900	650	高速中载，无剧烈冲击
	42SiMn	调质	217～269HBS	750	470	高速中载，无剧烈冲击
		表面淬火	45～55HRC			
	20Cr	渗碳淬火	56～62HRC	650	400	高速中载，承受冲击
	20CrMnTi	渗碳淬火	56～62HRC	1100	850	

续表

材 料	牌 号	热处理	硬 度	强度极限 σ_b（MPa）	屈服极限 σ_s（MPa）	应用范围
铸 钢	ZG310-570	正火 表面淬火	160～210HBS 40～50HRC	570	320	中速、中载、大直径
	ZG340-640	正火 调质	170～230HBS 240～270HBS	650 700	350 380	
球墨 铸铁	QT600-2 QT500-5	正火	220～280HBS 147～241HBS	600 500		低、中速轻载，小冲击
灰铸铁	HT200 HT300	人工时效 （低温退火）	170～230HBS 187～235HBS	200 300		低速轻载，冲击很小

第十节 齿轮的受力分析及计算载荷

为了计算齿轮的承载能力和进行轴、轴承的设计，应对齿轮传动进行受力分析及载荷的计算。

一、圆柱齿轮传动的受力分析

1. 直齿圆柱齿轮传动的受力分析

如图 9.10.1（a）所示为一对标准直齿圆柱齿轮按标准中心距安装，齿廓在节点 C 接触，齿廓接触处的摩擦不计，轮齿间只有沿齿宽分布且方向沿啮合线 $N_1 N_2$ 的相互作用力 F_n，F_n 称为齿面法向力。为便于分析计算，将 F_n 看做一作用在齿宽中点的集中力，如图 9.10.1（b）所示。法向力 F_n 可沿圆周方向和半径方向分解为两个互相垂直的分力，即圆周力 F_t 和径向力 F_r。显然，作用在主动轮上的力 F_{n1}、F_{t1}、F_{r1} 与作用在从动轮上的力 F_{n2}、F_{t2}、F_{r2} 互为作用力与反作用力。

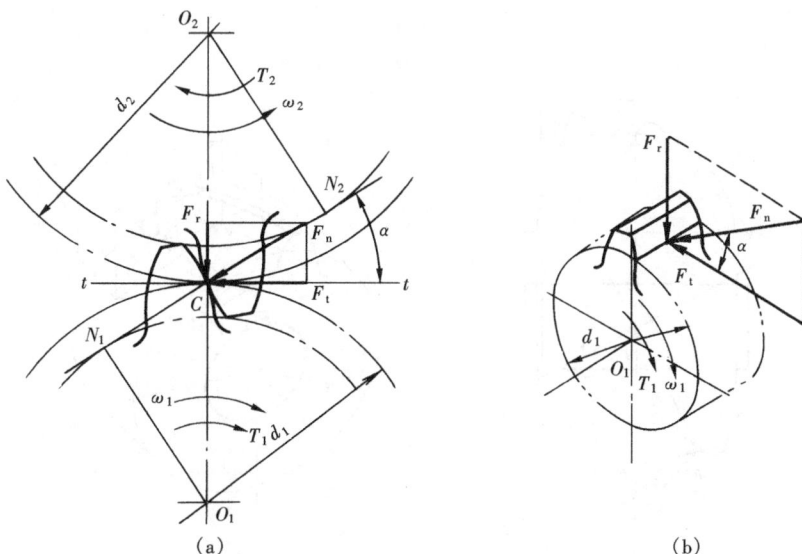

图 9.10.1 直齿圆柱齿轮传动受力分析

由力学知识可知

圆周力 $\qquad F_t = F_{t1} = F_{t2} = 2T_1/d_1$ （N） (9.10.1)

径向力 $\qquad F_r = F_{r1} = F_{r2} = F_t \tan\alpha$ （N） (9.10.2)

法向力 $\qquad F_n = F_{n1} = F_{n2} = \dfrac{F_t}{\cos\alpha}$ （N） (9.10.3)

$$T_1 = 9.55 \times 10^6 \frac{P_1}{n_1} \quad (\text{N} \cdot \text{mm})$$

式中　T_1——小齿轮（主动齿轮）上传递的转矩；

$\qquad P_1$——齿轮传递的功率，kW；

$\qquad n_1$——小齿轮的转速，r/min；

$\qquad d_1$——小齿轮的分度圆直径，mm；

$\qquad \alpha$——压力角，$\alpha = 20°$。

各力方向判定：

（1）作用在主动轮上的圆周力 F_{t1} 与其回转方向相反，为圆周阻力；作用在从动轮上的圆周力 F_{t2} 与其回转方向相同，为圆周驱动力。

（2）径向力 F_{r1}、F_{r2} 的方向都是由啮合点指向各自的轮心。

2. 斜齿圆柱齿轮传动的受力分析

一对标准斜齿圆柱齿轮传动，啮合轮齿间相互作用的是一对空间法向力且沿齿宽分布。同样，为了便于分析，取主动齿轮为研究对象，将作用在主动齿轮上的法向力简化为一个集中载荷 F_n 且作用在齿宽中间位置的节点 C 处，如图 9.10.2 所示。略去摩擦不计，轮齿在节点 C 处受到的法向力 F_n 可以分解为三个互相垂直的分力，即圆周力 F_t、径向力 F_r 和轴向力 F_a。F_n 作用在垂直于齿廓的法平面内，斜齿轮法面与端面的夹角等于螺旋角 β。由图中几何关系和力矩平衡条件可得

圆周力 $\qquad\qquad F_t = \dfrac{2T_1}{d_1}$ (9.10.4)

径向力 $\qquad\qquad F_r = \dfrac{F_t \tan\alpha_n}{\cos\beta}$ (9.10.5)

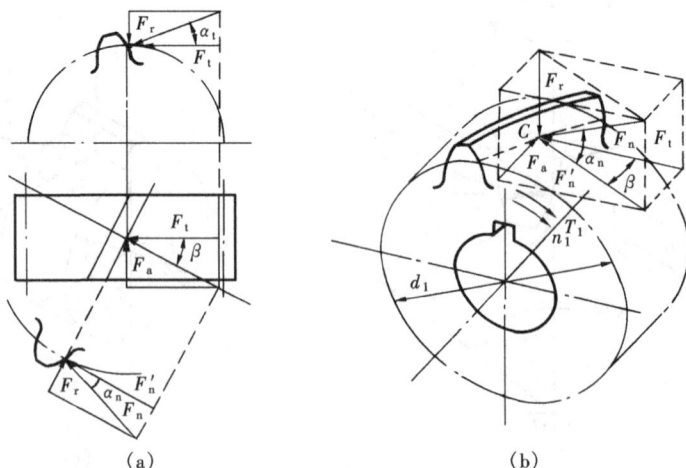

(a)　　　　　(b)

图 9.10.2　斜齿轮的受力分析

轴向力　　　　　　　　　　　$F_a = F_t \tan\beta$　　　　　　　　　（9.10.6）

法向力　　　　　　　　　　　$F_n = \dfrac{F_t}{\cos\beta\cos\alpha_n}$　　　　　　　（9.10.7）

式中　β——斜齿轮分度圆柱上的螺旋角；

　　　α_n——斜齿轮分度圆上的法向压力角。

各作用力关系及力的方向判定：

由于一对相啮合的斜齿圆柱齿轮的两轴线平行，故作用在主动轮上的力 F_{n1}、F_{t1}、F_{r1} 与作用在从动轮上的力 F_{n2}、F_{t2}、F_{r2} 分别互为作用力与反作用力。

（1）在主动齿轮上，F_{t1} 与其回转方向相反；在从动齿轮上，F_{t2} 与其回转方向相同。

（2）径向力 F_{r1}、F_{r2} 沿半径方向指向各自的轮心。

（3）主动齿轮上轴向力 F_{a1} 的指向按左、右手螺旋定则判定：用手握住齿轮的轴线，四指弯曲方向代表齿轮的回转方向，大拇指的指向就是轴向力 F_{a1} 的方向（即"左旋左手，右旋右手，四指转向，拇指轴向"的螺旋运动法则）；从动齿轮上的 F_{a2} 与 F_{a1} 的方向恒相反。

二、直齿锥齿轮传动的受力分析

一对标准直齿锥齿轮传动，啮合轮齿间相互作用的是一对空间法向力且沿齿宽分布。同样，为了便于分析，取主动锥齿轮为研究对象，将作用在主动锥齿轮上的法向力简化为一个集中载荷 F_n 且作用在齿宽 b 的中间位置的节点 C 处，即作用在分度圆锥的平均直径 d_m 处，如图9.10.3所示。略去接触面间的摩擦力不计，则轮齿的法向力 F_n 可以分解为三个互相垂直的分力，即圆周力 F_t、径向力 F_r 和轴向力 F_a。

由图中几何关系和力矩平衡条件可得

圆周力　　　　　　　　　　$F_t = \dfrac{2T_1}{d_{m1}}$　　　　　　　　（9.10.8）

径向力　　　　　　$F_r = F'\cos\delta = F_t\tan\alpha\cos\delta$　　　　（9.10.9）

轴向力　　　　　　$F_a = F'\sin\delta = F_t\tan\alpha\sin\delta$　　　（9.10.10）

法向力　　　　　　　　　　$F_n = \dfrac{F_t}{\cos\alpha_n}$　　　　　　　（9.10.11）

公式中平均分度圆直径 d_{m1} 可根据锥齿轮分度圆直径 d_1、锥距 R 和齿宽 b 来确定，即

$$\frac{R-0.5b}{R} = \frac{0.5d_{m1}}{0.5d_1}$$

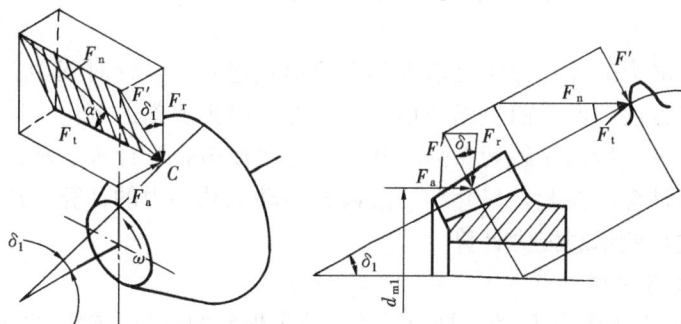

图9.10.3　直齿锥齿轮的受力分析

则
$$d_{m1} = \frac{R - 0.5b}{R} d_1 \qquad (9.10.12)$$

由于一对相啮合的直齿锥齿轮的轴交角 $\Sigma = 90°$的，故作用在主、从动锥齿轮上的 F_{t1} 与 F_{t2}、F_{r1} 与 F_{a2}、F_{a1} 与 F_{r2} 分别构成作用力与反作用力。各作用力的关系及方向判定：

（1）在主动齿轮上，F_{t1} 与其回转方向相反；在从动齿轮上，F_{t2} 与其回转方向相同。

（2）径向力 F_{r1}、F_{r2} 沿半径方向指向各自的轮心。

（3）相啮合的一对锥齿轮上，其轴向力 F_a 的指向恒由小端指向大端。

三、轮齿的计算载荷

上述轮齿受力分析中的法向力 F_n，是作用在轮齿的理想状况下的载荷，该载荷称为名义载荷。当齿轮在实际状况下工作时，由于原动机和工作机的载荷特性不同，必然产生附加的动载荷；此外由于齿轮、轴、支承装置加工和安装的误差及受载后产生的弹性变形，使载荷沿齿宽分布不均匀造成载荷集中等原因，都使得实际工作载荷比名义载荷大。因此，在齿轮传动的设计计算中需引入载荷系数 K 来考虑上述各种因素的影响。（新国标中是用使用系数、动载系数、齿向载荷分布系数、齿间载荷分配系数等考虑多种因素的影响。本教材为简化计算，仅用载荷系数表示。）以 KF_n 代替名义载荷，使之尽可能符合作用在轮齿上的实际载荷，载荷 KF_n 称为计算载荷，用符号 F_{nc} 表示，即

$$F_{nc} = KF_n$$

载荷系数 K 值查表 9.10.1。

表 9.10.1 　　　　　　　　　载 荷 系 数 K

工 作 机 械	载荷特性	原 动 机		
		电动机	多缸内燃机	单缸内燃机
均匀加料的加料机和输送机、轻型卷扬机、发电机、机床辅助传动	均匀、轻微冲击	1～1.2	1.2～1.6	1.6～1.8
不均匀加料的加料机和输送机、重型卷扬机、机床主传动	中等冲击	1.2～1.6	1.6～1.8	1.8～2.0
冲床、钻床、轧钢机、破碎机、挖掘机	大的冲击	1.6～1.8	1.9～2.1	2.2～2.4

注　直齿、圆周速度高、精度低、齿宽系数大、齿轮在两轴承间不对称布置时，取大值；斜齿、圆周速度低、精度高、齿宽系数小、齿轮在两轴承间对称布置时，取小值。

第十一节　齿轮传动承载能力计算

齿轮传动承载能力的计算方法是依据其失效形式建立的，针对五种失效形式应建立相应的计算准则和计算方法。但目前齿面磨损和塑性变形尚无成熟的理论。因此，对于一般的齿轮传动，通常只考虑其齿面接触疲劳强度和齿根弯曲疲劳强度计算。高速重载的闭式齿轮传动，要进行热平衡计算。在此，只介绍一般齿轮传动承载能力的计算方法。

一、直齿圆柱齿轮承载能力计算

1. 齿根弯曲疲劳强度计算

齿根弯曲疲劳强度计算的目的，是为了防止轮齿根部的折断。轮齿的疲劳折断，主要与齿根的弯曲应力大小有关。计算齿根弯曲应力时，把轮齿看成是一根宽度为 b 的悬臂梁。考虑制

造误差的影响，假定全部法向力 F_n 由一对轮齿承担。当法向力 F_n 作用在齿顶时，轮齿根部产生的弯曲应力最大。图 9.11.1 (a) 为轮齿在齿顶处啮合时的受载情况；图 9.11.1 (b) 为齿顶受载时齿根部的应力图。齿根危险剖面按 30°切线法确定，即作与轮齿对称中心线成 30°夹角并与齿根圆角相切的斜线，两切点的连线就是危险剖面位置。危险剖面处的齿厚为 s_F。

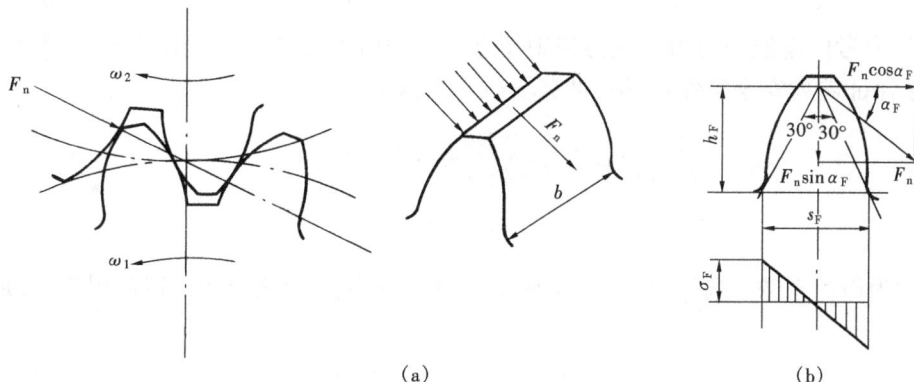

图 9.11.1 齿顶啮合受载及齿根弯曲应力

将法向力 F_n 沿其作用线移至轮齿对称中心线上，设 F_n 与轮齿对称中心线的垂线夹角为 α_F，把 F_n 分解为沿轮齿径向和切向两个互相垂直的分力，则在轮齿的危险剖面上，由切向分力 $F_n \cos\alpha_F$ 产生弯曲应力和剪应力；由径向分力 $F_n \sin\alpha_F$ 产生压应力。因剪应力和压应力的影响较小，故在计算轮齿弯曲强度时只考虑弯曲应力。所以，防止齿根弯曲疲劳折断的强度条件为齿根危险截面处的最大计算弯曲应力应小于或等于轮齿材料的许用应力，即

$$\sigma_F \leqslant [\sigma_F]$$

设危险剖面至分力 $F_n \cos\alpha_F$ 的距离为 h_F，则危险剖面上的最大名义弯曲应力，可由材料力学的弯曲应力公式得

$$\sigma_F = \frac{F_n \cos\alpha_F h_F}{\dfrac{b s_F^2}{6}}$$

若以计算载荷 F_{nc} 代替 F_n，并取 $s_F = c_1 m$，$h_F = c_2 m$，则上式可写为

$$\sigma_F = \frac{2KT_1}{bmd_1} \times \frac{6c_2 \cos\alpha_F}{c_1^2 \cos\alpha}$$

令

$$Y_{Fa} = \frac{6c_2 \cos\alpha_F}{c_1^2 \cos\alpha}$$

Y_{Fa} 称为齿形系数，无量纲，其值与齿廓形状有关，齿廓的形状又与齿数有关。所以 Y_{Fa} 随齿轮的齿数 z 而变化，如表 9.11.1 所列供查用。

表 9.11.1   外啮合齿轮齿形系数 Y_{Fa} 和齿根应力集中系数 Y_{Sa}

z	17	18	19	20	21	22	23	24	25	26	27	28	29
Y_{Fa}	2.97	2.91	2.85	2.80	2.76	2.72	2.69	2.65	2.62	2.60	2.57	2.55	2.53
Y_{Sa}	1.52	1.53	1.54	1.55	1.56	1.57	1.575	1.58	1.59	1.595	1.60	1.61	1.62
z	30	35	40	45	50	60	70	80	90	100	150	200	∞
Y_{Fa}	2.52	2.45	2.40	2.35	2.32	2.28	2.24	2.22	2.20	2.18	1.14	2.12	2.06
Y_{Sa}	1.625	1.65	1.67	1.68	1.70	1.73	1.75	1.77	1.78	1.79	1.83	1.865	1.97

将 Y_{Fa} 代入上式，并计入齿根应力集中系数 Y_{Sa}，则得齿根危险剖面的最大计算弯曲应力为

$$\sigma_F = \frac{2KT_1}{bd_1 m} Y_{Fa} Y_{Sa} \tag{9.11.1}$$

式中：Y_{Sa} 为考虑齿根圆角由于应力集中使弯曲应力增大的系数，由表 9.11.1 查取。

为了保证轮齿安全工作，其弯曲强度校核公式为

$$\sigma_F = \frac{2KT_1}{bd_1 m} Y_{Fa} Y_{Sa} = \frac{2KT_1}{bz_1 m^2} Y_{Fa} Y_{Sa} \leqslant [\sigma_F] \quad (\text{MPa}) \tag{9.11.2}$$

令

$$\varphi_a = b/a$$

φ_a 称为齿宽系数，将 $\varphi_a = b/a = b/0.5d_1(i \pm 1)$ 代入校核公式，得齿根弯曲强度的设计公式为

$$m \geqslant \sqrt[3]{\frac{4KT_1}{\varphi_a(i \pm 1)Z_1^2[\sigma_F]} Y_{Fa} Y_{Sa}} \quad (\text{mm}) \tag{9.11.3}$$

$$[\sigma_F] = \frac{\sigma_{Flim}}{S_F} \tag{9.11.4}$$

式中　"—"号——用于内啮合传动，内啮合齿轮的 Y_{Fa}、Y_{Sa} 可参阅有关资料；

　　　　$[\sigma_F]$——许用弯曲应力，MPa；

　　　　σ_{Flim}——实验齿轮的弯曲疲劳极限，按图 9.11.2 查取。该图是各种材料的齿轮在单侧工作时测得的，对于长期双侧工作的齿轮传动，应将图中查得的数据乘以 0.7；

　　　　S_F——齿根弯曲疲劳强度的安全系数，按表 9.11.2 查取。

由于两个齿轮的 Y_{Fa}、Y_{Sa} 和 $[\sigma_F]$ 各不相同，所以应用式（9.11.2）校核齿根弯曲强度时，要分别校核大、小两齿轮的强度；应用式（9.11.3）设计齿轮时，要将 $\dfrac{Y_{Fa1} Y_{Sa1}}{[\sigma_{F1}]}$ 和 $\dfrac{Y_{Fa2} Y_{Sa2}}{[\sigma_{F2}]}$ 中的较大值代入设计公式计算。

按式（9.11.3）设计计算的模数，应先按表 9.4.1 标准化后，再计算齿轮的各部尺寸。

表 9.11.2　　　　　　　　　　　　安全系数 S_F 和 S_H

安全系数	软齿面（≤350HBS）	硬齿面（>350HBS）	重要传动、渗碳淬火齿轮或铸造齿轮
S_F	1.3～1.4	1.4～1.6	1.6～2.2
S_H	1.0～1.1	1.1～1.2	1.3

2. 齿面接触疲劳强度计算

齿面接触疲劳强度计算的目的，是为了防止齿面点蚀失效。齿面的疲劳点蚀，主要与齿面接触应力大小有关。根据齿轮啮合原理知道，直齿圆柱齿轮在节点处为一对轮齿参与啮合，轮齿承受载荷最大，润滑条件不良，因而点蚀最容易发生在节线附近，说明节线处的接

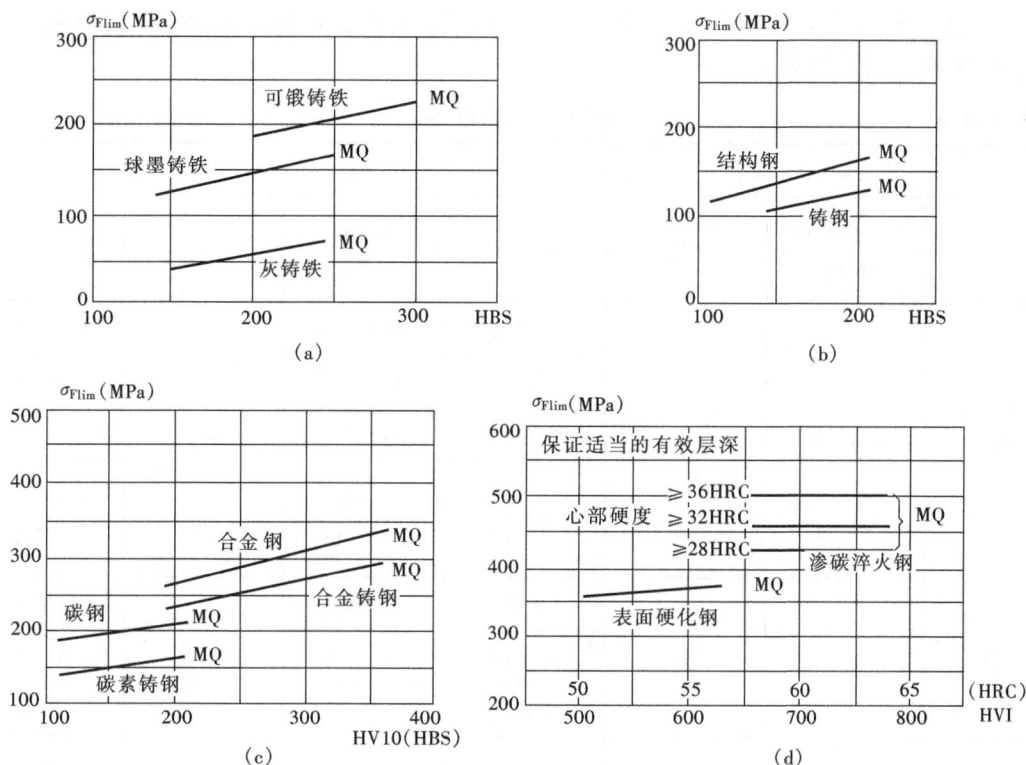

图 9.11.2 试验齿轮的弯曲疲劳极限 σ_{Flim}

(a) 铸铁；(b) 正火处理钢；(c) 调质处理钢；(d) 渗碳淬火钢和表面硬化钢

触应力最大，如图 9.11.3 所示。因此，防止齿面点蚀的强度条件为节点处的计算接触应力应小于或等于齿轮材料的许用接触应力，即

$$\sigma_H \leqslant [\sigma_H]$$

齿面节线处的最大接触应力，可由弹性力学的赫兹应力公式计算，即

$$\sigma_H = \sqrt{\dfrac{F_n\left(\dfrac{1}{\rho_1} \pm \dfrac{1}{\rho_2}\right)}{b\pi\left(\dfrac{1-\mu_1^2}{E_1} + \dfrac{1-\mu_2^2}{E_2}\right)}} \tag{9.11.5}$$

式中 F_n——作用在轮齿上的法向力，N；

b——轮齿的齿面宽，mm；

ρ_1、ρ_2——两轮齿廓在节点处的曲率半径，mm；

μ_1、μ_2——两轮材料的泊松比；

E_1、E_2——两轮材料的弹性模量，MPa，正号用于外啮合，负号用于内啮合。

因 μ、E 都与齿轮材料有关，令

$$Z_E = \sqrt{\dfrac{1}{\pi\left(\dfrac{1-\mu_1^2}{E_1} + \dfrac{1-\mu_2^2}{E_2}\right)}} \tag{9.11.6}$$

式中:Z_E 为齿轮材料的弹性系数($\sqrt{MPa}$),反映了一对齿轮材料的弹性模量和泊松比对接触应力的影响,其值见表 9.11.2。

表 9. 11. 3 材料的弹性系数 Z_E

齿 轮 1			齿 轮 2			Z_E ($\sqrt{MPa}$)
材 料	弹性模量 E_1 (MPa)	泊松比 μ_1	材 料	弹性模量 E_2 (MPa)	泊松比 μ_2	
钢	20.6×10^4	0.3	钢	20.6×10^4	0.3	189.8
			铸钢	20.2×10^4		189.8
			球墨铸铁	17.3×10^4		181.4
			灰铸铁	$11.8\times10^4\sim$ 12.6×10^4		$162.0\sim$ 165.4
铸钢	20.2×10^4	0.3	铸钢	20.2×10^4	0.3	188.0
			球墨铸铁	17.3×10^4		180.5
			灰铸铁	11.8×10^4		161.4
球墨铸铁	17.3×10^4	0.3	球墨铸铁	17.3×10^4	0.3	173.9
			灰铸铁	11.8×10^4		156.6
灰铸铁	$11.8\times10^4\sim$ 12.6×10^4	0.3	灰铸铁	11.8×10^4	0.3	$143.7\sim$ 146.7

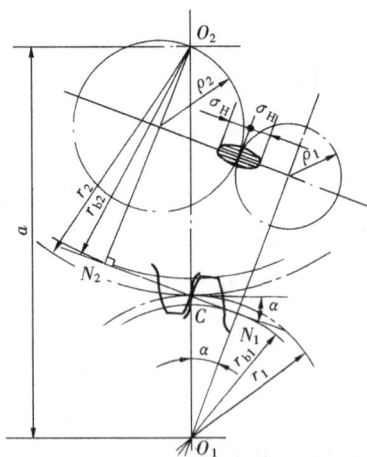

图 9.11.3 轮齿的接触应力

图 9.11.3 所示为一对渐开线标准直齿圆柱齿轮,两齿廓在节点 C 接触。由渐开线性质可知,两齿廓在 C 点的曲率半径分别为

$$\rho_1 = CN_1 = \frac{d_1}{2}\sin\alpha, \rho_2 = CN_2 = \frac{d_2}{2}\sin\alpha$$

式中 d_1、d_2——两齿轮的分度圆直径,mm;

α——分度圆压力角,$\alpha=20°$。

减速传动中,两轮的传动比 $i=\omega_1/\omega_2=z_2/z_1=d_2/d_1$,则可得

$$\frac{1}{\rho_1}\pm\frac{1}{\rho_2}=\frac{\rho_2\pm\rho_1}{\rho_1\rho_2}=\frac{2(d_2\pm d_1)}{d_1d_2\sin\alpha}=\frac{2}{d_1\sin\alpha}\frac{i\pm1}{i}$$

$$(9.11.7)$$

将式(9.11.6)、式(9.11.7)和式(9.10.3)代入式(9.11.5)可得

$$\sigma_H = Z_E \sqrt{\frac{F_{t1}}{b\cos\alpha}} \sqrt{\frac{2}{d_1\sin\alpha} \cdot \frac{i \pm 1}{i}} = Z_E \sqrt{\frac{F_{t1}}{bd_1} \cdot \frac{i \pm 1}{i}} \sqrt{\frac{2}{\sin\alpha\cos\alpha}}$$

令

$$Z_H = \sqrt{\frac{2}{\sin\alpha\cos\alpha}} = \sqrt{\frac{4}{\sin2\alpha}}$$

Z_H 称为节点区域系数，用来考虑节点处齿廓曲率对接触应力的影响。考虑影响齿轮载荷的各种因素，引入载荷系数 K，即用计算载荷 $F_{tc} = KF_t$ 代替 F_t，并将式（9.10.1）代入上式，则得渐开线标准直齿圆柱齿轮啮合传动时的齿面最大接触应力为

$$\sigma_H = Z_E Z_H \sqrt{\frac{(i \pm 1)^3 K T_1}{2iba^2}} \tag{9.11.8}$$

若对标准齿轮传动，$\alpha = 20°$，$Z_H \approx 2.49$；对于一对钢制标准齿轮，$Z_E = 189.8$，则其齿面接触强度校核公式为

$$\sigma_H = \frac{336}{a} \sqrt{\frac{KT_1(i \pm 1)^3}{bi}} \leqslant [\sigma_H] \quad \text{（MPa）} \tag{9.11.9}$$

令齿宽系数 $\varphi_a = b/a$，代入式（9.11.9）得齿面接触疲劳强度的设计公式为

$$a \geqslant 48.5(i \pm 1) \sqrt[3]{\frac{KT_1}{\varphi_a i [\sigma_H]^2}} \quad \text{（mm）} \tag{9.11.10}$$

$$[\sigma_H] = \frac{\sigma_{Hlim}}{S_H} \tag{9.11.11}$$

式中 "+" ——外啮合传动；

"－" ——内啮合传动；

$[\sigma_H]$ ——许用接触应力，MPa；

σ_{Hlim} ——实验齿轮的接触疲劳极限，按图 9.11.4 查取；

S_H ——齿面接触疲劳强度安全系数，按表 9.11.2 查取。

应用式（9.11.11）时应注意：两齿轮工作时产生的接触应力彼此是作用力与反作用力，数值应相等；但两齿轮的许用接触应力不一定相等，在进行接触强度设计时，应取 $[\sigma_{H1}]$、$[\sigma_{H2}]$ 中之较小值代入计算公式。

二、齿轮传动参数的选择

1. 齿数和模数

当齿轮分度圆直径确定后，增加齿数，相应减小模数，可增大重合度，有利于传动平稳，并可节省加工工时和材料。对于软齿面闭式传动，在满足轮齿弯曲强度条件下，可适当增加齿数，减小模数。一般 $z_1 = 20 \sim 40$，模数可按 $m = (0.007 \sim 0.02)a$ 选取；传递动力的齿轮，模数 $m \geqslant 2mm$，以防止意外断齿。在硬齿面闭式传动和使用铸铁齿轮的开式传动中，为保证齿根的弯曲强度，应适当加大模数而减小齿数，常取 $z_1 = 17 \sim 20$。

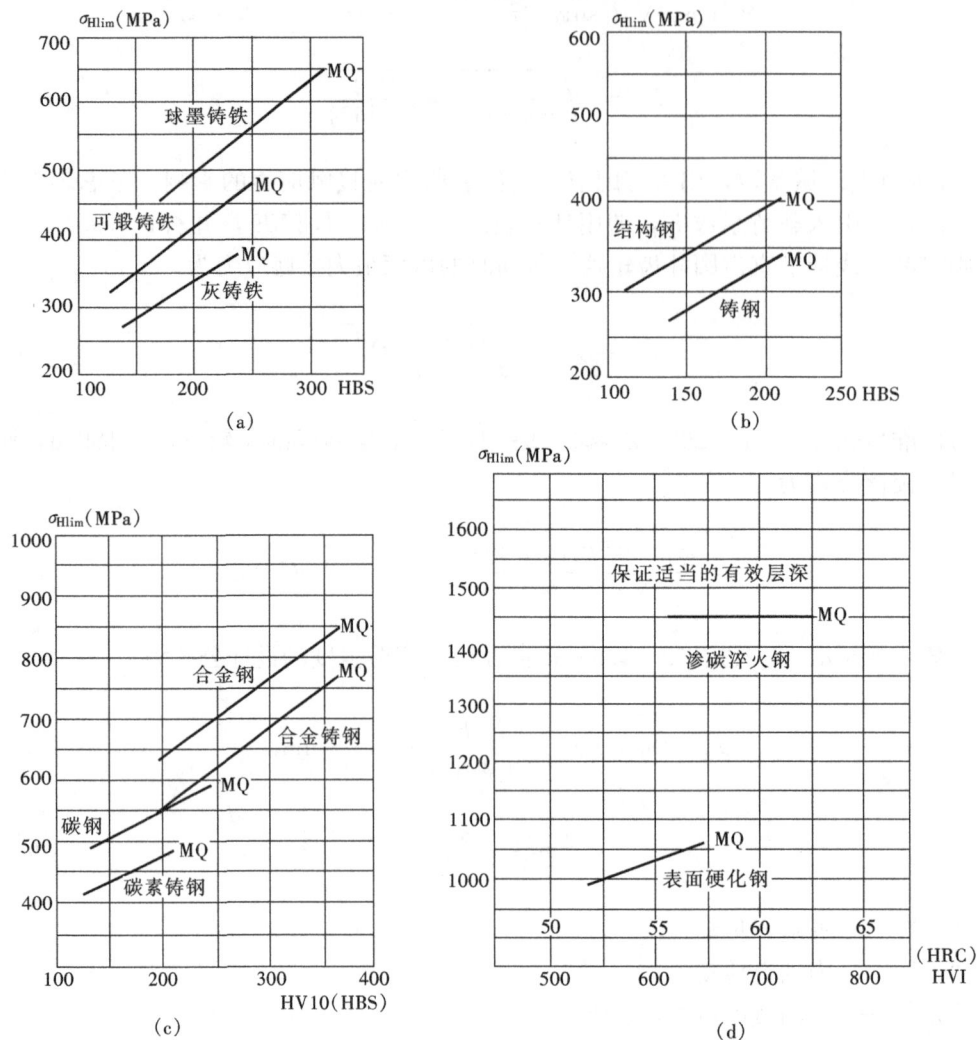

图 9.11.4　试验齿轮的接触疲劳极限 σ_{Hlim}
（a）铸铁；（b）正火处理钢；（c）调质处理钢；（d）渗碳淬火钢和表面硬化钢

2. 齿宽 b 和齿宽系数 φ_a

增大齿宽能减小齿轮径向尺寸，可降低齿轮的圆周速度，且可使齿轮传动结构紧凑。但宽度过大，载荷沿齿宽分布愈不均匀，载荷集中越严重。因此必须考虑各方面的影响因素，合理地选择齿宽系数 φ_a。

对于标准圆柱齿轮减速器，φ_a 的标准值为 0.2、0.25、0.3、0.4、0.5、0.6、0.8、1.0 等。一般轻型减速器可取 $\varphi_a=0.2\sim0.4$；中型减速器取 $\varphi_a=0.4\sim0.6$；重型减速器取 $\varphi_a=0.8$；特殊情况下可取 $\varphi_a=1\sim1.2$（如人字齿轮）。当 $\varphi_a>0.4$ 时，通常采用斜齿或人字齿轮。选择了齿宽系数之后，齿宽 $b_2=\varphi_a a$。为方便安装，小齿轮齿宽 b_1 应比大齿轮齿宽 b_2 大 $5\sim10$mm。

3. 传动比 i

对于减速传动，$i=\omega_1/\omega_2=z_2/z_1\geqslant 1$。但传动比不宜过大，否则将导致结构尺寸庞大，并加大两齿轮的强度差。一般直齿圆柱齿轮传动 $i\leqslant 5$，斜齿圆柱齿轮传动 $i\leqslant 8$；当 $i>8$ 时，可采用多级传动。

三、齿轮传动计算的类型和设计准则

1. 齿轮传动的计算类型

(1) 设计计算。已知齿轮传递的功率、主动齿轮的转速和传动比（或从动轮的转速）、原动机和工作机的种类及工作特性，设计要求：选定齿轮材料、确定齿轮传动的主要参数、几何尺寸、齿轮结构尺寸和精度等级，绘制齿轮零件工作图。

(2) 校核计算。已知齿轮传动的功率、主动齿轮的转速和传动比（或从动轮的转速）、其他主要参数和尺寸及齿轮材料、原动机和工作机的种类及工作特性，校核齿轮传动是否工作安全。

2. 齿轮传动的设计准则

齿轮传动的设计准则与传动方式和齿面硬度有关。

(1) 闭式齿轮传动。设计计算时，当齿面硬度 $\leqslant 350\,\mathrm{HBS}$ 时，应按齿面接触疲劳强度设计齿轮尺寸，而后校核齿根弯曲疲劳强度；当齿面硬度 $>350\,\mathrm{HBS}$ 时，应按齿根弯曲疲劳强度设计齿轮尺寸，而后校核齿面接触疲劳强度。

(2) 开式齿轮传动。由于开式齿轮传动，磨损是其主要失效形式，考虑到磨损后，轮齿变薄，所以不论软、硬齿面，都可按齿根弯曲疲劳强度设计尺寸，并考虑磨损的影响，将设计出的模数加大 $10\%\sim 20\%$。校核时，也只进行齿根弯曲疲劳强度校核计算。

四、齿轮的结构设计

齿轮的结构和尺寸，既要满足强度和刚度要求，又要满足工艺要求，通常是根据经验和规范确定。下面介绍常用的齿轮结构及其尺寸确定方法。

1. 齿轮轴

对于直径较小的钢制圆柱齿轮，若齿轮的齿顶圆直径 d_a 小于轴孔直径的 2 倍，或齿根圆与键槽底部的距离 $\delta\leqslant (2\sim 2.5)m_n$（$m_n$ 为法面模数）时，对于锥齿轮，若小端齿根圆与键槽底部的距离 $\delta\leqslant (1.6\sim 2)m$（$m$ 为大端模数）时，都应将齿轮与轴制成一体，称为齿轮轴。如图 9.11.5 所示。

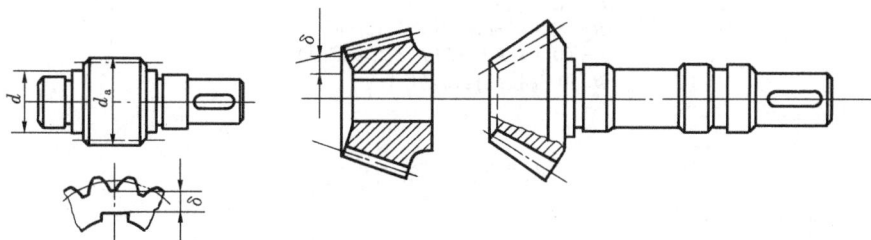

图 9.11.5　齿轮轴

2. 锻造齿轮

当齿轮与轴分开制造时，可采用锻造结构的齿轮，也可以采用铸造结构的齿轮。

锻造结构的齿轮如图 9.11.6 所示。齿顶圆直径 $d_a\leqslant 200\,\mathrm{mm}$ 时，锻造圆柱齿轮一般采用图 9.11.6（a）所示的实体形式；齿顶圆直径 $d_a<500\,\mathrm{mm}$ 时的锻造圆柱齿轮，可采用 9.11.6（b）所示腹板形式；锻造锥齿轮的结构形式如图 9.11.6（c）所示。锻造齿轮各部

分尺寸由图中经验公式确定。

$d_a \leqslant 200$ 或 $d_a \leqslant 400$，$\varphi_a \leqslant 0.2$

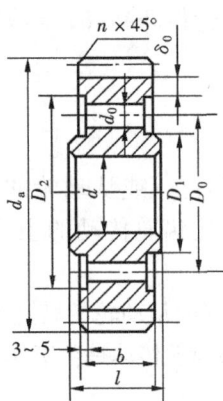

$D_1 = 1.6d$；$d_0 = 0.2(D_2 \sim D_1)$
$1.5d > l \geqslant b$
$\delta_0 = 2.5m_n$，但不小于 8
$D_0 = 0.5(D_2 + D_1)$
当 $d_0 < 10$ 时，可不必做孔
$n = 0.5m_n$

(a)

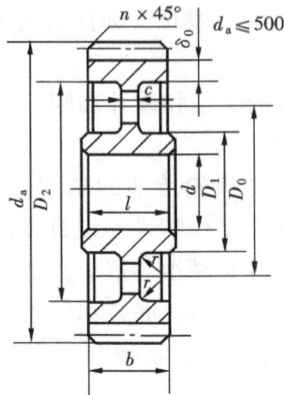

$\delta_0 = (2.5 \sim 4)m_n$，但不小于 8
$d_0 = 0.25(D_2 - D_1)$
$D_0 = 0.5(D_2 + D_1)$
$c = 0.3b$（自由锻）
$c = 0.2b$（模锻），但不小于 8
$r = 0.5c$；$n = 0.5m_n$

(b)

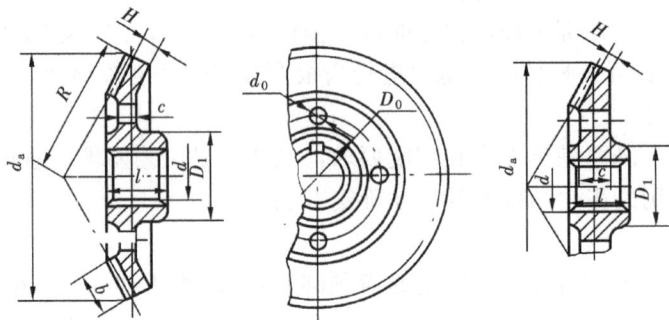

模锻　　　　　　　　　　自由锻

$D_1 = 1.6d$
$l = (1 \sim 1.2)d$
$H = (3 \sim 4)m$，但不少于 10mm
$c = (0.1 \sim 0.17)R$（R—大端锥距）
D_0 和 d_0 按结构而定

(c)

图 9.11.6　锻造齿轮

3. 铸造齿轮

当齿轮齿顶圆直径 $d_a = 400 \sim 500$mm 时，由于齿轮尺寸大，不宜锻造，常用铸钢或铸造铸造，如图 9.11.7 所示。当 400mm$< d_a \leqslant 500$mm，多采用图 9.11.7（a）所示的腹板式结构或图 9.11.7（b）所示的轮辐式结构；当 $d_a = 400 \sim 1000$mm 时，只能采用图 9.11.7（b）所示的轮辐式结构；当齿轮的齿顶圆直径 $d_a > 1000$mm，齿轮宽度大于 200mm 时，应采用如图 9.11.7（c）所示的轮辐式铸造结构。铸造齿轮各部分尺寸由图中经验公式确定。

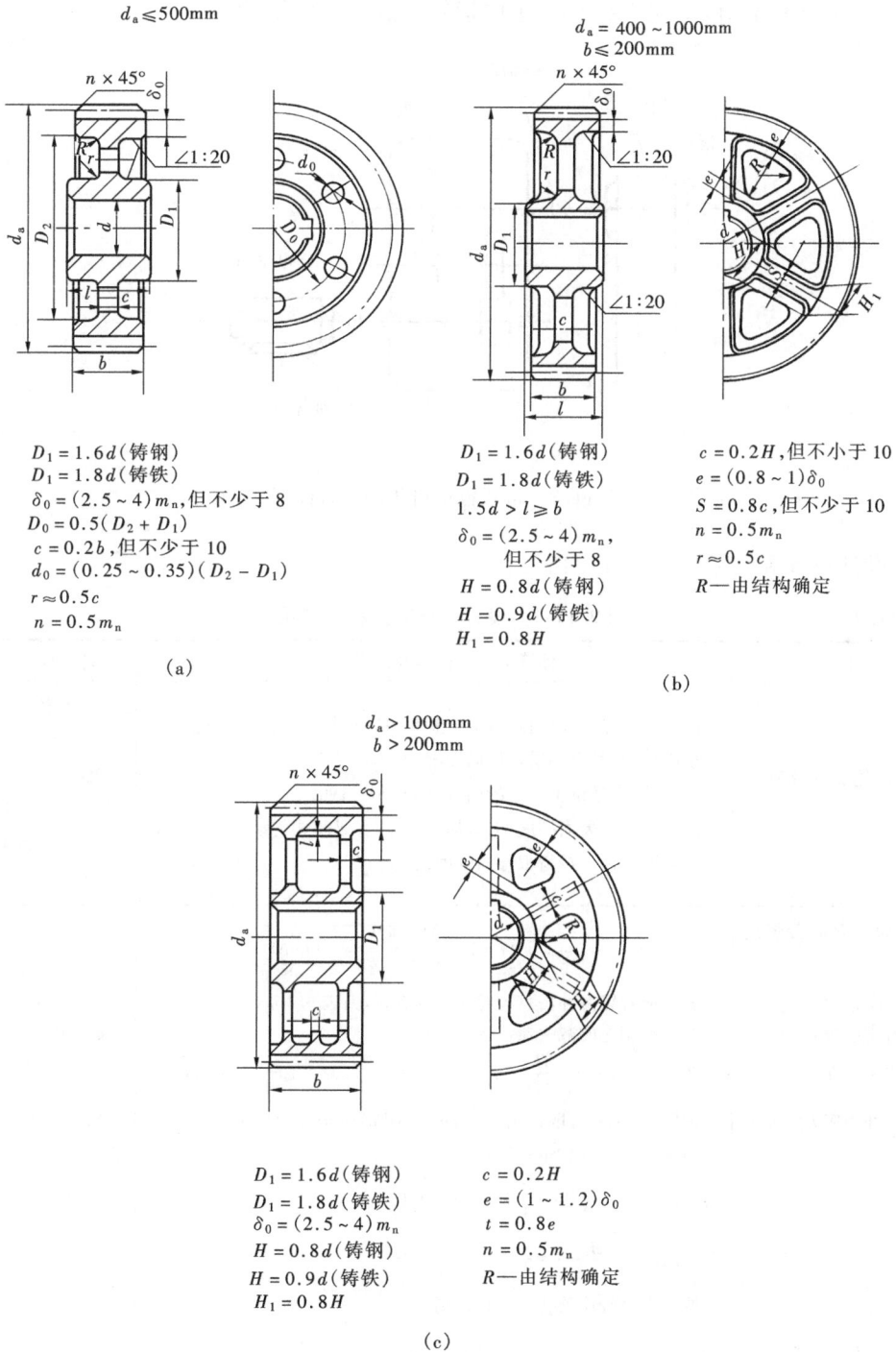

$d_a \leqslant 500\text{mm}$

$D_1 = 1.6d$(铸钢)
$D_1 = 1.8d$(铸铁)
$\delta_0 = (2.5 \sim 4) m_n$,但不少于 8
$D_0 = 0.5(D_2 + D_1)$
$c = 0.2b$,但不少于 10
$d_0 = (0.25 \sim 0.35)(D_2 - D_1)$
$r \approx 0.5c$
$n = 0.5 m_n$

(a)

$d_a = 400 \sim 1000\text{mm}$
$b \leqslant 200\text{mm}$

$D_1 = 1.6d$(铸钢)
$D_1 = 1.8d$(铸铁)
$1.5d > l \geqslant b$
$\delta_0 = (2.5 \sim 4) m_n$,
但不少于 8
$H = 0.8d$(铸钢)
$H = 0.9d$(铸铁)
$H_1 = 0.8H$

$c = 0.2H$,但不小于 10
$e = (0.8 \sim 1)\delta_0$
$S = 0.8c$,但不少于 10
$n = 0.5 m_n$
$r \approx 0.5c$
R—由结构确定

(b)

$d_a > 1000\text{mm}$
$b > 200\text{mm}$

$D_1 = 1.6d$(铸钢)
$D_1 = 1.8d$(铸铁)
$\delta_0 = (2.5 \sim 4) m_n$
$H = 0.8d$(铸钢)
$H = 0.9d$(铸铁)
$H_1 = 0.8H$

$c = 0.2H$
$e = (1 \sim 1.2)\delta_0$
$t = 0.8e$
$n = 0.5 m_n$
R—由结构确定

(c)

图 9.11.7　铸造齿轮

【例 9.11.1】 某带式输送机传动装置简图如图 9.11.8 所示。试设计该两级直齿圆柱齿轮减速器中的低速级齿轮传动。已知：传递的功率 $P=10$kW，电动机驱动，低速级主动轮转速 $n_1=400$r/min，传动比 $i=3.5$，单向运转，载荷有轻微冲击。

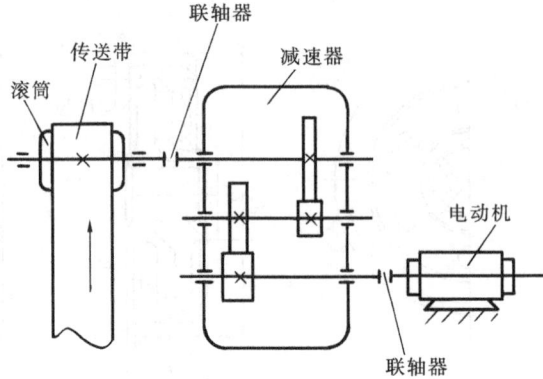

图 9.11.8 带式输送机传动装置简图

解 设计过程和结果见表 9.11.4。

表 9.11.4 ［例 9.11.1］设计、计算过程及结果

计 算 项 目	计算依据、内容及计算过程	计 算 结 果
1. 选择齿轮材料及确定设计准则	由于是没有特殊要求的传动,选择一般材料。由表 9.9.2 选取: 小齿轮 45 号钢调质,齿面硬度 HBS₁=220; 大齿轮 45 号钢正火,齿面硬度 HBS₂=190 由于两齿轮齿面硬度 HBS 均<350,又是闭式传动,故按齿面接触强度设计,按齿根弯曲强度校核	小齿轮 45 号钢调质, 齿面硬度 HBS_1 =220; 大齿轮 45 号钢正火, 齿面硬度 HBS_2 =190
2. 按齿面接触疲劳强度设计 （1）选载荷系数 K （2）选齿宽系数 φ_a （3）计算转矩 T_1 （4）确定许用应力 $[\sigma_H]$ （5）计算齿轮中心距 a	$a \geqslant 48.5\,(i+1)\sqrt[3]{\dfrac{KT_1}{\varphi_a i\,[\sigma_H]^2}}$ (mm) 因载荷有轻微冲击且齿轮非对称布置,由表 9.10.1,选 $K=1.5$ 对一般用途的减速器,选 $\varphi_a=0.4$ $T_1=9.55\times10^6\dfrac{P}{n_1}=9.55\times10^6\dfrac{10}{400}=2.38\times10^5$ (N·mm) 由图 9.11.4 查取：$\sigma_{Hlim1}=560$（MPa）；$\sigma_{Hlim2}=385$（MPa） 由表 9.11.2 取 $S_H=1.1$ 有 $[\sigma_{H1}]=\dfrac{\sigma_{Hlim1}}{S_H}=\dfrac{560}{1.1}=509$（MPa） $[\sigma_{H2}]=\dfrac{\sigma_{Hlim2}}{s_h}=\dfrac{385}{1.1}=350$（MPa） 取两者之较小值代入设计,则 $a \geqslant 48.5\,(i+1)\sqrt[3]{\dfrac{KT_1}{\varphi ai\,[\sigma_{H2}]^2}}$ $=48.5\,(3.5+1)\sqrt[3]{\dfrac{1.5\times2.38\times10^5}{0.4\times3.5\times350^2}}=279$ (mm)	$K=1.5$ $\varphi_a=0.4$ $T_1=2.38\times10^5$N·mm $S_H=1.1$ $[\sigma_H]_1=509$MPa $[\sigma_H]_2=350$MPa

计 算 项 目	计算依据、内容及计算过程	计 算 结 果
（6）确定模数 m 和齿数 z	拟取中心距 $a=280$mm。则模数： $m=(0.007\sim0.02)a=(1.96\sim5.6)$mm 查表 9.4.1，取 $m=5$mm 齿数：$z_1=\dfrac{2a}{m(i+1)}=\dfrac{2\times280}{5(3.5+1)}=25$；$z_2=iz_1=88$ $a=\dfrac{m}{2}(z_1+z_2)=\dfrac{5}{2}(25+88)=282.5$(mm)	$m=5$mm $z_1=25$；$z_2=88$ $a=282.5$mm 故合适
3. 校核轮齿弯曲疲劳强度 （1）选择齿形系数 Y_{Fa} 和齿根应力集中系数 Y_{Sa} （2）计算齿宽 b （3）确定许用弯曲应力 $[\sigma_F]$ （4）校核轮齿弯曲疲劳强度	$\sigma_F=\dfrac{2KT_1}{bz_1m^2}Y_{Fa}Y_{Sa}\leqslant[\sigma_F]$ 由表 9.11.1 查得，$Y_{Fa1}=2.62$，$Y_{Sa1}=1.59$； $Y_{Fa2}=2.204$，$Y_{Sa2}=1.778$ 由 $a=282.5$mm，$\Phi_a=0.4$ 得 $b=\Phi_a\times a=0.4\times282.5=113$(mm) 由图 9.11.2 查得 $\sigma_{Flim1}=210$MPa，$\sigma_{Flim2}=160$MPa 由表 9.11.2 查得 $S_F=1.4$ $[\sigma_{F1}]_1=\dfrac{\sigma_{Flim1}}{S_F}=\dfrac{210}{1.4}=150$(MPa) $[\sigma_{F2}]=\dfrac{\sigma_{Flim2}}{S_F}=\dfrac{160}{1.4}=114.3$(MPa) $\sigma_{F1}=\dfrac{2KT_1Y_{Fa1}Y_{Sa1}}{bz_1m^2}=\dfrac{2\times1.5\times2.38\times10^5\times2.62\times1.59}{113\times25\times5^2}$ ≈52.6(MPa) $\sigma_{F2}=\dfrac{2KT_1Y_{Fa2}Y_{Sa2}}{bz_1m^2}=\dfrac{2\times1.5\times2.38\times10^5\times2.204\times1.778}{113\times25\times5^2}$ ≈39.8(MPa)	 $S_F=1.4$ $[\sigma_{F1}]=150$MPa $[\sigma_{F2}]=114.3$MPa $\sigma_{F1}\approx52.6$MPa$<[\sigma_{F1}]$， $\sigma_{F2}\approx39.8$MPa$<[\sigma_{F2}]$ 所以，弯曲强度足够
4. 计算齿轮圆周速度	$V=\dfrac{\pi d_1n_1}{60\times1000}=\dfrac{3.14\times25\times5\times400}{60\times1000}=2.62$（m/s） 由表 9.6.3 知，可选用 8 级精度	8 级精度合适
5. 计算齿轮主要尺寸 （1）分度圆直径 d （2）齿顶圆直径 d_a （3）齿根圆直径 d_f （4）齿顶高 h_a （5）齿根高 h_f （6）齿高 h （7）齿宽 b	 $d_1=mz_1=5\times25=125$(mm) $d_2=mz_2=5\times88=440$(mm) $d_{a1}=m(z_1+2)=5\times(25+2)=135$(mm) $d_{a2}=m(z_2+2)=5\times(88+2)=450$(mm) $d_{f1}=m(z_1-2.5)=5\times(25-2.5)=112.5$(mm) $d_{f2}=m(z_2-2.5)=5\times(88-2.5)=427.5$(mm) $h_a=h_a^*m=5$(mm) $h_f=m(h_a^*+c^*)=5\times(1+0.25)=6.25$(mm) $h=h_a+h_f=11.25$(mm) $b_2=\varphi_a a=0.4\times282.5=113$(mm)； $b_1=b_2+(5\sim10)$(mm)，取 $b_1=120$mm	 $d_1=125$mm $d_2=440$mm $d_{a1}=135$mm $d_{a2}=450$mm $d_{f1}=112.5$mm $d_{f2}=427.5$mm $h=11.25$mm $b_2=113$mm $b_1=120$mm

续表

计 算 项 目	计算依据、内容及计算过程	计 算 结 果
(8) 跨测齿数 k	$k_1 = 0.111z_1 + 0.5 = 0.111 \times 25 + 0.5 \approx 3$ $k_2 = 0.111z_2 + 0.5 = 0.111 \times 88 + 0.5 \approx 10$	$k_1 = 3$; $k_2 = 10$
(9) 公法线长度 W	$\begin{aligned} W_1 &= m[2.9521(k_1 - 0.5) + 0.014z_1] \\ &= 5[2.9521(3 - 0.5) + 0.014 \times 25] \\ &= 38.651 \text{(mm)} \end{aligned}$ $\begin{aligned} W_2 &= m[2.9521(k_2 - 0.5) + 0.014z_2] \\ &= 5[2.9521(10 - 0.5) + 0.014 \times 88] \\ &= 146.385 \text{(mm)} \end{aligned}$ 由设计指导书计算或 (设计手册) 查得公法线长度的上下偏差值。 $W_1 = 38.651^{-0.1}_{-0.15}$ $W_2 = 146.385^{-0.168}_{-0.280}$	$W_1 = 38.651^{-0.10}_{-0.15}$mm; $W_2 = 146.385^{-0.168}_{-0.28}$mm
6. 齿轮的结构设计	小齿轮与轴做成一体为齿轮轴结构; 大齿轮锻造成腹板式结构。 结构尺寸计算 (略)	
7. 绘制齿轮零件工作图	大齿轮零件工作图见图 9.11.9	

五、斜齿圆柱齿轮承载能力的计算

斜齿圆柱齿轮的承载能力计算与直齿圆柱齿轮的相似,仍按齿根弯曲疲劳强度条件和齿面接触疲劳强度条件进行计算。

1. 斜齿轮弯曲疲劳强度计算

由于斜齿轮的法平面齿形与其当量齿轮的齿形相同,所以斜齿轮的轮齿齿根弯曲疲劳强度与其当量齿轮的轮齿齿根弯曲疲劳强度相等。而其当量齿轮就是一个假想的直齿轮。所以将当量齿轮的参数代入直齿轮的弯曲疲劳强度计算公式,即可得斜齿圆柱齿轮齿根弯曲疲劳强度。

校核公式为

$$\sigma_F = \frac{1.6KT_1 Y_{Fa} Y_{Sa}}{bm_n d_1} = \frac{1.6KT_1 \cos\beta_{YFa} Y_{Sa}}{bm_n^2 z_1} \leqslant [\sigma_F] \quad \text{(MPa)} \quad (9.11.12)$$

设计公式为

$$m_n \geqslant \sqrt[3]{\frac{3.2KT_1 Y_{Fa} Y_{Sa} \cos^2\beta}{\varphi_a(i \pm 1)z_1^2 [\sigma_F]}} \quad \text{(mm)} \quad (9.11.13)$$

式中　Y_{Fa}、Y_{Sa}——均按当量齿数查表 9.11.1。

其他参数的意义、单位及确定方法与直齿圆柱齿轮相同。

2. 齿面接触疲劳强度计算

斜齿轮的齿面接触疲劳强度,也是按其当量齿轮计算的。一对钢制标准斜齿圆柱齿轮齿面接触疲劳强度计算公式:

模数	m	5
齿数	z	88
齿形角	α	20°
齿顶高系数	h_a^*	1
全齿高	h	11.25
公法线长度	W	$146.385_{-0.280}^{-0.168}$
跨齿数	k	10
精度等级		8GB/T 10095—2001
齿轮副中心距及其极限偏差		282.5±0.041
配对齿轮	图号	
	齿数	25
公差组	检验项目代号	公差（或）极限偏差值
齿距累积公差	F_P	0.094
齿廓公差	F_α	0.034
螺旋线公差	F_β	0.036

设计			大齿轮	比例	
制图				材料	45°
审核			（校 名）		

技术要求

1. 正火后齿面硬度为190HBS；
2. 未注明圆角半径 $R=5mm$；
3. 未注明倒角为 $2×45°$。

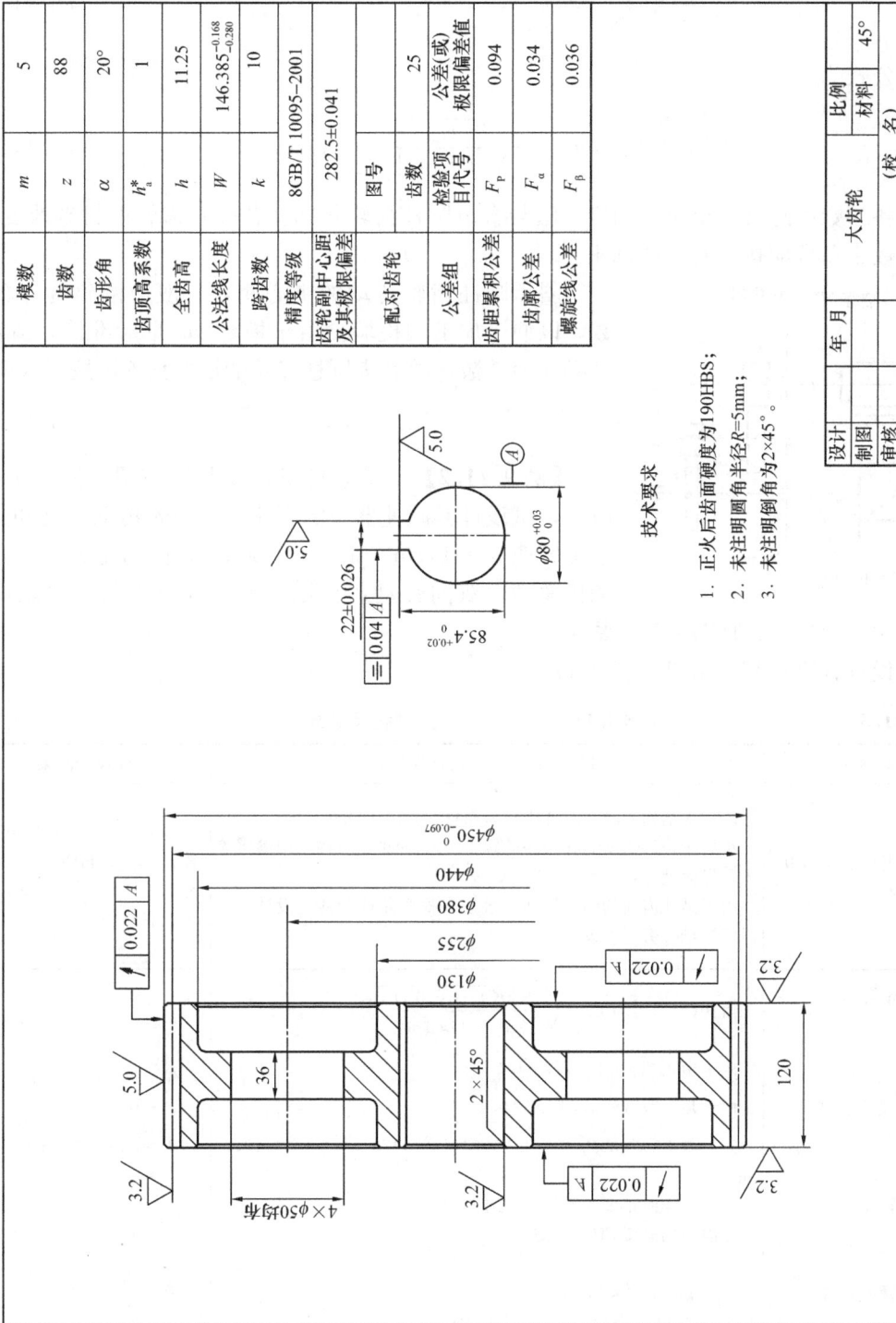

图 9.11.9 大齿轮零件工作图

校核公式为

$$\sigma_H = 318\sqrt{\frac{KT_1(i\pm1)^3}{iba^2}} \leqslant [\sigma_H] \quad (MPa) \tag{9.11.14}$$

设计公式为

$$a \geqslant 46.5(i\pm1)\sqrt[3]{\frac{KT_1}{\varphi_a i[\sigma_H]^2}} \quad (mm) \tag{9.11.15}$$

式中各参数的意义、单位及确定方法与直齿圆柱齿轮相同。若配对齿轮的材料改变时，公式中的数字系数应按不同材料修正。

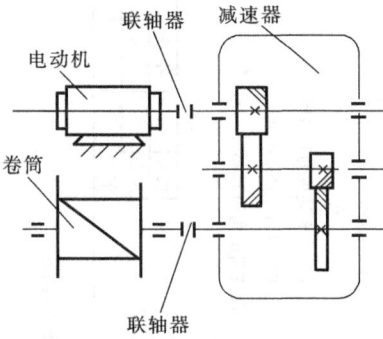

图 9.11.10 卷扬机传动装置简图

斜齿圆柱齿轮传动的中心距，一般应圆整为 5 的倍数，以便于加工和检验。由于模数 m_n 是标准值，齿数 z 又必须为整数，故斜齿圆柱齿轮的螺旋角 β 可按下式调整

$$\beta = \cos^{-1}\frac{m_n(z_1+z_2)}{2a} \tag{9.11.16}$$

【例 9.11.2】 某卷扬机传动装置简图如图 9.11.10 所示，试设计其减速器中的高速级斜齿轮传动。已知：高速轴转速 $n_1 = 1470$r/min，$P = 30$kW，传动比 $i = 3.3$，电动机驱动，双向转动，长期工作，载荷平稳，要求结构紧凑。

解 设计计算过程和结果见表 9.11.4。

表 9.11.5 ［例 9.11.2］设计、计算过程及结果

计 算 项 目	计算内容、依据及计算过程	计 算 结 果
1. 选择齿轮材料及确定设计准则	因要求结构紧凑，故选用硬齿面材料。由表 9.9.2 选： 小齿轮，20CrMnTi；大齿轮，20Cr。两种材料均采用渗碳淬火，齿面硬度均为 56～62HRC 由于是硬齿面的闭式传动，故按齿根弯曲疲劳强度设计，按齿面接触疲劳强度校核	小齿轮，20CrMnTi，渗碳淬火，HRC59；大齿轮，20Cr，渗碳淬火，HRC56
2. 按齿根弯曲疲劳强度设计	由式(9.11.13)$m_n \geqslant \sqrt[3]{\dfrac{3.2KT_1\cos^2\beta Y_F Y_S}{\varphi_a(i+1)z_1^2[\sigma_F]}}$ (mm)计算	
(1)选择载荷系数 K	式中由表 9.10.1，选 $K=1.1$	$K=1.1$
(2)选择齿宽系数 φ_a	由于是一般减速器，选 $\varphi_a=0.4$	$\varphi_a=0.4$
(3)计算转矩 T_1	$T_1 = 9.55\times10^6 P/n_1 = 9.55\times10^6 30/1470 \approx 1.9\times10^5$ (N·mm)	$T_1 = 1.9\times10^5$ H·mm
(4)初选螺旋角 β	由于推荐值是 8°～20°，故初选 $\beta=15°$ 考虑结构紧凑，取 $z_1=19$	$z_1=19$
(5)选取齿数	$z_2 = iz_1 = 3.3\times19 \approx 63$ 由图 9.11.2 查得，$\sigma_{Flim1}=370$MPa $\sigma_{Flim2}=360$MPa 由表 9.11.2 查得，$S_F=1.5$	$z_2=63$

计 算 项 目	计算内容、依据及计算过程	计 算 结 果
(6)确定许用弯曲应力	由于是双向转动 则 $[\sigma_F]_1 = \dfrac{\sigma_{Flim1} \times 0.7}{S_{Fn}} = \dfrac{370 \times 0.7}{1.5} = 173\,(MPa)$ $[\sigma_F]_2 = \dfrac{\sigma_{Flim2} \times 0.7}{S_F} = \dfrac{370 \times 0.7}{1.5} = 168\,(MPa)$ 根据 $z_{v1} = \dfrac{z_1}{\cos^3\beta} \approx 21, z_{v1} = \dfrac{z_2}{\cos^3\beta} \approx 70$	$[\sigma_F]_1 = 173\,MPa$ $[\sigma_F]_2 = 168\,MPa$
(7)确定齿形系数 y_f 和应力集中系数 y_s	由表 9.11.1 查得 $Y_{Fa1} = 2.76, Y_{Sa1} = 1.56$ $Y_{Fa2} = 2.24, Y_{Sa2} = 1.75$ $\dfrac{Y_{Fa1}Y_{Sa1}}{[\sigma_F]_1} = \dfrac{2.76 \times 1.56}{173} = 0.0249$ $\dfrac{Y_{Fa2}Y_{Sa2}}{[\sigma_F]_2} = \dfrac{2.24 \times 1.75}{168} = 0.0233$ 应将上述二者中的较大值代入设计式	
(8)设计计算模数 m_n	$m_n \geqslant \sqrt[3]{\dfrac{3.2 \times 1.1 \times 1.9 \times 10^5 \times \cos^2 15° \times 0.0249}{0.4 \times (3.3+1) \times 19^2}}$ $= 2.92\,(mm)$ 由表 9.4.1，取标准模数 $m_n = 3\,mm$	$m_n = 3\,mm$
3. 计算齿轮主要尺寸 (1)确定中心距 a	中 心 距 $a = \dfrac{m_n}{2\cos\beta}(z_1+z_2) = \dfrac{3}{2\cos 15°}(19+63)$ $= 127.345\,(mm)$ 取中心距 $a = 130\,mm$	$a = 130\,mm$
(2)确定螺旋角 β	$\beta = \arccos\dfrac{m_n(z_1+z_2)}{2a} = \arccos\dfrac{3(19+63)}{2 \times 130} = 18°53'16''$	$\beta = 18°53'16''$
(3)计算分度圆直径 d	$d_1 = m_n z_1/\cos\beta = 3 \times 19/\cos 18°53'16'' = 60.24\,(mm)$ $d_2 = m_n z_2/\cos\beta = 3 \times 63/\cos 18°53'16'' = 199.76\,(mm)$	$d_1 = 60.24\,mm$ $d_2 = 199.76\,mm$
(4)计算齿宽 b	$b_2 = \varphi_a a = 0.4 \times 130 = 52\,(mm)$ $b_1 = b_2 + (5 \sim 10) = 57 \sim 62\,(mm)$，取 $b_1 = 58\,mm$	$b_2 = 52\,mm$ $b_1 = 58\,mm$
4. 校核齿面接触强度 (1)确定许用接触应力	$\sigma_H = 318\sqrt{\dfrac{(i+1)^2 KT_1}{iba^2}} \leqslant [\sigma_H]$ 其中：查图 9.11.4 得 $\sigma_{Hlim1} = 1450\,MPa$ $\sigma_{Hlim2} = 1450\,MPa$ 查表 9.11.2 得 $S_H = 1.2$ 所以 $[\sigma_H]_1 = \dfrac{\sigma_{Hlim1}}{S_H} = \dfrac{1450}{1.2} = 1208\,(MPa)$ $[\sigma_H]_2 = \dfrac{\sigma_{Hlim2}}{S_H} = \dfrac{1450}{1.2} = 1208\,(MPa)$	$[\sigma_H]_1 = 1208\,MPa$ $[\sigma_H]_2 = 1208\,MPa$
(2)校核计算	$\sigma_H = 318\sqrt{\dfrac{(3.3+1)^3 \times 1.1 \times 1.9 \times 10^5}{3.3 \times 52 \times 130^2}} = 761\,(MPa) < [\sigma_H]$	强度满足
5. 计算齿轮的圆周速度	$v = \dfrac{\pi d_1 n_1}{60 \times 1000} = \dfrac{3.14 \times 3 \times 19 \times 1470}{60000 \times \cos 18°53'16''} = 4.6\,(m/s)$ 对照表 9.6.3 知，选 8 级精度	选 8 级精度
其他相关设计计算和绘制零件工作图(略)		

六、直齿锥齿轮承载能力的计算

两轴交角 $\Sigma = 90°$ 的直齿锥齿轮，其承载能力可按齿宽中间位置处一对当量直齿圆柱齿轮传动来进行计算。

1. 齿根弯曲疲劳强度计算

校核公式为

$$\sigma_F = \frac{4KT_1 Y_{Fa} Y_{Sa}}{\psi_R (1-0.5\psi_R)^2 Z_1^2 m^3 \sqrt{i^2+1}} \leqslant [\sigma_F] \quad \text{（MPa）} \quad (9.11.17)$$

设计公式为

$$m \geqslant \sqrt[3]{\frac{4KT_1 Y_{Fa} Y_{Sa}}{\psi_R (1-0.5\psi_R)^2 Z_1^2 [\sigma_F] \sqrt{i^2+1}}} \quad \text{（mm）} \quad (9.11.18)$$

式中　K——载荷系数，查表 9.10.1；

T_1——小锥齿轮的转矩，N·mm；

i——传动比，减速传动 $i \geqslant 1$；

Y_{Fa}——齿形系数，应按锥齿轮的当量齿数由表 9.11.1 查取；

Y_{Sa}——齿根应力集中系数，应按锥齿轮的当量齿数由表 9.11.1 查取；

ψ_R——锥齿轮的齿宽系数，$\psi_R = b/R$，一般取 $\psi_R = 0.25 \sim 0.30$；

$[\sigma_F]$——许用弯曲应力，MPa，计算同前。

设计计算出的模数 m 应按表 9.8.1 选取标准值。

2. 齿面接触疲劳强度计算

校核公式为

$$\sigma_H = \frac{4.98 Z_E}{1-0.5\psi_R} \sqrt{\frac{KT_1}{\psi_R d_1^3 i}} \leqslant [\sigma_H] \quad \text{（MPa）} \quad (9.11.19)$$

设计公式为

$$d_1 \geqslant \sqrt[3]{\frac{KT_1}{\psi_R i} \left[\frac{4.98 Z_E}{(1-0.5\psi_R)[\sigma_H]} \right]^2} \quad \text{（mm）} \quad (9.11.20)$$

式中　d_1——大端分度圆直径，mm；

Z_E——材料的弹性系数，查表 9.11.2；

$[\sigma_H]$——许用接触应力，MPa，计算同前。

第十二节　齿轮传动技术的发展概况

齿轮传动是现代机械中应用最广泛的一种传动。研究齿轮传动的目的在于适应科技进步和工业发展的需要，制造出传动性能好、承载能力高、结构尺寸小、生产成本低的高质量齿轮。对齿轮的研究，通常在探讨其齿廓曲线、选择其材料及热处理方法、开发并推广其新的设计、制造、检验分析方法等方面进行。各方面的研究成果都推动了齿轮传动技术的发展。

一、齿廓曲线的研究动向

本章前述各节研究有关渐开线齿轮的问题，广泛使用渐开线齿轮传动已有两百多年历史。诚然，渐开线作为齿轮齿廓曲线有许多优点，但也存在一些固有的缺点，如啮合齿廓接触点处的综合曲率半径 ρ_Σ 不能增大很多，载荷沿齿宽分布不均匀，轮齿各部分的磨损不均匀，啮合损失较大等，使传动效率下降，并使提高其承载能力受到了一定的限制。这些缺陷影响齿轮传动质量的进一步提高。因此促使人们去寻求更合适的齿廓曲线，以适应对齿轮传动的更高要求。

1. 圆弧齿轮

圆弧齿轮传动如图 9.12.1 所示。它的端面或法面齿廓为圆弧。小齿轮齿廓为凸圆弧，大齿轮齿廓为凹圆弧。为保证两轮传动的连续性，这种齿轮只能制成斜齿轮。圆弧齿轮传动的优点有：①综合曲率半径大，轮齿具有较高的接触强度，在齿轮材料和尺寸相同的情况下，接触强度比渐开线齿轮提高 1.5～2 倍；②对制造误差和变形的敏感性较小；③无根切问题，因而没有受根切限制的最少齿数，故径向尺寸可大大缩小。

圆弧齿轮传动也有一些缺点：① 点啮合传动且无中心距可分性，故中心距偏差会使其承载能力显著下降，因而对中心距精度要求较高，提高了对加工及安装的精度要求；②轴向尺寸较大，这是因为斜齿圆弧齿轮的端面重合度为零，为使其能连续传动，必须增大轴面重合度，而增大轴面重合度的主要措施是增大齿轮宽度；③凸齿面齿轮和凹齿面齿轮要用两把刀切制。

为克服上述缺点，近年来采用了双圆弧齿轮。在这种齿轮传动中，相啮合的一对齿轮其齿顶均为凸圆弧，而齿根均是凹圆弧。每对齿啮合时均有两个啮合点，一个在齿顶，另一个在齿根。这种齿轮传动的主要优点是：① 强度高，传动平稳，振动、噪声均较小；②互相啮合的一对齿轮可用一把刀具加工，降低了加工成本。

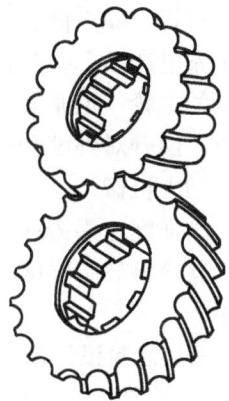

图 9.12.1 圆弧齿轮传动

2. 摆线齿轮

早在 16 世纪人们已用摆线作为齿廓曲线了。但由于渐开线齿轮在许多方面优于摆线齿轮，所以摆线齿轮的应用远不如渐开线齿轮广泛。摆线齿轮的变态形式——摆线针轮传动，则被越来越广泛地应用。

摆线齿轮传动的主要优点有：① 相互啮合的两齿面一凹一凸，综合曲率半径大，有利于提高接触强度；② 重合度较大；③ 无根切现象，可得到更紧凑的机构。

摆线齿轮的主要缺点有：① 两轮中心距必须十分准确，否则不能保证定传动比；② 由于啮合线为圆弧，因而啮合角是变化的，故齿廓间的正压力方向也是变化的，从而使齿廓间的正压力不断变化；③ 对精度要求较高，给加工带来一定的困难，不容易满足精度要求。

除上述圆弧、摆线作为轮齿齿廓曲线外，近年来对齿廓曲线的研究也逐渐深入，为吸收渐开线、摆线齿廓曲线各自的优点，所以对渐开线—摆线混合齿廓的齿轮作了研讨。对这种齿轮的制造工艺、啮合原理、啮合参数、强度性能、试验结果等进行了研究。这种齿轮较之渐开线齿轮有着较高的使用性和机械性能，但要广泛应用还有待进一步研究。此外，目前国内还对变长线、渐开线点线啮合等新型齿廓曲线齿轮传动进行了研究。

二、齿面硬度、齿轮精度、齿轮材料方面的研究动向

1. 硬齿面、高精度已成为齿轮传动技术发展的主流

随着齿轮传递功率的日益增大，世界各国都在努力研究如何提高齿轮承载能力的问题。

研究结果和生产实践都已证明，采用硬齿面和提高齿轮加工精度是解决承载能力的关键。例如，在其他条件相同的情况下，采用渗碳淬火硬齿面代替调质软齿面，齿轮的承载能力可提高 2～3 倍；一些硬齿面减速器与同等额定功率的软齿面减速器相比，寿命可提高 3 倍以上；与传递相同功率的软齿面减速器相比，硬齿面减速器的重量与体积可以下降 40％～60％。根据预测，我国的齿轮工业 21 世纪内将完成从软齿面向硬齿面（含中硬齿面）的转变。

2. 齿轮新材料的研究与开发

近十几年来，在对重要传动齿轮用钢的冶金质量方面，采用真空脱气处理，提高了钢的韧度，改善了加工性能。为保证齿轮不同尺寸的芯部硬度和减少热处理变形，开始生产并应用保证淬透性钢；为缩短齿轮渗碳周期，正逐步推行齿轮的稀土渗碳工艺，并开发出了不少新牌号钢。

同时，对塑料齿轮和高强度球墨铸铁齿轮加强了研究，使其应用日益广泛。塑料齿轮具有重量轻、噪声低、价格廉、适于注塑成型、可在无需润滑的条件下工作等优点，已广泛应用于家电产品、办公机器、轻工食品机械、机器人等产品上。近十几年来，人们通过对新型材料的齿轮（尼龙合金材料齿轮、复合材料塑料齿轮）的研究，在齿面温度、摩擦系数变化规律、温升对强度和机械性能的影响等方面取得了诸多成果，使高强度的塑料齿轮已逐渐应用于动力机械。

高强度球墨铸铁（ADI）齿轮，具有噪声低、抗胶合能力强、温升小、传动效率高等优点，其接触疲劳强度、弯曲疲劳强度及耐冲击能力均优于一般调质钢齿轮，所以得到广泛应用。

三、齿轮设计及制造技术的发展动向

1. 计算机技术和现代设计方法的应用

采用新的设计技术及设计方法是制造高质量齿轮的关键之一。在工业发达国家中，齿轮设计、制造和分析系统（CAD/CAM/CAA）已普遍应用。计算机辅助设计、数控加工、检验分析的新技术也已获得系统应用。美国的软件公司、齿轮公司都建有齿轮设计与分析系统。日本组织大学、工厂和研究机关开发了齿轮行业的通用软件，如《齿轮文献数据库》、《齿轮装置数据库》、《齿轮基本设计评价专家系统》、《滚刀滚齿诊断型专家系统》、《齿轮装置振动问题诊断型专家系统》等。

从优化设计到计算机辅助绘图，从二维图形发展到三维实体造型，从齿轮零部件 CAD 到齿轮传动装置 CAD 的一体化集成系统，计算机技术和现代设计方法的开发和应用，大大地缩短了设计周期并提高了设计质量，获得了更先进更可靠的齿轮新产品。

2. 涂覆技术在齿轮刀具上被广泛应用

氮化钛（TiN）超硬涂层可使刀具的寿命提高 3～7 倍，使切削速度提高 50％～100％，降低了制造成本，节约了能源，提高了经济效益，此项技术被誉为"刀具革命"。由于氮化钛涂层与刀具基体有较好的结合力，具有耐热、耐磨等特点，所以在工业发达国家，涂层齿轮刀具的覆盖率达 80％以上。在我国，目前也有不少刀具厂建立了涂层中心，正不断推广涂层滚刀及其他齿轮刀具。

3. 新的齿轮加工方法的研究

硬齿面的加工按传统方法是磨齿，但这种方法效率低、成本高。近十余年来，对应齿面精加工的新技术层出不穷，如广为采用的 30° 负前角硬质合金滚（刮）刀和径向剃齿等方法均获得良好的效果。

CBN（立方晶氮化硼）砂轮的出现，为超精密高效磨齿开辟了一条新途径。CBN砂轮与普通氧化铝砂轮相比，后者六七分钟磨一个汽车齿轮，而前者仅需1min。

热弹性变形修形技术应用于高速重载齿轮，可使其受载后齿面接触均匀，以保证齿轮运行的可靠性和降低噪声。实验研究表明，修形可提高50％～100％的承载能力。

4．新型齿轮加工机床的研制和开发

工业发达国家的齿轮制造厂家，为适应批量生产或多品种小批量齿轮生产的需要，采用CNC（人机对话式数控）齿轮加工机床越来越多。滚齿机、插齿机、剃齿机、硬齿面加工光整机均在十年内先后CNC化。目前已出现全自动化的齿轮柔性制造系统，即FMS齿轮加工。

为了提高齿轮精加工的效率，国外齿轮加工机床公司推出了高效磨齿机，如环面蜗杆砂轮磨齿机，其生产效率是普通磨齿法的5倍。磨削小直径（$d<140mm$）、模数$m=1.5～3mm$、螺旋角$\beta=\pm40°$的齿轮时，单件磨削时间可缩短到1min，平均每个齿的磨削仅为2s，并按照需要可磨削各种修形齿轮。

总之，齿轮技术在近十余年间得到了长足的发展。除上述之外，还有如齿轮传动振动与噪声等动力学方面的许多新课题也在不断的研究和开发中。

思 考 与 练 习

9.1 齿轮传动有哪些主要特点、主要类型？

9.2 对齿轮传动的基本要求是什么？

9.3 齿廓啮合基本定律与定传动比的关系如何？

9.4 渐开线具有哪些性质？

9.5 直齿圆柱齿轮的基本参数有哪些？

9.6 何谓模数？它的物理意义是什么？

9.7 试区别下列概念：节圆与分度圆；啮合角与压力角。

9.8 何谓标准齿轮？

9.9 直齿圆柱齿轮的正确啮合条件是什么？连续传动条件是什么？

9.10 轮齿的切削加工有哪两种？其加工原理各是什么？

9.11 什么叫变位齿轮？变位齿轮有哪几种？

9.12 斜齿轮有哪些基本参数？为什么规定其法面模数和压力角为标准值？

9.13 斜齿轮的正确啮合条件是什么？

9.14 何谓斜齿轮的当量齿轮？计算当量齿数的目的是什么？

9.15 两轴线夹角$\Sigma=90°$的直齿圆锥齿轮，其传动比与节锥角有何关系？

9.16 圆锥齿轮有哪些基本参数？为什么规定其大端的模数和压力角为标准值？

9.17 何谓圆锥齿轮的当量齿轮？计算当量齿数的目的是什么？

9.18 轮齿常见的失效有哪几种？原因是什么？

9.19 何谓载荷系数？

9.20 在轮齿的弯曲强度计算公式中，试述各参数的意义？

9.21　试述在齿面的接触强度计算公式中各参数的意义。

9.22　齿轮的设计准则是什么？

9.23　斜齿轮轴向力方向如何确定？锥齿轮轴向力方向如何确定？

9.24　已知一对外啮合标准直齿圆柱齿轮的传动比 $i=2.5$，$z_1=40$，$h_a^*=1$，$c^*=0.25$，$m=10mm$，$\alpha=20°$。试求这对齿轮的主要尺寸。

9.25　今测得一标准直齿轮的齿顶圆直径为 $130mm$，齿数为 24，齿高为 $11.25mm$，求该对齿轮的模数 m 和齿顶高系数 h_a^*。

9.26　已知两齿轮的中心距 $a=250mm$，齿数 $z_1=20$，模数 $m=5mm$，转速 $n_1=1450r/min$，求另一个齿轮的转速 n_2。

9.27　试比较正常齿制标准直齿圆柱齿轮的基圆和齿根圆，在什么条件下基圆大于齿根圆？什么条件下基圆小于齿根圆？

9.28　已知一对内啮合正常齿制标准直齿圆柱齿轮的 $m=4mm$，$z_1=20$，$z_2=60$。试参照图 9.1.1（d），计算该对齿轮的中心距和内齿轮 2 的分度圆直径、齿顶圆直径和齿根圆直径。

9.29　今有一中心距 $a=250mm$ 的旧箱体，又找到一个 $z_1=20$，$\alpha=20°$，$d_{a1}=220mm$，$d_{f1}=175mm$ 的标准齿轮。现在需给其配制另一个标准齿轮，一同装入箱体内进行啮合传动，试确定该配制齿轮的基本参数。

9.30　已知一对标准斜齿圆柱齿轮 $z_1=16$，$z_2=83$，$m_n=4mm$，$\beta=8°6'34''$，$\varphi_a=0.4$，求这对齿轮的主要几何尺寸。

9.31　在一个中心距 $a=155mm$ 的旧箱体上，配上一对齿数为 $z_1=23$，$z_2=76$，模数 $m_n=3mm$ 的斜齿轮，试问这对齿轮的螺旋角 β 应为多少？

9.32　已知一对标准直齿锥齿轮传动的 $z_1=18$，$z_2=36$，大端的模数 $m=5mm$，轴交角 $\Sigma=90°$，试求该对齿轮的分度圆直径、齿顶圆直径、齿根圆直径、锥距 R、分度锥角、顶锥角、根锥角。

9.33　以下三对 $\Sigma=90°$ 的直齿锥齿轮，其中三个 $z=40$ 的齿轮能否对换？为什么？

（1）$z_1=20$，$z_2=40$，$m=3mm$，$\alpha=20°$；

（2）$z_1=40$，$z_2=40$，$m=3mm$，$\alpha=20°$；

（3）$z_1=20$，$z_2=40$，$m=4mm$，$\alpha=20°$。

9.34　如题图 9.1 所示斜齿圆柱齿轮减速器，已知主动轮 1 的螺旋角旋向及转向，为了使装有轮 2 和轮 3 的中间轴受到的轴向力最小，试确定 2、3、4 轮的螺旋角旋向和各轮产生的轴向力方向。

9.35　已知一对标准直齿锥传动，齿数 $z_1=28$，$z_2=56$，大端的模数 $m=4mm$，轴交角 $\Sigma=90°$。齿宽 $b=40mm$，传动功率 $P_1=7kW$，小锥齿轮转速 $n_1=320r/min$，试求啮合点作用力（分解为三个分力）的大小及方向。

9.36　试设计螺旋运输机用单级直齿圆柱齿轮减速器中的齿轮传动。已知：原动机为电动机，传动功率 $P=10kW$，主动齿轮转速 $n_1=960r/min$，从动齿轮的转速 $n_2=240r/min$，单向运转。

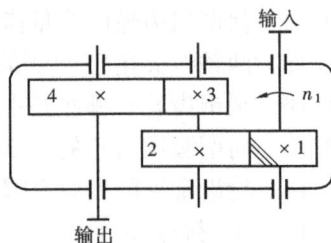

题图 9.1　题 9.32 图

9.37 某单级直齿轮减速器中，已知：原动机为电动机，传动功率 $P=9\text{kW}$，小齿轮转速 $n_1=250\text{r/min}$，$z_1=25$，大齿轮的转速 $n_2=60\text{r/min}$，$z_2=104$，模数 $m=4\text{mm}$，齿宽 $b_1=105\text{mm}$，$b_2=100\text{mm}$，两齿轮均用 45 号钢，小齿轮调质处理，齿面硬度 217～255HBS，大齿轮正火处理，齿面硬度 162～217HBS，单向运转，试校核传动齿轮强度。

9.38 试设计大型鼓风机用斜齿轮单级减速器的齿轮传动。已知：原动机为电动机，传递的功率 $P=30\text{kW}$，主动齿轮转速 $n_1=730\text{r/min}$，从动齿轮转速 $n_2=265\text{r/min}$，单向运转。

第十章 蜗 杆 传 动

第一节 蜗杆传动的类型和特点

一、蜗杆传动的类型

蜗杆传动主要由蜗杆、蜗轮及支承它们的机架组成（见图10.1.1），用于传递空间交错轴之间的运动和动力。通常蜗杆、蜗轮的回转轴线在空间交错成90°。

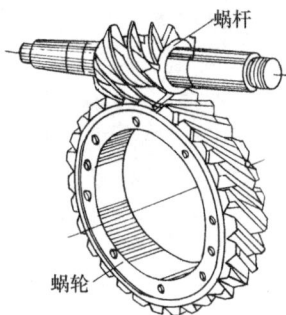

图 10.1.1 蜗杆传动

按形状的不同，蜗杆可分为圆柱蜗杆［见图 10.1.2（a）］和环面蜗杆［见图 10.1.2（b）］等。和螺纹一样，蜗杆有左旋、右旋之分，常用的是右旋蜗杆。

圆柱蜗杆传动按其螺旋面的形状又分为阿基米德蜗杆和渐开线蜗杆，其中最常用的是阿基米德蜗杆，通常称为普通圆柱蜗杆。车制阿基米德蜗杆时，将刃形为标准齿条形的车刀水平放置在蜗杆轴线所在的平面内，刀尖夹角 $2\alpha=40°$。车出的蜗杆，在轴向截面 I—I 上的齿形相当于齿条齿形（见图 10.1.3），在垂直于蜗杆轴线截面上的齿廓是阿基米德螺旋线。与之相啮合的蜗轮一般是在滚齿机上用和蜗杆形状、尺寸一致的滚刀（为了保证蜗杆和蜗轮啮合时有顶隙，滚刀外径比蜗杆顶圆直径大两倍顶隙）按范成原理切制而成的。

在蜗杆传动中，将通过蜗杆轴线并垂直于蜗轮轴线的平面，称为中间平面。按上述方法加工的蜗轮在中间平面内的齿形为渐开线，如图 10.2.1 所示。因此，在中间平面内蜗杆与蜗轮的啮合关系就和渐开线齿轮与齿条的啮合相似。

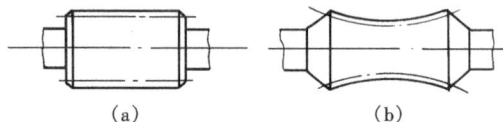

图 10.1.2 圆柱蜗杆与环面蜗杆
（a）圆柱蜗杆；（b）环面蜗杆

渐开线蜗杆的齿形，在垂直于蜗杆轴线的截面内为渐开线，在包含蜗杆轴线的截面内为凸廓曲线。这种蜗杆可以像圆柱齿轮那样用滚刀铣切，适用于成批生产。

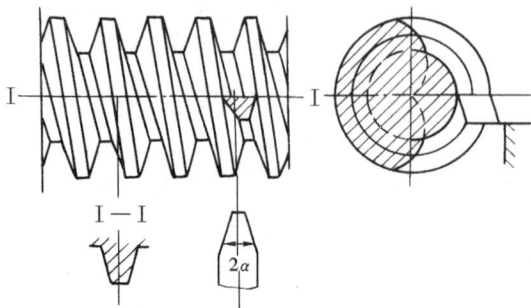

图 10.1.3 阿基米德蜗杆

二、蜗杆传动的特点

1. 传动比大，结构紧凑

和齿轮传动相同，蜗杆传动不但传递运动可靠，同时能保证定传动比传动，并且可获得较大的传动比，在一般传动中，$i=10\sim80$，在只是传递运动的分度机构中 i 可达 1000。

2. 传动平稳、噪声低

在传动过程中，由于蜗杆与蜗轮齿

的啮合是连续的，并且两者为线接触，因而传动平稳、噪声低。

3. 传动效率低、成本高

由于蜗杆、蜗轮在啮合处有较大的相对滑动，因而磨损大，发热量大，效率低，一般传动效率 $\eta = 0.7 \sim 0.8$，具有自锁性的蜗杆传动效率低于 0.5，故蜗杆传动主要用于中小功率的传动。为减摩耐磨，控制发热，防止胶合，蜗轮齿圈常采用青铜材料制造，因而成本较高。

第二节　蜗杆传动的基本参数和尺寸计算

一、蜗杆传动的主要参数

1. 模数 m 和压力角 α

由于在中间平面内蜗杆传动相当于渐开线斜齿轮和斜齿条的啮合传动，因此蜗杆传动的设计计算都以中间平面的参数为准。由图 10.2.1（a）可看出，在中间平面内，蜗杆的轴面齿距 p_{a1} 与蜗轮的端面齿距 p_{t2} 相等，即 $p_{a1} = p_{t2} = p$。由此可得，蜗杆轴面模数 m_{a1} 和轴面压力角 α_{a1} 分别等于蜗轮端面模数 m_{t2} 和端面压力角 α_{t2}。

蜗杆上齿厚与齿槽宽相等的圆柱称为蜗杆的分度圆柱 [见图 10.2.1（a）、（b）]，直径以 d_1 表示，其值见表 10.2.1。蜗轮分度圆直径以 d_2 表示。蜗杆和蜗轮轮齿为螺旋线形状，在两轴交错角为 90°的蜗杆传动中，蜗杆分度圆柱上的导程角 γ 应等于蜗轮分度圆柱上的螺旋角 β，且两者的旋向必须相同，即 $\gamma = \beta$（见图 10.2.2）。

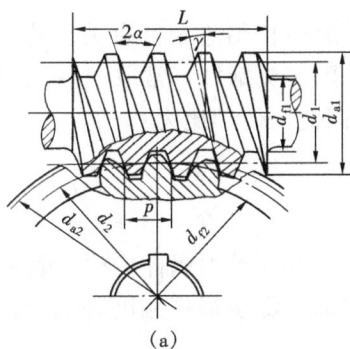
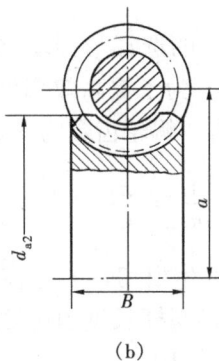
(a) (b)

图 10.2.1　圆柱蜗杆传动的主要参数和尺寸

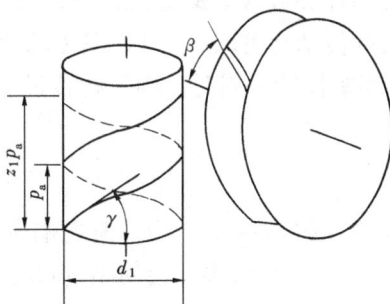

图 10.2.2　γ 与 β 的关系

由此，得到蜗杆传动正确的啮合条件

$$m_{a1} = m_{t2} = m$$

$$\alpha_{a1} = \alpha_{t2} = 20°$$

$$\gamma = \beta$$

模数为标准值，见表 10.2.1。

表 10.2.1　　　　　　　　　圆柱蜗杆的基本尺寸及参数（摘自 GB 10085—1988）

m (mm)	d_1 (mm)	z_1	q	$m^2 d_1$ (mm³)	m (mm)	d_1 (mm)	z_1	q	$m^2 d_1$ (mm³)
1	18	1	18.000	18	6.3	63	1, 2, 4, 6	10.000	2500
1.25	20	1	16.000	31.25		112	1	17.778	4445
	22.4	1	17.920	35	8	80	1, 2, 4, 6	10.000	5120
1.6	20	1, 2, 4	12.500	51.2		140	1	17.500	8960
	28	1	17.500	71.68	10	90	1, 2, 4, 6	9.000	9000
2	22.4	1, 2, 4, 6	11.200	89.6		160	1	16.000	16000
	35.5	1	17.750	142	12.5	112	1, 2, 4	8.960	17500
2.5	28	1, 2, 4, 6	11.200	175		200	1	16.000	31250
	45	1	18.000	281	16	140	1, 2, 4	8.750	35840
3.15	35.5	1, 2, 4, 6	11.270	352		250	1	15.625	64000
	56	1	17.778	556	20	160	1, 2, 4	8.000	64000
4	40	1, 2, 4, 6	10.000	640		315	1	15.750	126000
	71	1	17.750	1136	25	200	1, 2, 4	8.000	125000
5	50	1, 2, 4, 6	10.000	1250		400	1	16.000	250000
	90	1	18.000	2250					

注　表中所列 d_1 数值为国标规定的优先选用值。

2. 蜗杆头数 z_1、蜗轮齿数 z_2 及传动比 i

设蜗杆头数（即螺旋线数目）为 z_1，z_1 的选择与传动比、效率和制造条件有关。若要获得大的传动比可取 $z_1=1$，但传动效率低。为了提高效率可采用多头蜗杆，常取 $z_1=2$、4 或 6。当蜗杆转一周时，蜗轮将转过 z_1 个齿，蜗轮齿数为 z_2。因此，传动比为

$$i = \frac{n_1}{n_2} = \frac{z_2}{z_1} \tag{10.2.1}$$

蜗轮齿数 $z_2=iz_1$。为了避免蜗轮轮齿发生根切，z_2 不应小于 26。动力蜗杆传动，取 $z_2=26\sim80$。若 z_2 过多，会使结构尺寸过大，蜗杆长度也随之增加，影响蜗杆刚度和啮合精度。蜗杆头数 z_1 和蜗轮齿数 z_2 的荐用值见表 10.2.2。

表 10.2.2　　　　　　　　　蜗杆头数 z_1 和蜗轮齿数 z_2 的荐用值

传动比 i	7～13	14～27	28～40	>40
蜗杆头数 z_1	4	2	2、1	1
蜗轮齿数 z_2	28～52	28～54	28～80	>40

3. 蜗杆直径系数 q 和导程角 γ

切制蜗轮的滚刀，其直径、模数 m、螺旋线数 Z、导程角 γ 等，必须与相应的蜗杆相同。为了减少刀具数量并便于标准化，制定了蜗杆分度圆直径的标准系列。国标 GB 10085—1988 中，每一个模数只与一个或几个蜗杆分度圆直径的标准值相对应（见表

10.2.1)。蜗杆分度圆直径 d_1 与模数 m 的比值称为蜗杆的直径系数，用 q 表示，即 $q = \dfrac{d_1}{m}$，其值见表 10.2.1。

蜗杆螺旋面和分度圆柱的交线是螺旋线。将蜗杆分度圆柱展开，γ 为蜗杆分度圆柱上的螺旋线导程角，p_{a1} 为轴向齿距，由图 10.2.3 得

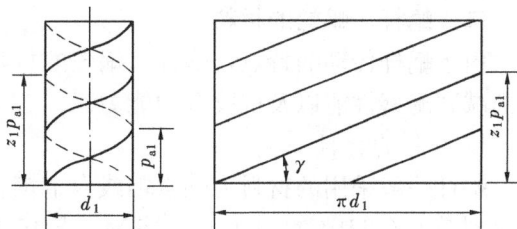

图 10.2.3 蜗杆导程

$$\tan\gamma = \frac{z_1 p_{a1}}{\pi d_1} = \frac{z_1 m}{d_1} = \frac{z_1}{q} \tag{10.2.2}$$

由式可知，d_1 越小（或 q 越小）导程角 γ 越大，传动效率也越高，但蜗杆的刚度和强度越小。

4. 蜗杆传动的中心距

当蜗杆节圆与分度圆重合时称为标准传动，标准中心距的计算式为

$$a = \frac{1}{2}(d_1 + d_2) = \frac{m}{2}(q + z_2) \tag{10.2.3}$$

二、蜗杆传动的几何尺寸计算

圆柱蜗杆传动中，蜗杆、蜗轮的几何尺寸计算（两轴交错角为 90°、标准传动）见表 10.2.3。表中尺寸含义见图 10.2.1。

表 10.2.3　　　　　　　　　圆柱蜗杆传动的几何尺寸计算

名　称	计　算　公　式	
	蜗　杆	蜗　轮
蜗杆分度圆直径，蜗轮分度圆直径	$d_1 = mq$	$d_2 = mz_2$
齿顶高	$h_a = m$	$h_a = m$
齿根高	$h_f = 1.2m$	$h_f = 1.2m$
蜗杆齿顶圆直径，蜗轮喉圆直径	$d_{a1} = m(q+2)$	$d_{a2} = m(z_2+2)$
齿根圆直径	$d_{f1} = m(q-2.4)$	$d_{f2} = m(z_2-2.4)$
蜗杆轴向齿距，蜗轮端面齿距	$p_{a1} = p_{t2} = p = \pi m$	
径向间隙	$c = 0.2m$	
中心距	$a = \dfrac{1}{2}(d_1+d_2) = \dfrac{m}{2}(q+z_2)$	

注　蜗杆传动中心距标准系列为 40、50、63、80、100、125、160、（180）、200、（225）、250、（280）、315、（355）、400、（450）、500。

第三节　蜗杆传动的失效形式、材料和结构

一、蜗杆传动的失效形式

蜗杆传动的主要失效形式为齿面的胶合、点蚀、磨损和轮齿的折断等。由于蜗杆传动在齿面间有较大的相对滑动，产生热量，使润滑油温度升高而变稀，润滑条件变坏，与齿轮相比，其胶合、点蚀和磨损的现象更易发生，而且失效通常是发生在蜗轮轮齿上。

二、蜗杆、蜗轮的材料

由于蜗杆传动的特点，蜗杆、蜗轮的材料不仅要求有足够的强度，而更重要的是要有良好的减摩耐磨性能以及抗胶合的能力。

1. 蜗杆的材料

蜗杆一般采用的材料为碳素钢或合金钢。高速重载的蜗杆常用 20Cr、20CrMnTi（渗碳淬火到 56～62HRC）、40Cr、42SiMn 或 45 号钢（表面淬火到 45～55HRC）等，并应磨削或抛光。一般蜗杆可采用 40、45 号钢等碳素钢调质处理（硬度为 220～250HBS）。在低速或手摇传动中，蜗杆可不进行热处理。

2. 蜗轮的材料

在重要的高速蜗杆传动中，蜗轮常用 ZCuSn10P1（10-1 锡青铜）制造，它的抗胶合和耐磨性能好，允许的滑动速度可达 25m/s，易于切削和加工，但价格高。在滑动速度小于 12m/s 的蜗杆传动中，蜗轮可采用含锡量低的 ZCuSn5Pb5Zn5（5-5-5 锡青铜）。无锡青铜，

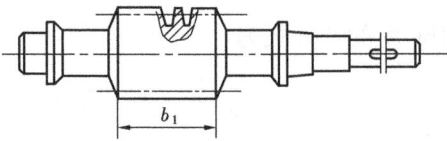

图 10.3.1　蜗杆轴

如 ZCuAl10Fe3（10-3 铝青铜）有足够强度，铸造性能好，耐冲击，价廉，但切削性能差，抗胶合性能不如锡青铜，一般用于滑动速度小于 6m/s 的传动。在滑动速度低于 2m/s 的传动中，蜗轮可用球墨铸铁或灰铸铁为材料。

三、蜗杆和蜗轮的结构

蜗杆通常和轴制成一体，称为蜗杆轴，如图 10.3.1 所示。

蜗轮的结构有如图 10.3.2 所示的几种形式。图 10.3.2（a）为整体式结构，多用于铸铁蜗轮或尺寸小的青铜蜗轮。图 10.3.2（b）、（c）、（d）为组合结构。对于直径较大蜗轮，为了节约贵重的有色金属常采用组合式结构。其中图 10.3.2（b）为过盈配合的结构，即将青铜齿圈紧套在铸铁轮芯上，为防止齿圈发热后松动，常在接缝处装上 4～8 个紧定螺钉。为了便于钻孔，应将螺孔中心线向材料较硬的一边偏移 2～3mm。此种结构适用于尺寸不大而工作温度变化又较小的地方。图 10.3.2（c）为轮芯和齿圈用铰制孔

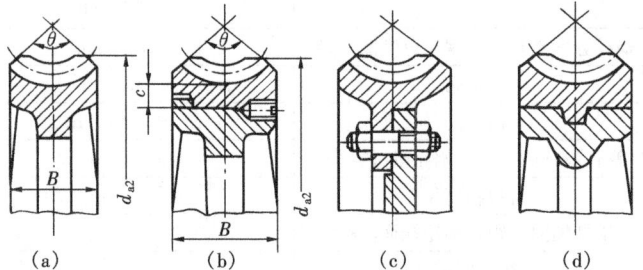

图 10.3.2　蜗轮的结构

（a）整体式结构；（b）过盈配合结构；（c）铰制孔螺栓
连接结构；（d）铸铁轮芯上浇铸青铜齿圈的结构

螺栓连接的结构，常用于尺寸较大或磨损后需要更换齿圈的场合。对于成批制造的蜗轮，常在铸铁轮芯上浇铸出青铜齿圈［见图 10.3.2（d）］。

第四节　蜗杆传动承载能力的计算

一、蜗杆传动的运动分析

（1）蜗轮旋转方向的确定。蜗杆传动中，一般蜗杆为主动，蜗轮的转动方向取决于蜗杆的螺旋线旋向和蜗杆的转动方向，用左、右手定则来判断。当蜗杆为左（右）旋时，用左

（右）手四指弯曲的方向代表蜗杆的旋转方向，蜗轮节点的速度方向与大拇指指向相反，从而确定蜗轮的转向。

如图 10.4.1 所示为蜗杆下置的传动，当蜗杆转动方向为箭头朝上时，蜗轮为逆时针方向旋转。

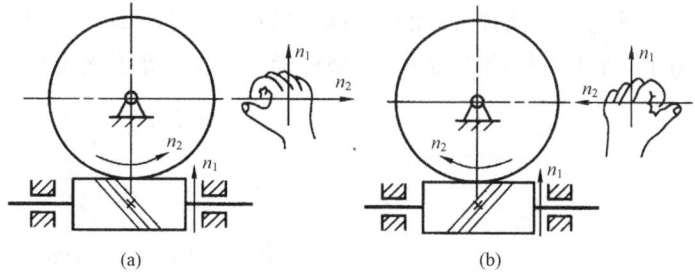

图 10.4.1 蜗轮旋转方向判定

（2）齿面间相对滑动速度 v_s。在蜗杆传动中，即使轮齿在节点处啮合，齿廓之间也有较大的相对滑动，滑动速度 v_s 的方向与蜗杆螺旋线方向一致。设蜗杆圆周速度为 v_1，蜗轮圆周速度为 v_2，由图 10.4.2 可得

$$v_s = \sqrt{v_1^2 + v_2^2} = \frac{v_1}{\cos\gamma} = \frac{\pi d_1 n_1}{60 \times 1000\cos\gamma}(\text{m/s}) \tag{10.4.1}$$

由式（10.4.1）可知，滑动速度 v_s 大于蜗杆的圆周速度 v_1。滑动速度的大小，对齿面的润滑情况、齿面失效形式、发热以及传动效率等都有很大影响。当蜗杆传动的具体尺寸尚未确定时，可用下式估算滑动速度的大小

$$v_s = (0.03 \sim 0.04)\sqrt[3]{P_1 n_1^2} \tag{10.4.2}$$

式中 P_1——蜗杆传递的功率，kW；

     n_1——蜗杆的转速，r/min。

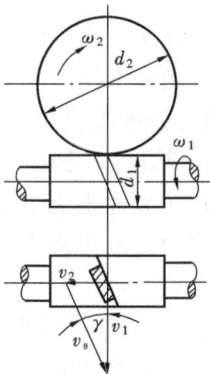

图 10.4.2 蜗杆传动的滑动速度

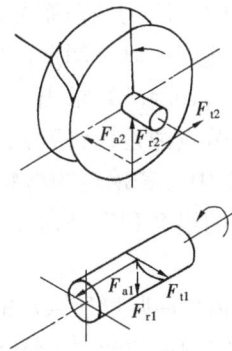

图 10.4.3 蜗杆与蜗轮的作用力

二、蜗杆传动的受力分析

蜗杆传动的受力分析和斜齿圆柱齿轮传动相似，齿面上的法向力 F_n 可分解为圆周力 F_t、轴向力 F_a 和径向力 F_r 三个相互垂直的分力。蜗杆为主动件，作用在蜗杆上的圆周力 F_{t1} 与蜗杆的运动方向相反；作用在蜗轮上的圆周力 F_{t2} 与蜗轮的运动方向相同。径向力 F_r 的方向对两轮都是由啮合点沿半径方向指向各自的中心。蜗杆轴向力 F_{a1} 的方向可用左右手定则来判断：四指表示蜗杆的转动方向，拇指所指为轴向力的方向。各分力方向如图

10.4.3 所示。当蜗杆轴和蜗轮轴交错成 90°时，蜗杆圆周力 F_{t1} 等于蜗轮轴向力 F_{a2}，蜗杆轴向力 F_{a1} 等于蜗轮圆周力 F_{t2}，蜗杆径向力 F_{r1} 等于蜗轮径向力 F_{r2}，即

$$F_{t1} = F_{a2} = \frac{2T_1}{d_1} \tag{10.4.3}$$

$$F_{a1} = F_{t2} = \frac{2T_2}{d_2} \tag{10.4.4}$$

$$F_{r1} = F_{r2} = F_{t2} \mathrm{tg}\alpha \tag{10.4.5}$$

$$T_2 = T_1 i \eta$$

式中　d_1、d_2——分别为蜗杆和蜗轮的分度圆直径，mm；

　　　T_1、T_2——分别为作用在蜗杆和蜗轮上的转矩，N·mm；

　　　　η——蜗杆传动的效率；

　　　　i——传动比。

三、圆柱蜗杆传动的强度计算

在闭式蜗杆传动中，蜗轮齿多因齿面点蚀或磨损而失效，因此通常按齿面的接触疲劳强度进行设计。蜗轮齿面的接触疲劳强度的计算与斜齿轮相似，也是以赫兹公式为计算基础。将蜗杆、蜗轮在节点处啮合的相应参数代入到赫兹公式中，对于钢制蜗杆和青铜或铸铁材料的蜗轮，齿面接触强度的验算公式为

$$\sigma_H = 500\sqrt{\frac{KT_2}{d_1 d_2^2}} = 500\sqrt{\frac{KT_2}{m^2 d_1 z_2^2}} \leqslant [\sigma_H] \tag{10.4.6}$$

由式（10.4.6）可得设计公式

$$m^2 d_1 \geqslant \left(\frac{500}{z_2 [\sigma_H]}\right)^2 KT_2 \tag{10.4.7}$$

上两式中：K 为载荷系数，用来考虑动载荷和载荷集中的影响，$K = 1.1 \sim 1.3$，当载荷平稳、滑动速度低以及制造及安装精度较高时取小值；其余参数的单位同前。

根据式（10.4.7）求出 $m^2 d_1$，由表 10.2.1 确定模数 m 和蜗杆分度圆直径 d_1。

齿面疲劳点蚀是以锡青铜为齿圈材料的蜗轮的主要失效形式，其许用接触应力 $[\sigma_H]$ 列于表 10.4.1 中。若蜗轮的材料为无锡青铜或铸铁时，其失效形式主要是胶合。其许用应力应根据材料的组合和滑动速度来确定。表 10.4.2 中的许用接触应力 $[\sigma_H]$ 就是根据抗胶合条件拟订的。

蜗轮轮齿弯曲强度所限定的承载能力，大都超过齿面点蚀和热平衡计算（热平衡计算见下一节）所限定的承载能力。蜗轮轮齿折断的情况很少发生，因此，只有当蜗轮采用脆性材料，或在受强烈冲击的传动中，计算其弯曲强度才有意义。需要计算时可参阅有关书籍或文献。

表 10.4.1　　　　　蜗轮的材料及其许用接触应力 $[\sigma_H]$　　　　　MPa

蜗轮材料	铸造方法	适用的滑动速度 v_s (m/s)	蜗杆齿面硬度	
			HBS≤350	HRC>45
ZCuSn10P1 （10-1 锡青铜）	砂　型 金属型	≤12 ≤25	180 200	200 220
ZCuSn5Pb5Zn5 （5-5-5 锡青铜）	砂　型 金属型	≤10 ≤12	110 135	125 150

表 10.4.2　　　　　　铝青铜及铸铁蜗轮的许用接触应力 $[\sigma_H]$　　　　　　　MPa

蜗轮材料	蜗杆材料	滑动速度 v_s (m/s)						
		0.5	1	2	3	4	6	8
ZCuAl10Fe3（10-3 铝青铜）	淬火钢	250	230	210	180	160	120	90
HT150、HT200	渗碳钢	130	115	90	—	—	—	—
HT150	调质钢	110	90	70	—	—	—	—

第五节　圆柱蜗杆传动的效率和热平衡计算

一、蜗杆传动的效率

闭式蜗杆传动的效率包括三部分：①蜗杆传动的轮齿啮合损耗的效率 η_1；②轴承中摩擦损耗的效率 η_2；③搅动箱体内润滑油的油阻损耗的效率 η_3。其中最主要的是轮齿啮合损耗的效率，相应的啮合效率可根据螺旋传动的效率公式，即 $\eta_1 = \dfrac{\tan\gamma}{\tan(\gamma + \rho')}$ 求出；后两项效率的乘积为 $0.95\sim0.97$。当蜗杆主动时，总效率为

$$\eta = \eta_1\eta_2\eta_3 = (0.95\sim0.97)\eta_1 = (0.95\sim0.97)\frac{\tan\gamma}{\tan(\gamma+\rho')} \tag{10.5.1}$$

式中　γ——蜗杆导程角；

ρ'——当量摩擦角，$\rho' = \arctan f'$。

当量摩擦系数 f' 主要与滑动速度、蜗杆副材料及表面状况等有关，见表 10.5.1。

表 10.5.1　　　　　　当量摩擦系数 f' 和当量摩擦角 ρ'

蜗轮材料	锡青铜				无锡青铜	
蜗杆齿面硬度	>45HRC		其他情况		>45HRC	
滑动速度 v_s	f'	ρ'	f'	ρ'	f'	ρ'
0.01	0.11	6.28°	0.12	6.84°	0.18	10.2°
0.10	0.08	4.57°	0.09	5.14°	0.13	7.4°
0.50	0.055	3.15°	0.065	3.72°	0.09	5.14°
1.00	0.045	5.58°	0.055	3.15°	0.07	4°
2.00	0.035	2°	0.045	2.58°	0.055	3.15°
3.00	0.028	1.6°	0.035	2°	0.045	2.58°
4.00	0.024	1.37°	0.031	1.78°	0.04	2.29°
5.00	0.022	1.26°	0.029	1.66°	0.035	2°
8.00	0.018	1.03°	0.026	1.49°	0.03	1.72°
10.0	0.016	0.92°	0.024	1.37°		
15.0	0.014	0.8°	0.020	1.15°		
24.0	0.013	0.74°				

注　1. >45HRC 的蜗杆，其 f'、ρ' 值是指经过磨削和跑合并有充分润滑的情况。

　　2. 蜗轮材料为灰铸铁时，可按无锡青铜查取 f'、ρ'。

由式（10.5.1）可知，η 随着导程角 γ 的增加而提高，故为提高传动效率，常采用多头蜗杆。但导程角过大，会引起蜗杆加工困难，而且导程角 $\gamma > 28°$ 时，效率提高很少。所以在实际应用中，γ 常小于 $28°$。

在初步设计时，蜗杆传动的总效率，可取下列数值：

闭式传动　　　　　　　　　$z_1=1$，$\eta=0.70\sim0.75$；

　　　　　　　　　　　　　$z_1=2$，$\eta=0.75\sim0.82$；

　　　　　　　　　　　　　$z_1=4$，$\eta=0.87\sim0.92$。

开式传动　　　　　　　　　$z_1=1$、2，$\eta=0.60\sim0.70$。

$\gamma\leqslant\rho'$ 时，蜗杆传动具有自锁性，但效率很低（$\eta<50\%$）。在静载荷作用下，满足自锁条件，蜗杆传动可自锁。但当载荷有振动时，ρ' 值会产生波动，因此在重要场合不宜单靠蜗杆传动的自锁作用来实现制动，应另加制动装置。

二、蜗杆传动的热平衡计算

由于蜗杆传动效率低，工作时发热量大，如不能及时散热，会使得箱体内油温升高、润滑失效，导致齿面磨损加剧，甚至引起齿面胶合。因此需对连续工作的闭式蜗杆传动进行热平衡计算，其目的在于控制箱体中润滑油的温度在允许的范围之内。

当油温达到热平衡时，传动装置的发热速率应和箱体的散热速率相等，即

$$1000(1-\eta)P_1 = \alpha_1 A(t_1 - t_0)$$

所以

$$t_1 = \frac{1000(1-\eta)P_1}{\alpha_1 A} + t_0 \qquad (10.5.2)$$

式中　P_1——蜗杆轴功率，kW；

　　　A——散热面积，指箱体外壁与空气接触而内壁被油飞溅到的箱壳面积，箱体上散热片的面积按 50% 计算，m^2；

　　　α_1——散热系数，$\alpha_1=12\sim18W/(m^2\cdot℃)$，通风良好时取大值；

　　　t_1——润滑油的工作温度，t_1 应小于 $75\sim90℃$；

　　　t_0——箱体周围空气的温度，常取 $t_0=20℃$。

如果 t_1 超过允许值，可采取以下措施以增加散热能力。

（1）合理设计箱体结构，铸出或焊上散热片，以增加散热面积。

（2）在蜗杆轴上装置风扇 [见图 10.5.1（a）]，在箱体油池内装设蛇形冷却水管 [见图 10.5.1（b）]，或用循环油冷却 [见图 10.5.1（c）] 以提高散热系数。

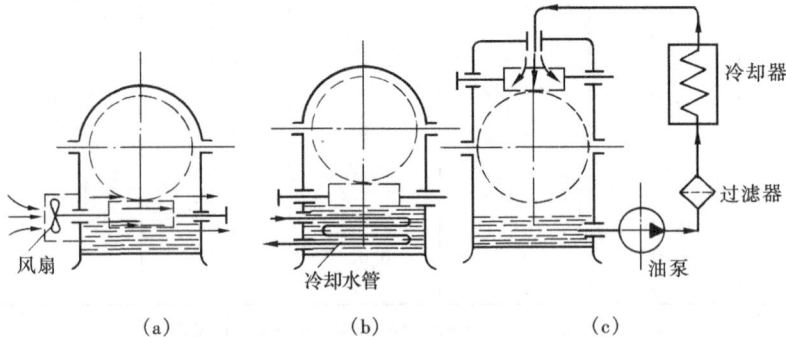

图 10.5.1　蜗杆传动的散热方法

【例 10.5.1】　设计一由电动机驱动的单级圆柱蜗杆减速器中的蜗杆传动。电动机功率 $P_1=5kW$，转速 $n_1=960r/min$，传动比 $i=21$，载荷平稳，单向回转。

　　解　（1）选择材料并确定其许用应力

蜗杆选用 40Cr，表面淬火，齿面硬度 $45\sim50HRC$；蜗轮选用 ZCuAl10Fe3。

由 $v_s = (0.03 \sim 0.04) \sqrt[3]{P_1 n_1^2} = (0.03 \sim 0.04) \sqrt[3]{5 \times 960^2} = 4.99 \sim 6.64$ （m/s），初步估计，选 $v_s = 5\text{m/s}$。根据表 10.4.2，取 $[\sigma_H] = 140\text{MPa}$。

（2）选择蜗杆头数

由传动比 $i = 21$，查表 10.2.2，选取 $z_1 = 2$，则 $z_2 = i z_1 = 21 \times 2 = 42$。

（3）确定蜗轮轴的转速和转矩为

$$n_2 = \frac{n_1}{i} = \frac{960}{21} = 45.7 (\text{r/min})$$

取 $K = 1.2$，传动效率 $\eta = 0.82$，则

$$KT_2 = \frac{9.55 \times 10^6 K P_1 \eta}{n_2} = \frac{9.55 \times 10^6 \times 1.2 \times 5 \times 0.82}{45.7} = 10.28 \times 10^5 (\text{N} \cdot \text{mm})$$

（4）确定模数和蜗杆分度圆直径

按齿面接触强度计算

$$m^2 d_1 \geqslant \left(\frac{500}{z_2 [\sigma_H]}\right)^2 KT_2 = \left(\frac{500}{42 \times 140}\right)^2 \times 10.28 \times 10^5 = 7433$$

由表 10.2.1 查得，$z_1 = 2$，$m^2 d_1 = 9000$，$m = 10\text{mm}$，$d_1 = 90\text{mm}$，$q = 9$。

（5）确定中心距

$$a = \frac{1}{2} m (q + z_2) = 0.5 \times 10 \times (9 + 42) = 255 (\text{mm})$$

（6）计算滑动速度 v_s

$$v_1 = \frac{\pi d_1 n_1}{60 \times 1000} = \frac{\pi \times 90 \times 960}{60 \times 1000} \approx 4.52 (\text{m/s})$$

$$\gamma = \arctan \frac{z_1}{q} = \arctan \frac{2}{9} = 12.53 (°)$$

$$v_s = \frac{v_1}{\cos \gamma} = \frac{4.52}{\cos 12.53°} = 4.63 (\text{m/s})$$

与原值估计的 v_s 值相近。

（7）传动效率

按 $v_s = 4.63\text{m/s}$，由表 10.5.1 插值查得钢制蜗杆与铝青铜蜗轮的当量摩擦角 $\rho' \approx 2.11°$，故

$$\eta = (0.95 \sim 0.97) \frac{\tan \gamma}{\tan(\gamma + \rho')}$$

$$= (0.95 \sim 0.97) \frac{\tan 12.53°}{\tan(12.53 + 2.11)°} = 0.81 \sim 0.83$$

与原值估计相近。

（8）确定几何尺寸（略）

（9）热平衡验算

估计散热面积 $A = 1.2\text{m}^2$（由作草图估算），取散热系数 $\alpha_t = 15\text{W}/(\text{m}^2 \cdot ℃)$，则

$$t_1 = \frac{1000 (1 - \eta) P_1}{\alpha_t A} + t_0 = \frac{1000 \times (1 - 0.82) \times 5}{15 \times 1.2} + 20 = 70℃ < 90℃，\text{合适。}$$

思　考　与　练　习

10.1　何谓蜗杆传动的中间平面？

10.2　蜗杆传动的常见失效形式有哪些？应采取何种措施加以防止？

10.3　蜗杆传动为什么要进行热平衡计算？如何改善传动的散热条件？

10.4　题图 10.1 所示为一闭式蜗杆传动，已知：蜗杆输入功率 $P=3kW$，转速 $n_1=1450r/min$，蜗杆头数 $z_1=2$，蜗轮齿数 $z_2=40$，模数 $m=4mm$，蜗杆分度圆直径 $d_1=40mm$，蜗杆和蜗轮间的当量摩擦系数 $f'=0.10$。

试求：

（1）啮合效率 η_1 和总效率 η；

（2）作用在蜗杆轴上的转矩 T_1 和蜗轮轴上的转矩 T_2；

（3）作用在蜗杆和蜗轮上的各分力的大小和方向。

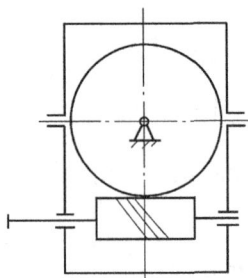

题图 10.1　题 10.4 图

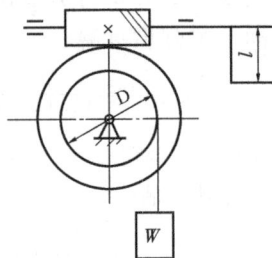

题图 10.2　题 10.5 图

10.5　手动铰车采用圆柱蜗杆传动。已知 $m=8mm$，$z_1=1$，$d_1=80mm$，$z_2=40$，卷筒直径 $D=200mm$。试求：

（1）欲使重物 W 上升 1m，蜗杆应转多少转？

（2）蜗杆与蜗轮间的当量摩擦系数 $f'=0.18$，该机构能否自锁？

（3）若重物 $W=5kN$，手摇时施加的力 $F=100N$，手柄转臂的长度 l 应是多少？

10.6　题图 10.3 所示的双级蜗杆传动中，已知右旋蜗杆 1 的转向如图所示，试判断蜗轮 2 和蜗轮 3 的转向，用箭头表示。

10.7　题图 10.4 所示为圆柱蜗杆和斜齿圆柱齿轮组成的传动系统。蜗杆由电动机驱动，输入功率 $P_1=11kW$，转速 $n_1=970r/min$，模数 $m=16mm$，蜗杆右旋，头数 $z_1=2$，分度圆直径 $d_1=140mm$，导程角 $\gamma=$

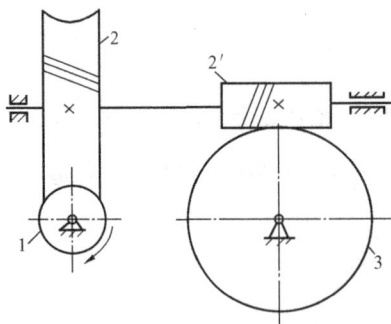

题图 10.3　题 10.6 图

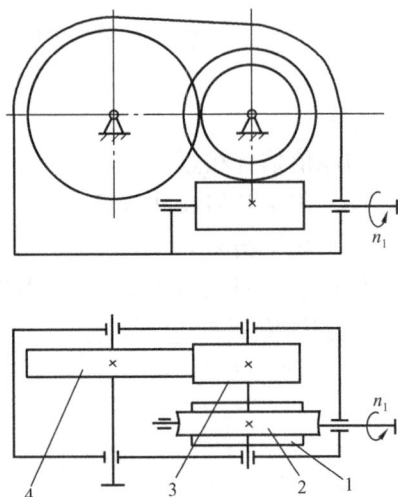

题图 10.4　题 10.7 图

$10°08'$，蜗杆齿面硬度>45HRC。蜗轮齿数 $z_2=40$，蜗轮材料 ZCuSn10P1。斜齿轮模数 m_n $=6$mm，小齿轮齿数 $z_3=32$，大齿轮齿数 $z_4=98$，螺旋角 $\beta=12°50'$。欲使小齿轮 3 的轴向力与蜗轮 2 的轴向力抵消一部分，试确定：

（1）蜗轮的转向及螺旋线方向。

（2）两斜齿轮的转向及螺旋线方向。

（3）各轮所受轴向力的方向及大小。

10.8 设计一由电动机驱动的单级圆柱蜗杆减速器。电动机功率为 7kW，转速为 1440r/min，蜗轮轴转速为 80r/min，载荷平稳，单向传动；蜗轮材料选 ZCuSn10P1，砂型，蜗杆选用 40Cr，表面淬火。

第十一章　齿　轮　系

第一节　轮系的分类

用一对齿轮的啮合传递运动和动力是最简单的齿轮传动。但在机器中，由一对齿轮组成的齿轮机构往往不能满足传动的要求，如为了将输入轴的一种转速变换为输出轴的多种转速，或者为了获得很大的传动比，或有时需要将主动轴的运动和动力分配到不同的传动路线上，因此，通常用一系列互相啮合的齿轮进行传动。这种由一系列相互啮合的齿轮所组成的传动系统称为齿轮系，简称轮系。一对齿轮传动可以视为最简单的轮系。

轮系可以由各种类型的齿轮（圆柱齿轮、圆锥齿轮、蜗杆蜗轮等）组成。根据轮系运转时各齿轮轴线在空间的位置是否固定，可以分为定轴线轮系和动轴线轮系两种基本类型。

一、定轴线轮系

定轴线轮系，简称定轴轮系，是指轮系运转时，其中各齿轮的几何轴线相对于机架的位置都是固定不动的，如图11.1.1所示。

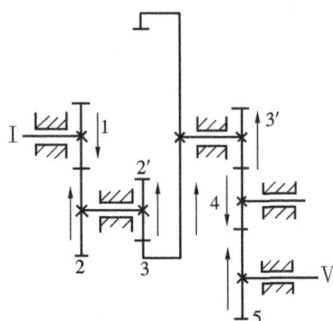

图 11.1.1　定轴轮系

二、动轴线轮系

动轴线轮系，也称行星轮系，是指在轮系中，至少有一个齿轮的轴线不固定，而是绕另一齿轮的固定轴线回转，如图11.1.2所示。图中齿轮2空套在构件H的小轴上，并分别与内齿轮3和外齿轮1相啮合，构件H、齿轮1和齿轮3均可绕固定的互相重合的几何轴线O_H、O_1及O_3转动〔见图11.1.2（a）〕。因此，当轮系运转时，齿轮2一方面绕自己的几何轴线O_2转动（自转），同时又随构件H，绕几何轴线O_H转动（公转）。行星轮系中，这种既具有自转又具有公转的齿轮称为行星轮，如图11.1.2中的齿轮2。用于支持行星轮做自转和公转的构件称为行星架（或转臂），用H表示，如图11.1.2中的构件H。与行星轮相啮合，并且绕固定轴线转动的齿轮称为中心轮或太阳轮，如图11.1.2中的齿轮1和齿轮3。

一个基本的行星轮系由行星轮、行星架和两个中心轮（有时只有一个）组成。行星架和中心轮的转动轴线必须重合。

图 11.1.2（a）所示的行星轮系中，两个中心轮1和3都是转动的。因此，该轮系的活动构件数$n=4$，低副数$P_L=4$，高副数$P_H=2$，故其自由度$F=3n-2P_L-P_H=3\times4-2\times$

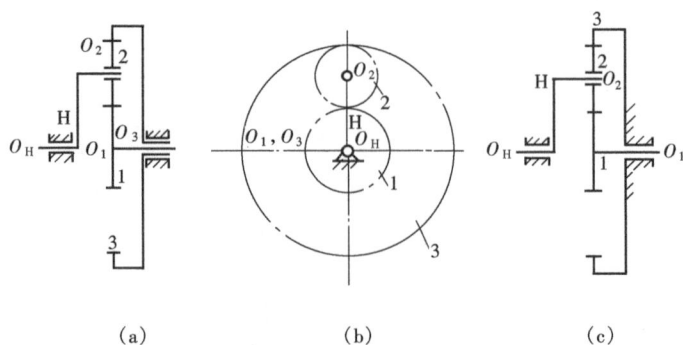

(a)　　　　　　　(b)　　　　　　　(c)

图 11.1.2　行星轮系

$4-2=2$。这种自由度为 2 的行星轮系称为差动轮系。

图 11.1.2 (b) 所示的行星轮系中，中心轮 3 是固定的。因此，该轮系的活动构件数 $n=3$，低副数 $P_L=3$，高副数 $P_H=2$，故其自由度 $F=3\times3-2\times3-2=1$。这种自由度为 1 的行星轮系称为简单行星轮系。

第二节 定轴轮系传动比计算

一对齿轮的传动比是指两轮的角速度（或转速）之比，也等于两轮齿数的反比。若主动齿轮为 1，从动齿轮为 2，则一对圆柱齿轮的传动比 $i_{12}=\dfrac{\omega_1}{\omega_2}=\dfrac{n_1}{n_2}=\pm\dfrac{z_2}{z_1}$。外啮合时［见图 11.2.1 (a)］从动轮 2 和主动轮 1 转向相反，则 i_{12} 取负号，或在图上用反方向箭头表示；内啮合时［见图 11.2.1 (b)］两轮转向相同，i_{12} 取正号，或在图上用同方向的箭头表示。

图 11.2.1 (c)、(d) 分别表示一对圆锥齿轮组成的轮系和一对蜗杆蜗轮组成的轮系，由于两轮的回转轴线不平行，则传动比大小可用 $i_{12}=\dfrac{n_1}{n_2}=\dfrac{z_2}{z_1}$ 计算，而两轮的转动方向只能用画箭头方法来确定。一对圆锥齿轮传动时，在节点具有相同速度，故表示转向的箭头或同时指向节点［见图 11.2.1 (c)］或同时背离节点。表示蜗杆、蜗轮转向的箭头按第十章第四节介绍的方法来确定，例如图 11.2.1 (d) 中下置右旋蜗杆转动方向已知时，蜗轮逆时针转动。

对轮系来说，输入轴与输出轴的角速度（或转速）之比称为轮系的传动比。图 11.1.1 所示的定轴轮系中，齿轮 1 与输入轴

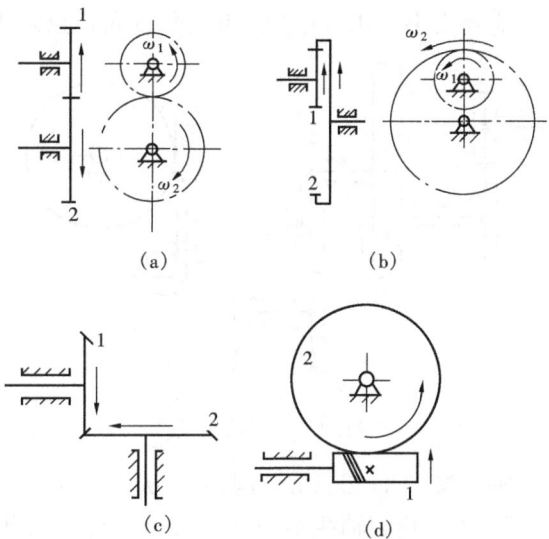

图 11.2.1 一对齿轮传动的转动方向

Ⅰ固连，齿轮 5 与输出轴 Ⅴ 固连，输入轴与输出轴的转速比也就是首末二轮的转速比。设 z_1、z_2、z_2'、z_3、z_3'、z_4 及 z_5 为各齿轮的齿数；n_1、n_2、n_2'（$=n_2$）、n_3、n_3'（$=n_3$）、n_4 及 n_5 为各齿轮的转速，则该轮系的传动比 i_{15} 可由各对齿轮的传动比来求出，即

$$i_{12}=\frac{n_1}{n_2}=-\frac{z_2}{z_1};\quad i_{2'3}=\frac{n_2}{n_3}=\frac{n_{2'}}{n_3}=\frac{z_3}{z_2'};$$

$$i_{3'4}=\frac{n_3}{n_4}=\frac{n_{3'}}{n_4}=-\frac{z_4}{z_3'};\quad i_{45}=\frac{n_4}{n_5}=-\frac{z_5}{z_4};$$

$$i_{15}=\frac{n_1}{n_5}=\frac{n_1}{n_2}\frac{n_2}{n_3}\frac{n_3}{n_4}\frac{n_4}{n_5}=i_{12}i_{2'3}i_{3'4}i_{45}$$

$$=\left(-\frac{z_2}{z_1}\right)\left(\frac{z_3}{z_2'}\right)\left(-\frac{z_4}{z_3'}\right)\left(-\frac{z_5}{z_4}\right)=(-1)^3\frac{z_2z_3z_4z_5}{z_1z_2'z_3'z_4}$$

　　上式表明，该定轴轮系的传动比等于组成轮系的各对啮合齿轮传动比的连乘积，也等于各对啮合齿轮中的从动轮齿数的乘积比主动轮齿数的乘积。而传动比的正负（首末两轮转向相同或相反）则取决于外啮合的次数。

　　轮系传动比的正负号，还可以在图上根据外啮合、内啮合的关系，依次画上箭头来确定，如图 11.1.1 所示。由图可见齿轮 5 和齿轮 1 的转向相反，所以 i_{15} 为负。

　　图 11.1.1 所示轮系中的齿轮 4 与齿轮 3'、齿轮 5 同时啮合，齿轮 4 既是前一级的从动轮，又是后一级的主动轮，它的齿数不影响传动比的大小，但改变了外啮合的次数，从而改变了传动比的符号，改变了输出轴的转向。这种齿轮称为惰轮或过桥齿轮。

　　以上结论可推广到一般情况。设 1 为定轴轮系的输入轴，N 为定轴轮系的输出轴，m 为外啮合齿轮对数。则

$$i_{1N} = \frac{n_1}{n_N} = (-1)^m \frac{\text{所有从动轮齿数的乘积}}{\text{所有主动轮齿数的乘积}} \tag{11.2.1}$$

　　应当指出，用 $(-1)^m$ 来判断方向，只限于所有轴线都平行的定轴轮系。如果定轴轮系中有圆锥齿轮或蜗杆蜗轮等轴线不平行的齿轮，其传动比的大小仍可用式（11.2.1）来计算，但传动比的符号不能用 $(-1)^m$ 来判断，只能用画箭头的方法来确定各轮的转向。

　　【例 11.2.1】　已知图 11.2.2 所示轮系中各轮齿数 $z_1 = 18$，$z_2 = 36$，$z_{2'} = 20$，$z_3 = 80$，$z_{3'} = 20$，$z_4 = 18$，$z_5 = 30$，$z_{5'} = 15$，$z_6 = 30$，$z_{6'} = 2$（右旋），$z_7 = 60$，$n_1 = 1440\text{r/min}$，其转向如图所示。求传动比 i_{17}、i_{15}、i_{25} 以及蜗轮的转速和转向。

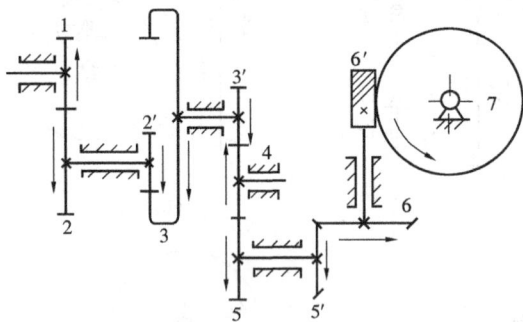

图 11.2.2　定轴轮系

　　解　按图 11.2.1 所示规则，从轮 2 开始，顺次标出各对啮合齿轮的转动方向。由图可见，1、7 二轮的轴线不平行，1、5 二轮转向相反，2、5 二轮转向相同，由式（11.2.1）得

$$i_{17} = \frac{n_1}{n_7} = \frac{z_2 z_3 z_4 z_5 z_6 z_7}{z_1 z_{2'} z_{3'} z_4 z_{5'} z_{6'}} = \frac{36 \times 80 \times 18 \times 30 \times 30 \times 60}{18 \times 20 \times 20 \times 18 \times 15 \times 2} = 720$$

　　齿轮 1 和蜗轮 7 的轴线不平行，由画箭头判断，蜗轮 7 的转动为逆时针方向，转速为

$$i_{15} = \frac{n_1}{n_5} = (-)\frac{z_2 z_3 z_4 z_5}{z_1 z_{2'} z_{3'} z_4} = (-)\frac{36 \times 80 \times 18 \times 30}{18 \times 20 \times 20 \times 18} = -12$$

$$i_{25} = \frac{n_2}{n_5} = (+)\frac{z_3 z_4 z_5}{z_{2'} z_{3'} z_4} = (+)\frac{80 \times 18 \times 30}{20 \times 20 \times 18} = +6$$

$$n_7 = \frac{n_1}{i_{17}} = \frac{1440}{720} = 2(\text{r/min})$$

第三节　行星轮系传动比计算

　　根据轮系的分类可以看出，行星轮系和定轴轮系的主要区别在于：行星轮系中具有转动的行星架，因而使得其上的行星轮一方面能绕自身几何轴线回转（自转），同时又随同行星架 H 绕几何轴线 O_H 回转（公转），所以行星轮系的传动比就不能直接用定轴轮系的方法来

计算。但是如果能使行星架变为固定不动，并保持行星轮系中各个构件之间的相对运动不变，则行星轮系就转化成为一个假想的定轴轮系。图 11.3.1 所示的行星轮系中，设行星架 H 的转速为 n_H，根据相对运动原理，当给整个行星轮系上加一个绕轴线 O_H 的公共转速 $(-n_H)$ 后，行星架 H 便静止不动了，而各构件间的相对运动并没改变。这样，所有齿轮的几何轴线的位置全部固定，原来的行星轮系变成了定轴轮系 [见图 11.3.1 （c）]，这一定轴轮系称为原来行星轮系的转化轮系。转化前后轮系中各构件的转速变化情况见表 11.3.1。

表 11.3.1　轮 系 转 速 表

构件	行星轮系中各构件的转速	转化轮系中各构件的转速
1	n_1	$n_1^H = n_1 - n_H$
2	n_2	$n_2^H = n_2 - n_H$
3	n_3	$n_3^H = n_3 - n_H$
H	n_H	$n_H^H = n_H - n_H = 0$

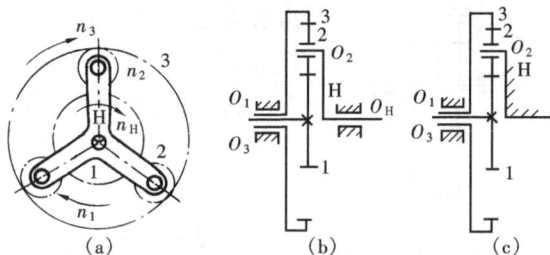

图 11.3.1　行星轮系及转化轮系

表中 n_1^H、n_2^H、n_3^H、n_H^H 表示转化轮系中，各构件对行星架 H 的相对转速。

既然行星轮系的转化轮系是一个定轴轮系，那么转化轮系的传动比就可按定轴轮系传动比公式进行计算。在转化轮系中齿轮 1 与齿轮 3 的传动比为

$$i_{13}^H = \frac{n_1^H}{n_3^H} = \frac{n_1 - n_H}{n_3 - n_H} = -\frac{z_2 z_3}{z_1 z_2} = -\frac{z_3}{z_1}$$

等式右边的 "—" 号表示齿轮 1 和齿轮 3 在转化轮系中的转向相反。将上式写成一般式

$$i_{GK}^H = \frac{n_G^H}{n_K^H} = \frac{n_G - n_H}{n_K - n_H} = \pm \frac{\text{G 到 K 各对啮合齿轮从动轮齿数的乘积}}{\text{G 到 K 各对啮合齿轮主动轮齿数的乘积}} \tag{11.3.1}$$

式中　i_{GK}^H——转化轮系中主动轮 G 和从动轮 K 的传动比；

m——转化轮系中齿轮 G 至齿轮 K 的外啮合齿轮对数。

用上述方法计算行星轮系传动比时应注意：

（1）区分 i_{GK}^H 和 i_{GK}，前者是转化轮系（假想的定轴轮系）中，G 齿轮与 K 齿轮的传动比，而后者为 G、K 两齿轮的真实传动比，$i_{GK} = \dfrac{n_G}{n_K}$。

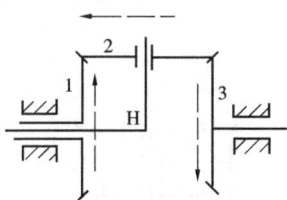

图 11.3.2　圆锥齿轮组成的差动轮系

（2）i_{GK}^H 的符号为 "+"（或 "—"），表示齿轮 G 和齿轮 K 在转化轮系中转向相同（或相反）。在利用式（11.3.1）求解未知转速或齿数时，必须先确定 i_{GK}^H 的 "+"、"—"。

（3）因为只有当两轴平行时，两轴转速才能进行代数相加，因此式（11.3.1）只适用于齿轮 G、齿轮 K 和行星架 H 轴线互相平行的场合。

如图 11.3.2 所示的差动轮系，齿轮 1、3 和 H 的轴线互相平行，所以 $i_{13}^H = \dfrac{n_1 - n_H}{n_3 - n_H} = -\dfrac{z_3}{z_1}$（式中的 "—" 是由虚线箭头反向而确定的，说明在转化轮系中，齿轮 1 和齿轮 3 的转向相反），而行星轮 2 的轴线和齿轮 1（或齿轮 3）及行星架 H 的轴线不平行，所以不能用式（11.3.1）计算 n_2。

（4）将已知转速 n_G、n_K 或 n_H 代入式（11.3.1）求解未知转速时，必须注意转速的正、负号，在代入前先假定某一方向的转速为正，则与其转向相反的为负。计算时应将转速的大小连同其正负一同代入公式中。

上述这种运用相对运动的原理，将行星轮系转化成假想的定轴轮系，然后计算其传动比的方法，称为相对速度法或反转法。

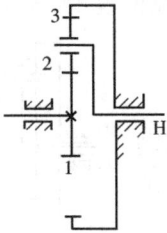

图 11.3.3　简单行星轮系

【例 11.3.1】　已知在图 11.3.3 所示的简单行星轮系中，各轮的齿数为 $z_1=27$，$z_2=17$，$z_3=61$；$n_1=6000\text{r/min}$。求传动比 i_{1H} 和行星架 H 的转速 n_H。

解　由式（11.3.1）得

$$i_{13}^H = \frac{n_1^H}{n_3^H} = \frac{n_1-n_H}{n_3-n_H} = (-1)^1\frac{z_2 z_3}{z_1 z_2} = -\frac{z_3}{z_1}$$

即 $\dfrac{n_1-n_H}{0-n_H}=-\dfrac{61}{27}$，解得

$$i_{1H} = \frac{n_1}{n_H} = 1+\frac{61}{27} \approx 3.26$$

设 n_1 的转向为正，则

$$n_H = \frac{n_1}{i_{1H}} = \frac{6000}{3.26} \approx 1840(\text{r/min})$$

n_H 的转向和 n_1 相同。

利用式（11.3.1）还可以计算出行星齿轮 2 的转速 n_2 为

$$i_{12}^H = \frac{n_1^H}{n_2^H} = \frac{n_1-n_H}{n_2-n_H} = -\frac{z_2}{z_1}$$

代入已知数值

$$\frac{6000-1840}{n_2-1840} = -\frac{17}{27}$$

解得

$$n_2 \approx -4767\text{r/min}$$

负号表示 n_2 的转向与 n_1 相反。

【例 11.3.2】　已知在图 11.3.4 所示圆锥齿轮组成的行星轮系中，各轮的齿数为：$z_1=20$，$z_2=30$，$z_{2'}=50$，$z_3=80$；$n_1=50\text{r/min}$。求行星架 H 的转速 n_H。

解　因在该轮系中，齿轮 1、3 和行星架 H 的轴线相重合，所以可用式（11.3.1）进行计算

$$i_{13}^H = \frac{n_1^H}{n_3^H} = \frac{n_1-n_H}{n_3-n_H} = -\frac{z_2 z_3}{z_1 z_{2'}}$$

上式等号右边的负号，是由于在转化轮系中画上转向箭头（图中虚线箭头）后，1、3 两轮的箭头方向相反。

设 n_1 的转向为正，则

$$\frac{50-n_H}{0-n_H} = -\frac{30\times 80}{20\times 50}$$

解得　　　　　　$n_H \approx 14.7\text{r/min}$

正号表示 n_H 的转向和 n_1 转向相同。

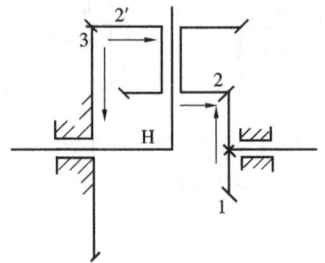

图 11.3.4　圆锥齿轮组成的
行星轮系

【例 11.3.3】 在图 11.3.5 所示的轮系中，各轮的齿数为 $z_1=20$，$z_2=40$，$z_3=20$，$z_4=40$，$z_5=100$。已知轮 1 的转速 $n_1=300$r/min，求行星架 H 的转速 n_H。

解： 由图 11.3.5 可知，齿轮 3、4、5 和行星架 H 组成一简单行星轮系，而齿轮 1 和 2 组成定轴轮系。这种由定轴轮系和行星轮系组成的轮系称为复合轮系。由于复合轮系不能转化成为一个定轴轮系，所以不能只用一个公式求解。计算复合轮系传动比时，要先将各个行星轮系和定轴轮系区分开来，然后分别列出方程式，再进行求解。

因齿轮 3、4、5 和行星架 H 组成一周转轮系，故其传动比按式（11.3.1）计算

$$i_{35}^{H}=\frac{n_3^{H}}{n_5^{H}}=\frac{n_3-n_H}{n_5-n_H}=-\frac{z_4 z_5}{z_3 z_4}=-\frac{z_5}{z_3}=-\frac{100}{20}=-5 \qquad\text{(a)}$$

齿轮 1 和 2 组成定轴轮系，由式（11.2.1）有

$$i_{12}=\frac{n_1}{n_2}=-\frac{z_2}{z_1}=-\frac{40}{20}=-2 \qquad\text{(b)}$$

由式（b）得

$$n_2=-\frac{n_1}{2}=-\frac{300}{2}=-150 \text{（r/min）}$$

由于 $n_2=n_3$，因而齿轮 5 固定，即 $n_5=0$。代入式（a），得

$$\frac{n_3-n_H}{n_5-n_H}=\frac{-150-n_H}{0-n_H}=-5$$

解得

$$n_H=-25\text{r/min}$$

结果表明行星架 H 的转动方向与齿轮 1 的转向相反。

由以上例题可知，计算复合轮系传动比的正确方法是：①首先正确划分各个基本轮系；②分别列出计算各个基本轮系传动比的方程式；③找出各基本轮系之间的联系，联立求解以上各方程式，即可求出复合轮系的传动比。

正确区分基本轮系的关键在于找出各个基本的行星轮系。具体方法是：先找行星轮，即找出那些几何轴线不固定而是绕其他齿轮几何轴线转动的齿轮，支持行星轮运动的构件是行星架，几何轴线与行星架的回转轴线重合，且直接与行星轮啮合的定轴齿轮就是中心轮。这组中心轮、行星轮、行星架便构成一行星轮系。重复上述过程，直至将所有的行星轮系一一找出，剩下的即为定轴轮系。

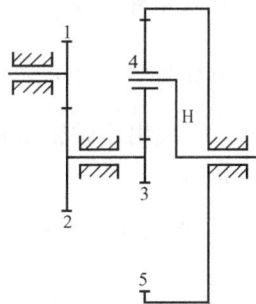

图 11.3.5 例 11.3.3 图

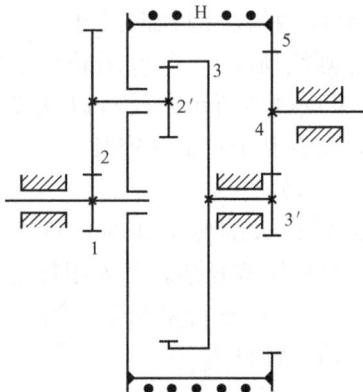

图 11.3.6 电动卷扬机的减速器

【例 11.3.4】 图 11.3.6 所示为一电动卷扬机减速器运动简图，已知 $z_1=24$，$z_2=33$，$z_{2'}=21$，$z_3=78$，$z_{3'}=18$，$z_4=30$，$z_5=78$，试求传动比 i_{15}。若电动机转速 $n_1=1450$r/min，求卷筒转速 n_5 为多少？

解 （1）区分行星轮系和定轴轮系。双联齿轮 2—2' 的几何轴线是绕着齿轮 1 和 3 转动的，所以是行星轮，支承行星轮的齿轮 5（即卷筒）是行星架 H，和行星轮啮合的齿轮 1 和 3 是中心轮。所以齿轮 1、2—2'、3 和 5（H）组成一个行星轮系。剩余齿轮 3'、4、5 轴线不动且相互啮合，组成定轴轮系。

（2）分别列出行星轮系和定轴轮系的传动比的计算式：

在行星轮系中
$$i_{13}^{H}=\frac{n_1-n_H}{n_3-n_H}=-\frac{z_2 z_3}{z_1 z_{2'}}=-\frac{33\times78}{24\times21} \tag{a}$$

在定轴轮系中
$$i_{3'5}=\frac{n_{3'}}{n_5}=-\frac{z_4 z_5}{z_{3'} z_4}=-\frac{z_5}{z_{3'}}=-\frac{78}{18} \tag{b}$$

（3）找出定轴轮系和行星轮系的转速关系，联立求解。

因为
$$n_H=n_5 \text{、} n_3=n_{3'}$$

由式（b）得
$$n_3=-\frac{78}{18}n_5$$

代入式（a），得
$$\frac{n_1-n_5}{-\frac{78}{18}n_5-n_5}=-\frac{33\times78}{24\times21}$$

整理后得
$$i_{15}=\frac{n_1}{n_5}=28.24$$

卷筒转速
$$n_5=\frac{n_1}{i_{15}}=\frac{1450}{28.24}=51.35 \text{（r/min）}$$

n_5 为正值，表明卷筒转向与电动转向相同。

第四节　轮 系 的 应 用

轮系被广泛应用于各种机械中，它的主要功用有以下几方面。

1. 实现分路传动

利用轮系可以通过主动轴上的若干个齿轮把运动分别传给不同部位，以完成生产上的要求。图 11.4.1 所示滚齿机的传动装置中，与电动机相连的主轴上，装有锥齿轮 1 和圆柱齿轮 3。锥齿轮 1 通过锥齿轮 2 将运动传给滚刀 A；而齿轮 3 经齿轮 4—5、6、7—8 传至蜗轮 9，从而带动需加工的齿轮坯 B，实现了滚刀按范成法加工齿轮的运动。

2. 实现相距较远的两轴之间的传动

主动轴与从动轴间的距离较远时，如果仅用一对齿轮传动会使两齿轮的径向尺寸都很大（图 11.4.2 中双点画线所示），若改用轮系来传动（图 11.4.2 中单点画线所示）就可以既节约材料使结构紧凑，又有利于制造和安装。

3. 可获得大的传动比

当两轴之间需要很大的传动比时，可以采用多级齿轮组成的定轴轮系来实现，但由于轴和齿轮的增多，会使结构复杂。若采用行星轮系，则只需要较少的齿轮，就可获得很大的传动比。例如图 11.4.3 所示行星轮系，当 $z_1=100$，$z_2=101$，$z_{2'}=100$，$z_3=99$ 时，其传动比 i_{H1} 由式（11.3.1）计算为

$$i_{13}^{H}=\frac{n_1^{H}}{n_3^{H}}=\frac{n_1-n_H}{n_3-n_H}=(-1)^2 \frac{z_2 z_3}{z_1 z_{2'}}$$

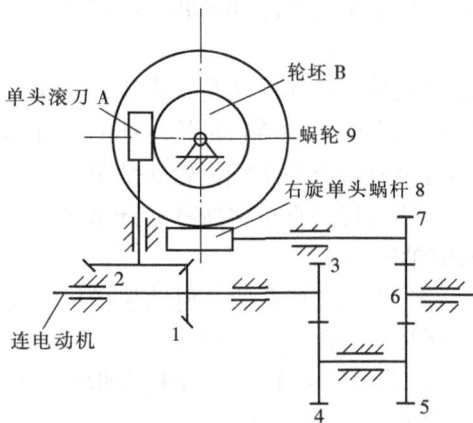

图 11.4.1　滚齿机的传动装置

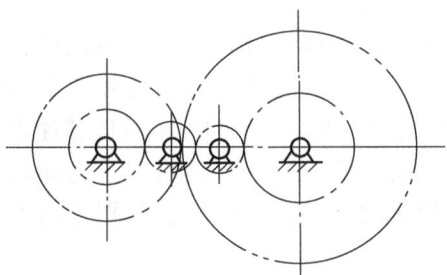

图 11.4.2　相距较远的的两轴传动

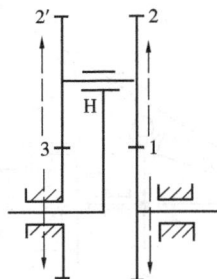

图 11.4.3　大传动比的行星轮系

代入各轮齿数
$$\frac{n_1 - n_H}{0 - n_H} = \frac{101 \times 99}{100 \times 100}$$

解得
$$i_{1H} = \frac{1}{10000}$$

或
$$i_{H1} = 10000$$

这种轮系效率较低，只适用于作辅助装置的传动机构，不宜用于传递动力。

4. 可实现变速传动

在主轴转速不变的情况下，利用轮系可使从动轴获得多种转速。图 11.4.4 所示为汽车变速箱的传动简图。图中 I 轴为动力输入轴，Ⅲ轴为输出轴，4、6为滑移齿轮，A、B 为牙嵌式离合器。该变速箱可使输出轴得到四种转速：

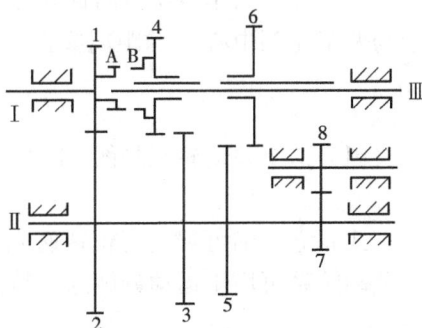

图 11.4.4　汽车变速箱的传动简图

（1）齿轮 5、6 相啮合，齿轮 3、4 和离合器 A、B 均脱离。

（2）齿轮 3、4 相啮合，齿轮 5、6 和离合器 A、B 均脱离。

（3）离合器 A、B 相嵌合，齿轮 5、6 和齿轮 3、4 相脱离。

（4）齿轮 6、8 相啮合，齿轮 3、4 和齿轮 5、6 以及离合器 A、B 均脱离。此时，由于惰轮 8 的作用，输出轴Ⅲ反转，可使汽车倒车。

5. 实现合成运动

合成运动是指将两个输入运动合成为一个输出运动。如前所述，在差动轮系中，如给出中心轮和行星架中任意两构件的转速后，另一构件的转速便可确定。例如图 11.3.2 所示的差动轮系，如以齿轮 1 和齿轮 3 为原动件，则 H 的转速是轮 1 及轮 3 转速的合成。其中 $z_1 = z_3$，由式 (11.3.1) 得

$$i_{13}^H = \frac{n_1^H}{n_3^H} = \frac{n_1 - n_H}{n_3 - n_H} = -\frac{z_3}{z_1} = -1$$

则
$$2n_H = n_1 + n_3$$

这种轮系可用做加（减）法机构。当轮 1 和轮 3 的轴分别输入加数和被加数的相应转角时，行星架 H 的转角的 2 倍就是它们的和。这种合成运动在计算机构、补偿装置和机床中得到广泛应用。

6. 实现分解运动

与上述运动合成相反，差动轮系也可将一个构件的转动，按所需比例分解为另外两个构件的不同转动，图 11.4.5 所示的汽车后桥差速器可作为分解运动的实例。当汽车转弯时，它能将发动机传到齿轮 5 的运动以不同转速分别传给左右两车轮。

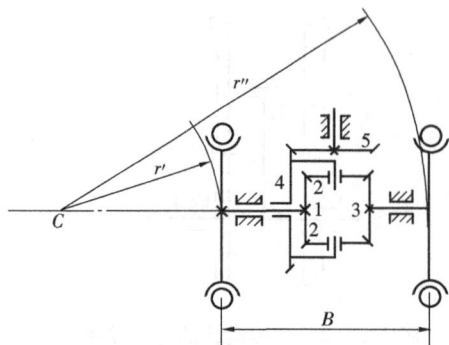

图 11.4.5　汽车后桥差速器

在汽车沿直线行驶时，左右两轮所滚过的距离相等，所以转速也相同。这时齿轮 1、2、3 和 4 如同一个固联的整体一起转动。当汽车向左转弯时，左右两轮的转弯半径不同，为保证左右两轮与地面间不发生滑动，以减少轮胎的磨损，就要求右轮的转速比左轮的转速高。这时齿轮 1 和 3 之间发生相对转动，齿轮 2 除随齿轮 4（行星架 H）绕后车轮轴线公转外，还绕自己的轴线自转。由齿轮 1、2、3 和 4 组成的差动轮系便发挥作用。

由图可知，当车身绕瞬时回转中心 C 转动时，要使两车轮在地面上作纯滚动，则其转速应与两车轮到中心 C 的距离成正比，即

$$\frac{n_1}{n_3} = \frac{r'}{r''} = \frac{r'}{r'+B}$$

又因为这个差动轮系与图 11.3.2 所示的机构完全相同，故有

$$2n_4 = n_1 + n_3$$

二式联立，则可解出两轮转速 n_1 和 n_3。

差动轮系可用于运动分解这一特点，在汽车、飞机等传动中，得到广泛应用。

※第五节　几种特殊行星轮系传动简介

本节将简单介绍几种特殊行星轮系传动的基本特性。这几种类型的传动，具有结构紧凑、传动比大、重量轻、效率高等一系列的优点，因此在工程中常被采用。

一、渐开线少齿差行星轮系传动

图 11.5.1 所示为渐开线少齿差行星轮系的示意图。它是由固定的渐开线内齿轮 1、行星轮 2、行星架 H、等角速比机构 W 和输出轴 V 所组成。因齿轮 1 和齿轮 2 的齿数相差很少（一般为 1～4），故称为少齿差。由于行星轮 2 不是绕定轴转动，而是做平面运动，即它一方面绕轴线 O_2 作自转，另一方面又绕轴线 O_H 公转，故要将行星轮的绝对转速输出，不能将它直接与输出轴 V 相连，一般通过 W 机构将其输出。这种轮系的传动比仍可用式 (11.3.1) 求出

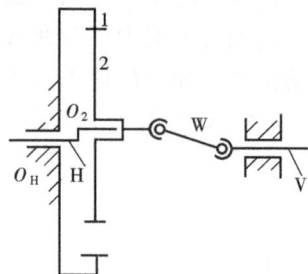

图 11.5.1　少齿差行星轮系传动
1—内齿轮；2—行星轮；H—行星架；W—等角速比机构；V—输出轴

$$i_{21}^H = \frac{n_2 - n_H}{n_1 - n_H} = \frac{n_2 - n_H}{0 - n_H} = \frac{z_1}{z_2}$$

$$i_{H2} = \frac{n_H}{n_2} = -\frac{z_2}{z_1 - z_2}$$

由上式可知，两轮齿数差越少，传动比越大。当齿数差 $z_1 - z_2 = 1$ 时称为一齿差行星轮系传动，这时传动比有最大值 $i_{H2} = -z_2$。

少齿差行星轮系传动的等角速比机构 W 可以采用双万向联轴器、十字滑块联轴器、销孔式输出机构等。而销孔式输出机构因其结构紧凑、效率高而常被采用，其结构和工作原理如图 11.5.2 所示。在行星轮 2 的辐板上，沿半径为 R 的圆周开有若干个均布圆孔，图中为 6 个，圆孔的半径为 r_W；在输出轴的圆盘上，沿半径为 R 的圆周上均布数量相同的圆柱销，圆柱销上再套以外半径为 r_P 的销套；将这些带套的

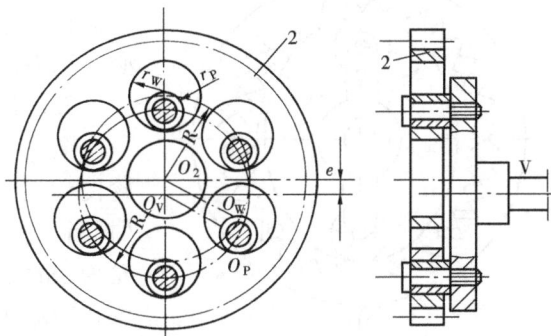

图 11.5.2 等角速比机构

圆柱销对应地插入行星轮 2 的圆孔中，使行星轮和输出轴连接起来。设计时取 $r_W - r_P = e$，e 为轮 1 与轮 2 的中心距，也等于行星架的偏心距。因此，这种传动仍保证输入轴与输出轴的轴线重合。

由于 $r_W - r_P = e$，所以在四边形 $O_2 O_V O_W O_P$ 中，$O_W O_P = O_2 O_V = e$，而 $O_2 O_W = O_V O_P = R$，所以行星轮不论转到哪个位置，$O_2 O_V O_W O_P$ 总保持为一个平行四边形，即等角速比机构的运动可以用平行四边形机构来代替。由于 $O_V O_P$ 总平行于 $O_2 O_W$，所以输出轴 V 的转速始终与行星轮的绝对转相同，即

$$i_{HV} = i_{H2} = \frac{n_H}{n_2} = -\frac{z_2}{z_1 - z_2}$$

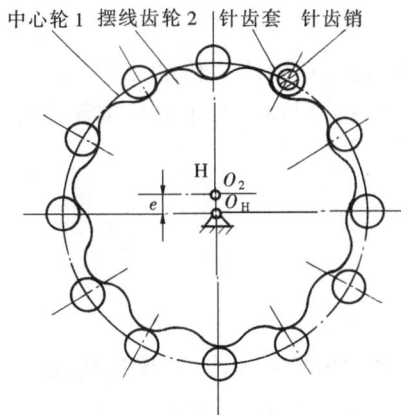

中心轮 1 摆线齿轮 2 针齿套 针齿销

图 11.5.3 摆线轮和针轮的啮合

渐开线少齿行星轮系传动具有传动比大，结构简单，体积小，重量轻，加工维修容易，效率高等优点，但由于同时啮合的齿数较少，因此承载能力较差。

二、摆线针轮行星轮系传动

摆线针轮行星轮系传动的工作原理、输出机构的形式，均与渐开线少齿差行星轮系传动基本相同。其机构运动简图也可用图 11.5.1 表示。它和渐开线少齿差行星轮系传动所不同的地方在于齿廓形状。图 11.5.3 中摆线针轮的中心轮 1 的内齿是带套筒的圆柱销形针齿，行星轮 2 是以短幅外摆线的等距曲线作为轮齿的齿廓，故这种传动称为摆线针轮传动。

摆线针轮传动的传动比仍可用式（11.3.1）进行计算，即

$$i_{HV} = -\frac{z_2}{z_2 - z_1}$$

但由于这种传动的齿数差 $z_1 - z_2 = 1$，故 $i_{HV} = -z_2$。

摆线针轮行星传动除具有传动比大、结构紧凑、体积小、重量轻及效率高的优点外，还

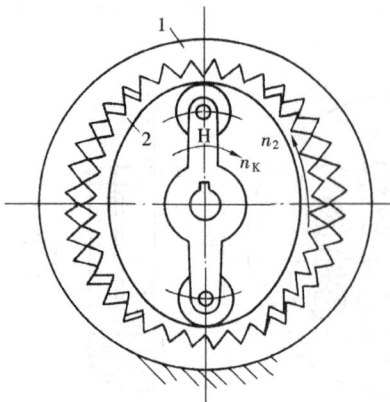

图 11.5.4　双谐波传动

因为同时承担载荷的齿数多，以及齿廓之间为滚动摩擦，所以传动平稳、承载能力大、轮齿磨损小、使用寿命长。它的缺点是加工工艺较复杂，精度要求较高，必须用专用机床和刀具来加工摆线齿轮。

三、谐波齿轮传动

图 11.5.4 所示为谐波齿轮传动的示意图。谐波齿轮传动主要是由波发生器 H（相当于行星架）、刚轮 1（相当于中心轮）和柔轮 2 三个基本构件组成。其中柔轮为一容易变形的薄壁圆筒外齿轮，其外壁有齿，内壁孔径略小于发生器的长度。所以将发生器装入柔轮内孔后，柔轮即变成椭圆形，椭圆长轴处的轮齿与刚轮相啮合，而短轴处的轮齿与刚轮脱开，其余部分的轮齿，则处于啮合和脱离的过渡阶段。一般刚轮固定不动，当波发生器回转时，柔轮长轴和短轴的位置随之不断变化，使轮齿的啮合和脱开的位置也随之不断变化。由于这种传动在传动过程中柔轮产生的弹性波形近似于谐波，故称为谐波齿轮传动。按照波发生器上装的滚轮数不同，可有双波传动（见图 11.5.4）、三波传动等，而最常用的是双波传动。谐波传动的齿数应等于波数或波数的整数倍。由于柔轮比刚轮少（$z_1 - z_2$）个齿，所以当波发生器转 1 周时，柔轮相对刚轮沿反方向转过（$z_1 - z_2$）个齿的角度，即反转 $\dfrac{z_1 - z_2}{z_2}$ 周，因此得传动比 i_{H2} 为

$$i_{H2} = \frac{n_H}{n_2} = -\frac{z_2}{z_1 - z_2}$$

为了加工方便，谐波齿轮的齿形，多采用渐开线齿廓。

谐波齿轮传动装置，由于不需要等角速比机构，因此结构简单紧凑，传动比大，工作平稳，效率高。其主要缺点是柔轮周期性地发生变形，而易于疲劳损坏。为了避免柔轮变形太大，传动比小于 35 时，不能采用谐波齿轮传动。

思 考 与 练 习

11.1　轮系有哪些主要功用？它是如何进行分类的？

11.2　什么是行星轮系的转化轮系？i_{GK}^{H} 是不是行星轮系中齿轮 G 和齿轮 K 的传动比？

11.3　已知在题图 11.1 所示轮系中，$z_1 = 15$，$z_2 = 25$，$z_{2'} = 15$，$z_3 = 30$，$z_{3'} = 15$，$z_4 = 30$，$z_{4'} = 2$（右旋），$z_5 = 60$，$z_{5'} = 20$（$m = 4$mm），若 $n_1 = 500$r/min，求齿条 6 线速度 v 的大小和方向。

11.4　在图 11.4.1 所示的滚齿机运动装置中，已知各轮齿数 $z_1 = 15$，$z_2 = 28$，$z_3 = 15$，$z_4 = 35$，$z_9 = 40$，若被切齿轮齿数为 64，求传动比 i_{75}。

11.5　在题图 11.2 所示的手动葫芦中，S 为手动链轮，H 为起重链轮。已知 $z_1 = 12$，$z_2 = 28$，$z_{2'} = 14$，$z_3 = 54$，求传动比 i_{SH}。

11.6　在题图 11.3 所示差动轮系中，已知各轮的齿数 $z_1 = 30$，$z_2 = 25$，$z_{2'} = 20$，$z_3 = $

75，齿轮1的转速为200r/min（箭头向上），齿轮3的转速为50r/min（箭头向下），求行星架转速 n_H 的大小和方向。

11.7 在题图 11.4 所示机构中，已知 $z_1 = 60$，$z_2 = 40$，$z_{2'} = z_3 = 20$，若 $n_1 = n_3 = 120r/min$，并设 n_1 与 n_3 转向相反，求 n_H 的大小及方向。

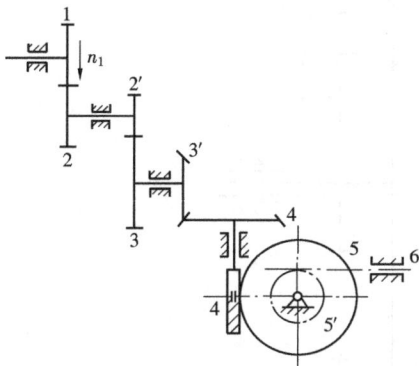

题图 11.1　题 11.3 图　　　　　　　题图 11.2　题 11.5 图

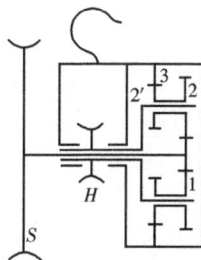

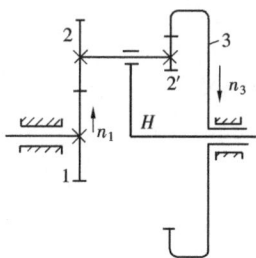

题图 11.3　题 11.6 图　　　　　　　题图 11.4　题 11.7 图

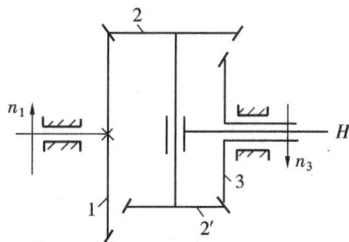

11.8 求题图 11.5 所示轮系的传动比 i_{14}，已知 $z_1 = z_{2'} = 25$，$z_2 = z_3 = 20$，$z_H = 100$，$z_4 = 20$。

11.9 题图 11.6 所示的复合轮系中已知各轮的齿数分别为 $z_1 = 36$，$z_2 = 60$，$z_3 = 23$，$z_4 = 49$，$z_{4'} = 69$，$z_5 = 31$，$z_6 = 131$，$z_7 = 94$，$z_8 = 36$，$z_9 = 167$，设 $n_1 = 3549r/min$，试求行星架 H 的转速 n_H。

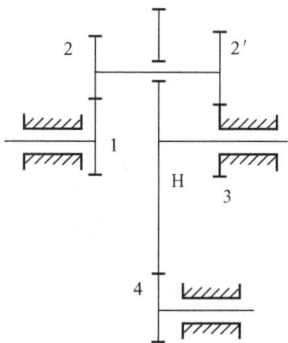

题图 11.5　题 11.8 图　　　　　　　题图 11.6　题 11.9 图

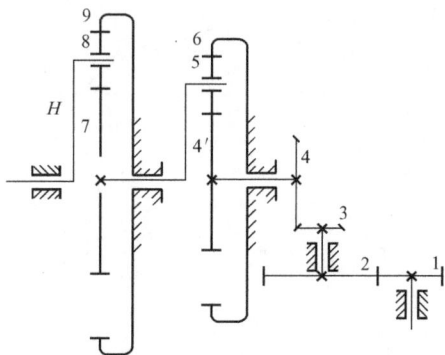

11.10　题图 11.7 所示为双级行星齿轮减速器运动简图，各齿轮的齿数为 $z_1 = z_6 = 20$，$z_2 = z_5 = 10$，$z_3 = z_4 = 40$，试求：

（1）若固定齿轮 4 时的传动比 i_{1H_2}。

（2）若固定齿轮 3 时的传动比 i_{1H_2}。

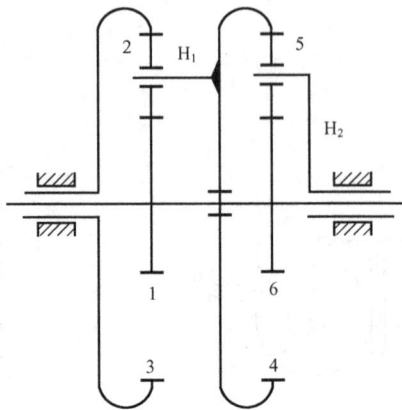

题图 11.7　题 11.10 图

第十二章　轴 及 轴 毂 连 接

第一节　轴 的 分 类 及 材 料

一、轴的分类

轴是组成机器的重要零件之一。轴的主要功用是支承回转类零件（如齿轮、带轮等），并传递转矩和运动。按照承受载荷的不同，轴分为转轴、心轴和传动轴三种。

1. 转轴

既受弯矩又传递转矩的轴称为转轴，是机器中最常见的轴，如图 12.1.1 所示减速器中的齿轮轴。

2. 心轴

工作时只承受弯矩而不传递转矩的轴称为心轴，如图 12.1.2 所示的起重机中的动滑轮轴。心轴又可分为固定心轴和转动心轴。

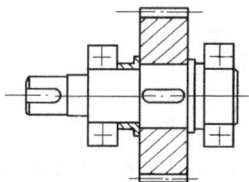

图 12.1.1　转轴

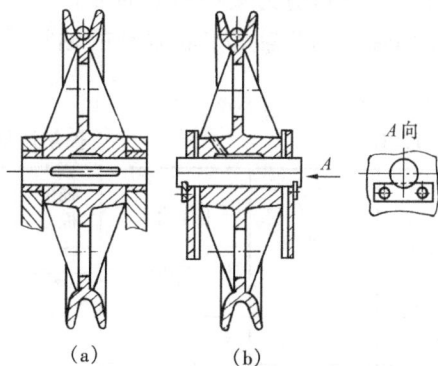

图 12.1.2　心轴
(a) 转动心轴；(b) 固定心轴

3. 传动轴

只传递转矩而不受弯矩或所受弯矩很小的轴称为传动轴，如汽车的传动轴（见图 12.1.3）等。

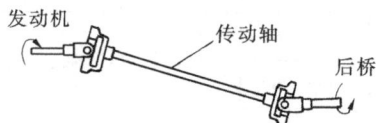

图 12.1.3　传动轴

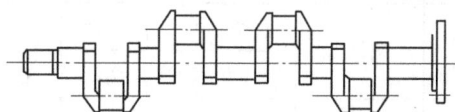

图 12.1.4　曲轴

轴按其轴线形状不同又可分为直轴（见图 12.1.1～图 12.1.3）、曲轴（见图 12.1.4）和挠性钢丝轴（见图 12.1.5）。曲轴是往复式机械中的专用零件。挠性钢丝轴常用于振捣器等设备中，它是由几层紧贴在一起的钢丝构成的，可以把转矩和旋转运动灵活地传到任何位置。

直轴根据外形不同分为光轴（见图 12.1.2）和阶梯轴（见图 12.1.1）。阶梯轴的各轴段截面直径不同，这种结构可使各段轴的强

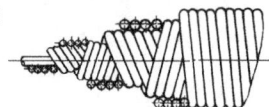

图 12.1.5　挠性钢丝轴

度接近，而且利于零件的安装和固定，在一般机械中得到广泛应用。

二、轴的材料

轴的材料一般为碳素钢和合金钢。碳素钢比合金钢价格低，对应力集中的敏感性较低，经热处理后的强度、塑性、韧性较好，故应用广泛。对不重要的或承受载荷较小的轴采用普通碳素结构钢，如 Q235、Q275 等。多数轴采用优质碳素结构钢，常用的有 35、40、45、50 号钢，其中最常用的是 45 号钢。为了改善其机械性能，采用正火或调质等热处理方法。

合金钢具有较高的力学性能和较好的热处理性能，常用在高速重载并要求尺寸紧凑、耐磨性较好的地方，如滑动轴承的高速轴、汽轮发电机转子轴等。常用的材料有 20Cr、20CrMnTi、40CrNi 等。合金钢对应力集中比较敏感，在设计中要注意改善结构，避免或减小应力集中，降低表面粗糙度。值得注意的是，在常温下，碳素钢和合金钢的弹性模量相差不大，故用合金钢代替碳素钢并不能提高轴的刚度。

球墨铸铁对应力集中敏感性低、强度较高、耐磨性好，具有良好的吸振性，且价格低廉，是曲轴、凸轮轴等形状复杂的轴常采用的材料。表 12.1.1 列出轴常用材料及主要力学性能。

表 12.1.1 轴常用材料及主要力学性能

钢　号	热处理	毛坯直径 （mm）	强度极限 σ_b	屈服极限 σ_s	弯曲疲劳极限 σ_{-1}	硬度 HBS	应用说明
			（MPa）				
Q235			440	240	200		用于不重要或载荷不大的轴
Q275			520	280	220	190	
35 号	正　火	≤100	520	270	250	150～185	用于一般的转轴、曲轴
45 号	正　火	≤100	590	295	255	170～217	用于较重要的轴，应用最广泛
	调　质	≤200	650	355	275	217～255	
40Cr	调　质	≤100	750	550	350	241～286	用于载荷较大而无很大冲击的重要轴
		>100～300	700	550	340	241～266	
35SiMn 40SiMn	调　质	≤100	800	520	400	229～286	性能与40Cr接近
		>100～300	750	450	350	217～269	
40MnB	调　质	≤200	750	500	335	241～286	性能与40Cr接近
35CrMo	调　质	≤100	750	550	390	207～269	用于重载荷的轴
20Cr	渗碳淬火回　火	15	850	550	375	表面 HRC 56～62	用于要求强度、韧性及耐磨性均较高的轴
		≤60	650	400	280		

第二节　轴 的 结 构 设 计

轴结构设计的主要任务是使轴具有合理的外形和尺寸。影响轴结构的因素很多，如轴的受力情况、轴上零件的布置和固定形式、轴在机器中的位置、轴的加工及装配工艺的技术要求、选择的轴承类型和尺寸等。轴的结构没有标准形式，设计时，要根据工作要求的不同具体分析。一般说来，轴的结构设计应满足的基本要求是：轴和轴上的零件要有准确的工作位置，轴上的零件应便于装拆和调整；轴应具有良好的制造及装配工艺性；轴的受力要合理，尽量减少应力集中及节约材料，降低成本等。轴的结构设计应考虑以下几方面的问题。

一、轴上零件的轴向和周向定位与固定

轴上零件的轴向和周向定位的目的是保证零件有准确的工作位置并能传递载荷。

1. 轴向固定

零件的轴向固定常用的方法是利用轴肩、套筒、轴端挡圈、轴承端盖、圆螺母等，使零件受载时不会发生轴向移动。

如图 12.2.1 中，左端带轮用轴端挡圈和①、②间的轴

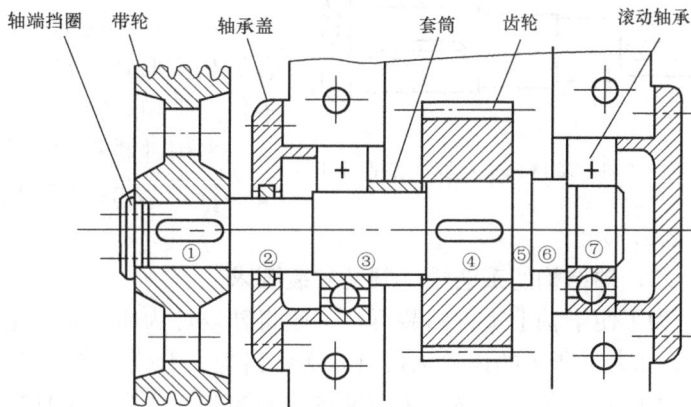

图 12.2.1 轴的结构

肩进行轴向固定；左轴承用轴承盖和套筒进行轴向固定；齿轮是通过套筒和④、⑤间的轴肩来实现轴向固定；右轴承是用⑥、⑦间的轴肩和轴承盖实现轴向固定。

为了使轴上零件靠紧轴肩，轴肩的圆角半径 r 必须小于相配零件的圆角半径 R 或倒角 C_1，轴肩高度 h 必须大于 R 或 C_1，见图 12.2.2。一般取轴肩高度为

$$h \geqslant (0.07d + 3)(\text{mm}), b \approx 1.4h$$

若不便采用套筒或套筒太长时，也可采用圆螺母进行轴向固定，见图 12.2.3。

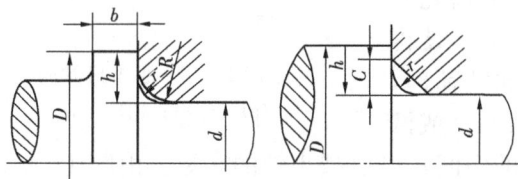

图 12.2.2 轴肩圆角与相配零件的圆角或倒角

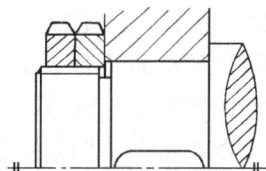

图 12.2.3 双圆螺母

当轴向力较小时，可采用弹性挡圈（见图 12.2.4）或紧定螺钉（见图 12.2.5）对零件进行轴向固定。

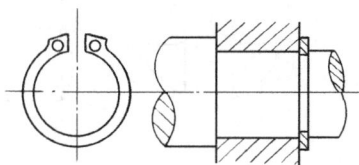

图 12.2.4 弹性挡圈

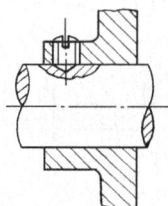

图 12.2.5 紧定螺钉

当轴上零件的轴向定位方法确定后，根据实际情况，才能将轴的各段直径和长度最后确定。在确定轴的长度时要注意，为了保证轴向定位可靠，与齿轮和联轴器相配部分的轴段长度应比轮毂长度略短 2～3mm（见图 12.2.1 和图 12.2.3）。与标准件相配合的轴段直径应采用相应的标准值，例如与滚动轴承相配的轴段直径应符合滚动轴承的内径系列。

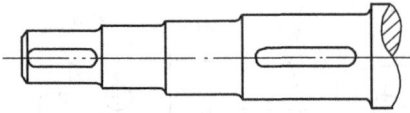

图 12.2.6　键槽加工在同一条直线上

图 12.2.6。

2. 轴上零件的周向固定

轴上零件的周向固定大多采用键、花键或过盈配合等联接形式。目的是实现轴毂连接，防止轴与轴上零件发生相对转动。（详见本章第四节）

采用键联接时，若轴上有几个键槽，为了加工方便，各轴段的键槽应设计在同一加工直线上，见图 12.2.6。

二、轴结构的工艺性（制造安装要求）

为了便于轴上零件的装拆，一般将轴设计为阶梯形。它的直径从轴端逐渐向中间增大。对图 12.2.1 所示的齿轮轴，可依次将齿轮、套筒、挡油板、右端滚动轴承、轴承盖、联轴器从轴的右端装拆，另一滚动轴承从轴的左端装拆。为使轴上零件易于安装，轴端及各轴段的端部要有倒角；需切制螺纹的轴段，应留有退刀槽，见图 12.2.3；需进行磨削加工的轴段，应留有砂轮越程槽。

滚动轴承处的轴肩高度不能超过轴承内圈的外径，以便轴承能顺利拆卸。在满足使用要求的前提下，轴的形状和尺寸应力求简单，便于加工。

三、提高轴强度的结构措施

1. 改善受力

在轴的结构设计中，可通过改变轴上零件位置，改善受力情况来提高轴的强度。例如在图 12.2.7 所示的起重机卷筒的两种不同方案中，方案 1 是大齿轮和卷筒固联在一起，转矩经大齿轮直接传给卷筒，使得卷筒轴只受弯矩而不传递转矩，在起重相同载荷时，轴的直径小于方案 2 轴的尺寸。当动力需用两个或两

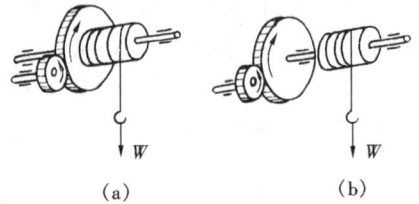

图 12.2.7　起重机卷筒
(a) 方案 1；(b) 方案 2

个以上的轮输出时，将输入轮布置在输出轮的中间，可以减小轴的转矩。由图 12.2.8 可见当输入转矩为 T_1+T_2 时，按图 12.2.8 (a) 布置，轴的最大转矩为 T_1；而按图 12.2.8 (b) 布置，则轴的最大转矩为 T_1+T_2。

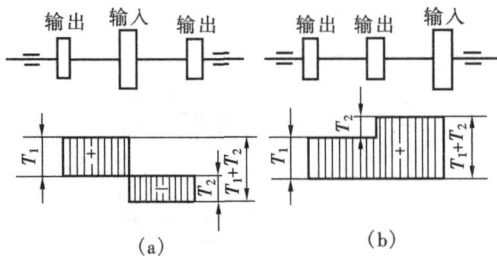

图 12.2.8　轴上传动零件的合理布置
(a) 最大转矩为 T_1；(b) 最大转矩为 T_1+T_2

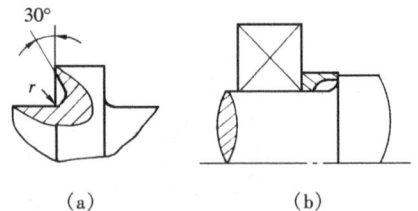

图 12.2.9　增大轴肩圆角半径的结构
(a) 凹切圆角；(b) 过渡肩环

2. 减小应力集中

为了减小应力集中，阶梯轴相邻轴段的直径不宜变化太大，尽量增大过渡部分的圆角半径。如轴肩处的过渡圆角半径受结构限制难以加大时，可改用凹切圆角或过渡肩环，如图12.2.9 所示。

第三节 轴 的 强 度 计 算

一、轴的强度校核计算

进行轴的强度计算时，应根据轴的具体受载及应力情况，采取相应的计算方法。对于仅受扭矩作用的传动轴，按扭转强度条件计算；对于既受扭矩又受弯矩的轴，按弯扭合成强度计算，其最小直径可按仅考虑扭矩近似估算。

1. 按扭转强度计算

对于受扭矩 T 作用的圆截面轴，其扭转切应力及强度条件为

$$\tau = \frac{T}{W_T} = \frac{9.55 \times 10^6 P}{0.2 d^3 n} \leqslant [\tau] \quad (\text{MPa}) \qquad (12.3.1)$$

由此可得轴的最小直径

$$d \geqslant \sqrt[3]{\frac{9.55 \times 10^6 P}{0.2 [\tau] n}} = C \sqrt[3]{\frac{P}{n}} \quad (\text{mm}) \qquad (12.3.2)$$

上两式中　　τ——轴的扭转切应力，MPa；

T——扭矩，N·mm；

W_T——抗扭截面系数，mm³，圆截面轴的 $W_T = \frac{\pi d^3}{16} \approx 0.2 d^3$；

P——传递的功率，kW；

n——轴的转速，r/min；

$[\tau]$——许用切应力，MPa；

C——与轴材料和承载情况有关的常数，由表 12.3.1 查得。

表 12.3.1　　　　　　　　　轴常用材料的 $[\tau]$ 及 C 值

轴 的 材 料	Q235，20	35	45	40Cr，35SiMn
$[\tau]$ (MPa)	12～20	20～30	30～40	40～52
C	160～135	135～118	118～107	107～98

注　作用在轴上的弯矩比转矩小或轴只受转矩时，$[\tau]$ 取较大值，C 取较小值，否则相反。

由式（12.3.2）求出的值，需圆整为标准值作为轴的最小直径。如果轴上有键槽，考虑到键槽对轴的削弱，应将最小直径加大。有一个键槽增大 3%～5%；如有两个键槽增大 7%～10%。

2. 按弯扭合成对轴进行强度计算

图 12.3.1 为一单级圆柱齿轮减速器的设计草图。为了简化计算，把外载荷和支反力的作用位置，取在轮毂宽度、轴承宽度的中点，各段长度尺寸如下：

（1）轴承间跨度

$$l = b + 2a_2 + 2l_2 + B$$

式中　b——齿轮宽度，mm；

　　　B——初选的轴承宽度，mm；

　　　a_2——齿轮端面到箱体内壁的距离，一般取 $a_2 = 10 \sim 15$mm；

　　　l_2——滚动轴承端面至箱体内壁的距离，当轴承用油润滑时 $l_2 = 5 \sim 10$mm，当轴承用脂润滑时 $l_2 = 10 \sim 15$mm。

（2）箱外零件至轴承支点的距离

$$l_1 = L + l_3 + l_4 - \left(l_2 + \frac{B}{2}\right) + \frac{l_5}{2}$$

式中　l_3——轴承盖凸缘厚和螺钉头厚，取 $l_3 = 15 \sim 40$mm；

　　　l_4——箱外零件至固定零件的距离，取 $l_4 = 15 \sim 20$mm；

　　　l_5——带轮宽，mm；

　　　L——轴承座孔长度，mm，可参考表 12.3.2 选取。

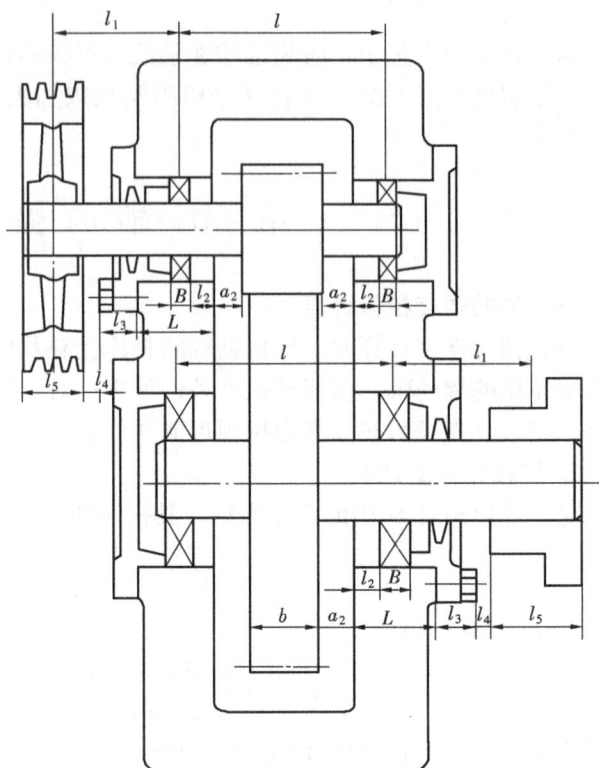

图 12.3.1　一级圆柱齿轮减速器草图

表 12.3.2　　　　　　　　齿轮中心距及轴承座孔长度对照表

a	～100	～150	～200	～250	～350	～450
L	～42	～46	～52	～58	～65	～80

注　a 为齿轮中心距，mm。

通过轴的结构设计和草图的绘制，轴上零件的位置和轴上载荷大小、作用点以及轴承支点的位置均已确定了，就可按弯扭合成强度计算轴的直径。

用第三强度理论（即最大切应力理论）求一般钢制轴的危险截面的当量应力 σ_e，其强度条件为

$$\sigma_e = \sqrt{\sigma_b^2 + 4\tau^2} \leqslant [\sigma_{-1b}] \tag{12.3.3}$$

$$\sigma = \frac{M}{W} = \frac{M}{\pi d^3/32} \approx \frac{M}{0.1d^3}$$

$$\tau = \frac{T}{W_T} = \frac{T}{2W}$$

式中　σ——危险截面的弯曲应力，MPa；

　　　τ——扭转切应力，MPa；

　　　d——轴的直径；

　　　M——危险截面的弯矩；

T——危险截面的扭矩；

W——轴的抗弯截面系数；

W_T——轴的抗扭截面系数。

将 σ 和 τ 代入式（12.3.3）得

$$\sigma_e = \sqrt{\left(\frac{M}{W}\right)^2 + 4\left(\frac{T}{2W}\right)^2} = \frac{1}{W}\sqrt{M^2 + T^2} \leqslant [\sigma_{-1b}] \tag{12.3.4}$$

由于一般转轴因弯矩产生的弯曲应力 σ 为对称循环变应力，而扭矩所产生的扭转切应力 τ 的循环特性与 σ 的循环特性一般是不同的，因此引入折合系数 α 对其进行修正，即

$$\sigma_e = \frac{M_e}{W} = \frac{1}{0.1d^3}\sqrt{M^2 + (\alpha T)^2} \leqslant [\sigma_{-1b}] \tag{12.3.5}$$

$$M_e = \sqrt{M^2 + (\alpha T)^2}$$

式中 M_e——当量弯矩，N·mm；

　　　α——根据扭矩性质而定的折合系数。

　　　T——扭矩，对频繁正反转的轴，可将 T 看成是对称循环变化的，若不能确切知道扭矩的性能时，T 可按脉动循环处理。

对不变的扭矩，$\alpha = \dfrac{[\sigma_{-1b}]}{[\sigma_{+1b}]} \approx 0.3$，对脉动变化的扭矩，$\alpha = \dfrac{[\sigma_{-1b}]}{[\sigma_{0b}]} \approx 0.6$，对于对称循环的扭矩，$\alpha = \dfrac{[\sigma_{-1b}]}{[\sigma_{-1b}]} = 1$，其中，$[\sigma_{+1b}]$、$[\sigma_{-1b}]$、$[\sigma_{0b}]$ 分别为静应力下、对称循环状态下和脉动循环状态下的许用应力，其值列于表 12.3.3 中。

由式（12.3.5）得危险截面轴的直径为

$$d \geqslant \sqrt[3]{\frac{M_e}{0.1[\sigma_{-1b}]}} \quad \text{(mm)} \tag{12.3.6}$$

综上所述，轴的弯扭合成强度计算步骤如下：

（1）绘制轴的计算简图，将外载荷分解到水平面和垂直面内。求水平面支承反力 F_H 和垂直面支承反力 F_V。

（2）作出水平面弯矩图 M_H 和垂直面弯矩图 M_V。

表 12.3.3　轴的许用弯曲应力　MPa

材　料	σ_b	$[\sigma_{+1b}]$	$[\sigma_{0b}]$	$[\sigma_{-1b}]$
碳素钢	400	130	70	40
	500	170	75	45
	600	200	95	55
	700	230	110	65
合金钢	800	270	130	75
	900	300	140	80
	1000	330	150	90
铸　钢	400	100	50	30
	500	120	70	40

（3）计算合成弯矩 $M = \sqrt{M_H^2 + M_V^2}$，并作合成弯矩图。

（4）计算扭矩 T，绘制扭矩图。

（5）计算当量弯矩 $M_e = \sqrt{M^2 + (\alpha T)^2}$。

（6）进行强度校核或设计危险截面轴的直径。

二、轴的刚度计算

轴在承受载荷后，会产生弯曲变形和扭转变形。若轴的刚度不够，将影响轴上零件的正

常工作。例如，机床主轴的刚度不够，会影响机床的加工精度；电机转子挠度过大，会改变电机转子和定子间的间隙，使电机的性能恶化；齿轮轴刚度不够，会使轮齿啮合发生偏斜等等。因此在设计重要的轴时，须对轴的刚度进行校核。

其刚度条件为　　　　$y \leqslant [y]$，$\theta \leqslant [\theta]$，$\varphi \leqslant [\varphi]$

y 和 θ 是在弯矩作用下产生的挠度和转角，φ 是在转矩作用下产生的扭转角。y、θ、φ 的计算，可参照材料力学中的方法进行。许用变形量从有关机械设计手册中查得。

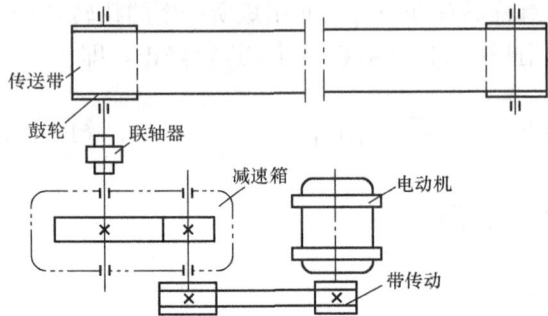

图 12.3.2　带式运输机的传动简图

三、转轴设计实例

【例 12.3.1】　设计图 12.3.2 所示的带式运输机中斜齿圆柱齿轮减速器的输出轴。已知输出轴的功率 $P = 10\text{kW}$，转速 $n = 245\text{r/min}$，作用在齿轮上的圆周力 $F_t = 4430\text{N}$，径向力 $F_r = 1648\text{N}$，轴向力 $F_a = 942\text{N}$，齿轮分度圆直径 $d_1 = 88\text{mm}$，$d_2 = 176\text{mm}$，大齿轮轮毂宽 $b = 65\text{mm}$。

解：1. 拟定轴上零件的装配方案

图 12.3.1 所示为减速器的装配草图，图中给出了减速器主要零件的相互位置关系。轴设计时，即可按此确定轴上主要零件的安装位置 [见图 12.3.3（a）]。考虑到箱体会有铸造误差，故使齿轮端面到箱体内壁的距离为 a_2，滚动轴承内端面至箱体内壁间的距离为 l_2，联轴器与轴承盖间的距离为 l_4。本例中，将齿轮布置在箱体内的中部；滚动轴承对称安装在齿轮两侧（滚动轴承类型的选择及组合设计可查阅第十三章）；轴的外伸端安装半联轴器。

轴上零件的装配方案对轴的结构形式起着决定性的作用，不同的装配方案，得出轴的结构形状也不同。因此，在进行轴的结构设计时，必须拟定出几种不同的装配方案进行对比。本例中，提出两种方案 [见图 12.3.3（b）和图 12.3.3（c）]。图 12.3.3（b）所示方案中齿轮、轴承盖、联轴器等零件从轴的右端依次装入，安装工艺较图 12.3.3（c）好，故选择图 12.3.3（b）所示的装配方案。

2. 按扭转强度估算轴的最小直径

先按式（12.3.2）初步估算轴的最小直径。选取轴的材料为 45 号钢，并经调质处理。根据表 12.3.1 取 $C = 113$。

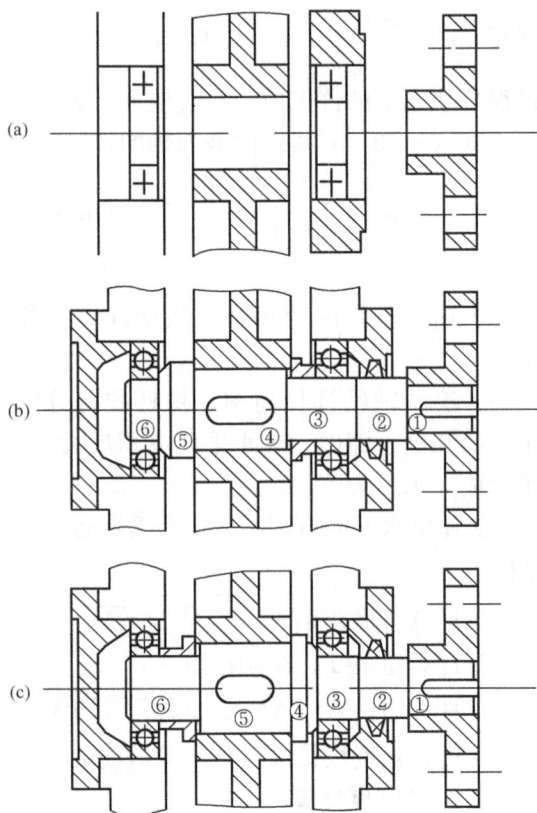

图 12.3.3　轴的结构分析

$$d_{\min} \geqslant C \sqrt[3]{\frac{P}{n}} = 113 \times \sqrt[3]{\frac{10}{245}} = 38.91 (\text{mm})$$

考虑到轴的最小直径处，要安装联轴器，会有键槽存在，故将估算直径加大4%，得40.46mm。为了使所选的轴直径 d_1 ［见图12.3.4（a）］与联轴器的孔径相适应，需同时选取联轴器的型号（见第十四章）。

该轴所传递的转矩 $T = 9.55 \times 10^6 \frac{P}{n} = 9.55 \times 10^6 \frac{10}{245} = 389\ 796$（N·mm）

联轴器的计算转矩 $T_C = KT$，查表14.5.1，取工作情况系数 $K = 1.5$。

得 $T_C = KT = 1.5 \times 389\ 796 = 584\ 694$（N·mm）

按照计算转矩 T_C 应小于联轴器的许用转矩的条件，查标准GB/T 5014—2003或设计手册，选用HL3型弹性柱销联轴器，其许用转矩为630 000N·mm。半联轴器的孔径为42mm，长度为112mm，半联轴器与轴配合的毂孔长度为84mm。故取 $d_1 = 42$mm。

3. 轴的结构设计

（1）确定各轴段直径

为了满足半联轴器轴向定位的要求，轴段①和②间需制出一轴肩，取定位轴肩为3.5mm，$d_2 = 49$mm，轴段③上安装轴承，所以该处直径必须满足轴承内径的标准，故取 $d_3 = 50$mm，同时初选轴承型号6310，查轴承标准可知，6310深沟球轴承宽度 $B = 27$mm；取安装齿轮的轴段④的直径 $d_4 = 55$mm；齿轮的左端采用轴肩定位，轴肩高度 $h > 0.07d$，故取 $h = 6$mm，则轴环⑤处的直径 $d_5 = 67$mm。左边轴承的右端定位轴肩高度不得超过轴承内圈，由该轴承6310的安装尺寸可知，第⑥轴段（轴承定位的轴肩）的直径 $d_6 = 60$mm；取左右两轴承型号一致，第⑦轴段的直径 $d_7 = d_3 = 50$mm。

（2）确定各轴段的长度

根据减速器结构需要，参照图12.3.1和教材推荐值，分别取 $l_2 = 10$mm（轴承采用脂润滑），$a_2 = 15$mm，$l_3 = 18$mm，$l_4 = 20$mm。

由于半联轴器与轴配合的毂孔长度为84mm，取轴段①的长度 $L_1 = 82$mm，比配合的半联轴器毂孔长度短2mm；由齿轮中心矩为132mm，查表12.3.2取轴承座孔长度 L 为46mm，轴段②的长度 $L_2 = l_3 + l_4 + (L - B - l_2) = 47$mm；轴段③的长度 $L_3 = l_2 + a_2 + B + (1 \sim 2)$ mm = 54mm；齿轮的右端与轴承之间安装一套筒。已知齿轮轮毂宽度为65mm，为了使套筒端面可靠地压紧齿轮，轴段④的长度应略短于齿轮轮毂宽度，取 $L_4 = b - (1 \sim 2)$ mm = 63mm；考虑到单级齿轮减速器结构上齿轮相对支承的对称性，取 $L_5 = 13$mm；$L_6 = 12$mm；$L_7 = B = 27$mm。

计算两轴承间的支承跨矩：$l = b + 2a_2 + 2l_2 + B = 142$mm。

计算箱体外联轴器距轴承支点的距离：$l_1 = L + l_3 + l_4 + l_5/2 - (l_2 + B/2) \approx 102$mm

（3）轴上零件的周向定位

齿轮与轴、半联轴器与轴的周向定位均采用平键连接实现，在轴段①、④上分别加工出键槽，两键槽应处于同一直线上，键槽的长度比相应的轮毂宽度小5~10mm（由标准确定）。轴段①键的尺寸根据 $d_1 = 42$mm，查表12.4.1选用单圆头普通平键（C型），键的截面尺寸 $b = 12$mm、$h = 8$mm，键长 $L = 75$mm；轴段④上键的尺寸根据 $d_4 = 55$mm，查表12.4.1选用双圆头普通平键（A型），键的截面尺寸 $b = 16$mm、$h =$

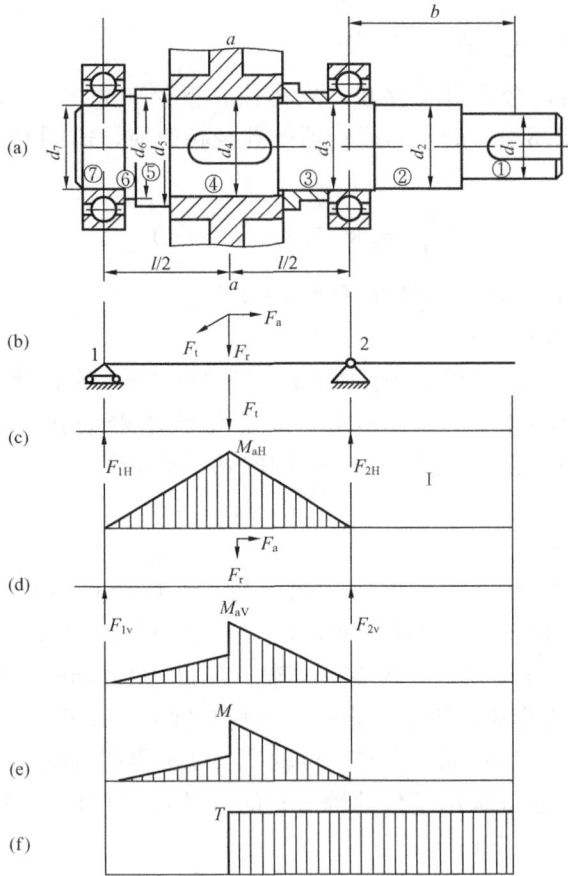

图 12.3.4　轴的结构及受力分析

10mm，键长 $L=56$mm。滚动轴承与轴的周向定位采用过盈配合。具体结构见图 12.3.4（a）。

4. 按弯扭合成对轴进行强度校核

（1）画出轴的受力简图［见图 12.3.4（b）］设齿轮宽度的中点为 a—a 截面。

（2）求水平面的支反力，绘制水平面的弯矩图［见图 12.3.4（c）］

$$F_{1H} = F_{2H} = \frac{F_t}{2} = \frac{4430}{2} = 2215N$$

$$M_{aH} = F_{1H} \cdot \frac{l}{2} = 2215 \times \frac{142}{2}$$

$$= 157\ 265(N \cdot mm)$$

（3）求垂直面的支反力，绘制垂直面的弯矩图［见图 12.3.4（d）］

$$F_{2V} = \frac{F_r \cdot \frac{l}{2} + F_a \cdot \frac{d}{2}}{l}$$

$$= \frac{1648 \times 71 + 942 \times \frac{176}{2}}{142}$$

$$= 1408(N)$$

$$F_{1V} = F_r - F_{2V} = 1648 - 1408 = 240(N)$$

a—a 截面左侧弯矩 $M'_{aV} = F_{1V} \times \frac{l}{2} = 240 \times \frac{142}{2} = 17\ 040$（N·mm）

a—a 截面右侧弯矩 $M_{aV} = F_{2V} \cdot \frac{l}{2} = 1408 \times \frac{142}{2} = 99\ 968$（N·mm）

（4）求合成弯矩［见图 12.3.4（e）］

$$M'_a = \sqrt{(M'_{aV})^2 + (M_{aH})^2} = \sqrt{17\ 040^2 + 157\ 265^2} = 158\ 185\ (N \cdot mm)$$

$$M_a = \sqrt{M^2_{aV} + M^2_{aH}} = \sqrt{99\ 968^2 + 157\ 265^2} = 186\ 349(N \cdot mm)$$

（5）由该轴所传递的转矩 $T = 9.55 \times 10^6 \frac{P}{n} = 9.55 \times 10^6 \frac{10}{245} = 389\ 796$（N·mm），绘制扭矩图［见图 12.3.4（f）］。

（6）求危险截面的当量弯矩

由计算可知 a—a 截面为危险截面，取折合系数 $\alpha = 0.6$

$$M_{ea} = \sqrt{(M_a)^2 + (\alpha T)^2} = \sqrt{(186\ 349)^2 + (0.6 \times 389\ 796)^2} = 299\ 040(N \cdot mm)$$

（7）计算危险截面处轴的直径

轴的材料选用 45 号钢，调质处理，由表 12.1.1 查得 $\sigma_b = 650$MPa，由表 12.3.3 插值得 $[\sigma_{-1b}] = 60$MPa，

$$d_a \geqslant \sqrt[3]{\frac{M_{ea}}{0.1[\sigma_{-1b}]}} = \sqrt[3]{\frac{299\ 040}{0.1 \times 60}} = 37(\text{mm})$$

考虑到此处键槽对轴的影响，则 $d_a \geqslant 37 \times 1.04 = 38.5$（mm），由结构设计可知 $d_a = 55$mm，故轴的结构设计满足轴强度要求。

第四节 轴毂连接

轴毂连接主要是用来实现轴和轮毂（如齿轮、带轮的轮毂等）之间的周向固定并传递运动和转矩。常用的轴毂联连有键连接、花键连接、销连接、过盈配合等。

一、键连接的类型

键是标准件，键连接的主要类型有平键连接、半圆键连接、楔键连接、切向键连接和花键连接等。

1. 平键连接

图 12.4.1 所示平键的两侧面为工作面，键的上表面与轮毂键槽底面间留有间隙，零件工作时靠键与键槽侧面的推压传递运动和转矩。这种键具有结构简单、装拆方便、对中性好的优点，因而得到广泛应用。平键分为普通平键和导向平键，普通平键用于静连接，导向平键用于动连接。

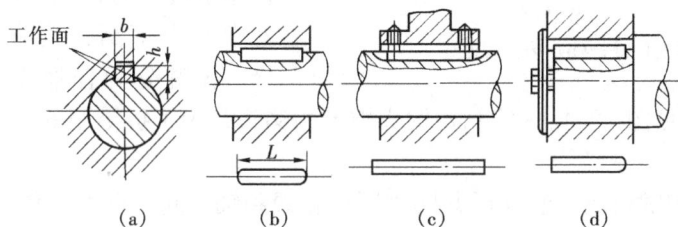

图 12.4.1 普通平键连接

(a) 平键连接；(b) A 型；(c) B 型；(d) C 型

按形状分，普通平键分为 A 型（圆头）、B 型（方头）和 C 型（半圆头）三种形式。圆头平键应用最广，半圆头平键用于轴端 [见图 12.4.1 (d)]。它们轴上的键槽用指形铣刀加工，键在键槽中有较好的轴向固定，但轴上键槽端部应力集中较大。

方头平键的轴上键槽用盘铣刀加工，轴的应力集中小。但键宜用紧定螺钉固定在键槽中，以防松动 [见图 12.4.1 (b)]。

当轮毂需在轴上沿轴向移动时（如变速箱中的滑移齿轮），可采用导向平键连接（见图 12.4.2）。导向平键的长度较长，为防止键在键槽中松动，常用螺钉将键固定在轴上的键槽中，为了便于拆卸，键上制有起键螺钉孔。

2. 半圆键连接

半圆键也是以两个侧面为工作面（见图 12.4.3），因此与平键一样具有较好的对中性。轴上的键槽用与半圆键尺寸相同的半圆键键槽铣刀加工，键能在键槽中绕其几何中心摆动，

以适应轮毂上键槽底面的斜度。这种连接装配方便，适合于锥形轴端与轮毂的连接；但键槽较深，对轴的强度削弱较大，且应力集中较大，故一般只用于轻载或静连接中。

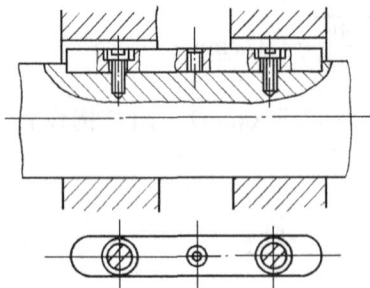

图 12.4.2　导向平键连接　　　　　　　　图 12.4.3　半圆键连接

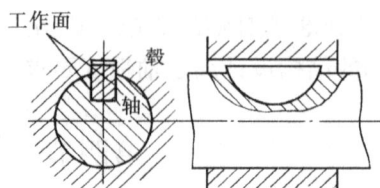

3. 楔键连接

图 12.4.4 所示楔键的上、下表面是工作面，键的上表面和轮毂键槽的底面均有 1∶100

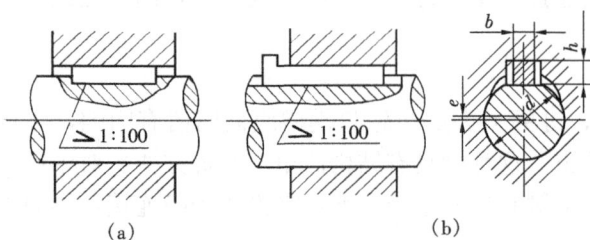

图 12.4.4　楔键连接

（a）普通楔键；（b）钩头楔键

的斜度。装配时将键打入轴和轮毂的键槽内，使其工作面上产生很大的预紧力。工作时依靠摩擦力传递转矩，同时能承受单向的轴向载荷。由于装配时易使轴与毂孔产生偏心与偏斜，使楔键的定心精度较差，在冲击、振动及变载荷作用下键容易松动，所以楔键仅适用于对中要求不高、载荷平稳和低速的连接。楔键分为普通楔键［见图 12.4.4

（a）］和钩头楔键［见图 12.4.4（b）］，钩头楔键的钩头是为了拆键用的。

4. 切向键连接

切向键由两个楔键组成，装配后共同楔紧在轮毂和轴之间。键的工作面是两楔键沿斜面拼合后的两个窄面，靠工作面的挤压力和轴与轮毂间的摩擦力来传递转矩。用一个楔向键时，只能传递单向的转矩，当传递双向转矩时，需用两个切向键分布成 120°～135°（见图 12.4.5）。切向键连接常用于对中要求不高，载荷较大的场合，由于键槽对轴的削弱较大，故主要在直径大于 100mm 的轴上使用，如大型带轮、飞轮等与轴的连接。

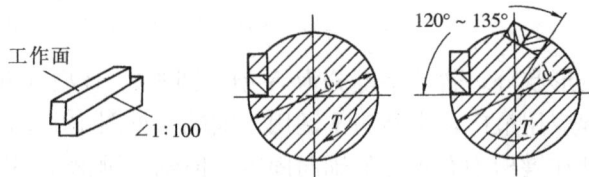

图 12.4.5　切向键连接

5. 花键连接

花键连接由内花键和外花键组成，在轴上加工出多个键齿称外花键（花键轴），在轮毂孔上加工出多个键槽称内花键（花键孔），如图 12.4.6 所示。花键连接按齿形不同，有矩形花键［见图 12.4.6（a）］和渐开线花键［见图 12.4.6（b）］。齿的侧面是工作表面，工作时靠轴与轮毂齿侧面的挤压来传递转矩。花键连接可用于静连接和动连接。与平键相比，花键的齿浅，齿根应力集中小，对轴的削弱较小；定心精度高，导向性好；并且是多齿传递载荷，所以花键连接一般用于载荷较大、定心性要求高的场合。但花键的加工需要专门的设备和工具，加工成本较高。

花键连接的零件常用强度极限 σ_b 不低于 600MPa 的碳素钢作为材料，多数应进行热处理，特别是在载荷下频繁移动的花键齿，需通过热处理获得足够的硬度和耐磨性。

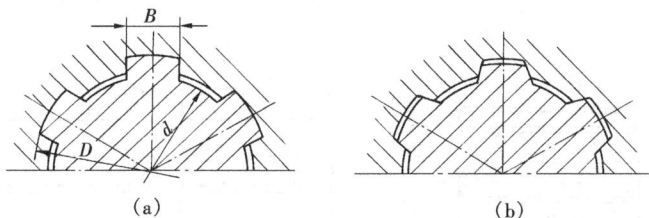

图 12.4.6　花键连接

（a）矩形花键；（b）渐开线花键

二、平键连接的强度校核

键的材料多为碳素钢，常用 45 号钢，也可用 20 号钢或 Q235 钢。键的截面尺寸按轴径 d 从键的标准中查取；键的长度 L 可参照轮毂长度而定，并应符合标准中规定的长度系列，见表 12.4.1。

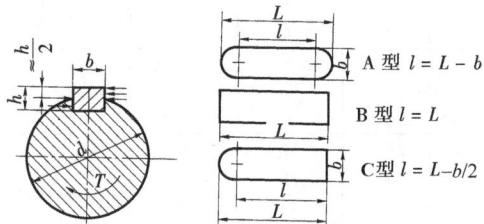

平键连接的主要失效形式是键与轮毂工作面的压溃和磨损（对于动连接），除非有严重过载，一般不会出现键被剪断（见图 12.4.7）。

设键所受载荷沿键的工作长度和高度均匀分布，平键连接的挤压强度条件为

$$\sigma_p = \frac{F}{\frac{h}{2} \cdot l} = \frac{4T}{dhl} \leqslant [\sigma_p] \qquad (\text{MPa})$$

图 12.4.7　平键连接受力情况

$$(12.4.1)$$

对于导向平键（动连接），主要失效形式为磨损，计算依据是限制压强，即

$$p = \frac{4T}{dhl} \leqslant [p] \qquad (\text{MPa}) \qquad\qquad (12.4.2)$$

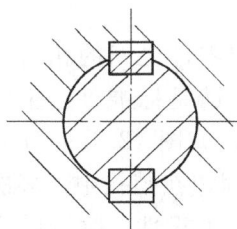

图 12.4.8　两个平键组成的连接

式中　　F——圆周力，N；

T——转矩，N·mm；

d——轴径，mm；

h——键的高度，mm；

l——键的工作长度，mm；

$[\sigma_p]$、$[p]$——许用挤压应力和许用压强，其值见表 12.4.2。

若强度不够时，可采用两个键按 180° 布置（见图 12.4.8），考虑到两个键的载荷不均匀性，可按 1.5 个键进行强度校核。

表 12.4.1　　　普通平键及键槽的尺寸（摘自 GB 1095—1979、GB 1096—1979）　　　　mm

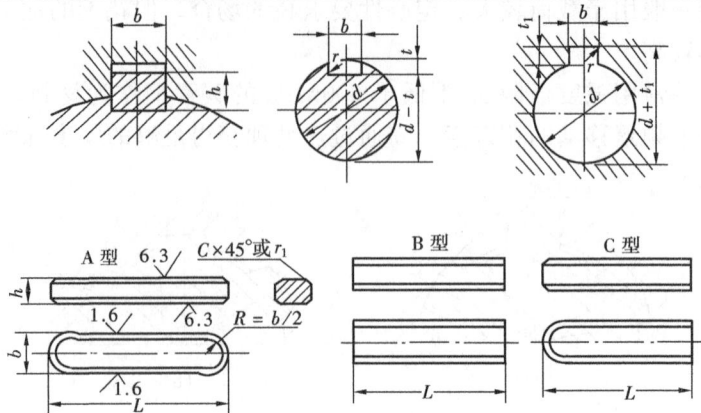

标记示例：
圆头普通平键（A 型），$b=10$，$h=10$，$L=100$ 的标记为：键 16×100　GB 1096—1979
平头普通平键（B 型），$b=16$，$h=10$，$L=100$ 的标记为：键 B16×100　GB 1096—1979
单圆头普通平键（C 型），$b=16$，$h=10$，$L=100$ 的标记为：键 C16×100　GB 1096—1979

轴的直径 d	键 的 尺 寸					键 槽		
	b	h	C 或 r	L		t	t_1	半 径 r
自 6~8	2	2		6~20		1.2	1	
>8~10	3	3	0.16~0.25	6~36		1.8	1.4	0.08~0.16
>10~12	4	4		8~45		2.5	1.8	
>12~17	5	5		10~56		3.0	2.3	
>17~22	6	6	0.25~0.4	14~70		3.5	2.8	0.16~0.25
>22~30	8	7		18~90		4.0	3.3	
>30~38	10	8		22~110		5.0	3.3	
>38~44	12	8	0.4~0.6	28~140		5.5	3.3	0.25~0.4
>44~50	14	9		36~160		5.5	3.8	
>50~58	16	10		45~180		6.0	4.3	
>65~75	20	12	0.6~0.8	56~220		7.5	4.9	0.4~0.5
>75~85	22	14		63~250		9.0	5.4	

表 12.4.2　　　　　　　键连接的许用挤压应力和许用压强　　　　　　　MPa

许 用 值	轮毂材料	载 荷 性 质		
		静 载 荷	轻微冲击	冲 击
$[\sigma_p]$	钢	125~150	100~120	60~90
	铸 铁	70~80	50~60	30~45
$[p]$	钢	50	40	30

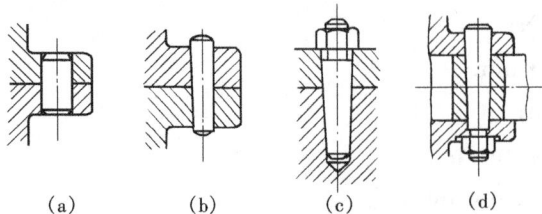

图 12.4.9　圆柱销和圆锥销
（a）圆柱销；（b）圆锥销；（c）大端部带螺纹圆锥销；
（d）小端部带螺纹圆锥销

三、销连接

销连接主要用于确定零件之间的相对位置，并传递不大的转矩。销是标准件，主要有圆柱销和圆锥销两种，见图 12.4.9（a）、（b）。圆柱销靠过盈配合固定在销孔中，多次装拆会降低其定位精度和可靠性。圆锥销具有 1：50 的锥度，可以自锁，比圆柱销安装方便，定位精度高，允许多次装拆而不影响定位精度。大端部带螺纹的圆锥销可用于盲孔或拆卸困难的场合，见图 12.4.9（c）。小端部带螺纹的圆锥销［见图 12.4.9（d）］可用螺母锁紧，适用于有冲击的场合。

思 考 与 练 习

12.1　轴按承受载荷情况可分哪三种类型？举例说明。

12.2　轴的结构设计的主要内容有哪些？

12.3　在轴的弯扭合成强度校核中，α 表示什么？为什么要引入 α 值？

12.4　已知一传动轴传递功率为 37kW，转速 $n=900$r/min，如果轴上的扭切应力不能超过 65MPa，问该轴的最小直径 d 应为多少？

12.5　指出题图 12.1 中轴的结构有哪些不合理的地方，并画出改进后轴的结构图。

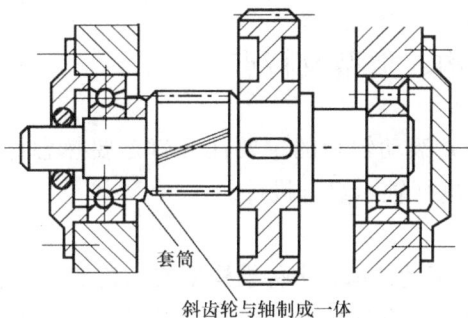

题图 12.1　题 12.5 图　　　　　　　　　题图 12.2　题 12.6 图

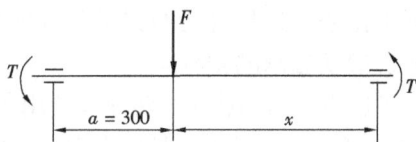

12.6　如题图 12.2 所示的转轴，直径 $d=60$mm，承受不变的转矩 $T=2300$N·m 和载荷 $F=9000$N，若轴的许用弯曲应力 $[\sigma_{-1b}]=80$N/mm²，试求 x 最大为多少？

12.7　已知一单级直齿圆柱齿轮减速器，用电动机直接驱动，电动机功率 $P=22$kW，转速 $n_1=1470$r/min，齿轮模数 $m_n=4$mm，螺旋角 $\beta=15°$，齿数 $z_1=18$，$z_2=82$，若输出轴的支承间距 $l=180$mm，齿轮位于跨距中央，轴的材料用 45 号钢调质，试计算此输出轴危险截面的直径 d。

12.8　图示减速器的低速轴与凸缘联轴器及圆柱齿轮之间分别采用键连接。已知轴传递的转矩为 $T=1000$N·m，齿轮的材料为锻钢，凸缘联轴器材料为 HT200，工作时有轻微冲击，连接处轴及轮毂尺寸如图示。试选择键的类型和尺寸，并校核连接的强度。

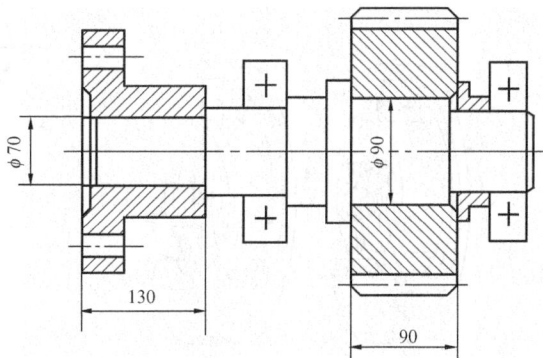

题图 12.3　题 12.8 图

第十三章 轴 承

　　轴承的功用是支承轴及轴上零件，保持轴的旋转精度，并能减少转轴与支承面之间的摩擦和磨损。

　　轴承按摩擦性质分为滚动轴承和滑动轴承两大类。滚动轴承具有摩擦阻力小，启动灵活，易于互换等一系列优点，在一般机器中获得了广泛应用。但是在高速、重载、高精度、结构上要求剖分等场合时，滑动轴承就显示出它的优异性能，因而在汽轮机、离心式压缩机、内燃机、大型电机等大型机械中广泛采用滑动轴承。此外，在低速而带有冲击的机器中，如水泥搅拌机、滚筒清沙机、破碎机等也多采用滑动轴承。

第一节　滚动轴承的结构、类型及特点

　　滚动轴承是标准件，由专业厂家成批生产。研究滚动轴承的主要任务就是要熟悉标准，按实际工作条件选择合适的类型及合理的尺寸，并进行轴承组合设计。

一、滚动轴承的结构

　　为了适应不同的载荷、转速及使用条件的要求，滚动轴承有多种结构型式，其基本构造如图 13.1.1 所示。滚动轴承是由内圈 1、外圈 2、滚动体 3 和保持架 4 组成。工作时，滚动体在内、外圈滚道上滚动。保持架把滚动体彼此隔开，使其沿圆周均匀分布，并避免滚动体的相互接触，减少摩擦和磨损。外圈和轴承座或机座配合，内圈和轴颈配合。多数情况是内圈随轴颈旋转，外圈不动。有些滚动轴承会增加或减少一些零件，如无内圈、无外圈，既无内圈又无外圈；或带防尘盖，密封圈及安装调整用的紧定套等。但滚动体为必备的主要元件。

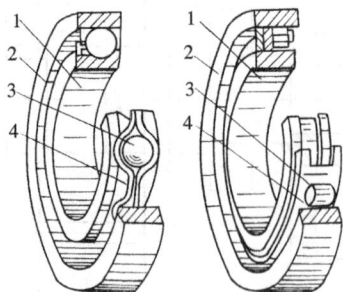

图 13.1.1　滚动轴承的基本构造

1—内圈；2—外圈；3—滚动体；4—保持架

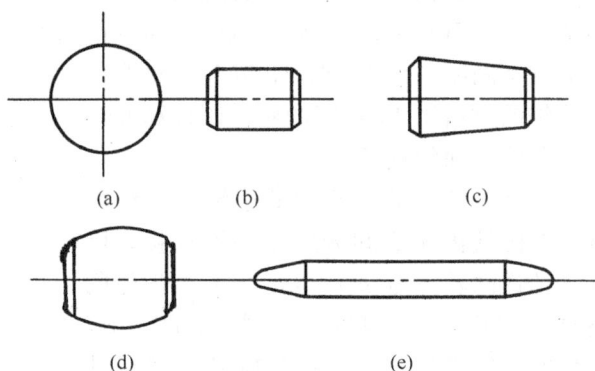

图 13.1.2　滚动体的形状

（a）球；（b）圆柱滚子；（c）圆锥滚子；

（d）鼓形滚子；（e）滚针

　　常见的滚动体形状，有球、圆柱滚子、圆锥滚子、鼓形滚子、滚针等，如图 13.1.2 所示。这些形状的滚动体，基本上可以归纳为球和滚子两类。

　　在工作中，滚动体与内、外圈是点或线接触而相对转动，它们表面接触应力很大，要求

其材料应具有高的硬度、良好的接触疲劳强度和冲击韧性以及良好的耐磨性，所以滚动轴承一般用含铬合金制造，常用的材料有 GCr15、GCr15SiMn、GCr6、GCr9 等，经热处理后表面硬度可达到 $61\sim65$HRC。保持架多用低碳钢通过冲压成形方法制成，也可采用有色金属或塑料等材料。

二、滚动轴承的主要类型及特点

滚动轴承中套圈与滚动体接触处的法线和垂直于轴承轴心线的平面间的夹角 α 称为公称接触角，简称接触角。滚动轴承按所能承受载荷方向与公称接触角的不同分为向心轴承和推力轴承两大类，见表 13.1.1。向心轴承主要用于承受径向载荷，公称接触角为 $0°\sim45°$。推力轴承主要用于承受轴向载荷，公称接触角 $45°\sim90°$。

表 13.1.1　　　　　　　　　　　　各类轴承的公称接触角

轴承种类	向 心 轴 承		推 力 轴 承	
	径 向 接 触	角 接 触	角 接 触	轴 向 接 触
接触角 α	$\alpha=0°$	$0°<\alpha\leqslant45°$	$45°<\alpha<90°$	$\alpha=90°$
图　例 （以球轴承为例）				

常用滚动轴承的类型、特性和代号见表 13.1.2。

表 13.1.2　　　　　　　　　　　　滚动轴承的主要类型和特性

轴承名称、类型及代号	结构简图、国标号及负荷方向	极限转速	允许偏位角	主要特性和应用
调心球轴承 10000	 GB/T 281—1993	中	$2°\sim3°$	主要承受径向载荷，也能承受较小的双向轴向载荷。由于外圈滚道表面是以轴承中点为圆心的球面，故可调心。用于轴变形较大以及不能精确对中的轴支承
调心滚子轴承 20000C	 GB/T 288—1993	低	$0.5°\sim2°$	承载能力强，主要承受较大的径向载荷和一定的双向轴向载荷，具有调心性能。常用于长轴或受载荷作用后轴有较大的弯曲变形及多支点的轴支承

续表

轴承名称、类型及代号	结构简图、国标号及负荷方向	极 限 转 速	允 许 偏位角	主要特性和应用
圆锥滚子轴承 30000	GB/T 297—1993	中	2′	能承受径向载荷、轴向载荷的联合作用,承载能力大于角接触球轴承。内外圈可分离,装拆方便,需成对使用
推力球轴承 50000	①单向 ②双向 GB/T 301—1993	低	不允许	有两种类型:①单向结构,只能承受单方向的轴向力;②双向结构,能承受两个方向的轴向力。载荷作用线必须与轴线重合,不允许有偏位角。回转时,由于离心力大,球与保持架摩擦发热严重,故允许的极限转速较低
深沟球轴承 60000	GB/T 276—1993	高	8′~16′	主要承受径向载荷,同时也可承受一定的双向轴向载荷。价格低,应用广泛
角接触球轴承 70000C ($\alpha=15°$) 70000AC ($\alpha=25°$) 70000B ($\alpha=40°$)	GB/T 292—1993	较高	2′~10′	能同时承受径向载荷和轴向载荷的共同作用。需成对使用。公称接触角 α 有 15°、25° 和 40° 三种,轴向承载能力随着接触角的增大而提高
推力圆柱滚子轴承 80000	GB/T 4663—1993	低	不允许	能承受较大的单向轴向载荷

续表

轴承名称、类型及代号	结构简图、国标号及负荷方向	极限转速	允许偏位角	主要特性和应用
圆柱滚子轴承 N0000（外圈无挡边） NU0000（内圈无挡边） NF0000（外圈单挡边） GB/T 283—1993	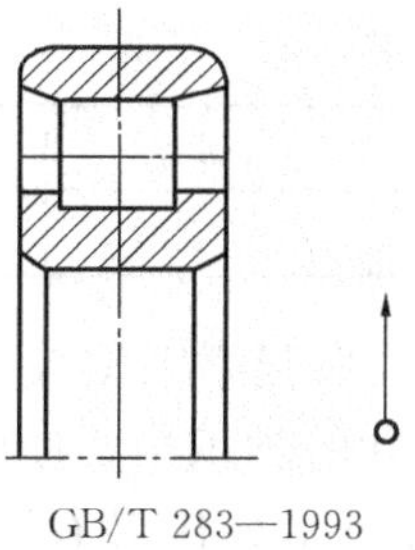	较高	$2'\sim4'$	能承受较大的径向载荷，但不能承受轴向载荷。因为是线接触，内外圈只允许有极小的相对偏转。内外圈可分离，装拆方便
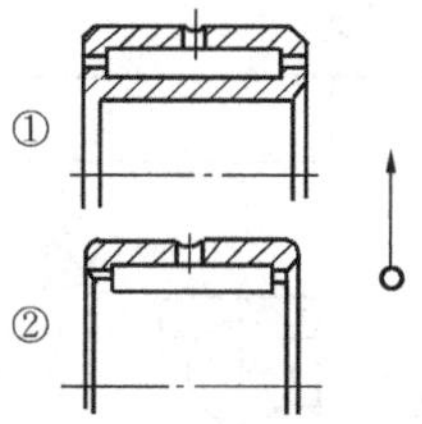 滚针轴承 NA0000（有内圈） RNA0000（无内圈） GB/T 5801—1993	① ②	低	不允许	只能承受径向载荷。一般无保持架，径向尺寸很小。因滚针间有摩擦，轴承极限转速低。这类轴承不允许有偏位角。适用于径向尺寸受限制的轴支承

第二节　滚动轴承类型代号及类型选择

一、滚动轴承类型代号

滚动轴承类型的代号是由字母和数字组成的，用来表示轴承的结构、尺寸、公差等级、技术性能等。国家标准 GB/T 272—1993 规定的轴承代号由基本代号、前置代号和后置代号构成，见表 13.2.1。

表 13.2.1　　　　　　　　　　　滚动轴承代号的构成

前置代号	基本代号					后置代号							
	五	四	三	二	一								
		尺寸系列代号											
轴承分部件代号	类型代号	宽度系列代号	直径系列代号	内径代号		内部结构代号	密封与防尘结构代号	保持架及其材料代号	特殊轴承材料代号	公差等级代号	游隙代号	多轴承配置代号	其他代号

1. 基本代号

基本代号用来表明轴承的内径、尺寸系列和类型，一般为 5 位数字。分别叙述如下。

（1）内径代号。轴承内径尺寸用基本代号右起的第一、第二位数字表示。内径为 10～17mm 和内径为 20～480（22、28、32 除外）mm 的轴承代号见表 13.2.2。内径小于 10mm 和内径大于 500mm 的轴承代号，另查轴承标准。

表 13.2.2　　　　　　　　　　　　　轴承的内径代号

内径代号（组）	00	01	02	03	04～96
轴承内径尺寸（mm）	10	12	15	17	数字×5

（2）直径系列代号。轴承的直径系列用基本代号右起第三位数字表示，表示相同内径的轴承所具有的不同外径和宽度。它是在同一内径尺寸的轴承中，使用不同大小的滚动体，从而具有不同的承载能力所引起的外形尺寸变化。直径系列代号有 7、8、9、0、1、2、3、4 和 5，它们所对应的外形尺寸依次递增。部分直径系列之间的尺寸对比见表 13.2.3 所示。

表 13.2.3　　　　　　　　　　　　　轴承直径系列的对比

代　　　号	1	2	3	4
不同直径系列轴承外形尺寸的变化				

（3）宽度系列代号。轴承的宽度系列用基本代号右起第四位数字表示，表示具有相同内、外径尺寸的轴承宽度的变化。正常宽度系列的轴承，此代号为"0"。多数轴承当代号为"0"时，可省略不标。但对于调心滚子轴承和圆锥滚子轴承，宽度系列代号的"0"应标出。

直径系列代号和宽度系列代号统称为尺寸系列代号。

（4）类型代号。轴承类型用基本代号右起第五位数字或字母表示。代号含义见表 13.2.4）。

表 13.2.4　　　　　　　　　　　　　常用滚动轴承类型代号

轴承类型	代号	原代号	轴承类型	代号	原代号
双列角接触球轴承	0	6	深沟球轴承	6	0
调心球轴承	1	1	角接触球轴承	7	6
调心滚子轴承和推力调心滚子轴承	2	3 和 9	推力圆柱滚子轴承	8	9
			圆柱滚子轴承	N	2
圆锥滚子轴承	3	7	外球面球轴承	U	0
推力球轴承	5	8	四点接触球轴承	QJ	6

2. 前置代号

轴承的前置代号用字母表示成套轴承的分部件。如用 L 表示可分离轴承的可分离套圈等。

3. 后置代号

轴承的后置代号用字母（或字母加数字），表示轴承的结构、公差　材料等。后置代号内容很多，下面仅介绍几个常用的代号。

（1）内部结构代号。该代号紧跟在基本代号之后，用字母表示，代表着同一类型轴承的不同内部结构，如角接触球轴承公称接触角大小的不同（15°、25°、40°）分别用 A、AC 和 B 表示。

（2）公差等级代号。在 GB/T 272—1993 中，轴承的公差等级分为 6 个级别，分别是 2、4、5、6、6x 和 0 级，级别依次由高到低，分别用/P2、/P4、/P5、/P6、/P6x 和/P0 表示。其中，0 级是普通级，在轴承代号中不标出。

（3）游隙代号。在 GB/T 272—1993 中，轴承的径向游隙系列分为 1、2、0、3、4、5 共 6 个组别，径向游隙依次由小到大，分别用 C1、C2、C0、C3、C4、C5 表示。0 组是常用的游隙组别，轴承代号中不标出。

【例 13.2.1】　试说明滚动轴承代号 60309 和 7311AC/P5 的含义。

解　60309 表示内径为 45mm、正常宽度、直径为 2 系列的深沟球轴承，正常结构，普通级公差，0 组游隙。

7311 AC/P5 表示内径为 55mm、正常宽度、直径为 3 系列的角接触球轴承，公称接触角为 25°，5 级公差，0 组游隙。

二、滚动轴承类型的选择

选择滚动轴承时，首先应根据轴承所受载荷大小、方向和性质，轴承组合的结构、装配条件和经济性等因素选择轴承类型，然后确定它的尺寸。

影响滚动轴承承载能力的几个主要因素。

（1）轴承类型。同样外形尺寸下，滚子轴承的承载能力约为球轴承的 1.5～3 倍。所以，在载荷较大时应选用滚子轴承。但当轴承内径 $d \leqslant 20mm$ 时，滚子轴承和球轴承的承载能力已相差不多，而球轴承的价格一般低于滚子轴承，此时可优先选用球轴承。转速较高、载荷较小、要求旋转精度高时，宜选用球轴承；转速较低、载荷较大或有冲击载荷时，则选用滚子轴承。

（2）接触角。接触角 α 越大，轴承承受轴向载荷的能力就越大。角接触轴承同时承受径向载荷和轴向载荷。由轴承结构类型所决定的接触角，如表 13.1.1 所列。由于滚动体与滚道间留有微量间隙，受轴向载荷后，接触角可能会发生变动，这时所确定的接触角为实际接触角。图 13.2.1 所示深沟球轴承（$\alpha=0°$），接触角由 0° 变为 α 角，使轴承除主要承受径向载荷外，也能承受一定量的双向轴向载荷。

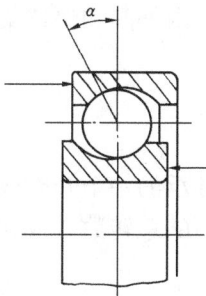

图 13.2.1　接触角的变化

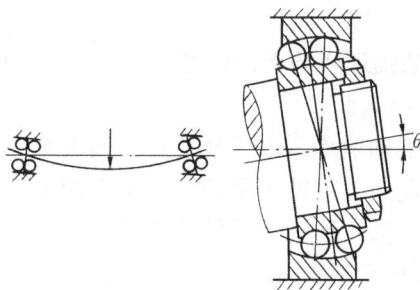

图 13.2.2　偏位角

（3）偏位角。轴承的安装误差或轴的变形等都会引起内、外圈轴心线发生相对倾斜，其倾斜角称为偏位角，如图 13.2.2 所示。各类滚动轴承允许的偏位角列于表 13.1.2。如果实际工作时，轴承的偏位角超过允许值，则会造成轴承运转不灵活，摩擦力矩增大，发热严重，直接影响轴承的寿命。"1"、"2" 类轴承（即调心球轴承、调心滚子轴承）允许有较大的偏位角 θ，适用于刚性不高，易变形的轴。

（4）极限转速。在一定载荷和润滑条件下，允许的最高转速称为滚动轴承的极限转速，其具体数值见有关手册。滚动轴承转速过高会使摩擦面间产生高温，润滑失效，从而导致滚动体回火或胶合破坏。各类轴承极限转速的比较，见表 13.1.2。

第三节　滚动轴承的寿命计算

一、失效形式

1. 滚动轴承中作用力的情况

滚动轴承在受到中心轴向载荷作用时，可认为载荷由每个滚动体平均分担；在受到径向载荷作用时（见图 13.3.1），每个滚动体的受力情况就不同了，在 F_r 作用下，由于接触点处的弹性变形，则内圈沿 F_r 的方向下移一段距离 δ，使得上半圈的滚动体不承载，只有下半圈的滚动体受到载荷作用，且各滚动体的受载大小也不相同，处于最下端的滚动体受到的载荷为最大值，远离作用线的各滚动体所受载荷逐渐减小。

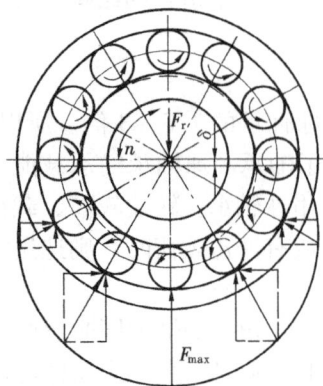

图 13.3.1　滚动轴承径向载荷分布

2. 滚动轴承的失效形式

（1）疲劳破坏。滚动轴承工作过程中，滚动体相对内、外圈不断地转动，因此滚动体与滚道接触表面的接触应力按脉动循环变化。在这个交变应力的反复作用下，首先在滚动体或滚道的表面一定深度处产生疲劳裂纹，继而扩展形成疲劳点蚀，致使轴承不能正常工作。通常，疲劳点蚀是滚动轴承的主要失效形式。

（2）塑性变形。在转速很低或只作低速摆动且所受载荷过大时，轴承一般不会产生疲劳破坏，但会使轴承各元件接触处的局部应力超过材料屈服点，出现塑性变形，在表面形成凹坑。此外，由于使用维护和保养不当或密封润滑不良等因素，也能引起轴承早期磨损、胶合，内外圈和保持架破坏等不正常失效。

二、滚动轴承疲劳寿命计算

1. 轴承的寿命

大部分滚动轴承是由于疲劳点蚀而失效的。在工作过程中，轴承的一个套圈或滚动体的材料首先出现疲劳点蚀迹象前，一个套圈相对于另一个套圈所经历的总转数，或在某一转速下的工作小时数，称为轴承的寿命。

2. 基本额定寿命

实际上，由于轴承材料内部组织不均匀以及制造、安装和热处理过程中随机因素的影响，即使同一批轴承中各轴承寿命相差也很大，甚至相差几十倍。所以轴承寿命是以可靠度来定义的。一组同一型号的轴承在相同条件下运转，其可靠度为 90% 时轴承所能达到或超过的寿命为基本额定寿命。也就是说，这批轴承达到基本额定寿命时，有 10% 的轴承因发生疲劳点蚀而失效，还有 90% 的轴承因没有发生疲劳点蚀还能继续工作。基本额定寿命用 L 表示，单位 $10^6 r$；也可用 L_h 表示，单位 h。

3. 基本额定动载荷

轴承抵抗疲劳点蚀破坏的承载能力可由基本额定动载荷来表示。基本额定寿命 $L = 1 \times 10^6 r$ 时，轴承能承受的最大载荷，称为基本额定动载荷，用符号 C 表示。轴承的基本额定动载荷越大，则其抗疲劳点蚀的能力越强。基本额定动载荷，对于向心轴承，指的是纯径向载荷，称为径向基本额定动载荷，用 C_r 表示；对于推力轴承，指的是纯轴向载荷，称为轴向基本额定动载荷，用 C_a 表示。各类轴承的基本额定动载荷值可在轴承标准中查到。

4. 当量动载荷

滚动轴承的基本额定动载荷是在一定的试验条件下确定的。如前所述，对向心轴承是指承受纯径向载荷；对推力轴承是指承受纯轴向载荷。如果作用在轴上的实际载荷，既有径向载荷又有轴向载荷，则必须将这些载荷换算成与试验条件相同载荷后，才能和基本额定动载荷进行比较。换算后的载荷是一种假定的载荷，其方向同基本额定动载荷一致，在这一载荷作用下轴承的寿命与在实际工作条件下的轴承寿命相同。当量动载荷的计算公式为

$$P = X F_r + Y F_a \tag{13.3.1}$$

式中　F_r——轴承所受的径向载荷，N；

　　　F_a——轴承所受的轴向载荷，N；

　　　X——径向动载荷系数；

　　　Y——轴向动载荷系数。

对于向心轴承，当 $F_a/F_r > e$ 时，X、Y 的值可由表 13.3.1 查出；当 $F_a/F_r \leqslant e$ 时，轴向力的影响可以忽略不计，这时表中 $X = 1$、$Y = 0$。e 是与轴承类型和 F_a/C_{0r} 的比值有关的参数（C_{0r} 为轴承的径向基本额定静载荷）。

向心轴承只承受径向载荷时，有

$$P = F_r \tag{13.3.2}$$

推力轴承（$\alpha = 90°$）只能承受轴向载荷时，有

$$P = F_a \tag{13.3.3}$$

表 13.3.1　　　　　　　　　向心轴承当量动载荷的 X、Y 值

轴承类型	$\dfrac{F_a}{C_{0r}}$	e	$F_a/F_r > e$		$F_a/F_r \leqslant e$	
			X	Y	X	Y
深沟球轴承	0.014	0.19		2.30		
	0.028	0.22		1.99		
	0.056	0.26		1.71		
	0.084	0.28		1.55		
	0.11	0.30	0.56	1.45	1	0
	0.17	0.34		1.31		
	0.28	0.38		1.15		
	0.42	0.42		1.04		
	0.56	0.44		1.00		

续表

轴承类型		$\dfrac{F_a}{C_{0r}}$	e	$F_a/F_r > e$		$F_a/F_r \leqslant e$	
				X	Y	X	Y
角接触球轴承（单列）	$\alpha=15°$	0.015 0.029 0.058 0.087 0.12 0.17 0.29 0.44 0.58	0.38 0.40 0.43 0.46 0.47 0.50 0.55 0.56 0.56	0.44	1.47 1.40 1.30 1.23 1.19 1.12 1.02 1.00 1.00	1	0
	$\alpha=25°$	—	0.68	0.41	0.87	1	0
	$\alpha=40°$	—	1.14	0.35	0.57	1	0
圆锥滚子轴承（单列）		—	$1.5\tan\alpha$	0.4	$0.4\cot\alpha$	1	0
调心球轴承（双列）		—	$1.5\tan\alpha$	0.65	$0.65\cot\alpha$	1	$0.42\mathrm{ctg}\alpha$

5. 轴承基本额定寿命的计算

大量实验证明滚动轴承所承受的载荷 P 与寿命 L 之间的关系如图 13.3.2 所示，该曲线称为疲劳寿命曲线，其曲线方程为

$$LP^\varepsilon = 常数 \qquad (13.3.4)$$

式中　　P——当量动载荷，N；

　　　　L——基本额定寿命，10^6 r；

　　　　ε——轴承寿命指数，对于球轴承 $\varepsilon=3$，对于滚子轴承 $\varepsilon=10/3$。

当基本额定寿命 $L=1\times10^6$ r 时，轴承所能承受的载荷为基本额定动载荷 C。这样式（13.3.4）可写为

$$LP^\varepsilon = 1\times C^\varepsilon$$

即

$$L = \left(\frac{C}{P}\right)^\varepsilon \qquad (\times10^6\,\mathrm{r}) \qquad (13.3.5)$$

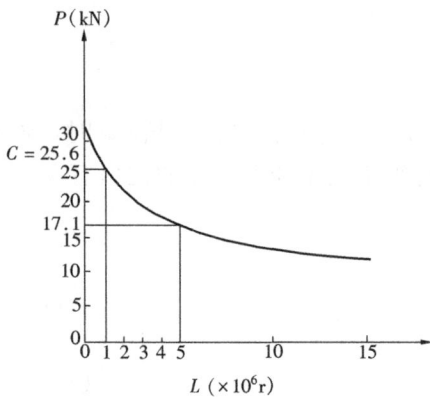

图 13.3.2　轴承的疲劳寿命曲线

实际计算轴承寿命时，常用 h 作为计算单位。

轴承在工作过程中，其工作温度高于 $100℃$ 时对基本额定动载荷 C 会产生影响，故引入温度系数 f_t（见表 13.3.2）；冲击、振动对轴承的寿命也会产生影响，使轴承的寿命降低，引入载荷系数 f_P（见表 13.3.3）。考虑到这两方面的因素，在实际工作情况下的轴承寿命计算公式为

$$L_h = \frac{10^6}{60n}\left(\frac{f_t C}{f_P P}\right)^\varepsilon \qquad (h) \qquad (13.3.6)$$

式（13.3.6）也可写成

$$C = \frac{f_P P}{f_t}\left(\frac{60n}{10^6}L_h\right)^{1/\varepsilon} \qquad (N) \qquad (13.3.7)$$

式中　L_h——基本额定寿命，h；

n——轴的转速，r/min。

可根据上两式确定轴承型号及轴承寿命。各类轴承预期寿命的参考值列于表13.3.4中。

表 13.3.2 温 度 系 数 f_t

轴承工作温度（℃）	100	125	150	200	250	300
温度系数 f_t	1	0.95	0.90	0.80	0.70	0.60

表 13.3.3 载 荷 系 数 f_P

载 荷 性 质	无冲击或轻微冲击	中 等 冲 击	强 烈 冲 击
f_P	1.0～1.2	1.2～1.8	1.8～3.0

表 13.3.4 轴承的参考寿命 L_h

使 用 场 合	L_h (h)	使 用 场 合	L_h (h)
不经常使用的仪器和设备	500	每天 8h 工作的机械	12 000～20 000
短时间或间断使用，中断时不致引起严重后果	4000～8000	24h 连续工作的机械	40 000～60 000
间断使用，中断会引起严重后果	8000～12 000		

【例 13.3.1】　一水泵选用深沟球轴承，已知轴径 $d=35\text{mm}$，转速 $n=2900\text{r/min}$，轴承所受径向载荷 $F_r=2300\text{N}$，轴向载荷 $F_a=540\text{N}$。要求使用寿命 $L_h=5000\text{h}$，试选择轴承型号。

解　（1）求当量动载荷 P_r

计算时用到的径向系数 X、轴向系数 Y 要根据 $\dfrac{F_a}{C_{0r}}$ 值查取，而 C_{0r} 是轴承的径向额定静载荷，在轴承型号未选出前暂不知道，故用试算法。据表 13.3.1，暂取 $\dfrac{F_a}{C_{0r}}=0.028$，则 $e=0.22$，因 $\dfrac{F_a}{F_r}=\dfrac{540}{2300}=0.235>e$，由表 13.3.1 查得 $X=0.56$，$Y=1.99$，由式（13.3.1）得

$$P_r = XF_r + YF_a = 0.56\times2300 + 1.99\times540 \approx 2360(\text{N})$$

（2）计算所需要的径向额定动载荷值

由式（13.3.7）得

$$C_r = \frac{f_P P_r}{f_t}\left(\frac{60n}{10^6}L_h\right)^{1/\varepsilon}$$

上式中 $f_P=1.1$（查表 13.3.3），$f_t=1$（查表 13.3.2，常温下工作），$\varepsilon=3$，得

$$C_r = \frac{1.1\times2360}{1}\times\left(\frac{60\times2900}{10^6}\times5000\right)^{1/3} \approx 24\,800 \ (\text{N})$$

（3）选择轴承型号

查手册或本章附表 13.1，选 6207 轴承，其 $C_r=25\,500\text{N}>24\,800\text{N}$，$C_{0r}=15\,200\text{N}$，故 6207 轴承的 $\dfrac{F_a}{C_{0r}}=\dfrac{540}{15\,200}=0.035\,5$，与原值估计近似，适用。

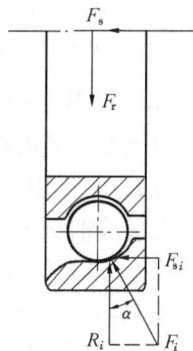

图 13.3.3　角接触球轴承中径向载荷所产生的轴向分力

三、角接触向心轴承轴向载荷 F_a 的计算

由于角接触向心轴承中存在着接触角 α，当它承受径向载荷 F_r 时，由图 13.3.3 可看出，作用在承载区的第 i 个滚动体上的法向力 F_i 可以分解为径向分力 R_i 和轴向分力 F_{si}。轴承的内部轴向力 F_s 就是所有滚动体上所受轴向分力的总和。F_s 的近似值可按表 13.3.5 中的公式计算求得。

表 13.3.5 角接触向心轴承内部轴向力 F_s

轴承类型	角接触向心球轴承内部轴向力			圆锥滚子轴承
	70 000C ($\alpha=15°$)	70 000AC ($\alpha=25°$)	70 000B ($\alpha=40°$)	30 000
F_s	eF_r	$0.68F_r$	$1.14F_r$	$F_r/2Y$

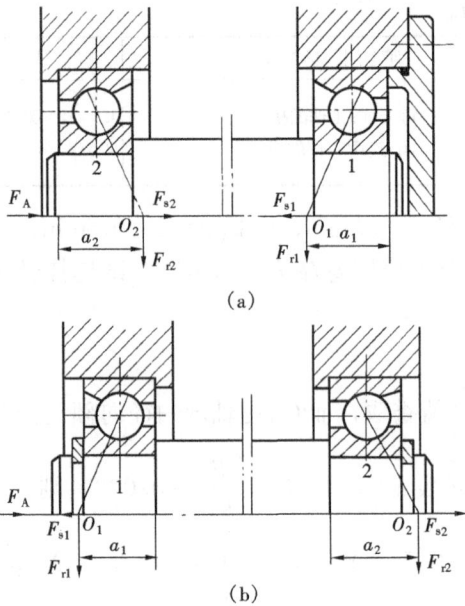

图 13.3.4 安装方式图
（a）外圈窄边相对安装；（b）外圈宽边相对安装

由于角接触向心轴承在径向载荷作用下，会产生内部轴向力。为了使轴承的内部轴向力相互抵销，达到力的平衡，以免轴蹿动，通常这类轴承要成对使用，对称安装。安装方式有两种，如图 13.3.4(a)、(b)所示。

图 13.3.4(a)所示为外圈窄边相对安装，又称正装。图 13.3.4 (b) 为外圈宽边相对安装，又称反装。图中的 O_1、O_2 分别为轴承 1 和轴承 2 的支反力作用点。O_1 和 O_2 与轴承端面的距离 a_1、a_2，可由轴承样本或有关手册上查得。通常为简化计算，可认为支反力作用在轴承宽度中点。F_A 为轴向外载荷。计算轴承的轴向力 F_a 时，应将由径向力 F_r 产生的内部轴向力 F_s 考虑进去。以图 13.3.4 (a) 所示的轴承为例。

若 $F_{s2}+F_A > F_{s1}$ 时，轴有向右移动的趋势，由于轴承 1 被端盖顶住而压紧，轴不能向右移动。轴承 1 将受到平衡力 W 的作用。轴承 2 则处于放松状态。轴与轴承组件轴向平衡，即 $F_{s2}+F_A = F_{s1}+W$，得 $W = F_{s2}+F_A-F_{s1}$。

轴承 1 除受内部轴向力 F_{s1} 的作用外还受到平衡力 W 的作用，而轴承 2 仅受自身的内部轴向力 F_{s2} 的作用，即

压紧端轴承 1 所受的轴向力 $F_{s1} = F_{s1}+W = F_{s2}+F_A$

放松端轴承 2 所受的轴向力 $F_{a2} = F_{s2}$

若 $F_{s2}+F_A < F_{s1}$ 时，轴有向左移动的趋势，轴承 2 被端盖顶住而压紧，轴承 2 将受到平衡力 W' 的作用，而轴承 1 则处于放松状态。轴与轴承组件轴向平衡，即 $F_{s2}+F_A+W' = F_{s1}$，由此得，$W' = F_{s1}-F_{s2}-F_A$。采用上述分析可知

压紧端轴承 2 所受的轴向力 $F_{a2} = F_{s2}+W' = F_{s1}-F_A$

放松端轴承 1 所受的轴向力 $F_{a1} = F_{s2}+F_A+W' = F_{s1}$

如为反装方式，求轴向力的方法同上。

由此可得计算两端轴承所受轴向力的步骤如下：

（1）根据轴承的类型及安装方式求出内部轴向力 F_{s1} 和 F_{s2} 的大小，并确定方向。

（2）根据轴上所有轴向力（F_A、F_{s1}、F_{s2}）的合力，判断哪个轴承被压紧，哪个轴承被放松。

（3）压紧端轴承所受的轴向力等于除去本身内部轴向力以外的其他轴向力的代数和；放松端轴承所受轴向力等于本身的内部轴向力。

四、滚动轴承的静载荷计算

滚动轴承的静载荷是指轴承内、外圈之间相对转速为零或接近为零时作用在轴承上的载荷。为了限制滚动轴承在过大的静载荷或冲击载荷下产生的塑性变形，有时还需按静载荷进行校核。滚动轴承的静载荷计算可参阅有关资料。

图 13.3.5　向心角接触轴承轴向力计算

【例 13.3.2】　工程机械的传动装置中，根据要求决定采用一对角接触球轴承（见图 13.3.5）。初选轴承型号为 7211AC，已知轴承所受载荷 $F_{r1}=3300N$，$F_{r2}=1000N$，轴向外载荷 $F_A=900N$，轴的转速 $n_1=1750r/min$，轴承在常温下工作，运转中受中等冲击，轴承预期寿命 $L_h=10\,000h$。试问所选轴承型号是否恰当。

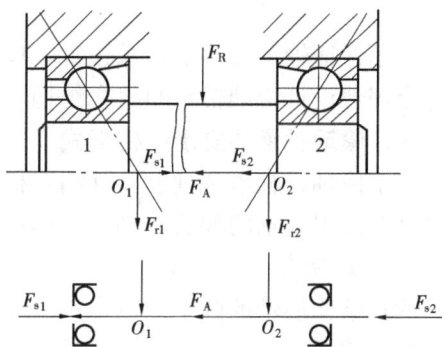

解　（1）计算轴承的轴向力 F_{a1}，F_{a2}

由表 13.3.5 查得 7211AC 轴承内部轴向力的计算公式为 $F_s=0.68F_r$，则

$$F_{s1}=0.68F_{r1}=0.68\times3300=2244\text{（N）（方向如图所示）}$$

$$F_{s2}=0.68F_{r2}=0.68\times1000=680\text{（N）（方向如图所示）}$$

因为 $F_{s2}+F_A=680+900=1580$（N）$<F_{s1}$，所以轴承 2 被压紧，轴承 1 被放松，故

$$F_{a1}=F_{s1}=2244N$$

$$F_{s2}=F_{s1}-F_A=2244-900=1344\text{（N）}$$

（2）计算轴承的当量动载荷 P_1，P_2

由表 13.3.1 查得 7211AC 轴承的 $e=0.68$，而

$$\frac{F_{a1}}{F_{r1}}=\frac{2244}{3300}=0.68=e$$

$$\frac{F_{a2}}{F_{r2}}=\frac{1344}{1000}=1.344>e$$

查表 13.3.1 取 $X_1=1$、$Y_1=0$，$X_2=0.41$、$Y_2=0.87$，故轴承的当量动载荷为

$$P_1=X_1F_{r1}+Y_1F_{a1}=1\times3300+0\times2244=3300(\text{N})$$

$$P_2=X_2F_{r2}+Y_2F_{a2}=0.41\times1000+0.87\times1344=1579(\text{N})$$

（3）计算所需的径向额定动载荷 C_r

因轴的结构要求两端选择同样尺寸的轴承，今 $P_1>P_2$，故应以轴承 1 的径向当量动载荷 P_1 为计算依据。因轴承工作时受中等冲击载荷，查表 13.3.3 取 $f_P=1.4$；工作温度正常，查表 13.3.2，取 $f_t=1$，$\varepsilon=3$，所以

$$C_{r1} = \frac{f_P P_1}{f_t}\left(\frac{60n}{10^6}L_h\right)^{1/3} = \frac{1.4 \times 3300}{1}\left(\frac{60 \times 1750}{10^6} \times 10\ 000\right)^{1/3} = 46\ 958(\text{N})$$

（4）由手册或本章附表 13.2 查得 7211AC 的径向额定动载荷 $C_r = 50\ 500\text{N}$。

因为 $C_{r1} < C_r$，故所选 7211AC 轴承适用。

第四节　滚动轴承的组合设计

为了保证轴承和整个轴系正常工作，除应正确选择轴承的类型和尺寸外，还应根据具体情况合理地设计滚动轴承的组合结构，处理好轴承与其他零件之间的关系。

一、滚动轴承的支承结构形式

为了使轴、轴承和轴上零件相对机架有准确的工作位置，并能承受轴向载荷和补偿因工作温度升高引起轴的伸长，必须正确设计轴承的支承结构。轴承的支承结构有两种方式。

1. 两端固定

这种结构使轴的两个支点中每个支点都能限制轴的单向移动，两个支点合起来就能限制轴的双向移动，适用于工作温度低于 70℃的短轴（$L \leqslant 350\text{mm}$）。在这种情况下，轴的热伸长量极小，一般可在轴承外圈与轴承盖之间留有补偿间隙 $c = 0.2 \sim 0.4\text{mm}$（见图 13.4.1）作为补偿，或由轴承游隙补偿。

2. 一端固定、一端游动

当轴较长（$L > 350\text{mm}$）或工作温度较高（$t > 70℃$）时，应采用一端固定，一端游动的结构。固定端是把该轴承的内、外圈均作双向固定，使轴承在座孔中的位置固定，以承受轴向力[图 13.4.2(a)左端]。游动端支承结构，一是把轴承盖与轴承外圈间留较大的间隙[图 13.4.2(a)右端]，另一是用外圈无挡边的圆柱滚子轴承[见图 13.4.2(b)]，此端不能承受轴向力。

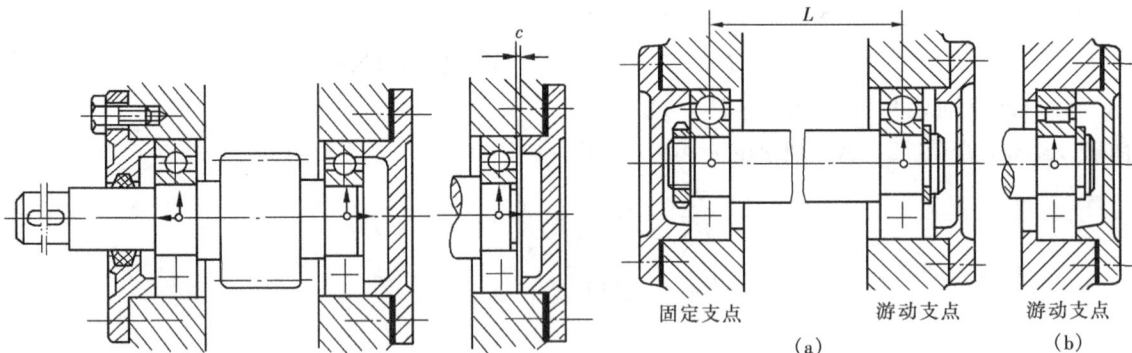

图 13.4.1　两端固定式支承结构　　　　　图 13.4.2　一端固定、一端游动

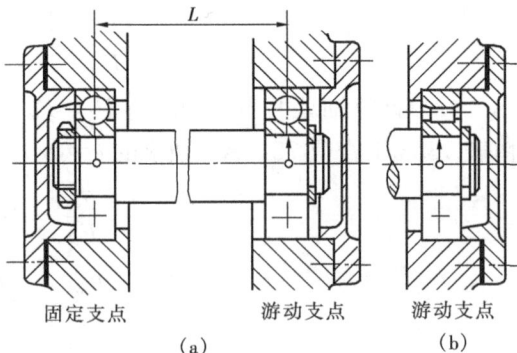

二、轴承内外圈的轴向固定

为了使轴承正常工作，轴承内圈需与轴固定，外圈在轴承座孔内需做轴向固定。常用的内圈在轴上固定的方法如下：

（1）用弹性挡圈固定[见图 13.4.3(a)]，常用于轴向载荷不大以及转速不高的场合。

（2）用轴端挡圈固定[见图 13.4.3(b)]，能承受双向轴向载荷。

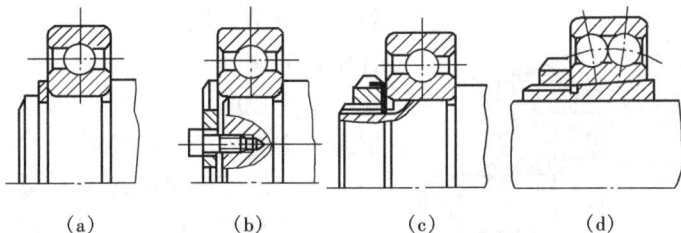

图 13.4.3 轴承内圈轴向固定常用方法

(a) 弹性挡圈固定；(b) 轴端挡圈固定；(c) 圆螺母和止动垫圈固定；

(d) 开口圆锥紧定套、止动垫圈和圆螺母紧固

(3) 用圆螺母和止动垫圈固定[见图 13.4.3(c)]，主要用于轴向载荷较大、转速较高的场合。

(4) 用开口圆锥紧定套、止动垫圈和圆螺母紧固[见图 13.4.3 (d)]，用于光轴上的轴承的固定。

常用的轴承外圈在轴承座孔内的固定方法如下：

(1) 嵌入座孔沟槽内的孔用弹性挡圈固定[见图 13.4.4 (a)]。

(2) 用止动环嵌入轴承外圈的止动槽内固定[见图 13.4.4 (b)]。

(3) 用轴承盖固定[见图 13.4.4 (c)]。

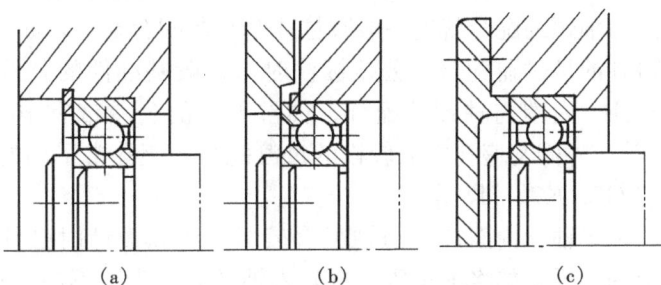

图 13.4.4 轴承外圈轴向固定方法

(a)弹性挡圈固定；(b)止动环嵌入轴承外圈的止动槽内固定；

(c)轴承盖固定

三、轴承组合的调整

1. 轴承间隙的调整

轴承间隙的调整方法有：通过加减轴承盖与机座间垫片厚度进行调整[见图 13.4.5 (a)]；利用调整螺钉 1 通过压盖 2 移动轴承外圈位置进行调整，调整之后，用螺母 3 锁紧防松[见图 13.4.5 (b)]。

2. 轴承组合位置的调整

轴上的零件（如齿轮、带轮等）应具有准确的工作位置。如圆锥齿轮传动，要求两个节锥顶点相重合，方能保证正确啮合；而蜗杆传动，则要求蜗轮中间平面通过蜗杆的轴线等。这些都要求轴承的轴向位置必

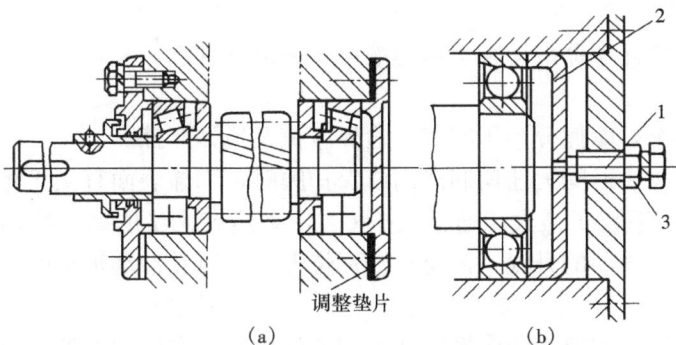

图 13.4.5 轴承间隙的调整

(a) 加减垫片厚度调整；(b) 移动轴承外圈位置调整

1—螺钉；2—压盖；3—螺母

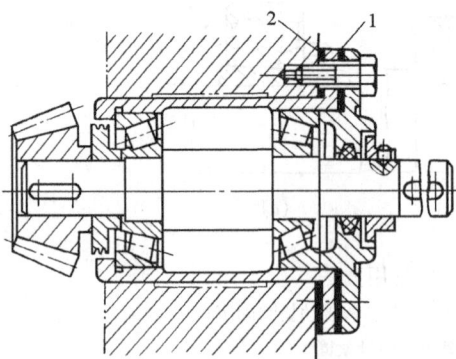

图 13.4.6　轴承组合位置的调整

须可以调节。图 13.4.6 所示为圆锥齿轮轴承组合位置的调整方式，轴承游隙的调整是靠增减垫片 1 来完成的，而套环与机座间的垫片 2 用来调整圆锥齿轮轴的轴向位置。

四、滚动轴承的配合与装拆

滚动轴承的配合，是指内圈与轴颈、外圈与轴承座孔的配合。滚动轴承是标准件，轴承内圈和轴颈的配合采用基孔制，外圈与轴承座孔的配合采用基轴制，滚动轴承的基准孔和基准轴均采用上偏差为零，下偏差为负值的公差带，与之相配合件仍按一般圆柱体配合要求制造。所以轴承内圈与轴颈的配合就比一般圆柱体基孔制配合要紧，如一般圆柱体的过渡配合，在这里实质上得到的是过盈配合。公差标注时，一般基准件的公差可不必标注。内圈与轴颈的配合，轴常采用的公差带有 r6、n6、m6 等。外圈与座孔常取较松的过渡配合，座孔常采用的公差带有 G7、K7、H7 等。

由于轴承内圈往往与轴配合较紧，所以设计时必须考虑轴承的装拆。如将轴承压（打）入轴颈时，为了不损坏轴承，应施力于内圈。为了便于使用拆卸工具（见图 13.4.7），轴肩高度不能超过轴承内圈。安装大尺寸轴承时，可先对轴承预热然后进行装配等。

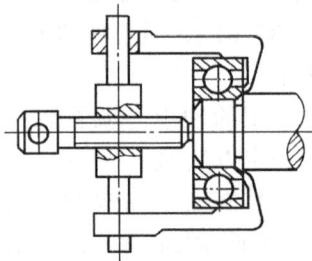

图 13.4.7　用钩爪器拆卸轴承

第五节　滑动轴承的分类与结构形式

一、滑动轴承的分类与摩擦状态

1. 滑动轴承的分类

滑动轴承按所受载荷的方向分为径向滑动轴承和推力滑动轴承。前者主要承受径向载荷，后者主要承受轴向载荷。

滑动轴承根据其摩擦状态分为液体摩擦滑动轴承和非液体摩擦滑动轴承。

2. 滑动轴承的摩擦状态

根据工作时摩擦表面间润滑情况，摩擦分为干摩擦、边界摩擦及液体摩擦。

（1）干摩擦。干摩擦是指两摩擦表面间无任何润滑剂或保护膜时，固体表面直接接触的摩擦，见图 13.5.1(a)。此时，摩擦系数 f 最大，通常大于 0.3，必然有大量的摩擦功损耗和严重的磨损。在滑动轴承中表现为强烈的升温，甚至把轴瓦烧毁。所以在滑动轴承中不允许出现干摩擦。

（2）边界摩擦。边界摩擦也称边界润滑。两摩擦面间有润滑油存在，由于润滑油与金属表面的吸附作用，在金属表面会形成一层边界油膜，边界油膜很薄（厚度小于 $1\mu m$），不足以将两金属表面分隔开来，在相互运动时两金属表面微观的凸峰部分仍将相互接触，这种状态叫边界摩擦，见图 13.5.1(b)。由于边界油膜也有一定的润滑作用，故摩擦系数较小，f

＝0.1～0.3，磨损也较轻。

（3）液体摩擦。液体摩擦也称液体润滑。若两摩擦表面有充足的润滑油，且满足一定的条件，则在两摩擦表面间形成较厚的压力油膜，相对运动的两表面被液体完全隔开，没有物体表面间的摩擦，只有液体之间的摩擦［见图13.5.1（c）］，这种摩擦叫液体摩擦。液

图 13.5.1 摩擦状态

(a) 干摩擦；(b) 边界摩擦；(c) 液体摩擦

体摩擦摩擦系数最小，$f＝0.001～0.13$，不会发生金属表面的磨损，是理想的摩擦状态。但实现液体摩擦（液体润滑）必须具备一定的条件，见第七节。

在一般滑动轴承中，两摩擦面间多处于干摩擦、边界摩擦和液体摩擦的混合状态，称混合摩擦（或称非液体摩擦）。

二、滑动轴承结构

1. 径向滑动轴承的结构形式

（1）整体式径向滑动轴承。图 13.5.2 所示为整体式径向滑动轴承的结构，由轴承座 3 和轴承套（轴瓦）4 等组成。轴承套（轴瓦）压装在轴承座中。对于载荷小、速度低的不重要场合，可以不用轴瓦。轴承顶部设有安装油杯的螺纹孔，这种轴承结构简单、成本低；但轴瓦磨损后，轴承间隙过大，无法调整，且轴只能从端部装入，对粗重的轴和具有中间轴颈的轴，如内燃机的曲轴，就不便安装或无法安装。因此，整体式轴承常用于低速、轻载或间歇工作的场合。

（2）剖分式径向滑动轴承。剖分式径向滑动轴承由轴承座 1、轴承盖 2、剖分轴瓦 3 和双头螺柱 4 组成，如图 13.5.3 所示。根据所受载荷的方向，该轴承的剖分面最好与载荷方向近于垂直。多数轴承的剖分面是水平的。为防止轴承盖和轴承座横向错位并便于装配时对中，轴承盖和轴承座的剖分面上制有定位止口。剖分式滑动轴承装拆方便，当轴瓦磨损后，适当调整垫片，并进行刮瓦，就可调节轴颈与轴承间的间隙。

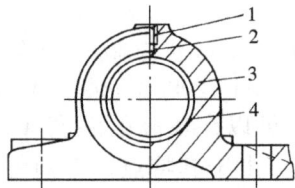

图 13.5.2 整体式径向
滑动轴承结构

1—油杯螺纹孔；2—油孔；
3—轴承座；4—轴瓦

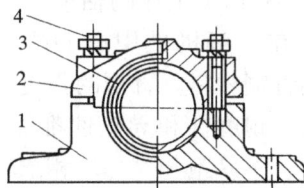

图 13.5.3 剖分式径向
滑动轴承结构

1—轴承座；2—轴承盖；3—部分
轴瓦；4—双头螺栓

2. 推力滑动轴承

图 13.5.4 所示为推力滑动轴承结构形式，轴颈端面与止推轴瓦组成摩擦副。

实心端面推力轴颈［见图 13.5.4(a)］，由于跑合或工作时，中心与边缘的磨损不均匀，愈接近边缘部分磨损愈快，以至于中心部分压强极高。为克服此缺点，可设计成如图

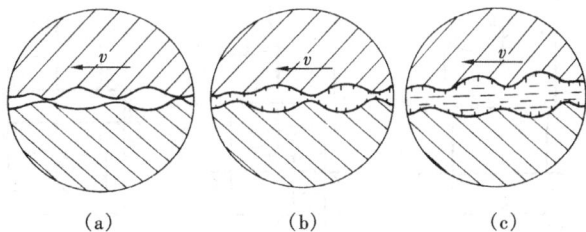

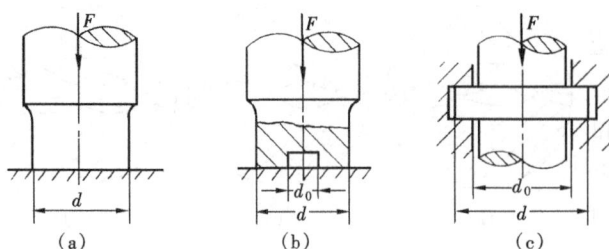

图 13.5.4　推力滑动轴承

(a) 实心端面轴颈；(b) 空心端面轴颈；(c) 环状轴颈

13.5.4（b）和图 13.5.4（c）所示的空心轴颈和环状轴颈。当载荷较大时，可采用多环轴颈，这种结构的轴承能承受双向载荷，但推力环数目不宜过多，一般为 2～5 个，否则载荷分布不均现象十分严重。

三、轴瓦材料及轴瓦结构

轴瓦是轴承直接和轴颈相接触的零件。为了节省贵重金属，常在轴瓦内表面上贴附一层金属，称作轴承衬。轴瓦材料指的是轴瓦和轴承衬的材料。

1. 轴瓦材料

根据轴承的工作情况及主要失效形式，对轴瓦材料的主要要求是：摩擦系数小；导热性好，热膨胀系数小；耐磨、耐蚀、抗胶合能力强；具有良好的嵌入性及适应性；要有足够的机械强度和可塑性。实际上任何一种材料都不可能同时满足上述所有要求，应根据具体情况满足主要使用要求。常用的轴瓦和轴承衬材料有以下几种：

（1）轴承合金。轴承合金(又称白合金、巴氏合金)有锡锑轴承合金和铅锑轴承合金两大类。

锡锑轴承合金的摩擦系数小，抗胶合性能良好，对油的吸附性强，耐蚀性好，易跑合，是优良的轴承合金，常用于高速、重载的轴承；但它的价格较贵且机械强度较差。因此，锡锑轴承合金一般只能作为轴承衬材料浇铸在钢、铸铁或青铜轴瓦上，为了使轴承衬与轴瓦结合牢固，可在轴瓦基体上制出不同形式的沟槽，见图 13.5.5。

铅锑轴承合金的大多性能与锡锑轴承合金相近，但较脆，不宜承受较大的冲击载荷，因此多用于中速、中载的轴承上。

轴承合金元素的熔点大都较低，所以只适用于在 150℃ 以下工作的轴承。

（2）青铜。在一般机械中有 50% 的滑动轴承采用青铜材料。青铜的强度

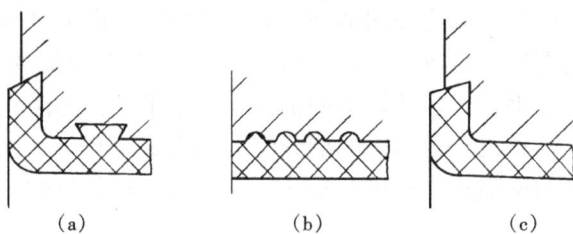

图 13.5.5　浇铸轴承合金的轴瓦

(a)、(b) 轴瓦材料为钢或铸铁；(c) 轴瓦材料为青铜

高，承载能力大，耐磨性和导热性都优于轴承合金，可以在较高的温度（250℃）下工作。但它的可塑性差，不易跑合，与之相配轴颈必须淬硬。由于其特点，青铜可单独作成轴瓦。为了节省有色金属，也可将青铜浇铸在钢或铸铁轴瓦内壁上。用作轴瓦材料的青铜，主要有锡磷青铜、锡锌铅青铜和铝铁青铜。在一般情况下，它们分别用于中速重载、中速中载和低速重载的轴承上。

在不重要的或低速轻载的轴承中，也常采用灰铸铁或耐磨铸铁作为轴瓦材料。

常用轴承材料的性能见表 13.5.1。

2. 轴瓦结构

轴瓦是滑动轴承的主要零件，设计轴承时，除了选择合适的轴瓦材料以外，还应该合理地设计轴瓦结构，否则会影响滑动轴承的工作性能。

常用的轴瓦有整体式和剖分式两种结构。

表 13.5.1 常用轴瓦材料的性能及许用值 [p]、[v]、[pv]

材料及其代号	[p] (MPa)	[v] (m/s)	[pv] (MPa·m/s)	轴的硬度	特性及用途举例
铸锡锑轴承合金 ZSnSb11Cu6	25 (平稳)	80	20	150HBS	用于重载、高速、温度低于110℃的重要轴承，如汽轮机、电动机
	20 (冲击)	60	15		
铸铅锑轴承合金 ZPbSb16Sn16Cu2	15	12	10	150HBS	用于中速、中等载荷的轴承，不易受显著冲击，如车床等的轴承，温度低于120℃
铸锡青铜 ZCuSn5PbZn5	8	15	15	45HRC	用于中载、中速工作的轴承，如减速器、起重机的轴承
铸锡青铜 ZCuSn10P1	15	10	15	45HRC	用于中速、重载及受变载荷的轴承
铸铝青铜 ZCuAl10Fe3	15	4	12	45HRC	最宜用于润滑充分的低速重载轴承

整体式轴瓦如图13.5.6所示。图13.5.6（a）为无油沟的轴瓦，图13.5.6（b）为有油沟的轴瓦。轴瓦和轴承座一般采用过盈配合。为连接可靠，可在配合表面的端部用紧定螺钉固定，如图13.5.6（c）所示。轴瓦外径与内径之比一般取值为1.15~1.2。

剖分式轴瓦（又称对开式轴瓦）如图13.5.7所示。轴瓦两端的凸缘用来实现轴向定位，见图13.5.7（a）。轴向油沟也可以开在轴瓦剖分面上，见图13.5.7（b）。周向定位采用定位销，如图13.5.7（c）所示，也可以根据轴瓦厚度采用其他定位方法。

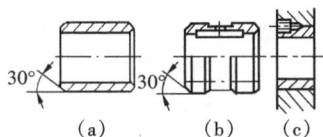

图 13.5.6 整体式轴瓦
(a) 无油沟；(b) 有油沟；(c) 螺钉固定

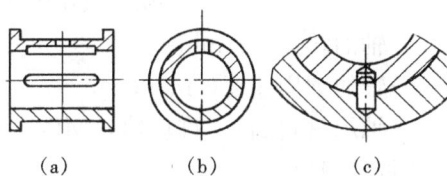

图 13.5.7 剖分式轴瓦
(a) 轴向定位；(b) 轴向油沟；(c) 周向定位图

为了把润滑剂导入整个摩擦面间，在轴瓦或轴颈上方须开设注油孔或油槽，压力供油时油孔也可以开在两侧。为了使润滑油能很好地分布到轴瓦的整个工作面，轴瓦上要开出油沟和油孔。图13.5.8为几种常见的油沟形式。一般油孔和油沟开在非承载区，这样可以保证承载区油膜的连续性。为了使润滑油能均匀地分布在整个轴颈长度上，油沟长度一般为轴承长度的80%。从图中可以看出，油沟有轴向的、周向的和斜向的，也可以设计成其他形式的油沟。

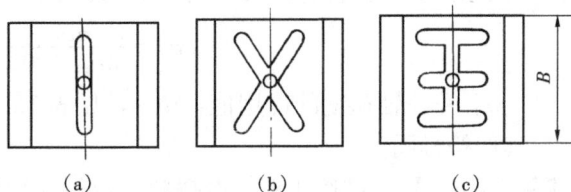

图 13.5.8 油沟形式
(a) 轴向油沟；(b) 斜向油沟；(c) 周向油沟

轴瓦宽度与轴颈直径之比 B/d 称为宽径比，它是径向滑动轴承的重要参数之一。对于液体摩擦的滑动轴承，常取 $B/d=0.5\sim1$；对于非液体摩擦的滑动轴承，常取 $B/d=0.8\sim1.5$，有时可以更大些。

第六节 非液体摩擦滑动轴承的设计计算

非液体摩擦滑动轴承工作在混合摩擦状态下，轴瓦的主要失效形式是磨损和胶合，因此维持边界膜不遭破裂，是非液体摩擦滑动轴承的设计依据。

一、径向滑动轴承的计算

1. 验算轴承的平均压力 p

单位压力 p 过大不仅可能使轴瓦产生塑性变形，破坏边界膜，而且一旦出现干摩擦状态则加速磨损，所以应保证单位压力不超过允许值 $[p]$，即

$$p = \frac{F}{dB} \leqslant [p] \tag{13.6.1}$$

式中 d——轴的直径，mm；

B——轴承宽度，mm；

F——轴承所受的径向载荷，N；

$[p]$——轴瓦材料的许用压力，MPa，其值见表 13.5.1。

如果式（13.6.1）不能满足，则应另选材料改变 $[p]$，增大 B 或增大 d，重新计算。

2. 验算轴承的 pv 值

对速度较高的轴承，常需限制 pv 值。pv 值大表明摩擦功大，温升大，边界膜易破坏，其限制条件为

$$pv = \frac{F}{Bd} \times \frac{\pi dn}{60 \times 1000} = \frac{Fn}{19\,100B} \leqslant [pv] \tag{13.6.2}$$

式中 n——轴的转速，r/min；

v——轴的圆周速度，m/s；

$[pv]$——轴承材料的 pv 许用值，MPa·m/s，其值见表 13.5.1；

其他符号同前。

对于速度很低的轴，可以不验算 pv，只验算 p。同样，如果 pv 值不满足式（13.6.2），也应重选材料或改变 B，必要时改变 d。

3. 验算速度 v

对于跨距较大的轴，由于装配误差或轴的挠曲变形，会造成轴及轴瓦在边缘接触，局部产生相当高的压力，若速度很大则局部摩擦功也很大，这时即使 p 和 pv 都在许用范围内，也可能由于滑动速度过高而加速磨损，因此要求

$$v = \frac{\pi dn}{60 \times 1000} \leqslant [v] \tag{13.6.3}$$

式中 $[v]$——轴速度的许用值，m/s，见表 13.5.1；

其他符号同前。

【例 13.6.1】 试按非液体摩擦状态设计电动绞车中卷筒两端的滑动轴承。钢绳拉力 W 为 20kN，卷筒转速为 25r/min，结构尺寸如图 13.6.1 所示，其中轴颈直径 $d=60$mm。

解 （1）求滑动轴承上的径向载荷 F。当钢绳在卷筒中间时，两端滑动轴承受力相等，

且为钢绳上拉力之半。但当钢绳绕在卷筒的边缘时，一侧滑动轴承上受力达到最大值，为

$$F = R_B = W \times \frac{700}{800} = 2000 \times \frac{7}{8} = 17\ 500(\text{N})$$

（2）取宽径比 $B/d = 1.2$，则 $B = 1.2 \times 60 = 72$（mm）

（3）验算压强 p

$$p = \frac{F}{Bd} = \frac{17\ 500}{72 \times 60} = 4.05\ (\text{MPa})$$

（4）验算 pv 值

$$pv = \frac{Fn\pi}{60\ 000B} = \frac{17\ 500 \times 25 \times \pi}{60\ 000 \times 72} = 0.32\ (\text{MPa} \cdot \text{m/s})$$

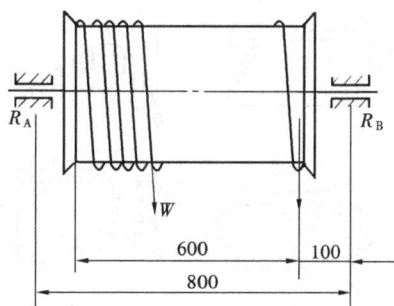

图 13.6.1 绞车中卷筒图

根据上述计算，参考表 13.5.1，可知选用铸锡青铜（ZCuSn5PbZn5）作为轴瓦材料是足够的，其 $[p] = 8\text{MPa}$，$[pv] = 15\text{MPa} \cdot \text{m/s}$。

二、推力滑动轴承的计算

推力滑动轴承的计算准则与径向滑动轴承相同。

1. 验算单位压力 p（几何尺寸参看图 13.5.4）

$$p = \frac{F}{\frac{\pi}{4}(d^2 - d_0^2)z} \leqslant [p] \tag{13.6.4}$$

式中 F——作用在轴承上的轴向力，N；

d, d_0——分别为止推面的外圆直径和内圆直径，mm；

z——推力环数目；

$[p]$——许用压力，MPa，对于多环推力轴承，由于轴向载荷在各推力环上分配不均匀，表 13.5.1 中 $[p]$ 值应降低 20%～40%。

2. 验算 pv_m 值

$$pv_m \leqslant [pv_m]$$

$$v_m = \frac{\pi(d_0 + d)n}{60 \times 1000 \times 2}$$

$$pv_m = \frac{Fn}{30\ 000(d - d_0)} \leqslant [pv_m]$$

式中 v_m——环形推力面的平均线速度，m/s；

$[pv_m]$——推力轴承的许用值取 1～2.5MPa/（mm² · s）。

※第七节 液体动压滑动轴承简介

一、液体动压滑动轴承简介

如果在轴颈和轴瓦工作表面间，利用摩擦表面间的相对运动，以一定的速度带动黏性流体在其摩擦表面形成收敛形间隙，间隙内的流体将产生很大的压力，可以将两摩擦表面完全分开，即存在一层足够厚度的油膜，即使在相当大的载荷作用下，两表面也能维持液体摩擦状态，称其为液体润滑。液体动压滑动轴承就是靠液体动压力使其在液体摩擦状态下工作

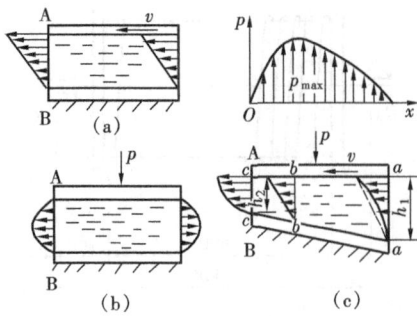

图 13.7.1　动压油膜承载机理

(a) 平行板，板 A 不承受载荷；

(b) 平行板，板 A 承受载荷；(c) 两板

不平行，板 A 承受载荷

的。液体动压滑动轴承也分为径向轴承和推力轴承。

1. 流体动压润滑形成原理

首先分析两平行板的情况。如图 13.7.1 (a) 所示，板 A 平行于板 B，B 板静止不动，板 A 以速度 v 向左运动，板间充满润滑油。由于润滑油的黏性以及它与平板间的吸附作用，吸附于板 A 的油层流速为 v，吸附于板 B 的油层流速为零，当板上无载荷时，两板间润滑油的速度呈三角形分布，两板间带进的油量等于带出的油量，润滑油维持连续流动，板 A 不会下沉。但若板 A 上承受载荷 p 时，油将向两边挤出 [见图 13.7.1 (b)]，于是板 A 逐渐下沉，直到与板 B 接触。这说明两平行板之间是不可能形成压力油膜的。

如果板 A 与板 B 不平行，板间的间隙沿板的运动方向由大到小呈收敛楔形，板 A 上承受载荷 p，如图 13.7.1 (c) 所示。当板 A 以速度 v 运动时，如果油层中的速度仍按如图中虚线所示的三角形分布，由于入口截面 aa 处的间隙 h_1 大于出口截面 cc 处的间隙 h_2，则进油多而出油少，但润滑油是不可压缩的，润滑油必将在间隙内"拥挤"而形成压力，迫使进口端润滑油的速度图形向内凹，出口端油的速度图形向外凸，油层速度不再是三角形分布，而呈图中实线所示的曲线分布，使带进的油量等于带出的油量，同时，间隙内形成的液体压力将与外载荷 p 平衡，板 A 不会下沉。这就说明在间隙内形成了压力油膜。这种借助于相对运动而在轴承间隙中形成的压力油膜称为动压油膜。

2. 形成动压油膜的必要条件

根据以上分析可知，形成动压油膜的必要条件是：

(1) 相对滑动表面之间必须形成收敛的楔形间隙（通称油楔）。

(2) 两工作面间要有一定的相对滑动速度，并使润滑油从大截面流入，从小截面流出。

(3) 间隙间要连续充满具有一定黏度的润滑油或其他黏性流体。

此外，对一定的载荷 p，必须使黏度 η、速度 v 及间隙等合适匹配。

动压轴承的承载能力与轴颈的转速、润滑油的黏度、轴承的长径比、楔形间隙尺寸等有关，为获得液体摩擦必须保证一定的油膜厚度，而油膜厚度又受到轴颈和轴承孔表面粗糙度、轴的刚性及轴承、轴颈的几何形状误差等限制，因此需要进行一定的设计计算。

二、液体静压滑动轴承简介

将高压油输入轴承内均布的几个油腔中，强制形成油膜，使轴颈浮在压力油中转动，由于它不依赖于高速下的油楔作用，故称为液体静压滑动轴承，如图 13.7.2 所示。液体静压滑动轴承的旋转精度很高，但需要附加一套专门的给油装置，且成本较高，故它主要用于精密的机械设备中。

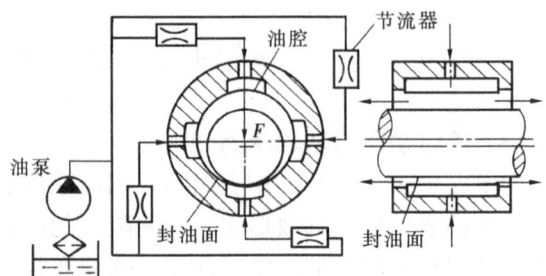

图 13.7.2　液体静压滑动轴承

第八节　滚动轴承与滑动轴承的比较

现将滚动轴承、滑动轴承的性能、使用效果、维护要求、产品价格作一总结性对比，见表 13.8.1，供使用轴承时参考。

表 13.8.1 滚动轴承与滑动轴承性能对比

性　能	滚　动　轴　承	滑　动　轴　承		
		非液体摩擦轴承	液　体　摩　擦	
			动压轴承	静压轴承
承载能力与转速关系	一般无关，特高速时滚动体的离心惯性力要降低承载能力	随转速增高而降低	随转速增高而增大	与转速无关
受冲击载荷的能力	不高	不高	油层有承受较大冲击的能力	良好
高速性能	一般，受限于滚动体的离心力及轴承的升温	不高，受限于轴承的发热和磨损	高，受限于油膜振荡现象及润滑油的温升	高，用空气作润滑剂时极高
启动阻力	低	高	高	低
功率损失	一般不大，但如润滑及安装不当时将骤增	较大	较低	轴承本身的损失不大，加上油泵功率损失可能超过液体动压轴承
寿命	有限，受限于材料的点蚀	有限，受限于材料的磨损	长，载荷稳定时理论上寿命无限，实际上受限于轴瓦的疲劳破坏	理论上无限
噪声	较大	不大	工作不稳定时有噪声，工作稳定时基本上无噪声	轴承本身的噪声不大，但油泵有不小的噪声
轴承的刚性	高，预紧时更高	一般	一般	一般
旋转精度	较高	较低	一般到高	较高到更高
轴承尺寸 径　向	大	小	小	小
轴承尺寸 轴　向	$(0.2\sim0.5)\,d^*$	$(0.5\sim4)\,d$	$(0.5\sim4)\,d$	中　等
使用润滑剂	油或脂	油、脂或固体	液体或气体	液体或气体
润滑剂使用量	一般很少，高速时较多	一般不大	较大	最大
维护要求	润滑油要清洁	要求不高	油须清洁	油须清洁，要经常维护润滑供油系统
更换易损零件	很方便，一般不用修理轴颈	轴承轴瓦要经常更换，有时还要修复轴颈		
价格	中等	大量生产时价格不高	较高	连同供油系统价格最高

注　d^* 为轴承内径。

附表 13.1　　　　　　　　　　**深沟球轴承（GB/T 276—1994）**

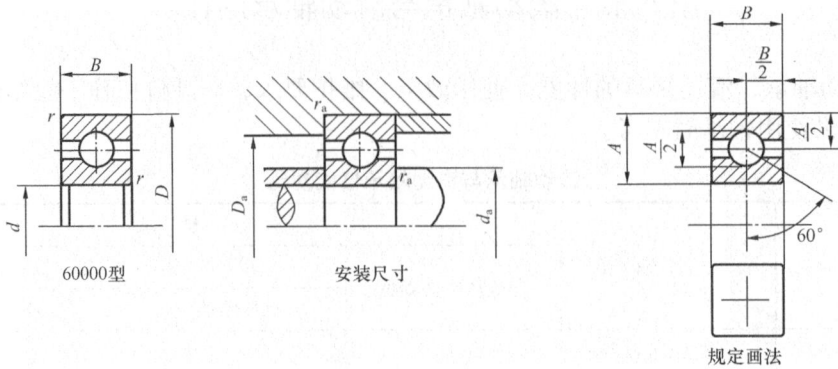

60000型　　　　　　　安装尺寸　　　　　　规定画法

标记示例：滚动轴承　　6210　GB/T 276—1994

轴承代号	基本尺寸（mm）			安装尺寸（mm）		基本额定动载荷 C_r/(kN)	基本额定静载荷 C_{0r}/(kN)
	d	D	B	d_a min	D_a max		
(1) 0尺寸系列							
6000	10	26	8	12.4	23.6	4.58	1.98
6001	12	28	8	14.4	25.6	5.10	2.38
6002	15	32	9	17.4	29.6	5.58	2.85
6003	17	35	10	19.4	32.6	6.00	3.25
6004	20	42	12	25	37	9.38	5.02
6005	25	47	12	30	42	10.0	5.85
6006	30	55	13	36	49	13.2	8.30
6007	35	62	14	41	56	16.2	10.5
6008	40	68	15	46	62	17.0	11.8
6009	45	75	16	51	69	21.0	14.8
6010	50	80	16	56	74	22.0	16.2
6011	55	90	18	62	83	30.2	21.8
6012	60	95	18	67	88	31.5	24.2
6013	65	100	18	72	93	32.0	24.8
6014	70	110	20	77	103	38.5	30.5
6015	75	115	20	82	108	40.2	33.2
6016	80	125	22	87	118	47.5	39.8
6017	85	130	22	92	123	50.8	42.8
6018	90	140	24	99	131	58.0	49.8
6019	95	145	24	104	136	57.8	50.0
6020	100	150	24	109	141	64.5	56.2
(0) 2尺寸系列							
6200	10	30	9	15	25	5.10	2.38
6201	12	32	10	17	27	6.82	3.05
6202	15	35	11	20	30	7.65	3.72
6203	17	40	12	22	35	9.58	4.78
6204	20	47	14	26	41	12.8	6.65
6205	25	52	15	31	46	14.0	7.88

续表

轴承代号	基本尺寸（mm）			安装尺寸（mm）		基本额定动载荷 C_r/（kN）	基本额定静载荷 C_{0r}/（kN）
	d	D	B	d_a min	D_a max		
(0) 2 尺寸系列							
6206	30	62	16	36	56	19.5	11.5
6207	35	72	17	42	65	25.5	15.2
6208	40	80	18	47	73	29.5	18.0
6209	45	85	19	52	78	31.5	20.5
6210	50	90	20	57	83	35.0	23.2
6211	55	100	21	64	91	43.2	29.2
6212	60	110	22	69	101	47.8	32.8
6213	65	120	23	74	111	57.2	40.0
6214	70	125	24	79	116	60.8	45.0
6215	75	130	25	84	121	66.0	49.5
6216	80	140	26	90	130	71.5	54.2
6217	85	150	28	95	140	83.2	63.8
6218	90	160	30	100	150	95.8	71.5
6219	95	170	32	107	158	110	82.8
6220	100	180	34	112	168	122	92.8
(0) 3 尺寸系列							
6300	10	35	11	15	30	7.65	3.48
6301	12	37	12	18	31	9.72	5.08
6302	15	42	13	21	36	11.5	5.42
6303	17	47	14	23	41	13.5	6.58
6304	20	52	15	27	45	15.8	7.88
6305	25	62	17	32	55	22.2	11.5
6306	30	72	19	37	65	27.0	15.2
6307	35	80	21	44	71	33.2	19.2
6308	40	90	23	49	81	40.8	24.0
6309	45	100	25	54	91	52.8	31.8
6310	50	110	27	60	100	61.8	38.0
6311	55	120	29	65	110	71.5	44.8
6312	60	130	31	72	118	81.8	51.8
6313	65	140	33	77	128	93.8	60.5
6314	70	150	35	82	138	105	68.0
6315	75	160	37	87	148	112	76.8
6316	80	170	39	92	158	122	86.5
6317	85	180	41	99	166	132	96.5
6318	90	190	43	104	176	145	108
6319	95	200	45	109	186	155	122
6320	100	215	47	114	201	172	140

续表

轴承代号	基本尺寸（mm）			安装尺寸（mm）		基本额定动载荷 C_r/(kN)	基本额定静载荷 C_{0r}/(kN)
	d	D	B	d_a min	D_a max		
(0) 4 尺寸系列							
6403	17	62	17	24	55	22.5	10.8
6404	20	72	19	27	65	31.0	15.2
6405	25	80	21	34	71	38.2	19.2
6406	30	90	23	39	81	47.5	24.5
6407	35	100	25	44	91	56.8	29.5
6408	40	110	27	50	100	65.5	37.5
6409	45	120	29	55	110	77.5	45.5
6410	50	130	31	62	118	92.2	55.2
6411	55	140	33	67	128	100	62.5
6412	60	150	35	72	138	108	70.0
6413	65	160	37	77	148	118	78.5
6414	70	180	42	84	166	140	99.5
6415	75	190	45	89	176	155	115
6416	80	200	48	94	186	162	125
6417	85	210	52	103	192	175	138
6418	90	225	54	108	207	192	158
6420	100	250	58	118	232	222	195

附表 13.2　　　　　　　**角接触球轴承**（GB/T 292—1994）

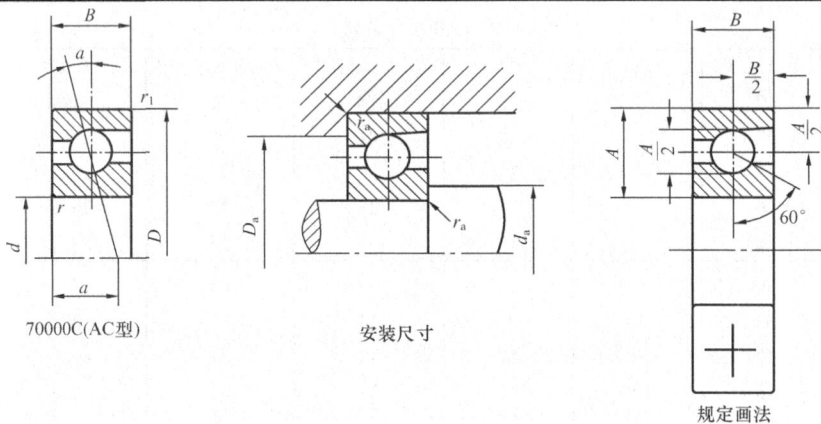

70000C(AC型)　　　　　安装尺寸　　　　　规定画法

标记示例：滚动轴承　7210C GB/T 292—1994

轴承代号		基本尺寸（mm）			安装尺寸（mm）		7000C $\alpha=15°$		7000AC $\alpha=25°$	
							基本额定		基本额定	
		d	D	B	d_a min	D_a max	动载荷 C_r (kN)	静载荷 C_{0r} (kN)	动载荷 C_r (kN)	静载荷 C_{0r} (kN)
(1) 0 尺寸系列										
7000C	7000AC	10	26	8	12.4	23.6	4.92	2.25	4.75	2.12
7001C	7001AC	12	28	8	14.4	25.6	5.42	2.65	5.20	2.55
7002C	7002AC	15	32	9	17.4	29.9	6.25	3.42	5.95	3.25
7003C	7003AC	17	35	10	19.4	32.6	6.60	3.85	6.30	3.68
7004C	7004AC	20	42	12	25	37	10.5	6.08	10.0	5.78

续表

轴承代号		基本尺寸（mm）			安装尺寸（mm）		7000C α＝15°		7000AC α＝25°	
							基本额定		基本额定	
		d	D	B	d_a min	D_a max	动载荷 C_r（kN）	静载荷 C_{0r}（kN）	动载荷 C_r（kN）	静载荷 C_{0r}（kN）
（1）0 尺寸系列										
7005C	7005AC	25	47	12	30	42	11.5	7.45	11.2	7.08
7006C	7006AC	30	55	13	36	49	15.2	10.2	14.5	9.85
7007C	7007AC	35	62	14	41	56	19.5	14.2	18.5	13.5
7008C	7008AC	40	68	15	46	62	20.0	15.2	19.0	14.5
7009C	7009AC	45	75	16	51	69	25.8	20.5	25.8	19.5
7010C	7010AC	50	80	16	56	74	26.5	22.0	25.2	21.0
7011C	7011AC	55	90	18	62	83	37.2	30.5	35.2	29.2
7012C	7012AC	60	95	18	67	88	38.2	32.8	36.2	31.5
7013C	7013AC	65	100	18	72	93	40.0	35.5	38.0	33.8
7014C	7014AC	70	110	20	77	103	48.2	43.5	45.8	41.5
7015C	7015AC	75	115	20	82	108	49.5	46.5	46.8	44.2
7016C	7016AC	80	125	22	89	116	58.5	55.8	55.5	53.2
7017C	7017AC	85	130	22	94	121	62.5	60.2	59.2	57.2
7018C	7018AC	90	140	24	99	131	71.5	69.8	67.5	66.5
7019C	7019AC	95	145	24	104	136	73.5	73.2	69.5	69.8
7020C	7020AC	100	150	24	109	141	79.2	78.5	75.0	74.8
（0）2 尺寸系列										
7200C	7200AC	10	30	9	15	25	5.82	2.95	5.58	2.82
7201C	7201AC	12	32	10	17	27	7.35	3.52	7.10	3.35
7202C	7202AC	15	35	11	20	30	8.68	4.62	8.35	4.40
7203C	7203AC	17	40	12	22	35	10.8	5.95	10.5	5.65
7204C	7204AC	20	47	14	26	41	14.5	8.22	14.0	7.82
7205C	7205AC	25	52	15	31	46	16.5	10.5	15.8	9.88
7206C	7206AC	30	62	16	36	56	23.0	15.0	22.0	14.2
7207C	7207AC	35	72	17	42	65	30.5	20.0	29.0	19.2
7208C	7208AC	40	80	18	47	73	36.8	25.8	35.2	24.5
7209C	7209AC	45	85	19	52	78	38.5	28.5	36.8	27.2
7210C	7210AC	50	90	20	57	83	42.8	32.0	40.8	30.5
7211C	7211AC	55	100	21	64	91	52.8	40.5	50.5	38.5
7212C	7212AC	60	110	22	69	101	61.0	48.5	58.2	46.2
7213C	7213AC	65	120	23	74	111	69.8	55.2	66.5	52.5
7214C	7214AC	70	125	24	79	116	70.2	60.0	69.2	57.5
7215C	7215AC	75	130	25	84	121	79.2	65.8	75.2	63.0
7216C	7216AC	80	140	26	90	130	89.5	78.2	85.0	74.5
7217C	7217AC	85	150	28	95	140	99.8	85.0	94.8	81.5
7218C	7218AC	90	160	30	100	150	122	105	118	100
7219C	7219AC	95	170	32	107	158	135	115	128	108
7220C	7220AC	100	180	34	112	168	148	128	142	122

续表

轴承代号		基本尺寸（mm）			安装尺寸（mm）		7000C α＝15° 基本额定		7000AC α＝25° 基本额定	
		d	D	B	d_a min	D_a max	动载荷 C_r（kN）	静载荷 C_{0r}（kN）	动载荷 C_r（kN）	静载荷 C_{0r}（kN）
（0）3尺寸系列										
7301C	7301AC	12	37	12	18	31	8.10	5.22	8.08	4.88
7302C	7302AC	15	42	13	21	36	9.38	5.95	9.08	5.58
7303C	7303AC	17	47	14	23	41	12.8	8.62	11.5	7.08
7304C	7304AC	20	52	15	27	45	14.2	9.68	13.8	9.10
7305C	7305AC	25	62	17	32	55	21.5	15.8	20.8	14.8
7306C	7306AC	30	72	19	37	65	26.5	19.8	25.2	18.5
7307C	7307AC	35	80	21	44	71	34.2	26.8	32.8	24.8
7308C	7308AC	40	90	23	49	81	40.2	32.3	38.5	30.5
7309C	7309AC	45	100	25	54	91	49.2	39.8	47.5	37.2
7310C	7310AC	50	110	27	60	100	53.5	47.2	55.5	44.5
7311C	7311AC	55	120	29	65	110	70.5	60.5	67.5	56.8
7312C	7312AC	60	130	31	72	118	80.5	70.2	77.8	65.8
7313C	7313AC	65	140	33	77	128	91.5	80.5	89.8	75.5
7314C	7314AC	70	150	35	82	138	102	91.5	98.5	86.0
7315C	7315AC	75	160	37	87	148	112	105	108	97.0
7316C	7316AC	80	170	39	92	158	122	118	118	108
7317C	7317AC	85	180	41	99	166	132	128	125	122
7318C	7318AC	90	190	43	104	176	142	142	135	135
7319C	7319AC	95	200	45	109	186	152	158	145	148
7320C	7320AC	100	215	47	114	201	162	175	165	178
（0）4尺寸系列										
	7406AC	30	90	23	39	81			42.5	32.2
	7407AC	35	100	25	44	91			53.8	42.5
	7408AC	40	110	27	50	100			62.0	49.5
	7409AC	45	120	29	55	110			66.8	52.8
	7410AC	50	130	31	62	118			76.5	64.2
	7412AC	60	150	35	72	138			102	90.8
	7414AC	70	180	42	84	166			125	125
	7416AC	80	200	48	94	186			152	162

思 考 与 练 习

13.1 滑动轴承的润滑状态有哪几种？各有什么特点？

13.2 选择滚动轴承类型时要考虑的因素有哪些？

13.3 说明下列轴承代号的含义及其适用场合：6205，N208/P4，7207AC/P5，30 209。

13.4 已知一起重机卷筒的径向滑动轴承所承受的载荷 $F=10\ 000N$，轴颈直径 $d=90mm$，轴颈转速 $n=9r/min$，轴承材料采用铸造青铜，试按不完全液体润滑设计此轴承。

13.5 根据工作条件，某机械传动装置中轴的两端各采用一个深沟球轴承支承，轴颈 $d=35mm$，转速 $n=2000r/min$，每个轴承承受径向载荷 $F_r=2000N$，常温下工作，载荷平稳，预期寿命 $L_h=8000h$，试选择轴承。

13.6 一矿山机械的转轴，两端用 6312 深沟球轴承支承，每个轴承承受的径向载荷 $F_r=5400N$，轴的轴向载荷 $F_A=2650N$，轴的转速 $n=1250r/min$，运转中有轻微冲击，预期寿命 $L_h=5000h$，问是否适用。

13.7 某机械的转轴两端各用一个向心轴承支承。已知轴颈 $d=40mm$，转速 $n=1000r/min$，每个轴承的径向载荷 $F_r=5880N$，载荷平稳，工作温度 125℃，预期寿命 $L_h=5000h$，试分别按球轴承和滚子轴承选择型号，并比较之。

13.8 根据工作条件，决定在某传动轴上安装一对角接触球轴承，如题图 13.1 所示。已知两个轴承的载荷分别为 $F_{r1}=1470N$，$F_{r2}=2650N$，外加轴向力 $F_A=1000N$，轴颈 $d=40mm$，转速 $n=5000r/min$，常温下运转，有中等冲击，预期寿命 $L_h=2000h$，试选择轴承型号。

13.9 如题图 13.2 所示为一双级斜齿圆柱齿轮减速器低速轴，已知轴上齿轮的分度圆直径 $d_2=215mm$，轴向力 $F_a=560N$，圆周力 $F_t=2190N$，径向力 $F_r=900N$，轴径直径 $d=35mm$，轴的转速 $n=190r/min$ 要求预期寿命 15 000h。若选用 70000AC 轴承，试确定轴承的型号。

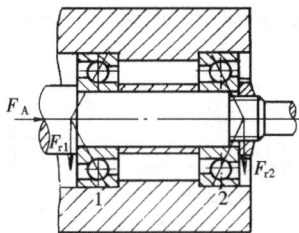

题图 13.1 题 13.8 图   题图 13.2 题 13.9 图

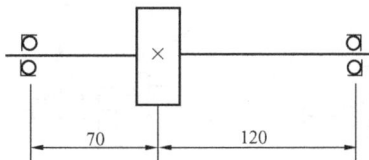

13.10 指出题图 13.3 所示轴系结构上的主要错误并改正之（轴承用脂润滑，齿轮用油润滑）。

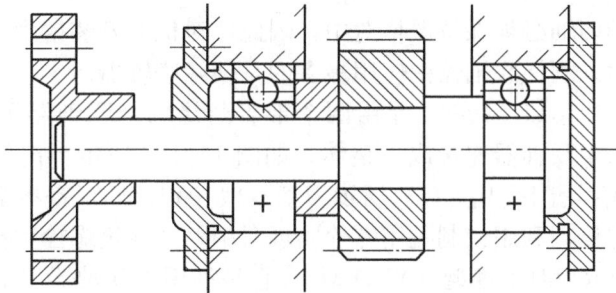

题图 13.3 题 13.10 图

第十四章　联轴器、离合器与制动器

联轴器和离合器的功用主要是用来连接两回转轴，并传递运动和转矩。两者的区别是：联轴器在机器运转过程中被连接的两根轴始终一起转动而不能分离，只有在机器停止运转后用拆卸的方法才能使被连接的两轴脱开（如汽轮发电机组的连接）；而离合器连接的两轴则可在机器运转过程中很方便地结合或分开（如汽车发动机主轴与后桥输入轴的连接）。制动器则是用来降低轴的运转速度或使其停止转动的部件。

联轴器、离合器和制动器都是常用部件，多数已经标准化。本章将介绍常用的联轴器、离合器和制动器的结构、特点、应用场合以及选择方法。对应用越来越多的液力联轴器也作简单介绍。

第一节　联　轴　器

联轴器的类型很多，根据被联接两轴的相对位置有无补偿能力，可分为刚性联轴器和挠性联轴器。挠性联轴器又按是否具有弹性元件分为无弹性元件和有弹性元件两类。挠性联轴器可以补偿因制造和安装的误差、运转后零件的变形、固定基础的下沉、轴承的磨损、温度的变化等原因引起的两连接轴之间的相对位移。被联接的两轴可能发生的相对位移和偏斜情况，如图 14.1.1 所示。

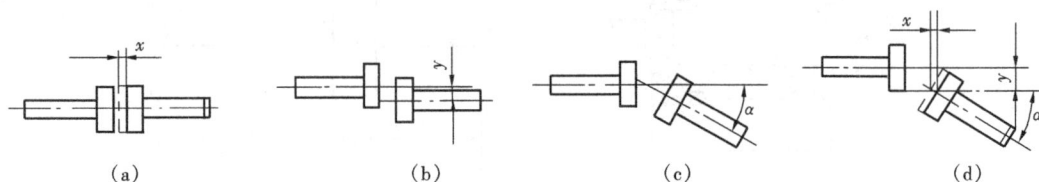

图 14.1.1　联轴器所连两轴的偏移形式

(a) 轴向位移 x；(b) 径向位移 y；(c) 偏角位移 α；(d) 综合位移 x、y、α

一、刚性联轴器

刚性联轴器连接的两轴必须保持严格对中，因此，对机器安装精度要求较高，否则会使轴承受较大的附加应力。刚性联轴器中应用最多的是凸缘联轴器。

凸缘联轴器（GB/T 5843—1986）是由两个带有凸缘的半联轴器用键分别与两轴相连接，然后用螺栓将两个半联轴器连接成一整体，如图 14.1.2 所示。按对中方法不同，凸缘联轴器有两种结构形式：图 14.1.2 (a) 所示为基本型（YL 型），基本型的两个半联轴器之间的连接采用铰制孔螺栓，利用铰制孔用螺栓实现对中，并通过螺栓和孔的直接接触传递转矩；图 14.1.2 (b) 所示为对中榫型（YLD 型），它是利用半联轴器 1 上的凸肩与半联轴器 4 上的凹槽相配合实现对中，两个半联轴器之间的连接采用普通螺栓，靠两个半联轴器接合面间的摩擦力传递转矩。基本型能传递较大的转矩，对中榫型便于制造。

凸缘联轴器结构简单，轴向尺寸小，成本低廉，能传递较大的转矩；缺点是不能消除两

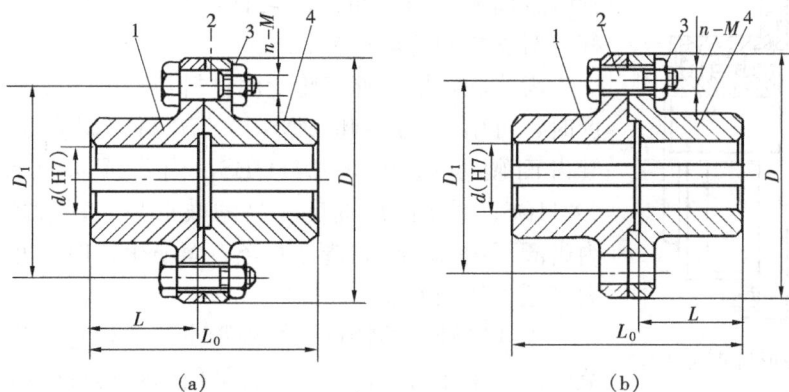

图 14.1.2　凸缘联轴器

(a) YL 型；(b) YLD 型

轴对中有误差时引起的不良后果，不能缓冲和减振，对两轴的对中性要求较高。它适用于两轴严格对中、载荷平稳、转矩较大的场合，可以连接不同直径的两轴，也可以连接圆锥形两轴。联轴器常用的材料为铸钢或铸铁。

二、无弹性元件的挠性联轴器

这类联轴器具有挠性，故可补偿两轴间的偏移，对安装精度可适当降低。

1. 滑块联轴器

滑块联轴器（JB/ZQ 4384—1986）的外形如图 14.1.3 所示。它是由两个端面开有径向凹槽的两个半联轴器 1、3 和一个两侧各有一个通过中心并互相垂直的凸榫的中间滑块 2 组

成。滑块上的凸榫分别与两个半联轴器上的凹槽相嵌合，当两轴有径向偏移而不同心时，滑块将在凹槽中滑动，以补偿两轴间的偏移。其所允许的偏角位移 $\alpha \leqslant 30'$ 和径向位移 $y \leqslant 0.04d$（d 为轴的直径）。

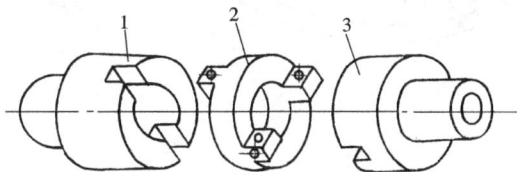

图 14.1.3　滑块联轴器

1、3—半轴器；2—滑块

滑块联轴器的主要特点是允许有较大的径向位移，并允许有不大的角位移和轴

向位移。由于滑块偏心运动产生离心力，使其不适合高速运转，只适用于两轴间相对径向位移较大、且转速较低，一般 $n < 250 \text{r/min}$ 的场合。使用时，应注意向中间滑块 2 上的油孔注油润滑。

半联轴器常用材料为铸钢，中间滑块可用钢或尼龙制成。中间滑块用钢或耐磨合金时，适用于转速较低，转矩较大的传动；中间滑块用尼龙时，适用于转速较高，转矩较小的传动，但尼龙滑块重量轻，不需要润滑剂，维护简便且无污染。

2. 鼓形齿式联轴器

鼓形齿式联轴器（JB/T 8854—1999）是无弹性元件的挠性联轴器中应用最广泛的一种。它由两个具有外齿的轴套和两个具有内齿的外壳组成，内外齿数相等并互相啮合，如图 14.1.4 所示。两个外壳用螺栓连成一体，传动轴用键与轴套相联并通过内、外齿啮合而传递转矩。由于齿面呈鼓形，当两轴有相对角位移时，鼓形齿可以避免轮齿发生边缘接触，改

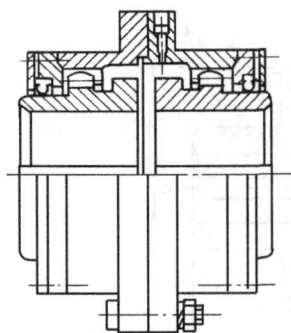

图 14.1.4　鼓形齿式联轴器

善啮合面上压力分布的均匀性，并允许轴间有较大的综合位移，对安装调整均有利。

齿式联轴器内外齿轮所用材料：当齿轮节圆的圆周速度较低时，可用 45 号钢和 ZQ310～570 材料调质处理，使外齿轴套齿面硬度达 269～341HBS，内齿圈齿面硬度达 241～302HBS；对于圆周速度较高的鼓形齿式联轴器，外齿轴套、内齿圈可用合金钢制造，并经表面硬化处理，可提高其承载能力，延长使用寿命。

齿式联轴器的特点是结构紧凑，承载能力大，适用的速度范围广，工作可靠，具有综合补偿两轴相对位移的能力，适用于重型机械或高速运转的水平轴间传动的连接。但其结构复杂，制造成本高。

3. 十字轴式万向联轴器

十字轴式万向联轴器（JB/T 3241—1991）是允许两轴间具有较大角位移的联轴器，它的类型很多。图 14.1.5（a）所示为十字轴式单万向联轴器。它由两个固定在轴端的叉型元件和一个十字型元件组成，由于叉形元件和十字销轴之间构成可动铰链连接，因此当一轴的位置固定后，另一轴可以在任意方向的倾斜角 α 内转动，角位移 α 可达 35°～45°。

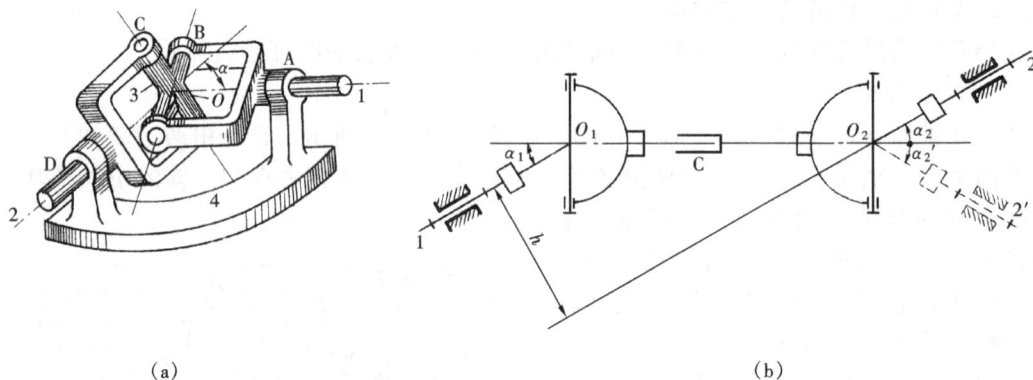

(a)

(b)

图 14.1.5　十字轴式万向联轴器
(a) 单万向联轴器；(b) 双万向联轴器

万向联轴器的主要缺点是当主动轴以恒定角速度回转时，从动轴角速度将在一定范围内周期性变化，因而引起附加动载荷，使传动不平稳。为消除这一缺点，常将万向联轴器成对使用，并在安装时满足下列条件：①主、从动轴与中间轴夹角相等，即 $\alpha_1=\alpha_2$；②中间轴两端的叉面必须位于同一平面，如图 14.1.5(b)所示。双万向联轴器广泛应用于机床和汽车传动中。

万向联轴器的材料：联轴器的十字轴采用合金钢（40Cr、40CrNi、20CrMo 等）制造，热处理后表面硬度 58～62HRC；其他各零件均采用 35 号或 45 号钢制造并热处理，使表面硬度达 48～52HRC。

三、有弹性元件的挠性联轴器

1. 弹性套柱销联轴器

弹性套柱销联轴器（GB/T4323—1984）的结构与凸缘联轴器相似，不同的是以柱销与两个半联轴器的凸缘相连，柱销的一端以圆锥面和螺母与半联轴器凸缘上的锥形销孔形成固定配合，柱销的另一端带有弹性套装在另一个半联轴器凸缘上的柱销孔中，如图 14.1.6 所示。弹性套一般采用耐油橡胶，并制作成梯形截面以提高变形能力，从而获得补偿两轴相对位移的性能。由于弹性套工作时受挤压发生的变形量不大，且因弹性套与销孔的配合间隙也不宜太大，这种联轴器的缓冲和减振性能不高，补偿两轴相对位移量也较小。

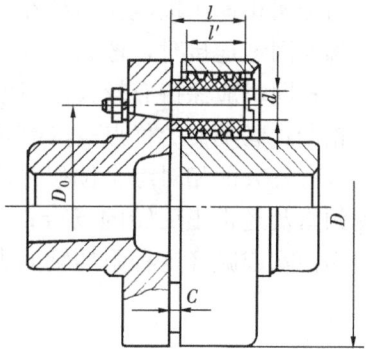

图 14.1.6　弹性套柱销联轴器

弹性套柱销联轴器的特点是结构简单，装拆方便，更换容易，尺寸小，重量轻，能补偿两轴间一定的位移，还能起缓冲减振的作用，广泛应用于冲击载荷不大，启动频繁或经常正、反转的中、小功率传动中。半联轴器材料常用铸铁或铸钢，高速时用铸钢 ZQ270～500，低速时用铸铁 HT200，柱销用 45 号钢。

2. 弹性柱销联轴器

弹性柱销联轴器（GB/T 5014—1985）是利用非金属材料制成的柱销置于两个半联轴器凸缘上的孔中，以实现两个半联轴器的连接，如图 14.1.7 所示。柱销用尼龙作成，具有较好的弹性和耐磨性，并有一定的自润滑作用，因而可以补偿两轴相对位移并具有缓冲性能。

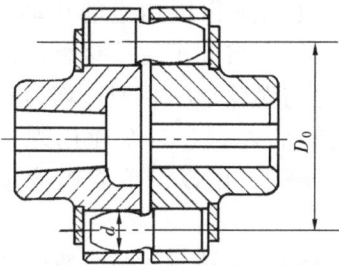

图 14.1.7　弹性柱销联轴器

为了改善销柱与销柱孔的接触条件和补偿性能，销柱的一端制成鼓形。

弹性柱销联轴器结构简单，制造、安装、维修均方便，不需要润滑，耐久性能好，适用于轴的窜动较大，经常正、反转，启动频繁或转速较高的场合。但尼龙柱销易吸潮变形，尺寸稳定性差，导热率低，对温度较敏感，一般宜在 −20～70℃ 的环境工作。半联轴器材料常用铸钢或铸铁，尺寸较小时用锻钢。

3. 轮胎式联轴器

轮胎式联轴器（GB/T 5844—1986）的结构如图 14.1.8 所示，外形呈轮胎状的橡胶元

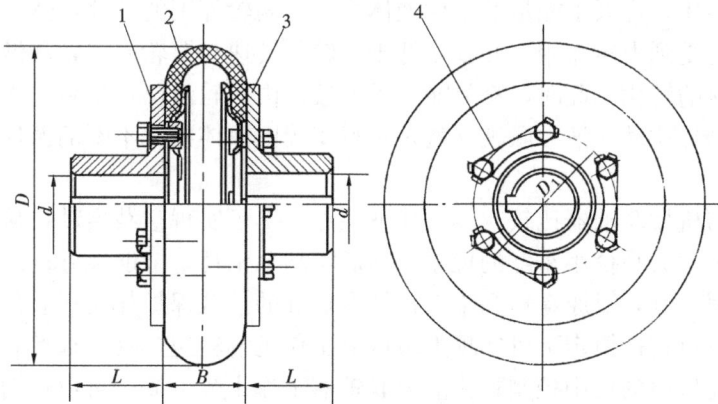

图 14.1.8　轮胎式联轴器

1、3—半联轴器；2—轮胎环；4—止退压板

件 2 与金属止退压板硫化粘结在一起，装配时用螺栓直接与两半联轴器 1 和 3 连接；采用压板、螺栓固定连接时，橡胶元件与压板接触压紧部分的厚度应稍大一些，以补偿压紧时的压缩变形；同时应保持有较大的过渡圆角半径，提高疲劳强度。

轮胎式联轴器的优点是具有很高的柔度，阻尼大，轮胎易于变形，相对扭转角较大，因此允许有较大的相对综合位移并能缓冲减振，而且结构简单，装配容易，适用于潮湿多尘、起动频繁及经常正反转的场合；缺点是随扭转角增加，在两轴上会产生相当大的附加轴向力。为消除或减轻这种附加轴向力对轴承寿命的影响，安装时宜保持有一定量的轴向预压缩变形。

※第二节　液力联轴器简介

液力联轴器，又称液力耦合器，是一种利用液体动能和势能来传递动力的液力传动装置，是和机械联轴器具有不同传动原理的另一种联轴方式。

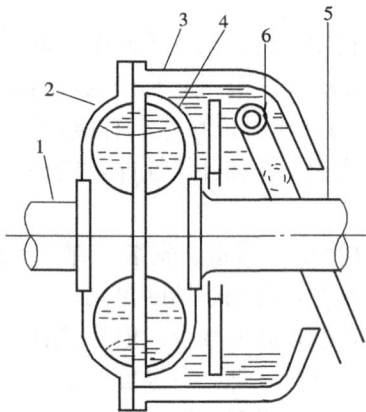

图 14.2.1　液力联轴器结构示意图
1—主动轴；2—泵轮；3—旋转壳体；
4—涡轮；5—从动轴；6—导管

液力联轴器的类型有普通型、限矩型和调速型，其基本传动原理相同。图 14.2.1 所示为液力联轴器结构示意图，主要由泵轮、涡轮、旋转外壳、主动轴、从动轴、导管等构件组成。其中，泵轮 2 装在与原动机相连的主动轴 1 上，涡轮 4 装在与工作机相连的从动轴 5 上，两轮一般沿轴向相对布置，彼此不直接接触，其间有几毫米的轴向间隙，泵轮与涡轮形状相似，均为具有径向直线叶片的叶轮；旋转的外壳 3 与泵轮用螺栓连接，以防工作液体泄漏；导管 6 用以调节腔内液量的大小。

当主动轴 1 在原动机驱动下旋转时，被泵轮叶片带动旋转的液体，将在惯性离心力作用下，从泵轮半径较小的流道进口处，被加速抛向半径较大的流道出口处，使工作液体的能量增大。上述过程完成了输入的机械能向工作液体能的转化，增大了能量的工作液体将冲向涡轮外围的叶片，然后沿涡轮流道作向心运动，涡轮因此受到力矩作用，并以略低于泵轮的转速与泵轮同向转动做功，完成液体能向涡轮转动机械能的转化。此时，释放能量后的液体由涡轮流出，重新进入泵轮，又开始下一个能量转换的循环流动。液力联轴器就是在封闭腔内液体如此不断的循环中，完成功率传递的。

液力联轴器与机械联轴器比较，具有如下优点：①可实现空载启动，从而减少原动机的装机容量，改变了"大马拉小车"的现象，降低了功率消耗，节能性好；②液力联轴器为柔性传动，缓冲减振性好，对原动机和工作机均有良好的过载保护作用；③采用不同方式调节充液量，在驱动电机转速恒定下可实现无级调节工作机的转速，易于远控和自控，这一优点十分便于电厂单元机组的集中控制；④液力联轴器工作十分可靠，可以长期无检修运行，使用、维护方便。因此，液力联轴器在电力、冶金、矿山、化工、纺织、轻工等行业中，都得到了广泛的应用。

第三节　离　合　器

离合器是一种可以通过各种操纵方式，实现主从动部分在相同轴线上传递运动和动力时，具有接合或分离功能的装置。离合器有各种不同的用途，根据原动机和工作机之间或机械中各部件之间的工作要求，离合器可以实现相对起动或停止，以及改变传动件工作状态，达到改变传动比之目的。此外，离合器还可以作为起动或过载时控制传递转矩大小的安全保护装置。

离合器的类型很多，常用的分类方法有两种：一种是按结合件的结合性质分为刚性离合器和摩擦离合器；另一种是按操纵方式可分为机械式、电磁式、液压式、气动式、离心式、超越式和安全式，各种操纵方式中都有刚性离合器和摩擦离合器。本节只介绍机械式的两种常用离合器。

一、牙嵌离合器

牙嵌离合器属于机械式刚性离合器，如图 14.3.1 所示。牙嵌离合器由两个端面上有牙齿的半离合器 1、3 和起对中作用的对中环 2 组成。半离合器 1 用键固定在主动轴上，另一个半离合器 3 用导向键与从动轴相联并可在轴上滑动。通常是用手动杠杆操纵离合器分离或接合。

牙嵌离合器常用的牙形有矩形、梯形、三角形、锯齿形，如图 14.3.2 所示。矩形牙无轴向力，但不便于接合和分离，用的较少；梯形牙的强度高，能传递较大的转矩，接合方便，且能自动补偿牙的磨损和牙侧间隙，同时，由于牙与牙之间有轴向力作用，分离容易，应用较广；三角形牙结合分离容易，但牙的强度较弱，适用于轻载低速场合；锯齿形牙嵌合分离容易，轴向力小，牙强度最高，并可消除由于磨损产生的牙间间隙，但只能传递单向转矩，如农用柴油机的启动手柄，就是基于这一原理制造，在机器启动后自行脱离以保证安全。

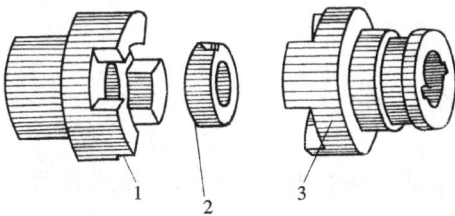

图 14.3.1　牙嵌离合器
1、3—半离合器；2—对中环

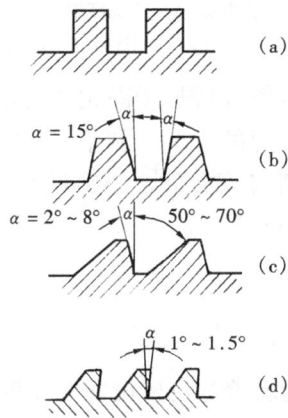

图 14.3.2　牙嵌离合器牙形
(a) 矩形；(b) 梯形；(c) 三角形；(d) 锯齿形

牙嵌离合器结构简单，外形尺寸小，传动转矩大，连接后无滑动，不产生摩擦热，但接合过程中易产生冲击和振动，只能在静止和低速下结合，故只适用于速度较低和不需要在运转过程中进行接合的机械上，在机床和农业机械上应用较多。

二、摩擦式离合器

摩擦式离合器是靠接触面间的摩擦力传递转矩的，常用的圆盘摩擦离合器又分为单圆盘式和多圆盘式两种。图 14.3.3 所示为单圆盘式，因摩擦力受限制，一般适用于转矩较小的轻型机械。

传递转矩较大时，可采用多片式圆盘摩擦离合器，如图 14.3.4 所示。这种离合器有两组摩擦片，其中一组外摩擦片 2 和外套 1 形似花键连接，另一组摩擦片 3 和内套 7 也形似花键连接，内外套分别固定在从、主动轴上，两组摩擦片相间排列。接合时，内外摩擦片相互压紧，随主动轴和外套一起旋转的外摩擦片通过摩擦力将运动和转矩传给内摩擦片，从而使内套和从动轴一起回转。这种离合器径向尺寸小，结构紧凑，传递转矩大，安装调整方便，能在高速下离合，广泛用于交通运输、机床、轻工、纺织等机械中。

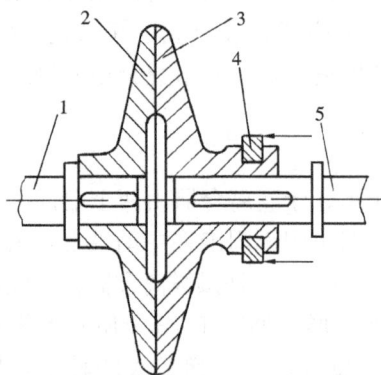

图 14.3.3　单圆盘式摩擦离合器

1—主动轴；2—主动摩擦盘；3—从动摩
擦盘；4—滑环；5—从动轴

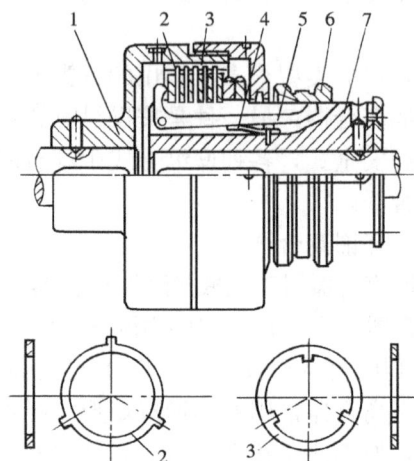

图 14.3.4　多圆盘式摩擦离合器

1—外套；2—外摩擦片；3—内摩擦片；
5—杠杆；6—滑环；7—内套

摩擦离合器与牙嵌式离合器比较有以下优点：①接合时不受转速限制；②可用控制摩擦面间压力的大小，调节从动轴的加速时间和传递的最大转矩；③可实现过载保护。其缺点是结构较复杂，外廓尺寸较大，发热较高，磨损较大及产生滑动时，两轴不能精确同步转动。

第四节　制　动　器

使运转着的机械设备（或机构）实现减速、制动的方法有电力制动和机械式制动。电力制动只能消耗机器或机构的一部分动能，减小或限制其运动速度，不能使运动停止；机械式制动则具有减速、停止（保持停止状态）和支持（制动时能支持重物）等功能。本节只介绍机械式制动及其制动器。

为了缩小制动器的尺寸并以较小的制动力矩达到制动的目的，通常将制动器安装在机构的高速轴上或装载减速器的输入轴上。某些安全制动器则装在低速轴或卷筒轴上（如矿井卷扬机），可防止系统主轴至电动机间的各环节断轴时发生的意外事故。

制动器类型很多，按制动原理可分为摩擦式和非摩擦式；按制动接触形式又分为瓦块式、带式和盘式；按工作状态分为常闭式和常开式。常闭式制动器靠弹簧或重力作用经常处于紧闸状态，而机构运行时则是人为操作使制动器松闸；常开式制动器经常处于松闸状态，只有施加外力时才能使其紧闸。在此只介绍几种比较常见的制动器。

一、带式制动器

图 14.4.1 所示为带式制动器。当杠杆 1 上作用外力 F_Q 后，收紧钢闸带 2 便抱住制动轮 3，靠带和轮间的摩擦力达到制动的目的。带式制动器结构简单，径向尺寸小，但制动力矩不大，常用于中、小载荷的起重、运输机械中。为了增大摩擦力，钢带上常衬有石棉、橡胶、帆布等。

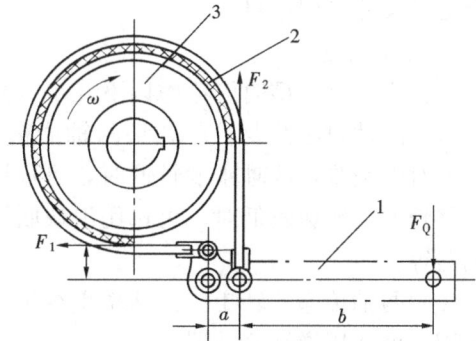

二、瓦块式制动器

1. 电磁铁瓦块式制动器

电磁铁瓦块式制动器，是靠制动瓦块与制

图 14.4.1 带式制动器
1—杠杆；2—闸带；3—制动轮

动轮间的摩擦力实现制动的。当用作起重机提升机构的制动器时，常设计成常闭式，如图 14.4.2 所示。通电时，由电磁线圈 1 的吸力吸住衔铁 2，再通过一套杠杆使制动瓦块 3 松开，机器便能正常运转。当需要制动时，则切断电流，电磁线圈 1 释放衔铁 2，依靠弹簧力并通过杠杆使制动瓦块 3 抱紧制动轮 4 实现制动。这种制动器的最大优点是制动速度快。

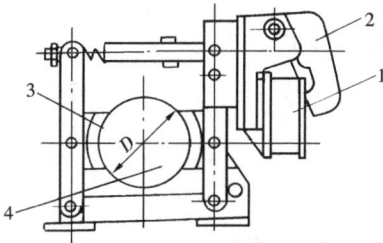

图 14.4.2 电磁铁瓦块式制动器
1—电磁线圈；2—衔铁；3—制
动瓦块；4—制动轮

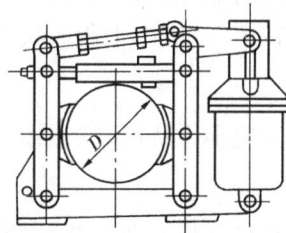

图 14.4.3 电力液压瓦块式
制动器

电磁铁瓦块式制动器有短行程（JWZ 型）和长行程（JCZ 型）之分。JCZ 型制动器结构复杂，外形尺寸及重量大，效率低，冲击大，噪声大，寿命短，目前逐步被淘汰。

2. 电力液压瓦块式制动器

电力液压瓦块式制动器的工作原理类同电磁铁制动器。前面介绍的两种制动器，其制动力矩的调节都需要人工手动改变制动弹簧的压缩量来实现，而电力液压瓦块式制动器（YWZ 系列）是以成熟的液压技术为基础，通过操作按钮靠电力控制液力实现制动控制，如图 14.4.3 所示。这种制动器动作平稳，无噪声，寿命长，尺寸小，重量轻，不需要经常调整，能自动补偿闸瓦磨损，安全可靠，是目前应用最多、范围最广的一种制动器。

第五节　联轴器、离合器和制动器的选择

一、联轴器的选择

联轴器的选用，首先按工作条件选择合适的类型，然后再根据转矩、轴径及转速查有关

手册选择尺寸（即型号）。

1. 类型的选择

选择联轴器类型时应考虑以下几个方面：

（1）两轴对中性要求。如果两轴能精确对中，轴的刚度较高时，可选用刚性凸缘联轴器；若对中困难，两轴刚度较低时，可选用具有补偿能力的弹性柱销联轴器；当两轴间的径向位移较大，转速较低时，可选用滑块联轴器；角位移较大或相交两轴的连接，可选用万向联轴器等。

（2）两轴传递的转矩。大功率重载传动，可选用齿式联轴器；中、小功率，具有冲击载荷作用，可选用弹性联轴器。

（3）联轴器的工作转速。速度高引起的离心力大，故对高速传动应选用齿式联轴器，而不宜用存在偏心的滑块联轴器。

（4）联轴器的制造、安装、维护和成本。在满足使用性能要求的前提下，应选用装拆方便、维护简单、制造成本低的联轴器。

2. 尺寸的选择

尺寸的选择，即确定联轴器的型号。根据所传递的转矩、轴的直径和转速，从联轴器标准中选取，选择的型号应满足以下要求：

（1）计算转矩 T_c 应小于所选联轴器的许用转矩 $[T]$，即

$$T_c \leqslant [T] \tag{14.5.1}$$

（2）转速 n 应小于所选联轴器的许用转速 $[n]$，即

$$n \leqslant [n] \tag{14.5.2}$$

（3）轴的直径 d 应在所选联轴器允许的孔径范围内，即

$$d_{\min} \leqslant d \leqslant d_{\max} \tag{14.5.3}$$

上三式中　　$[T]$——许用最大转矩，N·m，由机械设计手册或有关标准中查得；

　　　　　　$[n]$——许用最高转速，r/min，由机械设计手册或有关标准中查得。

考虑到机器启动和制动时的惯性力以及工作过程中过载等不利因素的影响，选择型号时所用的计算转矩为

$$T_c = KT \tag{14.5.4}$$

$$T = 9.55 \times 10^3 \frac{P}{n}$$

式中　K——工作情况系数，见表 14.5.1；

　　　T——理论工作转矩，N·m；

　　　P——联轴器传动的功率，kW。

表 14.5.1　　　　　　　　　　　　工 作 情 况 系 数 K

工作机名称	原动机为电动机	原动机为活塞式内燃机
电动机	1.0～2.0	1.5～2.5
离心水泵	2.0～3.0	
鼓风机	1.25～2.0	3.0～5.0

续表

工作机名称	原动机为电动机	原动机为活塞式内燃机
带式或链式运输机	1.5～2.0	2.25～3.5
往复式工作机	2.5～3.5	—
金属切削机床	1.25～3.5	4.0
吊车、升降机	3.0～5.0	—

注 1. 刚性联轴器、无弹性元件挠性联轴器选用较大 K 值；有弹性元件的挠性联轴器选用较小 K 值。

2. 嵌合式离合器 $K=2～3$，摩擦式离合器 $K=1.2～1.5$。

3. 被带动的转动惯量小，载荷平稳 K 取较小值。

【**例 14.5.1**】 某带式运输机用电动机驱动，其功率 $P=7.5\text{kW}$，转速 $n=920\text{r/min}$，电动机轴直径 $d=40\text{mm}$，试选择所需的联轴器。

解 其选择计算过程见表 14.5.2。

表 14.5.2　　　　　　　　　　　[例 14.5.1] 计算过程、结果

计 算 项 目	计算内容、依据及过程	计 算 结 果
1. 类型选择	因带式运输机应尽量传动平稳，为缓冲减振，查设计手册选用弹性套柱销联轴器	选弹性套柱销联轴器
2. 计算转矩	$T_c=KT=K\times9.55\times10^3\dfrac{P}{n}$ 式中，K——查表 14.5.1 取 $K=1.5$，则 $T_c=1.5\times9.55\times10^3\times\dfrac{7.5}{920}=117$（N·m）	$T_c=117\text{N·m}$
3. 选择型号	由设计手册表查得：TL6 型号弹性套柱销联轴器（选铸铁材料）许用转矩 $[T]=250\text{N·m}$，许用转速 $[n]=3300\text{r/min}$，孔径 $d=32～40\text{mm}$	故所选型号的联轴器满足要求
4. 标记	TL6 联轴器 $\dfrac{\text{Yc}40\times112}{\text{JB}40\times84}$	TL6 联轴器 $\dfrac{\text{Yc}40\times112}{\text{JB}40\times84}$

二、离合器的选择

离合器的选择与联轴器相同，首先是根据工作条件和使用条件确定离合器的类型，然后根据轴径大小和传递转矩大小查手册选用具体型号。

表 14.5.3 列出了嵌合类和摩擦类离合器的优缺点，可供选择类型时参考。

表 14.5.3　　　　　　　　　　　　离合器优缺点比较

嵌 合 类	摩 擦 类
适于低速，大扭矩	适于高速，小扭矩
只能停车或相对转速很低时接合，接合中有冲击	运转时即能随时接合、脱开
一般无过载保护性能	有过载保护性能
尺寸较小，结构简单，维护修理方便	尺寸较大，结构复杂，维护修理不便

三、制动器的选择

根据所需的最大制动转矩 $T_{\max}$ 选择双瓦块式制动器。用在提升机构上的制动器，为了工

作可靠，要把所需的制动转矩加大，按计算转矩 T_c 进行选择，计算转矩为

$$T_c = ST_{max} \qquad (14.5.5)$$

式中　T_{max}——制动器所传递的最大转矩，N·m；

　　　S——制动安全系数，按表 14.5.4 根据工作类型（接电持续率 JC）选择。

表 14.5.4　　　　　　　　　　　　制动安全系数 S

工作类型 JC	15%	25%	40%
S	1.75	2	2.5

注　$JC = \dfrac{\text{一个循环内机器的实际工作时间}}{\text{一个循环的总时间}} \times 100\%$。

四、联轴器、离合器和制动器的使用与维护

（1）联轴器与离合器的安装误差应严格控制，对固定式联轴器更应注意。由于所连接两轴的相对应位移在负载后还有可能增大，故通常要求安装误差不应大于许可补偿量的 1/2。

（2）联轴器在工作后应检查两轴对中情况，其相对位移不应大于许可补偿量；应定期检查传力零件是否有损坏，以便及时更换；有润滑要求的，要定期检查润滑情况。

（3）对于转速较高的联轴器，要进行动平衡试验。

（4）多片式摩擦离合器在工作时不应有打滑或分离不彻底的现象；应经常检查作用在摩擦片上的压力是否足够，摩擦片磨损情况，回位弹簧是否灵敏；主、从动片之间的间隙应注意调整。

（5）应定期检查离合器的操纵系统是否操作灵活，工作可靠。

（6）制动器往往是机械设备中重要的安全装置，与安全生产密切相关，应经常检查其工作状况，制动器全部传动系统的动作要灵敏，应按时注油润滑转动环节，合理调整弹簧弹力，合理调整松开状态时制动瓦块与制动轮的间隙。

思 考 与 练 习

14.1　联轴器与离合器的功用是什么？二者有何区别？

14.2　常用联轴器有哪些类型？各有何特点？试举例说明各应用场合。

14.3　液力耦合器的工作原理是什么？其与机械式联轴器比较，有何优点？

14.4　牙嵌离合器和摩擦离合器各有什么特点？试举例说明其实际应用。

14.5　制动器常用哪几种类型？各有何特点？

14.6　一齿轮减速器的输出轴用联轴器与破碎机的输入轴连接，已知传动功率 $P = 40\text{kW}$，转速 $n = 140\text{r/mm}$，轴的直径 $d = 80\text{mm}$，试选择联轴器的型号。

第十五章　机械的润滑、密封与安全维护

第一节　机　械　的　润　滑

机械设备及装置中，需要润滑的零部件主要是传动零件和轴承。润滑的目的在于减少运动阻力和延长使用寿命；由于润滑油的循环流动，对摩擦表面还有清洁和冷却的作用。保证机械中良好的润滑，关键是选择合适的润滑剂和润滑方式。

一、齿轮传动零件的润滑

传动零件的润滑是由传动零件的工作条件决定的，作为机械传动重要形式的齿轮传动，采用专用齿轮润滑油润滑。

1. 齿轮润滑油及选择

齿轮润滑油有抗氧防锈（轻负荷）工业齿轮润滑油、中负荷工业齿轮润滑油、重负荷工业齿轮润滑油、开式齿轮润滑油等。它们的黏度牌号见表 15.1.1 和表 15.1.2。齿轮润滑油的种类选择见表 15.1.3，黏度选择见表 15.1.4，蜗杆传动的润滑油黏度推荐值和润滑方式见表 15.1.5。

表 15.1.1　　　　　　　　　工业齿轮润滑油黏度牌号表

黏度牌号	68	100	150	220	320	460
运动黏度 $V_{40℃}$（mm^2/s）	$61.2 \sim 74.8$	$90 \sim 110$	$135 \sim 165$	$198 \sim 242$	$288 \sim 352$	$414 \sim 506$

注　$V_{40℃}$ 代表 40℃时油的运动黏度。

表 15.1.2　　　　　　　　　开式齿轮润滑油黏度牌号表

黏度牌号	68	100	150	220	320
运动黏度 $V_{100℃}$（mm^2/s）	$60 \sim 75$	$90 \sim 110$	$135 \sim 165$	$200 \sim 245$	$290 \sim 350$

注　$V_{100℃}$ 代表 100℃时油的运动黏度。

表 15.1.3　　　　　　　　　工业齿轮润滑油种类的选择

齿面接触应力 σ_H（MPa）		齿轮状况	使用工况	推荐使用的工业齿轮润滑油
<350			一般齿轮传动	抗氧防锈工业齿轮油
齿面接触应力 σ_H（MPa）		齿轮状况	使用工况	推荐使用的工业齿轮润滑油
低负荷齿轮 350～500		调质处理，精度8级	一般齿轮传动	抗氧防锈工业齿轮油
			有冲击的齿轮传动	中负荷工业齿轮油
中负荷齿轮	>500～750	调质处理，精度等于或高于8级	矿井提升机、露天采掘机、水泥磨、化工机械、水利电力机械、冶金矿山机械、船舶海港机械等的齿轮传动	中负荷工业齿轮油
	>750～1100	渗碳淬火、表面淬火和热处理硬度为58～62HRC		
重负荷齿轮>1100			冶金轧钢、井下采掘、高温有冲击、含水部位的齿轮传动	重负荷工业齿轮油

表 15.1.4　　　　　　　齿轮传动润滑油黏度推荐值（测试温度 40℃）　　　　　　　mm²/s

齿轮材料	强度极限 σ_b (MPa)	圆周速度（m/s）						
		<0.5	<0.5~1	<1~2.5	<2.5~5	<5~12.5	<12.5~25	>25
钢	470~1000	460	320	220	150	100	68	46
	1000~1250	460	460	320	220	150	100	68
	1250~1580	1000	460	460	320	220	150	100
渗碳或表面淬火的钢	—	1000	460	460	320	220	150	100
塑料、铸铁、青铜	—	320	220	150	100	68	46	—

表 15.1.5　　　　　　　　　蜗杆传动的润滑油黏度推荐值和润滑方式

滑动速度 v_s（m/s）	<1	<2.5	<5	5~10	10~15	15~25	>25
工作条件	重负荷	重负荷	重负荷	中负荷	—	—	—
运动速度（mm²/s）40℃（100℃）	1000 (50)	460 (32)	220 (20)	100 (12)	150 (15)	100 (12)	68 (8.5)
润滑方式	油浴润滑			油浴润滑或喷油润滑	喷油润滑的表压力（MPa）		
					0.07	0.2	0.3

2. 齿轮润滑方式及选择

闭式齿轮润滑方式按齿轮圆周速度 v 选择。

当 $v \leqslant 12\text{m/s}$ 时，采用油浴润滑，如图 15.1.1 所示。为了减少搅油损失和避免油池温度过高，大齿轮浸入油池中的深度约为 1~2 个齿全高，但不小于 10mm。在双级或多级传动中，应考虑使各级传动中大齿轮浸油深度近于相等，同时要求齿顶距箱底高度不少于 30~50mm，以免搅起箱底的沉淀物及油泥。对于蜗杆下置或侧置传动，蜗杆浸油深度为一个齿高；蜗杆的 $v_1 > 4\text{m/s}$ 时，常将蜗杆上置，这时传动涡轮的浸油深度可达其半径的 1/3。

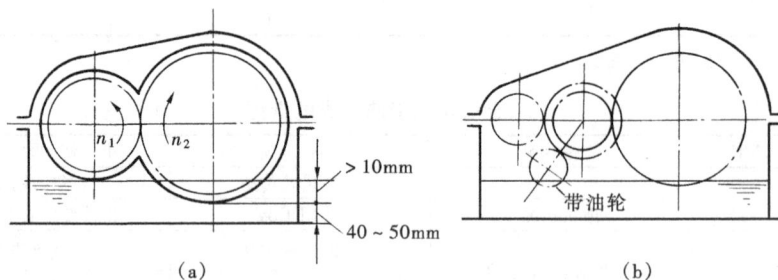

图 15.1.1　油浴润滑
(a) 单级齿轮减速器；(b) 双级齿轮减速器

当 $v > 12\text{m/s}$ 时，因油浴润滑搅油过于剧烈，同时由于离心力作用也很难保证润滑效果，故必须采用喷油润滑。这种方法是用一套专门的供油装置，将压力润滑油直接喷射在齿轮啮合处，如图 15.1.2 所示。

开式齿轮传动、蜗杆传动采用开式齿轮油人工定期润滑。

当传动所需黏度超出上述润滑油规格，可另选黏度合适的润滑油代用，请参考其他有关资料。

二、链传动的润滑

链传动的润滑是影响传动工作能力和寿命的重要因素之一，润滑良好可减少链条铰链的磨损，缓和冲击，延长使用寿命。润滑方式可根据链速和链节距的大小由图 15.1.3 选择。具体的润滑装置见图 15.1.4。润滑油应加于松边，以便润滑油渗入各运动接触面。润滑油一般可采用 L—AN32、L—AN46、L—AN68 油。温度高或载荷大时，选用黏度高的润滑油；温度低或载荷小时，选用黏度低的润滑油。

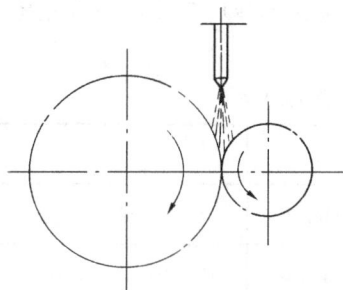

图 15.1.2　喷油润滑

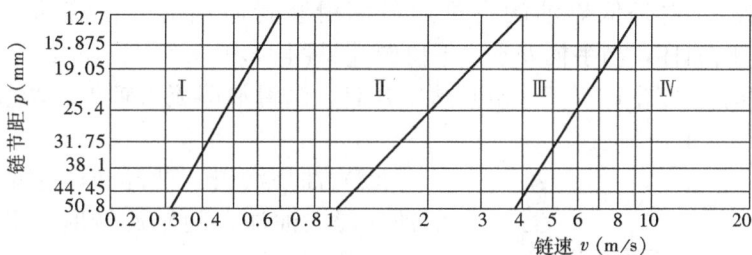

图 15.1.3　链传动润滑方式的推荐

Ⅰ—人工定期润滑；Ⅱ—滴油润滑；Ⅲ—油浴或飞溅润滑；Ⅳ—压力喷油润滑

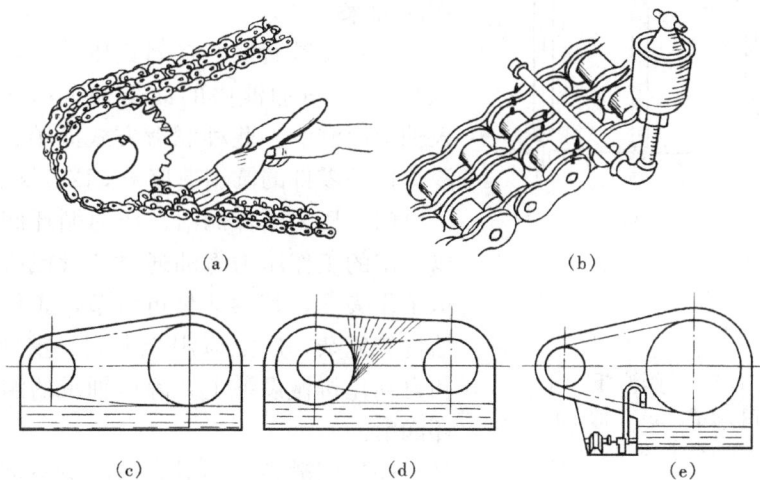

图 15.1.4　链传动的润滑

(a) 人工定期刷油；(b) 滴油润滑；(c) 浸油润滑；

(d) 喷油润滑；(e) 输油润滑

三、滑动轴承的润滑

1. 润滑方式及选择

滑动轴承采用的润滑剂和润滑方式，与滑动轴承的压强 p（单位为 MPa）及滑动速度 v

（单位为 m/s）有关，通常先按经验公式求出 K，再由表 15.1.6 选定。

$$K = \sqrt{Pv^2}$$

表 15.1.6　　　　　　　　　　　　滑动轴承润滑方式及选择

K	$\leqslant 2$	$2\sim 16$	$16\sim 32$	>32
润滑剂	润滑脂	润滑油		
润滑方式	压注油杯、旋盖油杯	针阀油杯滴油	飞溅、油杯润滑压力循环供油	压力循环供油

　　润滑油的供给一般分为间歇式供油和连续式供油两类。间歇式供油采用的是人工定期注油，只用于低速轻载的轴承；对较重要的轴承，应采用连续式供油。常用的连续供油方式及润滑装置有：

　　（1）滴油润滑。它是依靠油的自重通过润滑装置向润滑部位滴油实现润滑，如图 15.1.5 所示为针阀油杯，当手柄处于水平位置［见图 15.1.5（a）、15.1.5（b）］时阀口封闭；当手柄直立时［见图 15.1.5（c）］阀口开启，润滑油即流入轴承。调节螺母可调节注油量。

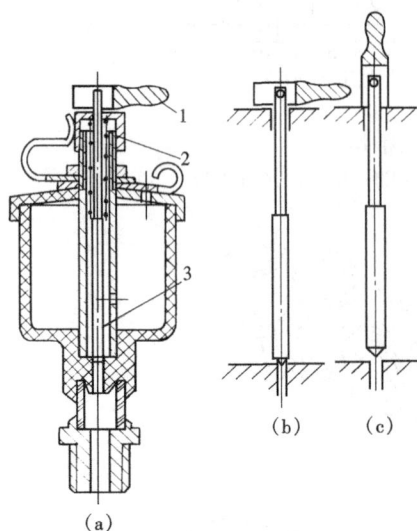

图 15.1.5　针阀油杯
（a）、（b）手柄水平；（c）手柄直立
1—手柄；2—螺母；3—阀杆

　　（2）油环润滑。油环润滑是利用套在轴颈上的油环浸入油池，随轴旋转时，将油带入轴承进行润滑的，如图 15.1.6 所示。这种方法结构简单，供油充分，维护方便，但轴的转速不能太高或太低，太高时，油被甩掉；太低时，则油环带不起油来。

　　（3）飞溅润滑。在闭式传动中，利用旋转零件（如齿轮）将油池中的油飞溅至箱壁，再沿箱壁导入轴承内润滑。此种润滑方式简单、可靠，适用于浸油传动零件的圆周速度 $v<12m/s$ 的场合。

　　（4）压力循环润滑。压力循环润滑是利用油泵以一定的工作压力将油通过油管或机体油道送到轴承工作表面，其供油量可调节，工作安全可靠，但结构较复杂，广泛应用于大型、重型、高速、精密和自动化机械设备上。静压轴承的润滑就是压力循环润滑。

　　（5）润滑脂。润滑脂的润滑只能间歇供应，常用压配式压注油杯［见图 15.1.7（a）］，通过油枪加润滑脂；也可用旋盖式油杯［见图 15.1.7（b）］，旋转杯盖将润滑脂挤入轴承。

　　2. 润滑剂及选择

　　滑动轴承按轴颈圆周速度 v（单位为 m/s）和压强 p（单位为 MPa），由表 15.1.7 中选择润滑油的黏度、牌号。润滑脂按轴颈的圆周速度、压强和工作温度由表 15.1.8 中选择。

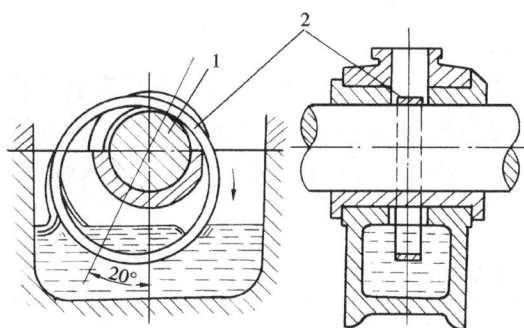

图 15.1.6　油环润滑

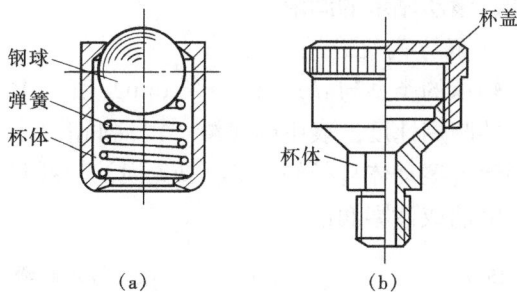

图 15.1.7　脂润滑油杯

（a）压配式；（b）旋盖式油杯

表 15.1.7　　滑动轴承润滑油的选择（工作温度 10～60℃）

轴颈圆周速度 v（m/s）	轻载 $p<3$MPa		中载 $p=3\sim7.5$MPa		重载 $p>7.5\sim30$MPa	
	40℃运动黏度（mm²/s）	润滑油黏度牌号	40℃运动黏度（mm²/s）	润滑油黏度牌号	40℃运动黏度（mm²/s）	润滑油黏度牌号
<0.1	85～150	110 150	140～220	150 220	470～1000	460 680 1000
0.1～0.3	65～125	68 100	120～170	100 150	250～600	220 320 460
0.3～1.0	45～70	46 68	100～125	100	90～350	100 150 220 320
1.0～2.5	40～70	32 46 68	65～90	68～100		
2.5～5.0	40～55	32 46				
5～9	15～45	15 22 45				
>9	5～22	7 10 15 22				

表 15.1.8　　滑动轴承润滑脂的选择

轴颈圆周速度 v（m/s）	压强 p（MPa）	工作温度 t（℃）	选用润滑脂
<1	1～6.5	<55～75	2 号 钙基脂 3 号 钙基脂
0.5～5	1～6.5	<110～120	2 号 钠基脂 1 号 钠基脂
0.5～5	1～6.5	-21～120	2 号 锂基脂

四、滚动轴承的润滑

1. 滑润方式及选择

按轴承的类型与 dn（mm·r/min）值，由表 15.1.9 中选取润滑线，dn 值实质上反映了轴颈的圆周速度。表中的飞溅、浸油润滑方式，可与传动零件的润滑一并考虑，浸油的深度不得超过滚动体直径的 1/3，以免搅油损耗过大。当 dn 值很高时，润滑油不易进入轴承，故采用喷油或油雾润滑。

表 15.1.9　　　　　　　　　　　　滚动轴承润滑方式及选择

轴承类型	dn（mm·r/min）				
	脂润滑	浸油润滑 飞溅润滑	滴油润滑	喷油润滑	油雾润滑
深沟球轴承 角接触球轴承 圆柱滚子轴承	≤（2～3）×10⁵	2.5×10⁵	4×10⁵	6×10⁵	>6×10⁵
圆锥滚子轴承		1.6×10⁵	2.3×10⁵	3×10⁵	—
推力球轴承		0.6×10⁵	1.2×10⁵	1.5×10⁵	—

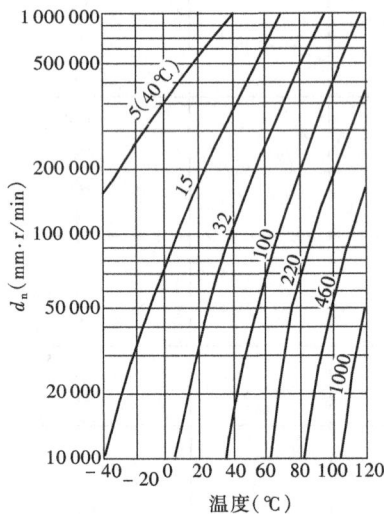

图 15.1.8　润滑油黏度、牌号选择

2. 润滑剂及选择

由上述可知，dn 值在（2～3）×10⁵ mm·r/min 范围内，轴承采用脂润滑。润滑脂不易流失，便于密封，使用周期长，润滑脂填充量不得超过轴承空隙的 1/3～1/2，过多则阻力大，引起轴承发热。可按轴承工作温度、dn 值由表 15.1.10 选用合适的润滑脂。

表 15.1.10　　滚动轴承润滑脂及选择

轴承工作温度（℃）	dn 值（mm·r/min）	使 用 环 境	
		干　燥	潮　润
0～40	>80 000	2 号钙基脂、2 号钠基脂	2 号钙基脂、
	<80 000	3 号钙基脂、3 号钠基脂	3 号钙基脂
40～80	>80 000	2 号钠基脂	2 号钡基脂、
	<80 000	3 号钠基脂	3 号钡基脂

当 dn 值过高或具备润滑油源的装置（如变速箱、减速箱）时，可采用油润滑。按 dn 值及工作温度由图 15.1.8 选择润滑油黏度、牌号。

第二节　机 械 的 密 封

机械设备在工作时的泄漏，是一个不可忽视的质量问题，泄漏严重会影响设备的正常运转，降低工作效率，缩短机器寿命，并引起环境或产品污染、能源浪费。因此，产品的密封性能是评价其性能、质量的重要指标。

密封的目的是防止外界灰尘、酸碱、水份或其他杂质侵入零部件，同时也防止机器内的

表 15.2.1

常用静密封的种类和特征

大类	种 类	真空 (Pa)	压力 (MPa)	温度 (℃)	适用流体类型	尺寸范围 (mm)	典型用例
强制压紧类 — 塑性垫片	纤维质垫片	13.3	2.5	200 (450)	油、水、气、酸、碱	不限	设备法兰、管法兰
	橡胶垫片	1.33×10^{-4}	1.6	$-70 \sim 200$	真空、油、水、气	不限	真空设备
	塑料垫片	13.3	0.6	$-180 \sim 250$	酸、碱	不限	酸管线
	金属包垫片		6.4	450 (600)	油、蒸汽、燃气	不限	内燃机气缸垫
	金属缠绕垫片		100	450 (600)	油、蒸汽、燃气	不限	炼油厂设备、管道连接
	橡胶 O 形环	13.3×10^{-4}		$-70 \sim 200$	油、水、气、酸、碱	不限	液压元件、真空设备
	密封胶				油、水、气	不限	减速器壳中分面、鼓风机壳中分面
	密封条、带				油、气	不限	门窗封口、密封舱
	金属平垫片	1.33×10^{-8}	20	600	油、合成原料气	100	化工设备、超高真空
弹性线接触	金属椭圆及八角形环		>6.4	600	油、合成原料气	800	化工高压设备
	卡扎里密封		32	350		>1000	高压管接头
	单锥密封		150	350		<500	高压管法兰
	金属透镜垫		16、32、300	350		<250	核电站容器封口
	金属中空 O 形环		300	600	放射性、高压气	<600	
研合	研合密封面		$10^{-2} \sim 100$	550	油、水、气	不限	闸板、气缸中分面
自紧类 — 自紧密封环	双锥密封		70	350	合成原料气等	1300 (2800)	化工高压容器
	三角垫密封		32	350	合成原料气等		
	C 形环密封		32	350		<1000	
	B 形环密封		300	350	聚乙烯原料气等		
自紧顶盖	平垫自紧密封		100	350	合成氨原料气	350	实验用超高压容器、汽包、化工高压容器、实验室设备
	楔形垫密封		32	350	合成氨原料气	1000	
	组合式密封 (伍德)		32	350	合成氨原料气	1000	

注 摘自颜志光主编.《新型润滑材料与润滑技术实用手册》.北京：国防工业出版社，1999.

表15.2.2　　常用动密封的种类和特征

种类	真空 (Pa)	压力 (MPa)	工作温度 (℃)	线速度 (m/s)	漏泄 (cm³/h)	平均寿命	应用举例	其他特点 运动方式	介质①	润滑②
接触型 软填料密封	1333	32	-240~600	20	10~10000	每周紧2~3次	清水离心泵、柱塞泵、阀门密封	往复、旋转	气、液	干、半、全
成型填料密封 挤压型	0.13	100	-45~230	10	0.001~0.1	6月~1年	油压缸、水压缸	往复、旋转	气、液	半
成型填料密封 唇封型	1.3×10^{-3}	100	-45~230	—	0.001~0.1	6月~1年	油压缸、水压缸	旋转	气、液	半
橡胶密封 油封 旋转油封	—	0.3	-30~150	12	0.1~10	3~6月	轴承封油与防尘	旋转	气、液、粉	干、半
橡胶密封 油封 防尘	—	0.3	-30~150	12	0.1~10	3~6月	轴承封油与防尘	旋转	气、液、粉	半、干
硬填料密封 往复	—	300	—	12	—	3月~1年	活塞杆密封	往复	气、液	半
硬填料密封 旋转	—	300	-45~400*	—	—	6月~1年	航空发动机轴封	旋转	气	半、全
胀圈密封 往复	1333	300	-45~400*	12	0.2%~1%吸气容积	3月~1年	汽油机、柴油机、压缩机、油缸、航空发动机轴封	往复	气、液、粉	半
胀圈密封 旋转	—	0.2	—	—	—	3月~1年	汽油机、柴油机、压缩机、油缸、航空发动机轴封	旋转	气、液、粉	非
机械密封 普通型	0.13	8	-196~400*	30	0.1~150	3月~1年	化工用、电厂用、炼油厂用的离心泵	旋转	气、液	干、半、全
机械密封 液膜	—	32	-30~150	30~100	100~5000	1年以上	透平压缩机	旋转	气、液	全
机械密封 气膜	—	2	不限	不限	—	1年以上	航空发动机	旋转	气	全
非接触型 迷宫密封	13	20	600	不限	大	3年以上	蒸汽轮机、燃气轮机、迷宫活塞压缩机	旋转	气、液、粉	非
间隙密封 液膜浮环	32	32	—	80	内漏	1年以上	泵、化工透平	旋转、往复	气、液、粉	全
间隙密封 气体浮环	—	1	-30~150	70	<200L/日	1年左右	制氧机	往复、旋转	气	非
间隙密封 套筒浮环	—	1000	-30~100	2	—	1年左右	油泵、高压泵	往复、旋转	气、液	半、全
动力密封 离心	1333	0.25	0~50	30	—	1年以上	矿浆泵	旋转	液、粉	非
螺旋密封 螺旋密封 / 螺旋迷宫密封	—	0.01	不限	不限	—	非易损件	轴承封油与防尘	旋转	液、粉	非
其他 铁磁流体密封	1333	2.5	-30~100	30	—	取决于轴承寿命	轴承封油、鼓风机封油、锅炉给水泵辅密封	旋转	气、液	非
其他 全封闭体密封	1.3×10^{-7}(4.2)	2.5	(-50~90)	(70)	—			旋转、往复	液	非

① 介质泛指被密封介质、密封工作流体和环境物质，其中粉代表粉尘。

② 润滑中干——干摩擦，半——半摩擦；全——全液膜润滑，非——非接触密封。

* 凡使用橡胶件者，适用温度同形成填料。

流体流失。密封方法的选择与润滑剂种类、工作环境、温度、密封处的圆周速度等有关。一般分为静密封和动密封两大类。静密封是依靠封闭结合面间的间隙以实现密封作用，间隙愈小，密封愈好。常用静密封的种类和特征见表 15.2.1。动密封是既要保持密封而又不能产生较大的摩擦阻力。动密封又分为接触式和非接触式两种，常用动密封的种类和特征见表 15.2.2。

　　1. 一般运动件的密封

　　机器中的一般运动零部件的密封，如齿轮、蜗轮等，属于静密封，有条件时应尽量密封起来，并在结合面处增加密封填料，用螺栓联接拧紧，以保证密封性能。

　　2. 轴承的密封

　　轴承的密封是典型的动密封，也是机械密封的重要内容之一，其密封方法的选择与润滑剂种类、工作环境、温度、密封处轴颈的圆周速度等有关，常用的密封装置有三种形式，其使用场合及选择方法可参考表 15.2.3。

表 15.2.3　　　　　　　　　　　　　　轴承常用的密封形式

密封类型	图　　例	适　用　场　合	说　　明
接触式密封	毛毡圈密封 1 	脂润滑 要求环境清洁，轴颈圆周速度 $v \leqslant 4 \sim 5 \text{m/s}$，工作温度不超过 90℃	矩形断面的毛毡圈 1 被安装在梯形槽内，它对轴产生一定的压力而起到密封作用
	皮碗密封 (a)　　　　(b)	脂或油润滑 圆周速度 $v < 7\text{m/s}$，工作温度范围 $-40 \sim 100$℃	皮碗用皮革或耐油橡胶制成，有的具有金属骨架，有的没有骨架，皮碗是标准件。图（a）密封唇朝里，目的是防漏油；图（b）密封唇朝外，主要目的是防灰尘、杂质进入
非接触式密封	间隙密封 δ 	脂润滑 环境干燥清洁	靠轴与盖间的细小环形间隙密封，间隙越小越长，效果越好，间隙 δ 取 $0.1 \sim 0.3\text{mm}$，开有油沟时效果更好
	迷宫式密封 δ δ (a)　　　　(b)	脂润滑或油润滑 工作温度不高于密封用脂的滴点。这种密封效果可靠	将旋转件与静止件之间间隙做成迷宫（曲路）形式，在间隙中充填润滑油或润滴脂以加强密封效果。分径向、轴向两种：图（a）径向曲路，径向间隙 δ 不大于 $0.1 \sim 0.2\text{mm}$；图（b）轴向曲路，因考虑到轴要伸长，间隙取大些，$\delta = 1.5 \sim 2\text{mm}$

续表

密封类型	图　例	适 用 场 合	说　明
非接触式密封	挡圈密封	用做内密封时，适用于脂润滑	挡圈随轴旋转，可利用离心力甩去油和杂物，最好与其他密封联合使用
组合密封	毛毡加迷宫密封	适用于脂润滑或油润滑	这是组合密封的一种形式，毛毡加迷宫，可充分发挥各自优点，提高密封效果。组合方式很多，不一一列举

第三节　人、机关系及设备安全维护

一、人、机关系

毛泽东主席曾说过："世间一切事物中，人是第一个可宝贵的，只要有了人，什么人间奇迹都可以造出来。"在人、机关系中，人处主导地位，机器处从属地位，首先要保证设备操作人员的人身安全。但主导方又必须遵循客观规律办事，熟悉机器、设备的各种性能和使用注意事项，严格遵守安全操作规程。尤其在电厂，设备网络体系庞大、机组集中控制，任何误操作都将酿成无法估量的损失，这方面的教训是足以闻戒的。

二、设备的安全维护

设备的安全维护，主要是指各种传动零件和轴承的维护，这是保证设备正常运行，延长使用寿命，防止意外事故的重要技术措施。

（1）科学的润滑管理制度。工厂将润滑工作制度化，并归结为"五定"，即

1）定点——明确加油部位，所有的运动副都应该润滑，都是加油的部位。

2）定质——要按规定的润滑油的种类、黏度牌号加油，不得随意变动，更不能使用混杂不洁的润滑油。

3）定量——要按规定的油量加油，通常都有油面指示器显示油面位置，加油过多不仅浪费，还会加重搅油损失，过少则满足不了润滑良好的要求。

4）定时——要按规定的时间添加或更换润滑油，保证有合适的油量使设备得到充分润滑，及时清除受到污染的润滑油，避免设备在润滑时被油中的杂物损伤。

5）定人——明确分工，责任到人。一般由操作者自行加油，也可由专人对整个设备系统负责加注润滑油。

对于自动润滑的设备，要按规定经常检查润滑系统是否完好和畅通，润滑油压是否正

常，以便及时发现问题，及时解决。

（2）保持良好的工作环境。良好的工作环境是设备正常工作的基本条件。它不仅指场地清洁，设备有序，空间合理等，而且也包括是否有安全工作装置。如有条件时，所有传动零件均应采用闭式传动，不仅可以防止尘土和其他异物进入传动内部，同时也是保护操作者，防止意外的必要措施；对特别精密的机械，为防止高温、低温和潮湿的影响，要采用恒温的空调设备。

（3）遵守操作规程，严防超载使用。各种机械设备均有其相应的安全操作规程和使用注意事项，工作中必须严格执行。如减速器有规定的转速和功率，使用时不得超速、超载；再如，变速箱换档前，必须空载，以免折断轮齿。对过载的保护装置，如液力联轴器、摩擦离合器，要保持灵敏状态。有的设备，在非规范操作时，会闪灯或发出蜂鸣声，以示警告，此时，操作人员务必要停止操作，认真查找原因，排除疑点。

（4）规范保养，定期检修。机器中的传动零件的失效或运行不正常，一般都会有预兆的，如传动齿轮的齿形损坏或个别轮齿折断，会产生冲击、振动和噪声，胶合会产生高温等。所以，工作中要规范保养制度，并严格履行，要眼看、耳听、勤摸，才能及时发现故障，加以排除，消灭隐患。

（5）加强学习，经常进行反事故演习，以熟悉设备可能出现的各种事故，制定相应的措施。对于小型设备，可通过学习理论知识及向有经验的师傅学习，了解常见的故障形式；对于像电厂中的大型、价值非常高的设备，可通过上仿真机熟悉各种可能出现的故障。随着仿真技术的发展，生产过程中各种可能出现的事故均可由计算机模拟出来，供生产人员练习相应的反事故措施，积累安全生产的经验。

一般机械设备中，特别是电厂的设备，都有定期检修，且有小修、中修、大修之分。这样不仅及早排除故障，也避免了突然的损坏影响正常生产，更使生产人员的人身安全有了保证。

思 考 与 练 习

15.1 机械传动零件和轴承润滑的目的是什么？

15.2 齿轮润滑油有哪几种？如何选择？

15.3 链传动的润滑方式有哪几种？

15.4 轴承的润滑装置和方式各有哪几种？

15.5 密封的目的是什么？轴承常用的密封形式有哪几种？

15.6 如何实现机械安全维护？

专题 I 机械的平衡与调速

第一节 机 械 的 平 衡

一、回转件平衡的目的

机械中有许多构件是绕固定轴线回转的，如齿轮、带轮、电动机的转子等，这些构件称为回转件或转子。由理论力学可知，一个偏离回转轴线距离为 r 的回转质量为 m 的回转件，以角速度 ω 转动时，所产生的离心惯性力 F 为

$$F = mr\omega^2 = mr\left(\frac{\pi n}{30}\right)^2 \qquad (\text{I}.1.1)$$

由式（I.1.1）可知，离心惯性力 F 与角速度 ω 的平方成正比，并随 r 的增大而增大。

如果回转件的结构不对称，制造不准确或材质不均匀，在回转时都将产生不平衡的离心惯性力系，即离心惯性力系的合力和合力偶矩不等于零。它们的方向随着回转件的转动而发生周期性变化，并在轴承中产生附加动压力。这种附加动压力不仅会增加运动副中的摩擦、磨损，影响构件的强度，而且使整个机械发生周期性的振动。这种周期性的振动往往引起机械工作精度和可靠性的降低，产生令人厌倦的噪声，甚至周围的设备和厂房建筑也会受到影响或破坏。因此，在机械设计与制造中应尽量采取措施，调整回转件质量的分布，使其离心惯性力达到平衡，以便尽量消除不平衡的有害影响。这对于高速、重型、精密机械中的回转件尤为重要。有些回转件在运转时没有变形或变形很小可忽略不计，称为刚性回转件；而有些回转件在运转时变形较大而不能忽略不计，称为绕性回转件。本节只讨论刚性回转件的平衡问题。

二、回转件的平衡计算

回转件的平衡分两大类：

（1）静平衡，各质量分布在同一回转平面内回转件的平衡，也称为单面平衡。

（2）动平衡，各质量分布不在同一回转平面内回转件的平衡，也称为双面平衡。

1. 回转件静平衡的计算

对于轴向尺寸很小的回转件，如飞轮、砂轮以及电扇的叶轮等，其质量可以近似地认为是分布在同一回转平面内。当其以 ω 的角速度匀速转动时，各质量所产生的离心惯性力构成一平面汇交力系。若该力系合力不等于零，则该回转件是不平衡的。欲使其平衡，可在同一回转平面内增加（或减去）一个平衡质量，使它产生的离心力 F_b 与原有质量所产生的离心力 ΣF_i 相平衡，这个力系就成为平衡力系，此回转件就达到平衡状态，即平衡条件为

$$F = F_b + \Sigma F_i = 0$$

式中　F——总离心力，N；

　　F_b——平衡质量的离心力，N；

　　ΣF_i——原有质量离心力的合力，N。

上式可写成　　　　　　　　$me\omega^2 = m_b r_b \omega^2 + \Sigma m_i r_i \omega^2 = 0$

即　　　　　　　　　　　　$me = m_b r_b + \Sigma m_i r_i = 0 \qquad (\text{I}.1.2)$

式中
m——回转件的总质量，kg；

m_b——平衡质量，kg；

m_i——原有质量，kg；

e——总质心向径，mm；

r_b——平衡质量质心向径，mm；

r_i——原有质量质心向径，mm；

$m_i r_i$——质径积。

式（I.1.2）表明，回转件平衡后，总质心的向径 $e=0$，即总质心与回转轴线重合，回转件质量对回转轴线的静力矩等于零，此时，该回转件在任何位置保持静止，不会自行转动。因此这种平衡称为静平衡。由上所述可知，静平衡的条件是：分布于该回转件上的各个质量的离心惯性力（或质径积）的矢量和等于零，即回转件的质心与回转轴线重合。

【例 I.1.1】 如图I.1.1（a）所示，已知同一回转面内的三个不平衡质量 m_1、m_2、m_3 及其向径 r_1、r_2、r_3，求应加的平衡质量 m_b 及其向径 r_b。

解 由式（I.1.2）得

$$m_b r_b + m_1 r_1 + m_2 r_2 + m_3 r_3 = 0$$

式中只有 $m_b r_b$ 为未知，故可用矢量多边形求解。依次作已知矢量 $m_1 r_1$、$m_2 r_2$、$m_3 r_3$，最后将 $m_3 r_3$ 的矢端与 $m_1 r_1$ 的尾部相连的封闭矢量即为 $m_b r_b$，见图 I.1.1（b）。根据回转件结构特点

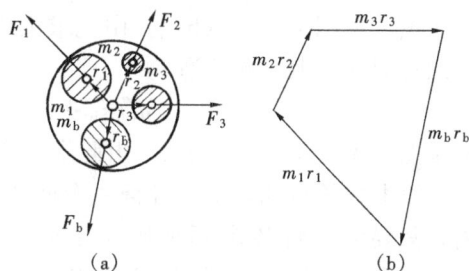

图 I.1.1 单面平衡矢量图解法

选定 r_b 的大小后，所需的平衡质量 m_b 就随之确定。平衡质量的安装方向应与矢量图上 $m_b r_b$ 所指的方向一致。

2. 回转件动平衡的计算

对于轴向尺寸较大的回转件，如多缸内燃机曲轴、电机和汽轮机的转子以及机床主轴等，其质量的分布不能近似地认为在同一回转平面内，而应该看成分布在垂直于其轴线的不同回转面内。这类回转件转动时产生的离心惯性力不再是一个平面汇交力系，而是空间力系。即使回转件的总质心在回转轴线上，但由于各个偏心质量产生的离心惯性力不在同一回转平面内而形成惯性力偶，所以构件仍然是不平衡的。

例如，在图I.1.2所示的回转件中，设不平衡质量 m_1、m_2 分布于相距 l 的两个回转面内，且 $m_1 = m_2$，$r_1 = -r_2$。该回转件的质心虽落在回转轴上，而且 $m_1 r_1 + m_2 r_2 = 0$，满足静平衡条件；但因 m_1 和 m_2 不在同一回转面内，当回转件转动时，由于 m_1 和 m_2 产生的离心力 F_1 和 F_2 形成力偶，该力偶的方向随回转件的转动而周期性变化，故回转件仍处于不平衡状态。因此，对轴向尺寸较大的回转件，必须使其各质量产生的离心惯性力的合力与合力偶矩都等于零，才能达到平衡。

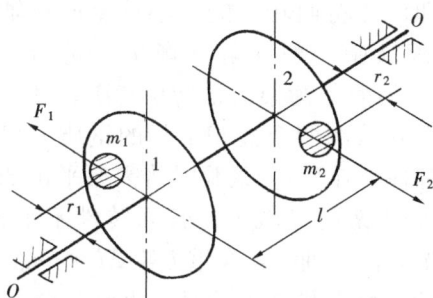

图 I.1.2 静平衡但动不平衡的回转件

如图 I.1.3（a）所示，设回转件的不平衡质量 m_1、m_2、m_3 分别位于1、2、3 三个回转面内，其向径各为 r_1、r_2、r_3。由理论力学可知，任何一个质

径积都可以用任意选定的两个回转平面 T' 和 T'' 内的两个质径积来代替。若向径不变，任一质量都可以用任选的两个回转平面内的两个质量来代替。现将平面 1、2、3 内的质量 m_1、m_2、m_3 分别用任选的两个回转面 T' 和 T'' 内的质量 m'_1、m'_2、m'_3 和 m''_1、m''_2、m''_3 来代替，即

$$m'_1 = \frac{l''_1}{l}m_1, m''_1 = \frac{l'_1}{l}m_1$$

$$m'_2 = \frac{l''_2}{l}m_2, m''_2 = \frac{l'_2}{l}m_2$$

$$m'_3 = \frac{l''_3}{l}m_3, m''_3 = \frac{l'_3}{l}m_3$$

经这样处理后，就可以分别在 T' 和 T'' 平面内按照与静平衡计算相同的方法来解决这类不平衡问题。对于回转面 T'，其平衡方程为

$$m'_b r'_b + m'_1 r_1 + m'_2 r_2 + m'_3 r_3 = 0$$

作矢量图 [见图Ⅰ.1.3 (b)]，由此求出质径积 $m'_b r'_b$。按结构选定 r'_b 后即可确定 m'_b。同样，对于回转面 T''，其平衡方程为

$$m''_b r''_b + m''_1 r_1 + m''_2 r_2 + m''_3 r_3 = 0$$

作矢量图 [见图Ⅰ.1.3 (c)]，由此求出质径积 $m''_b r''_b$。按结构选定 r''_b 后即可确定 m''_b。

由以上分析可知，对于任何一个回转件，无论有多少个不平衡质量，分布在多少个回转面内，只要依次将各个不平衡质量向任选的两个回转平面 T' 和 T'' 上分解，总可按式(Ⅰ.1.2)分别在平面 T' 和 T'' 内求出相应的平衡质量 m'_b 和 m''_b 加以平衡。所以动平衡的条件是：回转件上各质量的离心惯性力的矢量和等于零，同时离心惯性力所引起的力偶矩的矢量和也等于零。

3. 回转件的平衡实验

在设计回转件时，一般都要考虑平衡问题，即通过平衡计算调整质量分布使回转件达到平衡。从理论上讲，这样的回转件是完全平衡的。但是，由于在制造和装配过程中不可避免地带来了一些误差，以及回转件材质的不均匀等原因，回转体仍会有不平衡现象，因此，在生产过程中还需用试验的方法加以平衡。根据质量分布的特点，平衡试验法也分为两种。

(1) 回转件的静平衡试验。静平衡试验适用于轴向尺寸较小（直径与长度之比 $D/l \geqslant 5$）的盘状回转件。静平衡试验主要解决离心惯性力的平衡，即设法将回转件的质心移至回转轴线上。静平衡试验一般在静平衡架上进行。图Ⅰ.1.4 所示为静平衡架的结构示意图。其主要部分为水平安装的两个互相平行的钢质刀口形导轨（或圆柱形导轨）。试验时将需要平衡的回转件放在平衡架的导轨上，若回转件不平衡，其质心必偏离回转轴线，在重力矩 $M = mge$ 的作用下回转件就在导轨上滚动，直到质心 S 转到铅垂线下方时才会停止滚动。待回转件停止

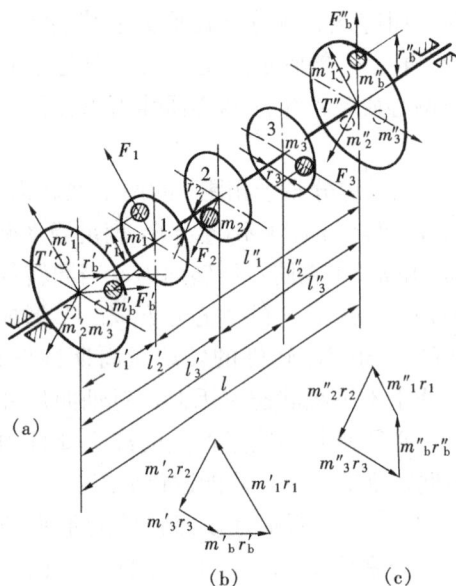

图Ⅰ.1.3　不同回转面内质量的平衡

滚动后，在过回转件轴心的铅垂线上方（即回转件质心 S 的相反方位）加平衡质量，并逐步调整所加平衡质量的大小或所加质量的径向位置，直至回转件在任意位置都能保持静止不动。这时所加的平衡质量与其向径的乘积即为该回转件达到平衡时需加的质径积。也可在与上面相反的方向去掉同等大小的质径积以使回转件达到平衡。这种利用重力作用，在导轨式平衡架上找平衡的方法设备简单、操作方便、精度较高，故目前被广泛应用。

（2）回转件的动平衡试验。$D/l < 5$ 的回转件或有特殊要求的重要回转件，一般需进行动平衡。令回转件在动平

图 I.1.4 导轨式静平衡架

衡试验机上运转，然后在两个选定的平面内分别找出所需平衡质径积的大小和方位，从而使回转件达到动平衡的方法，称为动平衡试验法。生产实践中使用的动平衡机种类很多，有机械测量、点测量动平衡机，还有激光动平衡机，带真空筒的大型高速平衡机和整机平衡用的测振平衡仪等，有关这些动平衡机的详细情况，可参阅有关参考书或产品样本。

第二节 机械速度波动的调节

一、机械速度波动的原因及波动的分类

机械是在外力（驱动力和阻力）作用下运转的。如果驱动力所做的功随时都等于阻力所做的功，则机械的主轴将保持匀速运转。但是，大多数机械在运转中，其驱动力所做的功与阻力所做的功不是随时相等的，根据能量守恒定律知，对于机械运转中的任一时间间隔，驱动力做的功和阻力做的功不平衡时，必将引起机械动能的增减。机械动能的增减会使得机械运转速度产生波动，这种波动会使运动副中产生附加的动压力，降低机械效率和工作可靠性，降低机械的精度和工艺性能，使产品质量下降，还会引起机械振动，影响零件的强度和寿命。因此，对机械运转速度的波动必须进行调节，以减少上述不良影响。

根据机械运转中功能变化的情况，机械的速度波动可以分为两类。

1. 非周期性的速度波动

机械在运转中，如果驱动力所做的功在较长一段时间内总是大于阻力所做的功时，则机械运转的速度将不断升高，直至超越机械强度所允许的极限转速而导致机械的损坏；或者驱动力所做的功，总是小于阻力所作的功，则机械运转的速度不断下降，直至停车。例如在汽轮发电机组中，当供汽量不变而用户的用电量却无规律的突然大幅度地增减时，就会出现类似情况。这种机械的速度波动是不规则的，没有一定的周期，因此称为非周期性速度波动。

2. 周期性的速度波动

机械在运转中，当其动能的增减做周期性变化时，其主轴的角速度也做周期性的波动，如图 I.2.1 所示。主轴的角速度 ω 经过一个运动周期 T 后，又回复到原始值的过程，称为机械的一个稳定运动循环。由于这个运动循环的初始速度和终了速度相等，故机械动能没有改变。因此，在机械稳定运转的一个周期中，驱动力所做的功和阻力所做的功是相等的，即 $W_{ed} = W_{er}$。但在一个周期内的某一时间间隔中，驱动力所做的功和阻力所做的功一般是不相等的，有时驱动力所做的功大于阻力所做的功（出现盈功），也有时驱动力所做的功小于

阻力所做的功（出现亏功）。这样就出现了速度波动。机械出现的这种有规律的速度波动称为周期性的速度波动。一个运动周期 T，可能对应于主轴的1r（如曲柄压力机）、2r（如四冲程内燃机）或数转（如轧钢机）的时间。

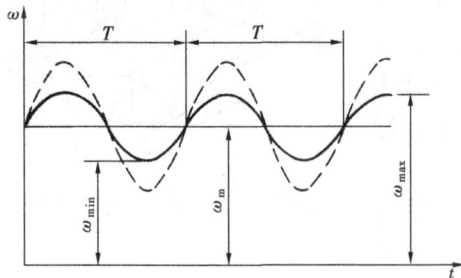

图Ⅰ.2.1　周期性速度波动

二、非周期性速度波动的调节

由于非周期性速度波动是随机的、不规则的，因此这种速度波动的调节需采用特殊的装置——调速器，使输入功和输出功趋于平衡，以达到让机械主轴稳定运转的目的。调速器的种类很多，图Ⅰ.2.2所示为机械式离心调速器，它是利用离心力来控制介质的输入，起到调速作用的。工作机1由原动机2带动，原动机2的输入功与供汽量的大小成正比。当负荷突然增加时，工作机1和原动机2的主轴转速将下降，由锥齿轮驱动的调速器主轴的转速也随之减小，使得重球因离心力的减小而下降，从而带动圆筒 N 下降，并通过套环和连杆机构将节流阀开大，使蒸汽输入量增加，工作机1和原动机2的主轴转速上升；反之，若负荷突然减小，原动机及调速器主轴转速上升，重球因离心力的增加而升高，通过连杆机构将节流阀关小，使进汽量下降，原动机及工作机主轴转速也随之下降，从而达到调节速度波动的目的。

三、周期性速度波动的调节

周期性速度波动一般可用在机械中安装飞轮的方法加以调节，因为飞轮具有较大的转动惯量。当机械出现盈功时，多余的能量以动能的形式存储在飞轮中，来限制机械主轴转速的增幅；出现亏功时，飞轮将储存的能量释放出来，以维持机械主轴的转速。图Ⅰ.2.1虚线所示为没有安装飞轮时主轴的速度波动，实线所示为安装飞轮后的速度波动。周期性速度波动调节的关键是确定飞轮的转动惯量。

1. 机械运转的平均角速度和速度不均匀系数

对于具有周期性速度波动的机械，其实际平均角速度可用算术平均值 ω_m 来代替

$$\omega_m = \frac{\omega_{max} + \omega_{min}}{2} \qquad （Ⅰ.2.1）$$

式中：ω_{max}、ω_{min} 为一个周期内机械主轴的最大角速度及最小角速度，rad/s。

机械运转速度波动的相对程度用机械速度不均匀系数 δ 表示，即

$$\delta = \frac{\omega_{max} - \omega_{min}}{\omega_m} \qquad （Ⅰ.2.2）$$

由式（Ⅰ.2.1）和式（Ⅰ.2.2）得

$$\omega_{max} = \omega_m \left(1 + \frac{\delta}{2}\right) \qquad （Ⅰ.2.3）$$

$$\omega_{min} = \omega_m \left(1 - \frac{\delta}{2}\right) \qquad （Ⅰ.2.4）$$

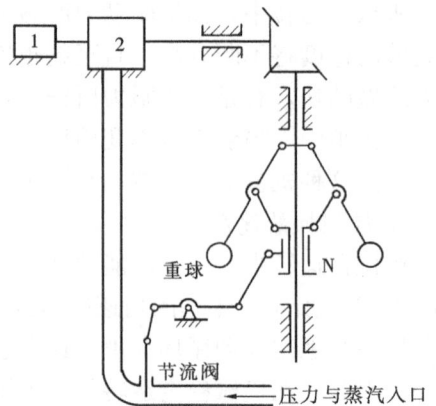

图Ⅰ.2.2　离心调速器
1—工作机；2—原动机

由上式可知，δ 越小，主轴越接近匀速转动。不同类型的机器对于运转速度均匀程度的要求是不同的，表 I.2.1 列出了几种常见机械的速度不均匀系数。

表 I.2.1　　　　　　　　　　　机械运转速度不均匀系数的取值范围

机械名称	破碎机	冲床和剪床	压缩机和水泵	减速器	交流发电机
δ	0.10~0.20	0.05~0.15	0.03~0.05	0.015~0.020	0.002~0.003

2. 飞轮转动惯量的设计计算

飞轮设计的基本问题是根据机械主轴所需要的平均角速度 ω_m 和许用的速度不均匀系数 δ 来确定飞轮的转动惯量 J。在一般机械中，飞轮所具有的动能比其他构件的动能之和大得多。因此，在近似设计中可以认为飞轮的动能就是整个机械的动能。当机械主轴角速度为 ω_{max} 时，飞轮具有最大动能 E_{max}；反之当机械主轴处于最小角速度 ω_{min} 时，飞轮具有最小动能 E_{min}。E_{max} 与 E_{min} 之差表示一个周期内动能的最大变化量，应等于机械的最大盈功（或最大亏功），即

$$W_{max} = E_{max} - E_{min} = \frac{1}{2}J(\omega_{max}^2 - \omega_{min}^2) = J\omega_m^2\delta$$

式中　W_{max}——最大剩余功，又称最大盈亏功；

　　　J——飞轮的转动惯量。

设飞轮轴的转速为 n（单位为 r/min），将 $\omega_m = \dfrac{\pi n}{30}$ 代入上式可得

$$J = \frac{W_{max}}{\omega_m^2\delta} = \frac{900W_{max}}{\pi^2 n^2 \delta} \qquad (I.2.5)$$

由上式可知：

（1）当 W_{max} 与 ω_m 一定时，飞轮转动惯量 J 与速度不均匀系数 δ 之间的关系为一等边双曲线，如图 I.2.3 所示。增大转动惯量，可使机械主轴速度波动程度减小，但当 δ 很小时，再略微减小 δ 的数值就会使飞轮转动惯量激增。因此，设计飞轮时，只要满足机械运转速度不均匀系数的范围即可，不必过分追求机械运转的均匀性，否则会使飞轮过于笨重，同时增加机械的成本。

（2）当 W_{max} 与 δ 一定时，J 与 ω_m 的平方成反比。所以为了减小飞轮的转动惯量，最好将飞轮安装在高速轴上。但考虑到主轴的刚性较好，一般仍将飞轮安装在主轴上。

（3）当 J 和 ω_m 一定时，W_{max} 与 δ 成正比。说明最大盈亏功越大，机械运转速度越不均匀。

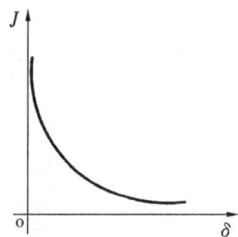

图 I.2.3　转动惯量与
速度不均匀系数
的关系曲线

用式（I.2.5）计算飞轮转动惯量时，关键是确定最大盈亏功 W_{max}。某机械在稳定运转一周期内的驱动力矩 M_{ed} 和阻力矩 M_{er} 的变化曲线，如图 I.2.4（a）所示。两曲线之间所包围的面积代表相应区间驱动功和阻力功差值的大小。由图可见，ab 区间阻力矩大于驱动力矩，出现亏功，机械动能减小，故标注负号；而 bc 区间驱动力矩大于阻力矩，出现盈功，机械动能增加，故标注正号。同理 cd 区间、ea 区间为负，de 区间为正。

以上能量的变化可用能量指示图来表示。如图 I.2.5 所示，从 a 点开始，顺次作矢量

$\overrightarrow{ab}$、$\overrightarrow{bc}$、$\overrightarrow{cd}$、$\overrightarrow{de}$、$\overrightarrow{ea}$ 表示盈亏功 W_1、W_2、W_3、W_4、W_5。由于机械历经一个周期回到初始状态，其动能增减为零，所以该矢量的首尾是封闭的。由图可知，e 点具有最大动能，应对应于 ω_{max}，b 点具有最小动能，应对应于 ω_{min}，见图Ⅰ.2.4（b）。b、e 两位置动能之差即为最大盈亏功 W_{max}，即

$$W_{max} = W_2 + W_3 + W_4$$

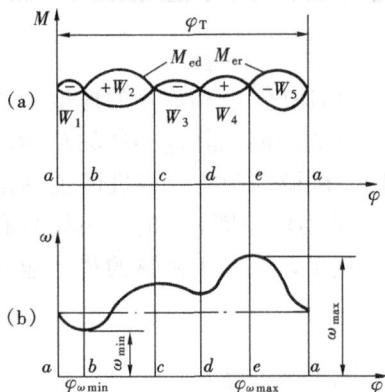

图Ⅰ.2.4　最大盈亏功的确定

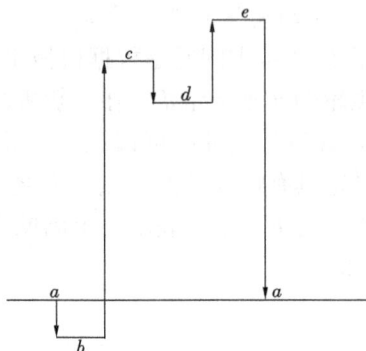

图Ⅰ.2.5　能量指示图

【例Ⅰ.2.1】　某机组作用在主轴上的阻力矩变化曲线 $M_{er} - \varphi$ 如图Ⅰ.2.6 所示。已知主轴上的驱动力矩 M_{ed} 为常数，主轴平均角速度 $\omega_m = 25\text{rad/s}$，机械运转速度不均匀系数 $\delta = 0.02$。试求：①驱动力矩 M_{ed}；②最大盈亏功 W_{max}；③安装在主轴上的飞轮转动惯量 J。

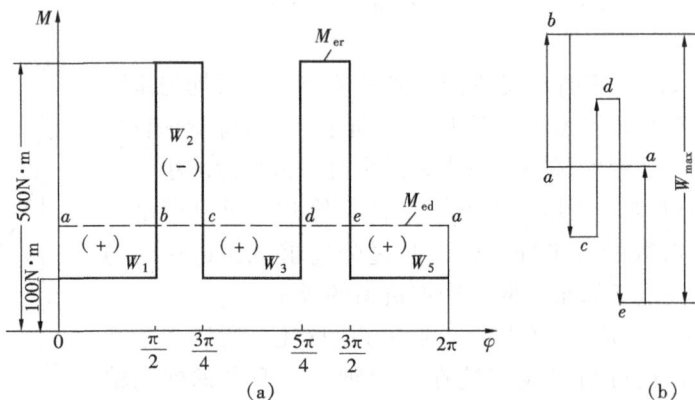

图Ⅰ.2.6　飞轮设计
(a) 阻力矩变化曲线；(b) 能量指示图

解　（1）求 $M_{ed} - \varphi$。由于给定 M_{ed} 为常数，故 $M_{ed} - \varphi$ 为一水平直线。在一个运动循环中驱动力矩所作的功为 $2\pi M_{ed}$，它应当等于一个运动循环中阻力矩所做的功，即

$$2\pi M_{ed} = 100 \times 2\pi + 400 \times \frac{\pi}{4} \times 2$$

得 $M_{ed} = 200\text{N·m}$，由此可作出 $M_{ed} - \varphi$ 的水平直线。

（2）求 W_{max}。图Ⅰ.2.6（a）中，b、c、d、e 是 $M_{ed} - \varphi$ 和 $M_{er} - \varphi$ 曲线的交点。将各区

间 $M_{ed}-\varphi$ 与 $M_{er}-\varphi$ 所包围的面积区分为盈功和亏功，然后根据各区间盈亏功的数值大小按比例作能量指示图如下：首先自 a 向上作 $\overrightarrow{ab}$ 表示 ab 区间的盈功，$W_1=100\times\dfrac{\pi}{2}\mathrm{N\cdot m}$；然后，向下作 $\overrightarrow{bc}$ 表示 bc 区间的亏功，$W_2=300\times\dfrac{\pi}{4}\mathrm{N\cdot m}$；依次类推，直到画完最后一个封闭矢量 $\overrightarrow{ea}$，见图 I.2.6（b）。由图可知，be 区间出现最大盈亏功，其绝对值为

$$W_{\max}=|-W_2+W_3-W_4|=\left|-300\times\frac{\pi}{4}+100\times\frac{\pi}{2}-300\times\frac{\pi}{4}\right|=314.16(\mathrm{N\cdot m})$$

（3）求安装在主轴上的飞轮的转动惯量

$$J=\frac{W_{\max}}{\omega_m^2\delta}=\frac{314.16}{25^2\times0.02}=25.13(\mathrm{kg\cdot m^2})$$

飞轮的结构一般采用实心式或轮辐式，具体尺寸可见相关标准或多学时的机械原理教材。应该说明实际机械中飞轮不一定是外加的专门构件，往往用增大带轮或齿轮的尺寸或质量使它们兼起飞轮的作用。

思 考 与 练 习

I.1 刚性回转件的平衡有哪几种？其平衡的实质是什么？

I.2 回转件静平衡和动平衡条件各是什么？什么样的回转件需静平衡，什么样的回转件需动平衡？

I.3 机械的速度为什么会产生波动？周期性速度波动和非周期性速度波动的特点各是什么？各用什么方法来调节？

I.4 什么是机械运转的速度不均匀系数？它表示机械运转的什么性质？不均匀系数是否越小越好？

I.5 题图 I.1 所示盘形回转件上存在四个偏置质量，已知 $m_1=10\mathrm{kg}$，$m_2=14\mathrm{kg}$，$m_3=16\mathrm{kg}$，$m_4=10\mathrm{kg}$，$r_1=50\mathrm{mm}$，$r_2=100\mathrm{mm}$，$r_3=75\mathrm{mm}$，$r_4=50\mathrm{mm}$，设所有不平衡质量分布在同一回转面内，问应在什么方位上加多大的平衡质径积才能达到平衡？

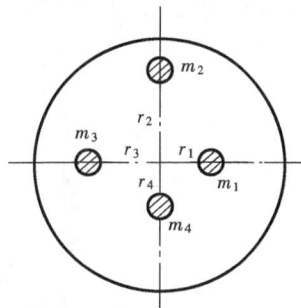

题图 I.1 题 I.5 图

I.6 在题图 I.2 所示的回转件中，已知各偏心质量 $m_1=20\mathrm{kg}$，$m_2=12\mathrm{kg}$，$m_3=28\mathrm{kg}$，$m_4=10\mathrm{kg}$，它们的回转半径分别为 $r_1=32\mathrm{cm}$，$r_2=r_4=24\mathrm{cm}$，$r_3=16\mathrm{cm}$，方位如图，且 $L_{12}=L_{23}=L_{34}$，若在校正平面 T' 及 T'' 中回转半径均为 $40\mathrm{cm}$ 处安装平衡质量，求平衡质量 m_b' 及 m_b'' 的大小和方位。

I.7 题图 I.3 所示为作用在多缸发动机曲柄上的驱动力矩 M_{ed} 和阻力矩 M_{er} 的变化曲线，其阻力矩等于常数，其驱动力矩曲线与阻力矩曲线围成的面积顺次为 $+580$，-320，$+390$，-520，$+190$，-390，$+260\mathrm{mm^2}$ 及 $-190\mathrm{mm^2}$，该图的比例尺为 $\mu_M=100\mathrm{N\cdot m/mm}$，$\mu_\varphi=0.01\mathrm{rad/mm}$，设曲柄平均转速为 $120\mathrm{r/min}$，其瞬时角速度不超过其平均角速度的 $\pm3\%$，求装在该曲柄上的飞轮的转动惯量。

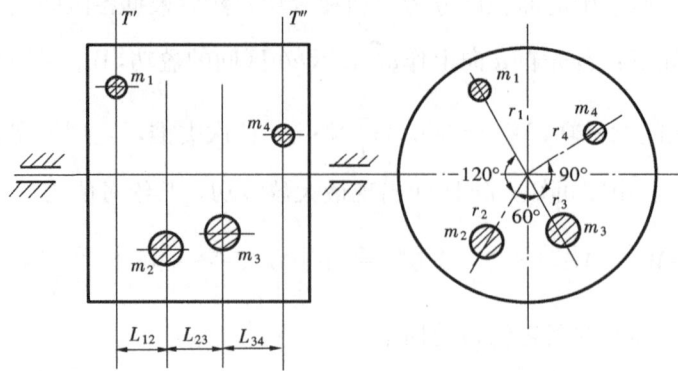

题图Ⅰ.2　题Ⅰ.6图

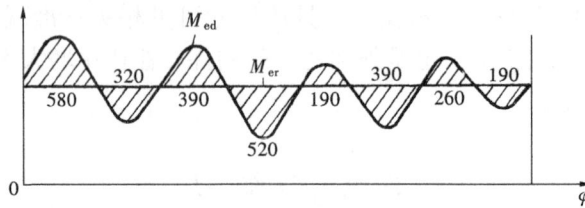

题图Ⅰ.3　题Ⅰ.7图

Ⅰ.8　在电动机驱动的剪床中，已知作用在剪床主轴上的阻力矩 M_{er} 的变化规律如题图Ⅰ.4所示，设驱动力矩 M_{ed} 等于常数，剪床主轴转速为 $60r/min$，机械运转速度不均匀系数 $\delta=0.15$。求：①驱动力矩 M_{ed} 的数值；②所需要安装在主轴上的飞轮的转动惯量。

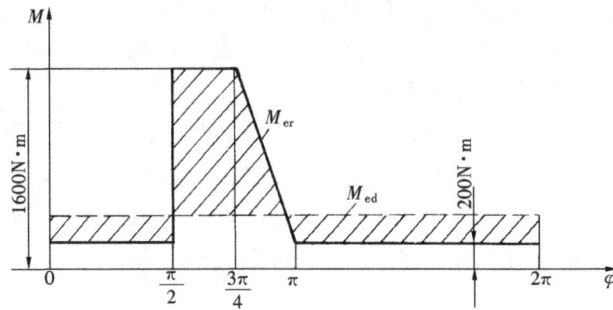

题图Ⅰ.4　题Ⅰ.8图

专题 Ⅱ 摩擦、磨损与润滑

机器运转时，各运动副元素之间必然会产生摩擦、磨损及发热现象，因而要消耗一部分能量。据统计，汽车中约有 30% 的功率消耗于传动摩擦，全世界大约有 1/3～1/2 能源消耗在各种形式的摩擦上。在一般机器中因零件磨损而导致设备失效的约占 80%。采用现代润滑技术可极大地节约能源和延长机械零件的使用寿命。因此，控制摩擦，减少磨损，改善润滑性能已成为节约能源，降低消耗，缩短维修时间，提高机械效率的重要措施。

有关研究摩擦、磨损及润滑问题的科学与技术称之为"摩擦学"（Tribology）。它是专门研究摩擦、磨损、润滑三方面的有关理论和应用技术的学科，它的研究内容涉及数学、力学、物理、化学、材料学、冶金学、机械工程学等学科，目前已成为世界上发展比较快的应用学科之一。摩擦学的研究对于国民经济具有重要意义。我国大庆油田，由于设备在润滑方面进行了正确改造，每年可节约 1.4 亿元左右。由此可见，应用摩擦学知识解决生产实际问题而带来的经济效益是十分显著的。作为现代工程技术人员，适当了解一些摩擦学的基本知识是非常必要的。本专题将对此作概略介绍。

第一节 摩 擦

有相互运动或运动趋势的物体表面就一定存在摩擦，因此摩擦是不可避免的自然现象，而磨损是摩擦的必然结果。润滑则是减少摩擦和磨损的有效措施。三者之间相互依存，很难分开。首先介绍有关摩擦的一些基本知识。

一、摩擦的概念及其分类

相互接触的两个物体在外力作用下发生相对运动或有相对运动趋势时，在接触面间就会产生阻碍物体运动的现象。这种在两物体接触面之间产生阻碍运动、消耗能量的一种复杂现象称为摩擦。机器中，构件与构件的连接是以运动副的形式出现，所以，运动副是存在摩擦的场所。

摩擦不仅造成能量损耗，严重时导致零件破坏，因此在一般情况下摩擦都是有害的。但有些情况下也可利用摩擦，如带传动、摩擦离合器、摩擦制动器等，均是利用摩擦来实现一些特定工作状态。

摩擦的分类方法很多，按摩擦发生的位置分为外摩擦与内摩擦；按摩擦副运动状态可分为静摩擦与动摩擦；按摩擦副运动形式可分为滑动摩擦与滚动摩擦。这里仅根据摩擦副表面状态进行分类。

1. 干摩擦

当两物体滑动表面为无任何润滑剂或保护膜的纯金属，而直接接触时的摩擦，即没有润滑剂的干表面间的摩擦，称为干摩擦，如图 Ⅱ.1.1（a）所示。

在工程实际中并不存在绝对的干摩擦。因为任何零件的表面不仅会因氧化而形成氧化膜，而且或多或少地受到"油污"或被润滑油所湿润，一般把这种无明显润滑现象的摩擦皆当作干摩擦处理。显然在干摩擦状态，必然产生较大的摩擦功耗及严重的磨损，因此在机器

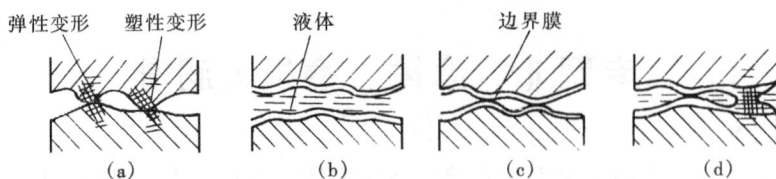

图Ⅱ.1.1　摩擦副的表面润滑状态
(a) 干摩擦；(b) 液体摩擦；(c) 边界摩擦；(d) 混合摩擦

运转中绝对不允许干摩擦的出现。

2. 液体摩擦（液体润滑）

两摩擦表面被一液体层（此液体层厚度一般在 $1.5\sim2\mu m$ 以上）完全隔开，没有固体间接触的摩擦，称为液体摩擦，如图Ⅱ.1.1 (b) 所示。

3. 边界摩擦（边界润滑）

两摩擦表面由吸附在表面的边界膜（膜厚度比 $1\mu m$ 还小）相隔，使其处于液体摩擦与干摩擦间的一种状态，称为边界摩擦，如图Ⅱ.1.1 (c) 所示。

在生产实际中有较多运动副处于干摩擦、边界摩擦与液体摩擦的混合状态，称为混合摩擦，如图Ⅱ.1.1 (d) 所示。

齿轮传动、滑动轴承等机械零件在润滑下运转时，由于速度、载荷等运转条件的不同，可能出现边界摩擦、混合摩擦及液体摩擦等不同的状态。一般情况下许多齿轮、滑动轴承及滚动轴承等均处于混合摩擦状态。

由于液体摩擦、边界摩擦、混合摩擦都必须在一定润滑条件下实现，因此这三种摩擦又常称为液体润滑、边界润滑和混合润滑。

二、摩擦机理

1. 干摩擦的机理

对于干摩擦，解释的理论较多，有机械啮合理论、分子作用理论、机械—分子摩擦理论、黏着理论等。由于摩擦现象比较复杂，上述各理论都是仅从一个方面阐述问题，皆不能概括全部。这里简单介绍机械啮合理轮与黏着理论。

(1) 机械啮合理论。机械啮合理论把摩擦看成是由于接触表面上凸凹不平的凸凹体之间相互啮合而造成，即是当两物体接触时凹凸体相互嵌合而产生了阻碍两固体相对滑动的阻力。摩擦力则是啮合点间切向阻力的总和。显然，表面越粗糙，其摩擦力愈大。常用库仑定律表达摩擦力 F、法向力 N、摩擦系数 f 间的关系，其表达式为

$$F = fN \tag{Ⅱ.1.1}$$

即摩擦力与法向负荷成正比。一般情况下，干摩擦状态的 f 值最高（通常大于或等于 10^{-1}）。

在机械零件的运动副中，大多数处于边界摩擦和干摩擦状态，这两种状态的摩擦力皆可用式（Ⅱ.1.1）计算。由于库仑定律在实际应用中有一定的局限性，工程中的应用也只是近似计算。

(2) 黏着理论。除上述机械啮合理论外，对于宏观范围的金属摩擦现象，用黏着理论解释较合理。黏着理论认为，物体表面凸凹不平，当相互接触时，仅在凸峰点的顶端相互接触（见图Ⅱ.1.2），所以真实接触表面积比表观接触面积小得多，只有表观接触面积的万分之一

至百分之一。因此，单位接触面积上的压力很容易达到材料的
压缩屈服极限，从而使接触处材料发生塑性变形，导致真实接
触面积增大到恰好能承受外载为止。在这种情况下，摩擦副的
各接触点就可能产生瞬时高温，使两金属黏着在一起。黏着结
点具有很强的黏着力。当两摩擦面相对运动时，这些黏着结点
在切向力的作用下被剪断滑移。摩擦过程就是这些黏着结点的
形成和剪断交替发生的过程。另外，当两接触面相对运动时，

图 Ⅱ.1.2　接触面积

由于较硬金属表面的凸峰陷入较软金属表面，因而硬金属的凸峰会在软金属表面上犁出沟纹
（即犁刨作用）。由此可知，两物体在垂直压力作用下相互滑动的摩擦力 F 即为使黏结点剪
断所需的剪切力 F_a（即摩擦力黏着分量）和较硬的凸峰在较软的凸峰上滑过时切出沟纹所
需的剪切力 F_m（即摩擦力的机械分量）之和，故有

$$F = F_a + F_m \qquad\qquad (\text{Ⅱ}.1.2)$$

2. 液体摩擦的机理

由于液体摩擦时两摩擦面间的油膜厚度足以将两表面不平度凸峰完全分开，使之在运动
中不产生直接接触，在这种情况下的摩擦是液体内部分子间的内摩擦，所以摩擦系数 f 极
小（一般小于 10^{-2}，油润滑时 f 为 $0.001 \sim 0.008$），而且不会有磨损产生。这是一种较理想
的摩擦状态。

由于这种摩擦的两个表面不直接接触，所以其摩擦性质决定于使用的润滑剂的黏度，而
与两个摩擦表面的材料无关。这时的摩擦规律与干摩擦截然不同。关于液体摩擦（液体润
滑）的问题将在后面进一步讨论。

3. 边界摩擦机理

由于边界摩擦时两摩擦表面有一层薄薄的边界膜，这层薄膜的厚度通常在 $0.1\mu m$ 左右。
它牢固的吸附在摩擦面上，可以随摩擦面的相对滑动而滑动，但不能自由流动。因此，两摩
擦表面间的摩擦可视为两边界膜间的摩擦。由于此边界膜不足以将两金属表面完全隔开，故
在其相对运动时，金属表面微观的凸峰部分仍相互搓削。显然由于边界膜的存在，边界摩擦
的摩擦系数 f 比干摩擦时低（通常小于或等于 10^{-1}）。

在边界摩擦情况下的摩擦系数取决于摩擦表面的性质及边界膜的结构形式。

边界膜根据结构形式的不同，可分为吸附膜和反应膜。吸附膜可分为物理吸附膜和化学
吸附膜；反应膜又可分为化学反应膜与氧化膜。它们分别是由物理吸附作用、化学吸附作用
与化学反应而形成，详情可参阅有关专著及资料。

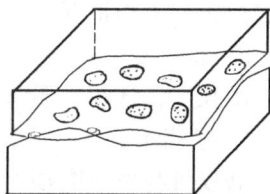

第二节　磨　　损

两个相互接触的物体相对运动时，其工作表面因摩擦而不断产生物质损失的现象称为磨
损。磨损会影响机器的效率，降低零件工作的可靠性，甚至会促使机器提前报废。因此，在
设计时考虑如何避免或减轻磨损，就具有重要的现实意义。

一、有关磨损的几个基本概念

1. 正常磨损

在规定的时间内，磨损量不超过其允许值，就认为是正常磨损。一般用磨损量、磨损率

来表征正常磨损情况。

2. 磨损量 q

用长度、体积、质量等表示磨损的结果，用 q 表示。

3. 磨损率 ε

磨损量与发生磨损所经过的时间的比值称为磨损率，用 ε 表示，$ε = Δq/Δt$。式中：t 为磨损量所经过的时间；$Δq$ 为磨损量的增量；$Δt$ 为时间的增量。

磨损率可用线磨损、体积磨损、能量磨损以及重量磨损等指标表示。它们是研究磨损的重要参数。在一定条件下可测其磨损率，对其进行耐磨性比较。

4. 耐磨性 E

耐磨性是指磨损过程中材料抵抗脱落的能力，常用磨损率的倒数来表示，即 $E = 1/ε$。

二、机械零件正常运行的磨损过程

一般来说，机械零件正常运行的磨损过程大致可分为三个阶段。

1. 跑合磨损阶段

跑合是机器使用初期，为改善机械零件的适应性，表面性貌和摩擦相容性的过程。一般新机器或修理后的机器，由于新零件加工后表面具有一定的粗糙度，在运转初期，摩擦副的实际接触面积较小，单位接触面积的压力较大，因而磨损速度较快且不断变化，如图Ⅱ.2.1中磨损曲线的 oa 段，这一阶段为跑合磨损。其特征是磨损率很高，但随工作时间加长而降低。

跑合磨损到一定程度，表面逐渐磨平，实际接触面积逐渐增大，接触面的单位压力减小，磨损速度减慢，磨损速度在达到某一定值后，即转入稳定磨损阶段。

经过跑合磨损阶段的轻微磨损，即可进入较长时间的稳定磨损。因而缩短磨损阶段是有益的。可通过选择合理的跑合规程；采用适当的磨损副材料及加工工艺；使用含活性添加剂的润滑油；保证润滑良好等方法来达到目的。

2. 稳定磨损阶段

经跑合磨损后零件以平稳而缓慢的磨损速度进入零件正常的工作阶段，如图Ⅱ.2.1中 ab 段。这个阶段的长短就代表零件使用寿命的长短。

在此阶段的特征是磨损缓慢，磨损率（$ε = Δq/Δt$）稳定。磨损率也可认为是磨损曲线的斜率，斜率越小，磨损率越低，零件使用寿命越长。经此磨损阶段后即进入剧烈磨损阶段。

3. 剧烈磨损阶段

此阶段的特征是磨损速度急剧增长，磨损率急剧增加，产生异常噪声及振动，表面润滑状况极大恶化，摩擦副温度迅速上升，最后导致零件失效，如图Ⅱ.2.1中 bc 段。

上述磨损过程中的三个阶段，是一般机械设备运转过程中存在的，但在实际中并没有明显的界限，有时也会出现异常情况。如：跑合后长期磨损甚微，零件寿命极长；也可能跑合后立即转入剧烈磨损阶段，使机器无法运转。因此在设计或使用机器时，应力求缩短跑合期，延长稳定磨损期，推迟剧烈磨损的到来。为此应对磨损机理及影响因素有所了解。

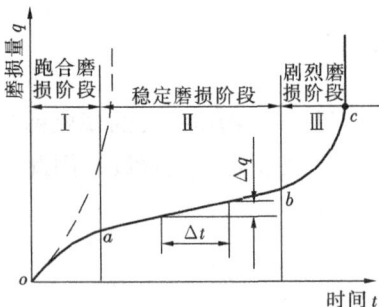

图Ⅱ.2.1　零件的磨损过程

三、磨损机理

磨损分类的方法很多，根据磨损机理可分为黏着磨损、磨粒磨损、疲劳磨损、腐蚀磨损。下面对各种类型磨损作一简要介绍。

1. 黏着磨损

当摩擦副表面相对滑动时，由于黏着效应所形成的黏着结点发生剪切断裂，被剪切的材料脱落成磨屑，或由一个表面迁移到另一个表面的现象，即这种由于两表面黏着作用而引起的磨损，称为黏着磨损。

黏着磨损一般有轻微黏着磨损、一般黏着磨损、擦伤磨损、胶合磨损等形式。如：汽缸套与活塞环、曲轴与轴瓦、齿轮啮合表面及滚动轴承中钢球与滚道间皆可能出现黏着程度不同的磨损。胶合磨损的表现多为接触擦伤、撕脱，是高速重载传动中常见的破坏形式。

2. 磨粒磨损

由摩擦表面上的硬质突出物或从外部进入摩擦表面的游离硬质颗粒的切削或刮擦作用，在摩擦过程中引起表面材料脱落的现象称为磨粒磨损。这种磨损是一种最常见的磨损形式，如工程机械、农业机械、铁路机车、交通车辆中许多的磨损皆是磨粒磨损，占整个工业范围内总磨损的 50%。因而减少磨粒磨损有着重要的经济意义。

3. 疲劳磨损

两个相互滚动或滚动兼滑动的摩擦表面，在循环变化的接触应力作用下，致使表面材料疲劳而产生微金属粒的剥落（形成小麻坑）现象，称为疲劳磨损，也称为接触疲劳或点蚀。

通常疲劳磨损可分为扩展性和非扩展性两类。前者往往由于小麻点扩展成痘状凹坑，从而使运动副失效，后者则还可继续正常工作。如齿轮、蜗轮、滚动轴承等高副接触零件经常出现疲劳磨损。

4. 腐蚀磨损

在摩擦过程中，金属与周围介质发生化学反应或电化学反应而产生的物质表面损伤现象称为腐蚀磨损，常见的有氧化磨损、特殊介质腐蚀磨损、微动磨损和气蚀。

（1）氧化磨损。其是化学氧化和机械磨损两种作用相继进行的过程。氧化磨损的磨屑呈暗色的片状或丝状，片状是红褐色的 Fe_2O_3，丝状是灰黑色的 Fe_3O_4，可以用磨屑的这些特征来判断是否是氧化磨损。干摩擦状态下容易产生氧化磨损。

（2）特殊介质腐蚀磨损。其发生在化工管道、柴油机缸套等零部件上。金属表面与酸、碱、盐等介质作用形成腐蚀磨损。腐蚀磨损与氧化磨损类似，但磨损痕迹较深，磨损量较大，磨屑成颗粒状或丝状。

（3）微动磨损。它是指运动副两表面间由于振幅很小（振幅在 $10^{-7} \sim 10^{-3}$ mm）的振动式相对运动而产生的磨损。它发生在名义上相对静止，实际上存在着循环的微幅相对滑动的两个紧密接触的表面上。这种摩擦不仅损害配合表面，而且导致疲劳裂纹的产生，从而降低零件的疲劳强度，严重时甚至发生疲劳破坏。如：过盈配合联接、键联接、滚动轴承套圈的配合面，链传动中的链节，旋合螺纹的工作面等都可以产生微动磨损。

（4）气蚀。它是固体表面与液体相对运动所产生的表面损伤，通常发生在泵类零件、水轮机叶片、船舶螺旋桨等表面。气蚀的机理是由于冲击应力造成的表面疲劳破坏，且液体的化学和电化学作用加速了气蚀的破坏过程。

四、减少磨损的措施

研究磨损的目的是为了防止或减少磨损，延长零件使用寿命。减少磨损的措施可归纳如下五点。

1. 合理选择运动副材料

材料选配正确可达到减轻磨损的目的。

为减轻黏着磨损，要考虑同类材料比异类材料容易黏着；单相金属比多相金属黏着倾向大；脆性材料比塑性材料抗黏着能力强等因素。如：齿轮传动中，大、小齿轮材料的匹配，一般不用同一材料，且大小齿轮齿面硬度有一定差值。

为减轻磨粒磨损，应选择耐磨性好的材料，同时也应考虑摩擦副材料的合理匹配。如：对滑动轴承副中的转轴应采用硬质材料（如优质碳素钢或合金钢等），而轴承衬可选用软质材料（如巴氏合金、铜基合金、铅基或铝基合金等）与之相匹配，可以达到减摩与耐磨的目的。

为减轻腐蚀磨损，其材料也应具有较好的抗腐蚀性及较高的强度和韧性，如采用不锈钢材料等。

另外需注意的是，一般金属材料的抗黏着磨损能力大时，其抗微动磨损的能力也较强；而材料抗黏着磨损与抗表面疲劳磨损能力则存在着相互制约的关系。

2. 合理选择表面硬度

材料的耐磨性与表面硬度有关。一般地说表面硬度越高，耐磨性越好。但对于硬度过高的材料，如白口铸铁和陶瓷等，反而耐磨性下降。这是因为材料硬度过高，其断裂韧性下降，容易碎裂而使磨损量增加。

为使磨损率降低，对于组成摩擦副材料的硬度一般比磨料的硬度高 1.3 倍左右。为提高零件耐磨性，可采用氮化、磷化、氰化、等离子喷镀，滚压加工等表面处理方法。

为减轻疲劳磨损，也应合理选择表面硬度，如对轴承钢，硬度为 62HRC 时，抗疲劳磨损能力大，增加或降低其硬度，寿命都有较大下降。对于由两滚动体组成的摩擦副，其表层硬度应有合理的差值，才能匹配。

3. 合理选择表面粗糙度

为减轻疲劳磨损，一般地说，表面粗糙度越小，疲劳寿命越高。例如：粗糙度 $Ra=0.2\mu m$ 的滚动轴承寿命比 $Ra=0.4\mu m$ 的高 2～3 倍；$Ra=0.1\mu m$ 的滚动轴承的寿命比 $Ra=0.2\mu m$ 的高 1 倍。

为减轻腐蚀磨损，也应减小表面粗糙度值。通常表面越粗糙，腐蚀磨损越大。

4. 合理选择工作条件

工作条件的好坏对磨损影响极大。一般考虑以下几点：

（1）受力性质。载荷种类、大小和方向对磨损均有影响，显然，短时冲击、局部集中的变载荷对磨损影响大。

（2）速度特征。构件运行速度的大小、方向和性质对磨损均有影响。通常速度越高，开机、停机越频繁，磨损愈快。

（3）温度状况。工件工作时处于高温、变温情况下，则易发生黏着、腐蚀磨损等。

（4）周围环境。环境恶劣，水蒸气、煤气、灰尘、铁粉或其他腐蚀性介质存在，则易发生腐蚀、磨料磨损等。

因此，对于固定机械设备选用适宜的防护工作条件，能较好地减轻磨损。

5. 合理选择润滑

润滑对机器设备的正常运转起重要作用。合理选择润滑方式、润滑装置、润滑油，改善润滑条件，加强润滑管理是降低摩擦、减少磨损的重要途径。

合理选择润滑油黏度能提高抗疲劳磨损的能力。黏度低的油容易渗入裂纹，加速扩展；黏度高的油有利于接触应力均匀分布。从这一点看，油的黏度高时有利于提高疲劳寿命。另外，润滑油中使用添加剂也能提高接触表面的抗疲劳、抗黏着、抗腐蚀磨损等性能。

第三节 润 滑

一、润滑的定义

通常概念上的润滑，是将一种具有润滑性能的物质加入到摩擦副表面，以达到抗磨减摩的目的。这种被加入到摩擦副表面用以降低摩擦阻力的介质称为润滑剂。实际上，广义而言，所谓摩擦，就是一种减少摩擦和磨损的技术，除了上述采用润滑剂的润滑之外，还包括对摩擦副材料的表面改性以及采用具有自润滑性的摩擦副材料，尤其是近 20 多年来，摩擦学研究的重点已经从传统的润滑剂和润滑系统转移到了摩擦学材料和表面工程方面。摩擦学新材料、新技术的应用遍及人类生活的各个方面，也给"润滑"一词赋予了新的和更广泛的含意。

对于机械设备而言，润滑无疑具有十分重要的意义，除了可以降低摩擦、减少磨损之外，还可以起到散热、防锈、减震、降低噪声等作用。润滑可以提高产品质量，降低生产成本，提高生产效率和产品精度，延长设备寿命和保障生产安全等。在科学技术飞速发展的今天，润滑尤为重要，甚至成为保证一些关键设备设计成功的技术关键。下面对有关润滑的基本知识作一简要介绍。

二、润滑剂种类

工程中使用的润滑剂有液体（如油、水及液态金属等）、气体（如空气、蒸汽、氮气、氦气及一些惰性气体等）、半固体（如润滑脂等）及固体（如石墨、二硫化钼、聚四氟乙烯等）四种基本类型。

在液体润滑剂中应用最广泛的是润滑油，包括矿物油、动植物油、合成油及各种乳剂。

在一般情况下可用润滑油或润滑脂作为各种机械设备的润滑剂。

三、润滑油和润滑脂的性能

液体润滑油的主要性能指标有黏度、黏度比、凝点、闪点、酸值等。润滑脂的性能指标为滴点和锥入度。

1. 黏度

黏度是流体黏滞性的度量，是润滑油最主要的性能指标，是选择润滑油的主要依据。它表示液体润滑油内部摩擦阻力的大小，即可定性地定义为润滑油的流动阻力。黏度越大，内摩擦阻力越大，液体流动性越差。

黏度的大小可用动力黏度、运动黏度、条件黏度等单位表示。

（1）动力黏度 η。在流体中取两面积各为 $1cm^2$，相距 $1cm$，相对移动速度为 $1cm/s$ 时，所产生的阻力称为动力黏度。如果这个阻力是 $10^{-4}N$，则动力黏度为 $1\ Pa \cdot s$。过去使用的

动力黏度单位为泊或厘泊，泊或厘泊为非法定计量单位，它们的换算关系为

$$1Pa \cdot s = 1N \cdot s/m^2 = 10 \text{泊} = 10^3 \text{厘泊}$$

（2）运动黏度 ν。流体的动力黏度 η 与同温下该液体密度 ρ 的比值 ν 称为流体的运动黏度，即 $\nu = \eta/\rho$。它是流体在重力作用下流动阻力的尺度，单位为 m^2/s 或 mm^2/s，$1m^2/s = 10^6 mm^2/s$。我国石油产品是用运动黏度（单位为 mm^2/s）标定的，可参看第十五章表 15.1.1 和表 15.1.2。

（3）条件黏度。用特定黏度计所测得的黏度，即是指用条件数值表示的黏度。条件黏度有恩氏黏度、雷氏黏度、赛氏黏度。雷氏黏度主要在英国沿用；美国习惯用雷氏黏度；国际上许多国家采用恩式黏度，如中国、俄罗斯、东欧各国、德、法、意、瑞典、挪威等国。

各种黏度的换算请参考有关资料。

2. 黏度比

黏度比是指同一润滑油低温黏度与高温黏度的比值，一般润滑油规定以 50℃ 时的运动黏度与 100℃ 时的运动黏度的比值，用 ν_{50}/ν_{100} 表示。黏度比值越小，说明油品黏温性质越好。黏度比只有在成分相同的同牌号油在同一温度范围内才有可比性。

3. 凝点

将润滑油放在试管中冷却，直到把它倾斜 45°，经过 1min 后，润滑油开始失去流动性的温度称为润滑油的凝点。它是润滑油在低温下工作的一个重要指标，直接影响到机器在低温下起动性能和磨损情况。低温润滑时，应选用凝点低的油。

4. 闪点

润滑油加热到一定温度就开始蒸发成气体。这种蒸汽与空气混合后遇到火焰就发生短暂的燃烧闪火的最低温度称为润滑油的闪点。对在高温下工作的机器，应用闪点较高的润滑油，通常润滑油的闪点比设备温度高 30~40℃。如空压机气缸润滑油闪点不能低于 240℃。

5. 酸值

中和 1g 润滑油中的酸所需要氢氧化钠（KOH）的毫克数称为酸值。在润滑油贮存中，可以从酸值指标变化情况，来判断润滑油的氧化变质情况。

6. 滴点

滴点是指润滑脂从不流动态转变为流动态的温度，通常是指润滑脂在滴点计中按规定的加热条件，滴出第一滴液体或流出油柱 25mm 时的温度。它标志润滑脂耐高温能力。润滑脂能够使用的工作温度应低于滴点 20~30℃，低 40~60℃ 更好。

7. 锥入度

重量为 1.5N 标准圆锥体在 5s 内沉入温度为 25℃ 润滑脂内的深度（以 0.1mm 计），即为其锥入度。它是评价润滑脂的重要指标，表征了润滑脂稀稠的程度（即表示润滑脂软硬程度），也表明润滑脂内阻力的大小和流动性的强弱。锥入度越小，表示润滑脂越稠，承载能力强，密封性好；但摩擦阻力大，流动性差，不易充填较小摩擦间隙。

四、润滑剂的选用原则

润滑剂的选择必须合适，选择的基本原则是：重载、低速、高温、间隙大时，应选黏度较大的润滑油；轻载、高速、低温间隙小时应选黏度较小的润滑油。润滑脂主要用于速度低、载荷大、不经常加油、使用要求不高或灰尘较多的场合；气体、固体润滑剂主要用于高温、高压、防止污染等一般润滑剂不能适应的场合。对于润滑剂的具体选用，可参阅有关手

册、资料，这里不再赘述。

五、添加剂

普通润滑油和润滑脂用在十分恶劣的工作条件（如高温、低温、重载、真空等）下，就会很快劣化变质，失去润滑能力。为了改善润滑剂的性能，现代广泛采用的方法是在润滑剂中加入具有某种独特性能的物质，以适应某种特定需要。加进润滑剂中用以改善其性能的这些物质就称为添加剂。

添加剂的种类很多，有极压添加剂、油性添加剂、抗蚀添加剂、消泡添加剂、抗氧化添加剂、降凝剂、防锈剂等。由于使用添加剂是现代改善润滑性能的重要手段，所以，其品种与产量皆发展很快。如在润滑油中加入 $0.25\%\sim0.5\%$ 的抗氧化剂（硫磷化烯烃钙盐、油溶性酚醛、芳香胺等）即可达到防止润滑油氧化变质、腐蚀零件的目的。因此，可根据不同的工作条件及要求，参阅有关资料选择有相应添加剂的润滑油，以满足需要。

六、润滑分类

由前述可知，根据润滑剂的物质形态可分为气体润滑、液体润滑及固体润滑。而根据润滑剂在摩擦表面间的状态可分为流体润滑与边界润滑。边界润滑与流体润滑同时存在的状态则称为混合润滑状态。边界润滑在边界摩擦中已进行讲解。混合润滑的特性是边界润滑与流体润滑两种特性的综合反映。这里仅介绍流体润滑。

流体润滑剂把摩擦表面完全分开，而本身又保持流体特性的则称为流体润滑。根据润滑膜形成原理，流体润滑又可分为流体动压润滑、弹性流体动压润滑和流体静压润滑。

1. 流体动压润滑

利用摩擦副两滑动表面间的相对运动，把油带入两表面之间，形成具有足够压力的油膜，从而将两表面隔开的润滑称为流体动压润滑。如液体动压滑动轴承即为这种润滑。

液体动压滑动轴承动压油膜的形成过程如图Ⅱ.3.1所示。当轴颈静止时，轴颈位于轴承孔的最下方，此时两表面间直接接触且形成一弯曲的楔形间隙，如图Ⅱ.3.1（a）所示。当轴颈按图示方向转动时，如果楔形间隙有润滑油，则吸附于轴颈表面的润滑油不断地被带进楔形间隙，在此收敛油楔中便会产生油膜压力。但由于开始转动时，转速极

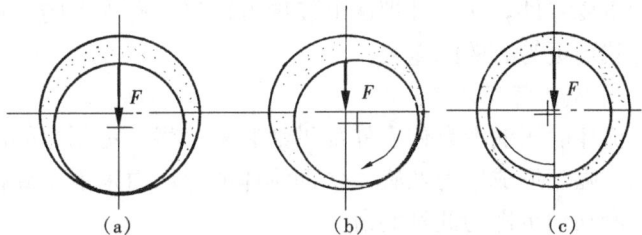

图Ⅱ.3.1　动压润滑油膜形成过程

低，轴颈与轴承孔仍直接接触，此时产生的摩擦力与轴颈转向相反，因而迫使轴颈沿轴承孔内壁向右滚动而产生偏移，如图Ⅱ.3.1（b）所示。当轴颈转速继续增大时，带入楔形间隙的油量增多，产生的油膜压力将迫使轴颈与轴承分开，但此情况不能持久，因摩擦力随之减小，油压的水平分力使轴颈移向左下方。当转速达到工作转速时，油膜承载力与外载荷 F 平衡，轴颈便处于左下方位置稳定运转，如图Ⅱ.3.1（c）所示。若形成的最小油膜厚度 h_{min} 大于两表面不平度的高度之和时，便形成液体动压润滑。

综上所述，形成流体动压润滑必须具备的基本条件是：

（1）被润滑的两表面间必须有收敛的楔形间隙，即进油口的间隙大于出油口的间隙。

（2）两表面间必须具有一定的相对速度。

（3）润滑油应具有一定的黏度，且供油充分。

此外，对于一定的外载荷，还必须使速度、黏度及间隙等与之相匹配。

流体动压润滑原理的基本方程是流体润滑膜压力分布的微分方程，即雷诺方程。详情可参阅"流体力学"教科书及有关资料。

此种润滑的摩擦系数 f 大约是 10^{-3} 量级，油膜厚度一般为 $2.5\sim70\mu m$ ，完全能保证相对运动的两金属表面不直接接触，从而避免了磨损。因而流体动压润滑在各种机械设备、仪器、火车、汽车、飞机及轮船中获得广泛应用，如汽轮机轴轴承选用的即是液体动压轴承。

2. 弹性流体动压润滑

前述流体动压润滑理论认为两摩擦面是刚性接触，不产生弹性变形，润滑油黏度不随压力而变化，因此较适用于低副情况下，如滑动轴承等。然而在齿轮传动、滚动轴承和凸轮机构等高副接触中，由于摩擦副载荷的集中作用，使得接触表面的弹性和润滑剂的黏压效应成为影响润滑的不可忽视因素。弹性流体动压润滑，就是考虑了接触固体的弹性变形和润滑油黏度变化作用条件下的流体动压润滑。弹性流体动压润滑理论认为高副接触中受载后的接触处实际上是一极窄小的面积，且接触区内压强很高（比低副接触大 1000 倍左右，如齿轮传动啮合处的局部压力可高达 4000MPa）。由于接触区受到瞬时高压，产生弹性变形，并使接触面间润滑油的黏度迅速加大（当压力超过 20MPa 时，黏度即随压力的增高而加大）。显然在齿轮传动啮合处润滑油黏度相当大，此时润滑油已不再像液体，而更像蜡状的固体。在此一定的条件下便形成了弹性流体动压油膜（此油膜厚度远小于流体动压油膜厚度），从而将两接触面隔开，使其处于弹性流体动压润滑状态。

对较多的接触状态，若按一般流体动压润滑计算方法，其油膜很薄，似乎只可能是混合润滑。但若按弹性流体动压润滑理论计算，则有可能成为流体动压润滑，便与实际情况相符。因此，弹性流体动压润滑理论的建立，对于像齿轮传动、滚动轴承等处于高接触应力状态的重要零件，在设计理论的发展方面将会有很大的促进作用，也将为提高这类零件的承载能力找到更为有效的途径。

3. 流体静压润滑

流体静压润滑是依靠外部供油装置，将一定压力的润滑油（气）输送到摩擦副运动表面之间，强制形成压力油膜，借助流体的静压力来承受载荷的润滑称为流体静压润滑。如液体静压滑动轴承即为此种润滑。

液体静压滑动轴承的形成原理参看图 13.7.2 所示。油泵将高压油经节流器压入轴瓦内表面开有的一组对称油腔中，当各油腔对称的作用力与外载荷处于平衡状态时，轴颈就会在轴承孔中浮起，此时两工作表面将被油膜完全隔开，形成液体润滑状态。当外载荷 F 变化时，依靠油路系统中的节流器自动调节各油腔的压力，使各油腔对轴的作用力与外载荷 F 始终保持平衡，以维持液体润滑状态。

与流体动压润滑相比，流体静压润滑需要一套附属的供油系统，流体静压润滑能否实现，关键取决于这套供油装置能否正常工作，而非摩擦副表面的形状和运动状态所决定。即使是两摩擦副表面组成等厚或发散间隙或者无相对滑动，也能实现良好的流体润滑。其主要特点是：

（1）油膜的形成与相对滑动速度无关，承载能力主要取决于油泵供油压力，因此适应速度范围广，可用于高速、低速、轻载、重载的场合。

（2）工作时摩擦面始终无直接接触（包括起动和停车阶段），所以寿命长，能保持良好的精度。

（3）承载能力强，油膜刚度大，抗振性好。

（4）摩擦系数小，其一般摩擦系数又低于流体动压润滑，大约是 10^{-4} 量级。

基于上述特点，流体静压润滑一般都是用于对润滑要求较高的精密机械和一些大型的工业设备。由于此种润滑需要一套复杂的供油装置，故应用不如流体动压润滑普遍。

参 考 文 献

1. 杨可桢，程光蕴主编. 机械设计基础. 第 4 版. 北京：高等教育出版社，2004.

2. 濮良贵主编. 机械设计. 第 5 版. 北京：高等教育出版社，1989.

3. 邓昭铭，张莹主编. 机械设计基础. 北京：高等教育出版社. 1999.

4. 徐灏主编. 机械设计手册. 北京：机械工业出版社，1991.

5. 郭仁生主编. 机械设计基础. 北京：清华大学出版社，2001.

6. 韩芳亭，彭振业主编. 机械零件. 北京：水利电力出版社，1995.

7. 沈乐年，刘向峰主编. 机械设计基础. 北京：清华大学出版社，1997.

8. 《齿轮手册》编委会. 齿轮手册（上、下册）. 第 2 版. 北京：机械工业出版社，2002.

9. 罗述浩，马正纲，阮月娥主编. 机械设计基础. 重庆：重庆大学出版社，1994.

10. 赵祥主编. 机械原理与机械零件. 北京：中国铁道出版社，1997.

11. 石固欧主编. 机械设计基础. 北京：高等教育出版社，2003.

12. 黄晓荣，王火平主编. 机械设计基础. 成都：西南交通大学出版社，1999.

13. 张民安主编. 圆柱齿轮精度. 北京：中国标准出版社，2002.

14. 颜志光主编. 新型润滑材料与润滑技术实用手册. 北京：国防工业出版社，1999.

15. 温诗铸主编. 摩擦学原理. 北京：清华大学出版社，1991.

16. 成大先主编. 机械设计手册. 北京：化学工业出版社，2004.

17. 徐灏主编. 机械设计手册（第四卷）. 第 2 版. 北京：机械工业出版社，2003.

18. 朱东华，樊智敏主编. 机械设计基础. 北京：机械工业出版社，2003.

19. 陈立德主编. 机械设计基础. 北京：高等教育出版社，2004.

20. 张绍甫，吴善元主编. 机械基础. 北京：高等教育出版社，1994.

21. 荣辉，杨梦辰主编. 机械设计基础. 北京：北京理工大学出版社，2004.